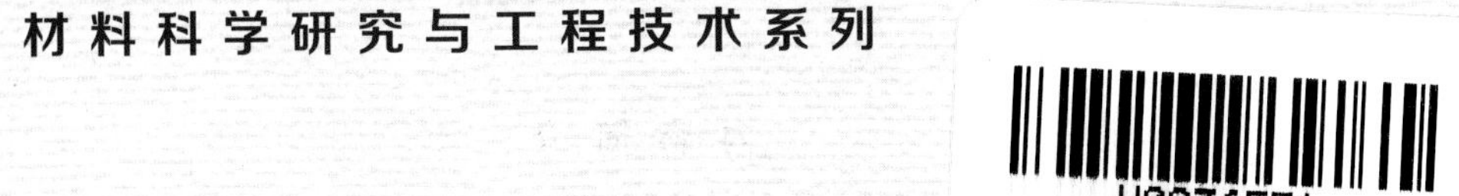

混凝土骨料质量标准及试验方法实用指南

Practical Guide for Quality Standards and Test Methods of Concrete Aggregate

韦汉运　赵承伟　编著

哈爾濱工業大學出版社
HARBIN INSTITUTE OF TECHNOLOGY PRESS

内 容 简 介

本书主要围绕《建设用卵石、碎石》(GB/T 14685—2011)与《建设用砂》(GB/T 14684—2011)中水泥混凝土用砂、石骨料质量标准以及常用试验方法,结合水利工程、电力工程、水运工程、公路工程、铁路工程、市政工程、建筑工程现行规范、规程、标准中砂、石骨料质量标准以及常用试验方法,通过比较现行各版本规范、规程、标准中砂、石骨料质量标准以及常用试验方法之间的差异,进行深入浅出的论述以及科学严谨的论证,指出其中存在商榷之处,提出"各个技术指标平行试验单个测定值修约的数位,比算术平均值的数位多一位数位;算术平均值修约的数位,比规定极限数值的数位多一位数位"的修约值比较法等许多独到、精辟的见解,创新"骨料含泥量试验(亚甲蓝滴定法)""骨料含粉量试验(水洗法)"等技术或方法。

本书最大的特点是原创性与创新性,既可作为土木工程试验检测人员实际操作的技术性工具书,也可供广大工程建设者以及高等院校、科研单位相关人员学习参考,不但可以提高试验检测人员的业务水平,而且可以有效地指导土木工程的施工,更好地控制土木工程的质量。

图书在版编目(CIP)数据

混凝土骨料质量标准及试验方法实用指南/韦汉运,赵承伟编著.—哈尔滨:哈尔滨工业大学出版社,2022.6

ISBN 978-7-5767-0005-3

Ⅰ.①混… Ⅱ.①韦… ②赵… Ⅲ.①混凝土工程-骨料-质量标准-指南 ②混凝土工程-骨料-试验方法-指南 Ⅳ.①TU755.1-62

中国版本图书馆 CIP 数据核字(2022)第 105382 号

策划编辑 许雅莹
责任编辑 李青晏
封面设计 刘长友
出版发行 哈尔滨工业大学出版社
社 址 哈尔滨市南岗区复华四道街 10 号 邮编 150006
传 真 0451-86414749
网 址 http://hitpress.hit.edu.cn
印 刷 黑龙江艺德印刷有限责任公司
开 本 787mm×1092mm 1/16 印张 18 字数 430 千字
版 次 2022 年 6 月第 1 版 2022 年 6 月第 1 次印刷
书 号 ISBN 978-7-5767-0005-3
定 价 58.00 元

前　言

近十多年来,我国工程建设进入了一个飞速发展的时期,砂、石骨料是工程建设必不可少的材料,而砂、石骨料的质量标准是判定砂、石骨料质量的依据,同时也是工程建设质量的根本;砂、石骨料的试验方法是检验砂、石骨料质量的依据,同时也是工程质量控制和质量评定的基础;砂、石骨料的质量标准以及试验方法,在工程质量保证体系中起着重要作用。随着工程建设的快速发展、科学技术水平的不断提高,需要用更加科学、规范的质量标准及检测技术来指导工程建设。

然而,当前工程的质量标准及试验检测现状与工程建设提出的又好又快发展要求相比,还存在相关工程的质量标准及试验检测技术标准不统一(如:据不完全统计,与岩石抗压强度试验有关的现行规范、规程、标准多达 15 个,且各个规范、规程、标准的规定不尽相同),其中一些试验(如:骨料压碎指标、含泥量和泥块含量试验)检测数据的真实性、有效性、准确性还有待进一步提高,从而在一定程度上制约试验检测的健康发展,影响工程质量的整体提高。

本书共分两个部分:第一部分为粗骨料质量标准及常用试验方法,第二部分为细骨料质量标准及常用试验方法。全书主要围绕 GB/T 14685—2011 与 GB/T 14684—2011 中水泥混凝土用砂、石骨料质量标准以及常用试验方法,结合水利工程、电力工程、水运工程、公路工程、铁路工程、市政工程、建筑工程现行规范、规程、标准中砂、石骨料质量标准以及常用试验方法,通过比较现行各版本规范、规程、标准中砂、石骨料质量标准以及常用试验方法之间的差异,进行深入浅出的论述以及科学严谨的论证,指出其中存在商榷之处,提出“各个技术指标平行试验单个测定值修约的数位,比算术平均值的数位多一位数位;算术平均值修约的数位,比规定极限数值的数位多一位数位”的修约值比较法等许多独到、精辟的见解,创新“骨料含泥量试验(亚甲蓝滴定法)”“骨料含粉量试验(水洗法)”等技术或方法。

为方便读者查阅,特做如下说明:

(1)本书按 GB/T 14684—2011、GB/T 14685—2011 的章、节、条顺序进行撰写,但另行编制章节,因而本书的章节与 GB/T 14684—2011、GB/T 14685—2011 略有不同;

(2)本书引用 GB/T 14684—2011、GB/T 14685—2011 的条文,用楷体字示出;

(3)本书论述的内容列于 GB/T 14684—2011、GB/T 14685—2011 条文之后,用宋体字示出,其中每个问题的论述点采用黑体字示出。

本书最大的特点是原创性与创新性，既可作为工程试验检测人员实际操作的技术性工具书，也可供广大工程建设者以及高等院校、科研单位相关人员学习参考，不但可以提高试验检测人员的业务水平，还可以有效地指导工程的施工，更好地控制工程的质量。

本书第1章“粗骨料质量标准”与第3章“细骨料质量标准”由赵承伟撰写，其余章节以及书中与韦汉运已出版的《土木工程试验检测技术研究》、《细集料含泥量与含粉量的试验研究》有关内容均由韦汉运撰写。本书在撰写过程中参考了有关规范、规程、标准、教材等资料，并得到许多朋友的大力帮助，在此谨表示衷心的感谢。特别感谢广西八桂工程监理咨询有限公司、广西交科工程咨询有限公司、湛江德明工程建设有限公司大力支持本书的出版。

由于时间仓促、水平有限，书中难免有不足之处，恳请专家及广大读者批评指正。

作　者

2022 年 1 月

目　　录

第一部分　粗骨料质量标准及常用试验方法

《建设用卵石、碎石》(GB/T 14685—2011)

第二部分　细骨料质量标准及常用试验方法

《建设用砂》(GB/T 14684—2011)

第一部分

粗骨料质量标准及常用试验方法

《建设用卵石、碎石》(GB/T 14685—2011)

第1章 粗骨料质量标准

1.1 适用范围

本标准规定了建设用卵石、碎石的术语和定义、分类、技术要求、试验方法、检验规则、标志、储存和运输等。

本标准适用于建设工程(除水工建筑物)中水泥混凝土及其制品用卵石、碎石。

1. GB/T 14685—2011 的适用范围

《建设用砂》(GB/T 14684—2011,以下简称"GB/T 14684—2011")第1节"范围:本标准规定了建设用砂的术语和定义、分类与规格、技术要求、试验方法、检验规则、标志、储存和运输等。本标准适用于建设工程中混凝土及其制品和普通砂浆用砂"。

《建设用卵石、碎石》(GB/T 14685—2011,以下简称"GB/T 14685—2011")与 GB/T 14684—2011 的适用范围相比较,两者最大的不同之处在于:GB/T 14684—2011 没有"除水工建筑物"这几个字。

虽然同是国家标准和工程建设混凝土用骨料,但两者的"适用范围"并不一致:GB/T 14684—2011 可以用于包括水工建筑物在内的水泥混凝土及其制品和普通砂浆,而 GB/T 14685—2011 不能用于水工建筑物中水泥混凝土及其制品。

通过本书以下各章节现行国家标准、行业标准粗骨料、细骨料的质量标准及其试验方法可知,包括水工建筑物在内的行业标准,除了根据各自行业的工程特点对粗骨料以及细骨料的某些技术指标提出更高的要求,或增加一些技术指标及其试验方法,或部分试验方法的内容进行局部修订外,其余内容与 GB/T 14684—2011、GB/T 14685—2011 中粗骨料、细骨料的质量标准以及试验方法差别不大。

因此,作者认为,GB/T 14684—2011 以及 GB/T 14685—2011 中的术语和定义、分类、技术要求、试验方法、检验规则、标志、储存和运输等内容,均适用于包括水工建筑物在内的各行各业建设工程中水泥混凝土和普通砂浆及其制品用粗骨料、细骨料。

2. 混凝土骨料的称呼

现行国家标准、行业标准对水泥混凝土以及砂浆用石、砂的称呼各不相同。有的称为建设用石与建设用砂(如 GB/T 14684—2011 以及 GB/T 14685—2011 等),有的称为混凝土用石与混凝土用砂[如《普通混凝土用砂、石质量及检验方法标准》(JGJ 52—2006,以下简称"JGJ 52—2006")等],有的称为粗骨料与细骨料[如《水运工程混凝土试验检测技术规范》(JTS/T 236—2019,以下简称"JTS/T 236—2019")等],有的称为粗集料与细集料[如《公路工程集料试验规程》(JTG E42—2005,以下简称"JTG E42—2005")等]。

为方便论述和读者阅读,本书对水泥混凝土以及砂浆用的石、砂,分别统称为粗骨料与细骨料。

1.2 规范性引用文件

下列文件对于本文件的应用是必不可少的。凡是注日期的引用文件,仅注日期的版本适用于本文件;凡是不注日期的引用文件,其最新版本(包括所有的修改单)适用于本文件。

GB 175 通用硅酸盐水泥、GB/T 2419 水泥胶砂流动度测定方法、GB/T 6003.1 金属丝编织网试验筛、GB/T 6003.2 金属穿孔板试验筛、GB 6566 建筑材料放射性核素限量、GB/T 17671 水泥胶砂强度检验方法(ISO 法)。

1. 规范性引用文件

现行国家标准、行业标准或地方标准很多规范、规程、标准,并没有“规范性引用文件”这一部分的内容,例如:JGJ 52—2006 等。

有的规范、规程、标准中的“规范性引用文件”,除了引用的规范、规程、标准的名称和代码不同之外,其余内容与 GB/T 14685—2011 基本相同,例如:GB/T 14684—2011 以及《铁路混凝土》(TB/T 3275—2018,以下简称“TB/T 3275—2018”)等。

有的规范、规程、标准中的“规范性引用文件”,除了引用的规范、规程、标准的名称和代码不同之外,只有 GB/T 14685—2011 中的部分内容,例如:《水质 化学需氧量的测定 重铬酸盐法》(HJ 828—2017,以下简称“HJ 828—2017”)第 2 节“规范性引用文件:本标准引用了下列文件或其中的条款。凡是未注明日期的引用文件,其最新版本适用于本标准”等。

有的规范、规程、标准中的“规范性引用文件”,除了引用的规范、规程、标准的名称和代码不同之外,其余内容与 GB/T 14685—2011 差别较大,例如:《通用硅酸盐水泥》(GB 175—2007,以下简称“GB 175—2007”)第 2 节“规范性引用文件:下列文件中的条款通过本标准的引用而成为本标准的条款。凡是注日期的引用文件,其随后所有的修改单(不包括勘误的内容)或修订版均不适用于本标准,然而,鼓励根据本标准达成协议的各方研究是否可使用这些文件的最新版本。凡是不注日期的引用文件,其最新版本适用于本标准。……GB/T 1346 水泥标准稠度用水量、凝结时间、安定性检验方法(GB/T 1346—2001,eqv ISO 9597:1989)”。

作者对 HJ 828—2017、GB 175—2007 以及 GB/T 14685—2011 等规范、规程、标准中的“规范性引用文件”,有以下几点疑问:

一是注日期的引用文件,其随后所有的修改单(包括勘误的内容)或修订版(例如:GB 175—2007 于 2009 年 9 月 1 日以及 2015 年 12 月 1 日分别实施的国家标准第 1 号修改单和第 2 号修改单)是否适用于本规范、规程、标准?

二是如果“注日期的引用文件,其随后所有的修改单(不包括勘误的内容)或修订版均不适用于本标准”,如何“鼓励根据本标准达成协议的各方研究是否可使用这些文件的最新版本”?

三是 GB 175—2007 没有重新修订之前,水泥标准稠度用水量、凝结时间及安定性的测定,是采用已经废止的《水泥标准稠度用水量、凝结时间、安定性检验方法》(GB/T

1346—2001,以下简称“GB/T 1346—2001”),还是采用 2012 年 3 月 1 日实施的《水泥标准稠度用水量、凝结时间、安定性检验方法》(GB/T 1346—2011,以下简称“GB/T 1346—2011”)?

如果根据 GB 175—2007“规范性引用文件”的规定,现行水泥标准稠度用水量、凝结时间及安定性的测定只能采用 GB/T 1346—2001,但是,GB/T 1346—2011 的“前言”明确说明“本标准代替 GB/T 1346—2001《水泥标准稠度用水量、凝结时间、安定性检验方法》”。

因此,作者认为,包括 GB/T 14684—2011、GB/T 14685—2011 等在内的国家标准、行业标准或地方标准,可不说明“规范性引用文件”这一部分的内容。

2. 国家标准、行业标准、地方标准的执行原则

我国各行业对国家标准、行业标准、地方标准的执行原则各不相同,而且,即使是同一行业,甚至是同一规范、规程、标准也互不一致。下面以现行交通运输部行业标准为例,针对水运工程以及公路工程规范、规程、标准的有关规定,分析水泥标准稠度用水量、凝结时间、安定性的测定方法。

如果根据交通运输部 2019 年第 19 号“关于发布《水运工程混凝土试验检测技术规范》的公告:《水运工程混凝土试验检测技术规范》为水运工程推荐性行业标准,标准代码为 JTS/T 236—2019”,水运工程并非强制采用 JTS/T 236—2019 测定水泥的标准稠度用水量、凝结时间、安定性。

但是,如果根据 JTS/T 236—2019 第 1.0.1 条“为统一水运工程混凝土的试验检测方法,提高试验检测质量,制定本规范”,水运工程应强制采用 JTS/T 236—2019 测定水泥的标准稠度用水量、凝结时间、安定性。

如果根据《公路工程标准施工招标文件》(2018 年版 第七章 技术规范,以下简称“《公路招标文件》”)第 101.04-4 条“当适用于工程的几种标准与规范出现意义不明或不一致时,应由监理人作出解释和校正,并就此向承包人发出指令。除非本规范另有规定,在引用的标准或规范发生分歧时,应按以下顺序优先考虑:a. 本规范;b. 中华人民共和国国家标准;c. 有关部门标准与规范”以及第 410 节“结构混凝土工程”第 410.19-2-(1)条“水泥:按……《水泥标准稠度用水量、凝结时间、安定性检验方法》(GB/T 1346—2011)……的规定做胶砂强度、安定性、凝结时间、细度等项目试验”,公路工程应采用 GB/T 1346—2011 测定水泥的标准稠度用水量、凝结时间、安定性。

如果根据已经废止的《公路桥涵施工技术规范》(JTG/T F50—2011,以下简称“JTG/T F50—2011”)以及现行的《公路桥涵施工技术规范》(JTG/T 3650—2020,以下简称“JTG/T 3650—2020”)第 6.2.2 条“水泥的检验试验方法应符合现行《公路工程水泥及水泥混凝土试验规程》(JTG E30)的规定”,公路工程水泥标准稠度用水量、凝结时间、安定性的测定,2021 年 3 月 1 日前应采用《公路水泥及水泥混凝土试验规程》(JTG E30—2005,以下简称“JTG E30—2005”),2021 年 3 月 1 日后应采用《公路工程水泥及水泥混凝土试验规程》(JTG 3420—2020,以下简称“JTG 3420—2020”)。

如果根据 JTG/T F50—2011 以及 JTG/T 3650—2020 第 6.2.1 条“公路桥涵工程采用的水泥应符合现行国家标准《通用硅酸盐水泥》(GB 175)的规定”、《公路工程工地试验室标准化指南》(2013 年版,以下简称"《公路试验室标准指南》")第5.9-(4)条"试验方法与结果判定依据应相匹配。提示:根据判定标准选择试验方法"以及 GB 175—2007 第 2 节"规范性引用文件:下列文件中的条款通过本标准的引用而成为本标准的条款。凡是注日期的引用文件,其随后所有的修改单(不包括勘误的内容)或修订版均不适用于本标准……水泥标准稠度用水量、凝结时间、安定性检验方法(GB/T 1346—2001)",公路工程应采用 GB/T 1346—2001 测定水泥的标准稠度用水量、凝结时间、安定性。

如果根据 JTG/T F50—2011 以及 JTG/T 3650—2020 第 6.2.1 条"公路桥涵工程采用的水泥应符合现行国家标准《通用硅酸盐水泥》(GB 175)的规定"、《公路试验室标准指南》第 5.9-(4)条"试验方法与结果判定依据应相匹配。提示:根据判定标准选择试验方法"以及 GB 175—2007 第 8.5 条"标准稠度用水量、凝结时间和安定性:按 GB/T 1346 进行试验",公路工程应采用 GB/T 1346—2011 测定水泥的标准稠度用水量、凝结时间、安定性。

如果根据《公路试验室标准指南》第 5.9-(4)条"工地试验室应按照相关技术标准或规范要求,使用适合的方法和程序实施试验检测活动,优先选择国家标准、行业标准、地方标准。提示:当行业标准独立于国家标准时,优先选用行业标准;当行业标准引自于国家标准时,优先采用最新标准"以及 JTG E30—2005 的"前言"中的"本次修订遵循了以下几个原则:1. ……。2. 试验方法中凡是已有国家标准(包括即将制定完成的国家标准)的,以其为基础进行修订;尚无国家标准或国家标准不能适应行业要求的,积极采用国外或其他行业的先进标准",公路工程水泥标准稠度用水量、凝结时间、安定性的测定,2005 年 8 月 1 日前应采用 GB/T 1346—2001,2005 年 8 月 1 日后应采用 JTG E30—2005,2012 年 3 月 1 日后应采用 GB/T 1346—2011,2021 年 3 月 1 日后应采用 JTG 3420—2020。

如果根据《公路试验室标准指南》附录 3"试验检测项目/参数检验频率一览表"中"桥梁工程(二)"的"试验检测项目/参数:水泥"的"依据标准:JTG/T F50—2011"、第 5.9-(4)条"试验方法与结果判定依据应相匹配。提示:根据判定标准选择试验方法"和 JTG/T F50—2011 以及 JTG/T 3650—2020 第 6.2.1 条"公路桥涵工程采用的水泥应符合现行国家标准《通用硅酸盐水泥》(GB 175)的规定"、GB 175—2007 第 8.5 条"标准稠度用水量、凝结时间和安定性:按 GB/T 1346 进行试验",公路工程应采用 GB/T 1346—2011 测定水泥的标准稠度用水量、凝结时间、安定性。

如果根据《公路试验室标准指南》附录 4"试验检测项目/参数取样要求一览表"中"水泥(四)"的"试验检测参数:标准稠度用水量、凝结时间、安定性"的"依据标准"是"GB/T 1346—2011、JTG E30—2005/T 0505—2005",公路工程水泥标准稠度用水量、凝结时间、安定性的测定可采用 GB/T 1346—2011 或 JTG E30—2005(JTG 3420—2020)。

如果根据 GB 175—2007 第 2 节"规范性引用文件:下列文件中的条款通过本标准的引用而成为本标准的条款。凡是注日期的引用文件,其随后所有的修改单(不包括勘误的内容)或修订版均不适用于本标准。……GB/T 1346—2001",水运工程以及公路工程应采用 GB/T 1346—2001 测定水泥的标准稠度用水量、凝结时间、安定性。

如果根据 GB 175—2007 第 8.5 条"标准稠度用水量、凝结时间和安定性:按 GB/T 1346 进行试验",水运工程以及公路工程应采用 GB/T 1346—2011 测定水泥的标准稠度用水量、凝结时间、安定性。

据了解，GB/T 1346—2011 于 2012 年 3 月 1 日开始实施后，交通行业水泥标准稠度用水量、凝结时间、安定性的测定方法：水运工程，既有采用 GB/T 1346—2011，也有采用《水运工程混凝土试验规程》（JTJ 270—98）或 JTS/T 236—2019；公路工程，既有采用 GB/T 1346—2011，也有采用 JTG E30—2005 或 JTG 3420—2020；唯独没有发现采用 GB/T 1346—2001。

如果根据 1990 年 4 月 6 日国务院第 53 号令《中华人民共和国标准化法实施条例》第 13 条"没有国家标准而又需要在全国某个行业范围内统一的技术要求，可以制定行业标准"、第 14 条"行业标准在相应的国家标准实施后，自行废止"、第 15 条"对没有国家标准和行业标准而又需要在省、自治区、直辖市范围内统一的工业产品的安全、卫生要求，可以制定地方标准"、第 16 条"地方标准在相应的国家标准或行业标准实施后，自行废止"、第 18 条"国家标准、行业标准分为强制性标准和推荐性标准。下列标准属于强制性标准：……；（三）工程建设的质量、安全、卫生标准及国家需要控制的其他工程建设标准；……（六）通用的试验、检验方法标准"，水泥的质量标准及其试验方法均属于强制性国家标准，各行业与水泥质量标准及其试验方法有关的标准应自行废止。

作者认为，包括水泥、粗骨料、细骨料质量标准及其试验方法的现行行业标准以及地方标准均应废止，应统一采用国家标准。

1.3　粗骨料术语和定义

1.3.1　卵石

卵石是由自然风化、水流搬运和分选、堆积形成的，粒径大于 4.75 mm 的岩石颗粒。

卵石的定义

《公路工程名词术语》（JTJ 002—1987，以下简称"JTJ 002—1987"）第十一章"工程材料与试验"第 11.0.8 条"卵石：风化岩石经水流长期搬运而成的粒径为 60 ~ 200 毫米的无棱角的天然粒料"。

JGJ 52—2006 第 2.1.5 条"卵石：由自然条件作用形成的，公称粒径大于 5.00 mm 的岩石颗粒"。

《高性能混凝土用骨料》（JG/T 568—2019，以下简称"JG/T 568—2019"）第 3.1.4 条定义的卵石与 GB/T 14685—2011 完全相同。

由于 JTJ 002—1987 定义的卵石并非用于水泥混凝土，因此不在本书的讨论范围，但 JTJ 002—1987 定义的卵石突出了卵石"无棱角的天然粒料"的特性。

JGJ 52—2006 定义的卵石与 JG/T 568—2019 以及 GB/T 14685—2011 相比较，主要区别在于卵石的形成条件：前者为"自然条件"，后者为"自然风化、水流搬运"。

众所周知，自然条件作用形成的卵石，既有江河、湖泊等处于水中的卵石，也有洼地、山岭等处于陆地上的卵石。JG/T 568—2019 以及 GB/T 14685—2011 定义的卵石只包含处于水中的卵石，而陆地上的卵石，如经过水洗、分选等措施，其技术指标完全可以达到卵石的技术要求。

作者认为,卵石确切的定义应为"由自然条件作用形成、经水洗及分选、最小粒径大于4.75 mm、最大粒径符合工程要求、无棱角、矿物组成和化学成分基本一致的天然粒料"。

1.3.2 碎石

碎石是天然岩石、卵石或矿山废石经机械破碎、筛分制成的,粒径大于4.75 mm的岩石颗粒。

碎石的定义

JTJ 002—1987第十一章"工程材料与试验"第11.0.9条"碎石:符合工程要求的岩石,经开采并按一定尺寸加工而成的有棱角的粒料"。

JGJ 52—2006第2.1.4条"碎石:由天然岩石或卵石经破碎、筛分而得的,公称粒径大于5.00 mm的岩石颗粒"。

JG/T 568—2019第3.1.5条"碎石:岩石、卵石、未经化学方法处理过的矿山尾矿,经除土、机械破碎、整形、筛分、粉控等工艺制成的,粒径大于4.75 mm的岩石颗粒"。

显而易见,JTJ 002—1987定义的碎石太过笼统,但突出了碎石"有棱角的粒料"的特性;JGJ 52—2006定义的碎石并不包含"矿山废石";GB/T 14685—2011中的矿山废石包含经化学方法处理过的矿山废石,而经化学方法处理过的矿山废石或多或少残留对水泥混凝土有害的物质。

作者认为,碎石确切的定义应为"岩石、卵石或未经化学方法处理过的矿山尾矿经机械开采、除土、破碎、筛分、粉控等工艺制成,最小粒径大于4.75 mm、最大粒径符合工程要求、有棱角、矿物组成和化学成分与母岩基本相同的粒料"。

1.3.3 针、片状颗粒

卵石、碎石颗粒的长度大于该颗粒所属相应粒级的平均粒径2.4倍者为针状颗粒;厚度小于平均粒径0.4倍者为片状颗粒。

粗骨料针、片状颗粒的定义

《水工混凝土试验规程》(SL/T 352—2020,以下简称"SL/T 352—2020")第3.29节"粗骨料针、片状颗粒含量试验"第370页的"条文说明:针状颗粒和片状颗粒的定义为:假设每一颗粒的最大尺寸为长度,第二尺寸为宽度,最小尺寸为厚度,则针状颗粒为长度大于宽度3倍的颗粒,片状颗粒为厚度小于宽度1/3的颗粒"。

《水工混凝土施工规范》(DL/T 5144—2015,以下简称"DL/T 5144—2015")第70页第3.3.6条的"条文说明"、《水工混凝土砂石骨料试验规程》(DL/T 5151—2014,以下简称"DL/T 5151—2014")第2.0.15条、JTS/T 236—2019第2.0.13条、《水运工程混凝土施工规范》(JTS 202—2011,以下简称"JTS 202—2011")表4.3.1-4"粗骨料物理性能的要求"中的"注:①"以及JGJ 52—2006第2.1.15条,均为"针、片状颗粒:凡岩石颗粒的长度大于该颗粒所属粒级的平均粒径2.4倍者为针状颗粒;厚度小于平均粒径0.4倍者为片状颗粒。平均粒径指该粒级上、下限粒径的平均值"。

JG/T 568—2019 第 3.1.6 条定义的粗骨料针、片状颗粒，与 GB/T 14685—2011 完全相同，而两者与 DL/T 5144—2015、JTS/T 236—2019、JTS 202—2011 以及 JGJ 52—2006 定义的粗骨料针、片状颗粒相比较，后者增加了“平均粒径指该粒级上、下限粒径的平均值”，更加便于试验人员理解粗骨料针、片状颗粒的定义。

JTG E42—2005 第 2.1 节“术语”第 2.1.25 条“针片状颗粒：指粗集料中细长的针状颗粒与扁平的片状颗粒。当颗粒形状的诸方向中的最小厚度（或直径）与最大长度（或宽度）的尺寸之比小于规定比例时，属于针片状颗粒”，但是，JTG E42—2005 第 37 页的“条文说明：在本方法的片状规准仪中，针状颗粒及片状颗粒的定义并没有一定的比例”。

JTG E42—2005 图 T 0311－1“针状规准仪”、图 T 0311－2“片状规准仪”以及表 T 0311－1“水泥混凝土集料针片状颗粒试验的粒级划分及其相应的规准仪孔宽或间距”，与 GB/T 14685—2011 图 1“针状规准仪”、图 2“片状规准仪”、表 13“针、片状颗粒含量试验的粒级划分及其相应的规准仪孔宽或间距”相比较，JTG E42—2005 与 GB/T 14685—2011 针片状规准仪的尺寸完全一致。

作者认为，粗骨料针、片状颗粒确切的定义应为“粗骨料颗粒的长度大于该颗粒所属粒级的平均粒径 2.4 倍者为针状颗粒；厚度小于平均粒径 0.4 倍者为片状颗粒。平均粒径指该粒级上限与下限粒径的平均值”。

1.3.4　含泥量

含泥量是指卵石、碎石中粒径小于 75 μm 的颗粒含量。

粗骨料含泥量的定义

SL/T 352—2020 第 2.0.9 条“含泥量：骨料中小于 0.08 mm 的黏土、淤泥及细屑的总含量”。

DL/T 5151—2014 第 2.0.8 条“含泥量：骨料中粒径小于 0.08 mm 的颗粒含量，包括黏土、淤泥及细屑”。

DL/T 5144—2015 第 69 页第 3.3.6 条的“条文说明”、JG/T 568—2019 第 3.1.14 条以及 JGJ 52—2006 第 2.1.6 条定义的粗骨料含泥量，与 GB/T 14685—2011 完全相同。

SL/T 352—2020 与 DL/T 5151—2014 定义的粗骨料含泥量，均含有“黏土、淤泥及细屑”，但两者表达的粗骨料含泥量有所不同：前者应为粗骨料中小于 0.075 mm 的黏土、淤泥及细屑含量，后者应为粗骨料中包括黏土、淤泥及细屑在内的、小于 0.075 mm 的颗粒含量，即后者定义的粗骨料含泥量与 GB/T 14685—2011 完全相同。

众所周知，粗骨料中小于 0.075 mm 的颗粒，既包含矿物组成和化学成分与母岩完全不同的黏土、淤泥、细屑等“泥粉”，也包含矿物组成和化学成分与母岩完全相同的“石粉”。因此，如果把粗骨料中矿物组成和化学成分与母岩完全相同的、小于 0.075 mm 的石粉作为粗骨料的含泥量，显然不符合工程实际。

作者认为，粗骨料含泥量确切的定义应为“粗骨料中粒径小于 0.075 mm 且矿物组成和化学成分与母岩完全不同的黏土、淤泥及细屑的颗粒含量”。

1.3.5　泥块含量

泥块含量是指卵石、碎石中原粒径大于4.75 mm,经水浸洗、手捏后小于2.36 mm的颗粒含量。

粗骨料泥块含量的定义

DL/T 5144—2015第69页第3.3.6条的“条文说明”、DL/T 5151—2014第2.0.12条、JTS/T 236—2019第2.0.11条以及JGJ 52—2006第2.1.8条定义的粗骨料泥块含量与GB/T 14685—2011基本相同。

根据JTS 202—2011表4.3.2以及JTS 202-2—2011表4.5.2“粗骨料杂质含量限值”中的“总含泥量”与“泥块含量”可知,粗骨料的泥块含量,只是粗骨料含泥量中的一部分;而粗骨料的含泥量,只是粗骨料小于0.075 mm颗粒中的一部分。

由于“泥块包括颗粒大于5 mm的纯泥组成的泥块,也包括含有砂、石屑的泥团以及不易筛除的包裹在碎石、卵石表面的泥”(注:摘自DL/T 5144—2015第69页第3.3.6条的“条文说明”),而粗骨料粒径大于4.75 mm,经水洗、手捏后小于2.36 mm的颗粒,不但含有0.075 mm~2.36 mm且矿物组成和化学成分与母岩完全相同的颗粒,而且,小于0.075 mm的颗粒,既包含小于0.075 mm且矿物组成和化学成分与母岩不同的“泥粉”,也包含小于0.075 mm且矿物组成和化学成分与母岩相同的“石粉”。因此,如果把粗骨料中粒径大于4.75 mm,经水洗、手捏后小于2.36 mm的颗粒含量均作为粗骨料的泥块含量,显然不符合工程实际。

作者认为,粗骨料泥块含量确切的定义应为“粗骨料粒径大于4.75 mm中的小于0.075 mm且矿物组成和化学成分与母岩完全不同的黏土、淤泥及细屑的颗粒含量”。

1.3.6　坚固性

坚固性是指卵石、碎石在自然风化和其他外界物理化学因素作用下抵抗破裂的能力。

粗骨料坚固性的定义

JGJ 52—2006第2.1.13条“坚固性:骨料在气候、环境变化或其他物理因素作用下抵抗破裂的能力”。

DL/T 5151—2014第2.0.13条定义的粗骨料坚固性,与GB/T 14685—2011完全相同,而两者与JGJ 52—2006定义的粗骨料坚固性相比较,前者既有物理因素,又有化学因素,后者只有物理因素。

作者认为,DL/T 5151—2014以及GB/T 14685—2011定义的粗骨料坚固性更加全面、确切。

1.3.7　碱集料反应

碱集料反应是指水泥、外加剂等混凝土组成物及环境中的碱与集料中碱活性矿物在潮湿环境下缓慢发生并导致混凝土开裂破坏的膨胀反应。

1. 碱集料反应的定义

JTG E42—2005第2.1节“术语”第2.1.23条“碱集料反应:水泥混凝土中因水泥和

外加剂中超量的碱与某些活性集料发生不良反应而损坏水泥混凝土的现象"。

《预防混凝土碱骨料反应技术规范》(GB/T 50733—2011,以下简称"GB/T 50733—2011")第 2.0.1 条"混凝土碱骨料反应:混凝土中的碱(包括外界渗入的碱)与骨料中的碱活性矿物成分发生化学反应,导致混凝土膨胀开裂等现象";第 2.0.2 条"碱-硅酸反应:混凝土中的碱(包括外界渗入的碱)与骨料中活性 SiO_2 发生化学反应,导致混凝土膨胀开裂等现象";第 2.0.3 条"碱-碳酸盐反应:混凝土中的碱(包括外界渗入的碱)与碳酸盐骨料中活性白云石晶体发生化学反应,导致混凝土膨胀开裂等现象"。

2. 碱活性骨料的定义

《山砂混凝土技术规程》(DB 24/016—2010,以下简称"DB 24/016—2010")第 2.1.5 条、DL/T 5151—2014 第 2.0.19 条、JTS/T 236—2019 第 2.0.14 条以及 JGJ 52—2006 第 2.1.17 条均为"碱活性骨料:能在一定条件下与混凝土中的碱发生化学反应导致混凝产生膨胀、开裂甚至破坏的骨料"。

DL/T 5151—2014 第 2.0.20 条"碱-硅酸反应活性骨料:含有非晶体或结晶不完整的二氧化硅、在适当条件下可能产生碱-骨料反应的骨料"。

DL/T 5151—2014 第 2.0.21 条"碱-碳酸盐反应活性骨料:含具有特定结构构造的微晶白云石、在适当条件下可能产生碱-骨料反应的骨料"。

1.4　粗骨料分类及类别

1.4.1　分类

建设用石分为卵石和碎石。

粗骨料的分类

JTS/T 236—2019 第 2.0.8 条"粗骨料:拌制混凝土用的质地坚硬的碎石、卵石或碎卵石"。

JTG E42—2005 第 2.1 节"术语"第 2.1.2 条"粗集料:……;在水泥混凝土中,粗集料是指粒径大于 4.75 mm 的碎石、砾石和破碎砾石"。

JG/T 568—2019 第 3.1.3 条"粗骨料(石):粒径大于 4.75 mm 的岩石颗粒。注:包括卵石和碎石",第 4.1 条"粗骨料(石)分为卵石和碎石"。

作者认为,水泥混凝土粗骨料的分类,如果严格按照本书第 1 章第 1.3 节第 1.3.1 条"卵石"以及第 1.3.2 条"碎石"的定义,粗骨料包括碎石、卵石;如需进行更为详细的划分,粗骨料可分为碎石、卵石、破碎卵石以及矿渣。

1.4.2　类别

卵石、碎石按技术要求分为Ⅰ类、Ⅱ类和Ⅲ类。

粗骨料的类别

已废止的 JTG/T F50—2011 表 6.4.1"粗集料技术指标"明确规定"注:1. Ⅰ类宜用于强度等级大于 C60 的混凝土;Ⅱ类宜用于强度等级为 C30 ~ C60 及有抗冻、抗渗或其他要求的混凝土；Ⅲ类宜用于强度等级小于 C30 的混凝土"，主要原因是"原规范对细集料（包括粗集料）的技术指标不作类的区别，本次修订按现行国家标准《建筑用砂》（GB/T 14684）、《建筑用卵石、碎石》（GB/T 14685）及行业标准《普通混凝土用砂石质量及检验方法标准》（JGJ 52）的有关规定进行了分类，施工中应根据混凝土的强度选择适用的技术指标类别"（注：摘自 JTG/T F50—2011 第 309 页第 6.3.1 条的"条文说明"）。

现行的 JTG/T 3650—2020 表 6.4.1"粗集料技术指标"，粗骨料虽然也按技术要求分为Ⅰ类、Ⅱ类和Ⅲ类，但并没有明确规定Ⅰ类、Ⅱ类和Ⅲ类粗骨料分别适用于哪一强度等级的水泥混凝土，主要原因是"本条按《建设用卵石、碎石》（GB/T 14685—2011）的规定对相关技术指标进行了修改。对表 6.4.1 中的注作了下列修改：删除了原表注 1'Ⅰ类宜用于强度等级大于 C60 的混凝土；Ⅱ类宜用于强度等级 C30 ~ C60 及有抗冻、抗渗或其他要求的混凝土；Ⅲ类宜用于强度等级小于 C30 的混凝土和砌筑砂浆'的要求"（注：摘自 JTG/T 3650—2020 第 41 页第 6.4.1 条的"条文说明"）。

《公路招标文件》第 312 节"水泥混凝土面板"第 312.02-2-(1)条"粗集料按技术要求分为Ⅰ、Ⅱ、Ⅲ级。高速公路、一级公路、二级公路及有抗（盐）冻要求的三、四级公路混凝土路面使用的粗集料级别应不低于Ⅱ级，无抗（盐）冻要求的三、四级公路混凝土路面、碾压混凝土及贫混凝土基层可使用Ⅲ级粗集料"。但是，《公路招标文件》第 410 节"结构混凝土工程"第 410.02-3 条"粗集料"，并非按技术要求分为Ⅰ、Ⅱ、Ⅲ级。

JG/T 568—2019 第 4.2 条"等级：细骨料、粗骨料按技术要求分别分为特级和Ⅰ级"，但没有说明特级、Ⅰ级粗骨料分别适用于哪一强度等级的水泥混凝土。

GB/T 14685—2011 的"前言"明确说明"删除了原用途及规格（2001 版的 4.2、4.4）"，即删除了《建筑用卵石、碎石》（GB/T 14685—2001）第 4.4 条"用途：Ⅰ类宜用于强度等级大于 C60 的混凝土；Ⅱ类宜用于强度等级 C30 ~ C60 及抗冻、抗渗或其他要求的混凝土；Ⅲ类宜用于强度等级小于 C30 混凝土"，因而无法判定Ⅰ类、Ⅱ类或Ⅲ类粗骨料分别适用于哪一强度等级的水泥混凝土。

工程实际应用中，由于无法根据水泥混凝土的强度等级选择相应的粗骨料技术指标，因此，根据试验结果可以判定粗骨料属于Ⅰ类、Ⅱ类或Ⅲ类，但无法确定粗骨料适用于哪一强度等级的水泥混凝土，因而作者认为，JTG/T 3650—2020、GB/T 14685—2011 粗骨料的分类及其相应的技术指标，失去了指导工程实际的意义。

作者认为，为充分利用全国各地的资源，且有效指导工程的施工、确保工程的质量，粗骨料除了应按技术要求划分Ⅰ类、Ⅱ类、Ⅲ类，还应明确规定Ⅰ类、Ⅱ类、Ⅲ类粗骨料分别适用的水泥混凝土强度等级。

1.5 粗骨料一般要求

1.5.1 有害物质

用矿山废石生产的碎石有害物质除应符合 1.6.4 的规定外，还应符合我国环保和安全相关的标准和规范，不应对人体、生物、环境及混凝土性能产生有害影响。

1.5.2　放射性

卵石、碎石的放射性应符合 GB 6566 的规定。

粗骨料有害物质以及放射性的规定

JG/T 568—2019 第 5.1 条"一般要求"中粗骨料有害物质以及放射性的规定，与 GB/T 14685—2011 完全相同。

据了解，除了 JG/T 568—2019 以及 GB/T 14685—2011 外，其他现行各版本规范、规程、标准的粗骨料只对水泥混凝土性能以及砂浆性能产生有害影响的物质做了相关规定，对人体、生物、环境产生有害影响的物质（包括放射性）均没有做任何规定。

作者认为，为确保粗骨料不会对人体、生物、环境、水泥混凝土性能以及砂浆性能产生有害的影响，应对包括放射性在内的有害物质作出具体规定。

1.6　粗骨料技术要求

1. 粗骨料技术要求的特性

《公路沥青路面施工技术规范》（JTG F40—2004，以下简称"JTG F40—2004"）第 4.8.2条的"条文说明：在规范关于集料的技术要求中，按其性质可分为两类：一类是反映材料来源的'资源特性'，或称为料源特性、天然特性，它是石料产地所决定的，如密度、压碎值、磨光值等；另一类是反映加工水平的'加工特性'，如石料的级配组成、针片状颗粒含量、破碎砾石的破碎面比例、棱角性、含泥量、砂当量、亚甲蓝值、细粉含量等"。

作者认为，岩石的强度属于天然特性，而骨料压碎值的大小，除了天然特性，同时与加工水平有很大关系，因此，对岩石强度、表观密度、磨光值等天然特性的技术指标，如岩质无变化，可在第一次取样时进行一次检验，骨料颗粒级配、压碎值等加工特性的技术指标，可按规定的检验批进行检验。

2. 粗骨料技术要求的适用性

JTG F40—2004 第 4.8.2 条"当单一规格集料的质量指标达不到表中要求，而按照集料配合比计算的质量指标符合要求时，工程上允许使用"及其第 122 页的"条文说明：在规范规定的技术指标中，加工性指标具有双重作用。首先它是针对采石场生产的每一个集料规格的产品的，用以检验集料是否合格，达不到要求的就是不合格品。但对工程单位来说可理解是对工程所使用的集料混合料而言的。美国 SUPERPAVE 也规定'集料标准不是针对个别集料而是针对集料混合料的'。只要综合的指标合格，也容许在工程上使用。因为对针片状颗粒含量、砂当量等指标，有的集料规格难以达到要求，有的则容易符合要求，工程上允许采用按实际比例配制的集料混合料评价这些指标是否合格"。

《公路沥青玛蹄脂碎石路面技术指南》（SHC F40-01—2002，以下简称"SHC F40-01—2002"）第 10 页的"条文说明：技术要求规定的指标，也可理解是对工程上使用的集料混合料的综合要求。例如美国 SHRP 研究成果 SUPERPAVE 沥青混合料配合比设计方法就规定'集料标准不是针对个别集料而是针对集料混合料的'"。

据上可知，现行各版本规范、规程、标准粗骨料的技术要求均为相对工程所用粗骨料的混合料而言，而非针对单一规格粗骨料而言。

3. 各行业粗骨料的技术要求

粗骨料的技术要求，现行绝大多数行业标准均做了相关的规定，有的行业标准并没有具体的规定，而是采用其他行业标准的粗骨料技术要求。例如：

《城市桥梁工程施工与质量验收规范》（CJJ 2—2008，以下简称“CJJ 2—2008”）第1.0.3条“原材料、半成品或成品的质量应符合国家现行有关标准的规定”，第7.2.4-3条“粗骨料的颗粒级配范围、各项技术指标以及碱活性检验应符合国家现行标准《普通混凝土用砂、石质量及检验方法标准》JGJ 52 的有关规定”。

1.6.1　颗粒级配

卵石、碎石的颗粒级配应符合表1.1的规定。

表1.1　颗粒级配

公称粒级/mm		累计筛余/%										
		方孔筛/mm										
		2.36	4.75	9.50	16.0	19.0	26.5	31.5	37.5	53.0	63.0	75.0
连续粒级	5~16	95~100	85~100	30~60	0~10	0	—	—	—	—	—	—
	5~20	95~100	90~100	40~80	—	0~10	0	—	—	—	—	—
	5~25	95~100	90~100	—	30~70	—	0~5	0	—	—	—	—
	5~31.5	95~100	90~100	70~90	—	15~45	—	0~5	0	—	—	—
	5~40	—	95~100	70~90	—	30~65	—	—	0~5	0	—	—
单粒粒级	5~10	95~100	80~100	0~15	0	—	—	—	—	—	—	—
	10~16	—	95~100	80~100	0~15	0	—	—	—	—	—	—
	10~20	—	95~100	85~100	—	0~15	0	—	—	—	—	—
	16~25	—	—	95~100	55~70	25~40	0~10	0	—	—	—	—
	16~31.5	—	95~100	—	85~100	—	—	0~10	0	—	—	—
	20~40	—	—	95~100	—	80~100	—	—	0~10	0	—	—
	40~80	—	—	—	—	95~100	—	—	70~100	—	30~60	0~10

1. 粗骨料颗粒级配的规定

《水利水电工程单元工程施工质量验收评定标准-混凝土工程》（SL 632—2012，以下简称“SL 632—2012”）附录C表C.1-2“粗骨料质量标准”，没有粗骨料具体的级配要求，其中粗骨料超逊径含量的规定，见表1.2。

表1.2　SL 632—2012 粗骨料的超逊径含量

检验项目		质量要求
超逊径含量/%	超径	原孔筛小于5，超径筛余量为0
	逊径	原孔筛小于10，逊径筛除量小于2

《水工混凝土施工规范》(SL 677—2014,以下简称"SL 677—2014")第 5.3.6-3 条"应控制各级骨料的超径、逊径含量。以原孔筛检验时,其控制标准:超径不大于 5%,逊径不大于 10%。当以超、逊径筛(方孔)检验时,其控制标准:超径为零,逊径不大于 2%",但没有粗骨料具体的级配要求。

DL/T 5144—2015 第 3.3.6-2 条"各级骨料的超、逊径含量可采用原孔筛检验和超、逊径筛检验"以及表 3.3.6-2"粗骨料品质"中的"超径含量:原孔筛<5%,超、逊径筛 0;逊径含量:原孔筛<10%,超、逊径筛<2%;各级粒径的中径筛余量(方孔筛检测)40% ~ 70%",但没有粗骨料具体的级配要求。

JTS 202—2011 表 4.3.5"碎石或卵石的颗粒级配范围"以及 JGJ 52—2006 表 3.2.1-2"碎石或卵石的颗粒级配范围",除了把 5 ~ 10 mm 粒级列为连续粒级且少了 10 ~ 16 mm 与 16 ~ 25 mm 两个单粒级、多了一个 31.5 ~ 63 mm 单粒级外,其余与 GB/T 14685—2011 完全相同。

JTG/T 3650—2020 表 6.4.3"粗集料的颗粒级配",与 GB/T 14685—2011 完全相同,主要原因是 JTG/T 3650—2020"按《建设用卵石、碎石》(GB/T 14685—2011)的规定对相关技术指标进行了修改"(注:摘自 JTG/T 3650—2020 第 6.4.1 条的"条文说明")。

《公路机制砂高性能混凝土技术规程》(T/CECS G:K50-30—2018,以下简称"T/CECS G:K50-30—2018")表 4.2.1"单粒级粗集料级配范围"、表 4.2.2"连续级配的粗集料级配范围",除了没有 5 ~ 40 mm 连续级配以及 20 ~ 40 mm、40 ~ 80 mm 两个单粒级外,其余与 GB/T 14685—2011 完全相同。

《公路招标文件》表 410-4"粗集料颗粒级配规格",见表 1.3。

表 1.3　《公路招标文件》粗骨料的颗粒级配

级配情况	公称粒级/mm	累计筛余(质量分数)/% 筛眼孔径(圆)/mm										
		2.5	5	10	16	20	25	31.5	40	50	63	80
连续级配	5 ~ 10	95 ~ 100	80 ~ 100	0 ~ 15	0	—	—	—	—	—	—	—
	5 ~ 16	95 ~ 100	90 ~ 100	30 ~ 60	0 ~ 10	0	—	—	—	—	—	—
	5 ~ 20	95 ~ 100	90 ~ 100	40 ~ 70	—	0 ~ 10	0	—	—	—	—	—
	5 ~ 25	95 ~ 100	90 ~ 100	—	30 ~ 70	—	0 ~ 5	0	—	—	—	—
	5 ~ 31.5	95 ~ 100	90 ~ 100	70 ~ 90	—	15 ~ 45	—	0 ~ 5	0	—	—	—
	5 ~ 40	—	95 ~ 100	75 ~ 90	—	30 ~ 60	—	—	0 ~ 5	0	—	—
单粒级	10 ~ 20	—	95 ~ 100	85 ~ 100	—	0 ~ 15	0	—	—	—	—	—
	16 ~ 31.5	—	95 ~ 100	—	85 ~ 100	—	—	0 ~ 10	0	—	—	—
	20 ~ 40	—	—	95 ~ 100	—	80 ~ 100	—	—	0 ~ 10	0	—	—
	31.5 ~ 63	—	—	—	95 ~ 100	—	—	75 ~ 100	45 ~ 75	—	0 ~ 10	0
	40 ~ 80	—	—	—	—	95 ~ 100	—	—	70 ~ 100	—	30 ~ 60	0 ~ 10

《公路招标文件》表 410-4"粗集料颗粒级配规格",与 GB/T 14685—2011 表 1 相比

较，主要有以下不同之处：5～10 mm 粒级列为连续粒级；没有 10～16 mm 与 16～25 mm 两个单粒级；多了一个 31.5～63 mm 单粒级；5～16 mm 连续粒级 5 mm 筛的累计筛余为 90%～100%；5～20 mm 连续粒级 10 mm 筛的累计筛余为 40%～70%；5～40 mm 连续粒级 10 mm 筛的累计筛余为 75%～90%、20 mm 筛的累计筛余为 30%～60%。

TB/T 3275—2018 表 9“粗骨料的累积筛余质量百分数”、《铁路混凝土工程施工技术规程》（Q/CR 9207—2017，以下简称“Q/CR 9207—2017”）表 6.3.4-1“粗骨料的颗粒级配”以及《铁路混凝土工程施工质量验收标准》（TB 10424—2018，以下简称“TB 10424—2018”）表 6.2.4-1“粗骨料的颗粒级配”，除了把 5～10 mm 粒级列为连续粒级且没有各个“单粒级”外，其余与 GB/T 14685—2011 完全相同。

JG/T 568—2019 第 5.2.1 条“供方应按单粒粒级销售，需方应按单粒粒级分仓储存。粗骨料颗粒级配应符合表 1 的规定”，但是，JG/T 568—2019 表 1“粗骨料颗粒级配”，只有与 GB/T 14685—2011 表 1 中 5～10 mm、10～16 mm、10～20 mm、16～25 mm、16～31.5 mm单粒级粗骨料完全相同的颗粒级配，并没有连续粒级粗骨料的颗粒级配。

JGJ/T 241—2011 第 4.3.1 条“粗骨料应符合现行行业标准《普通混凝土用砂、石质量及检验方法标准》JGJ 52 的规定”。

《轻集料及其试验方法 第 1 部分：轻集料》（GB/T 17431.1—2010，以下简称“GB/T 17431.1—2010”）轻集料的颗粒级配，见表 1.4。

表 1.4　GB/T 17431.1—2010 轻集料的颗粒级配

级配类别	公称粒级/mm	各号筛的累计筛余/（按质量计，%）							
		方孔筛孔径/mm							
		2.36	4.75	9.50	16.0	19.0	26.5	31.5	37.5
连续粒级	5～10	95～100	80～100	0～15	0	—	—	—	—
	5～16	95～100	85～100	20～60	0～10	0～5	0	—	—
	5～20	95～100	90～100	40～80	—	0～10	—	0～5	0
	5～25	95～100	90～100	—	30～70	—	0～10	0～5	0
	5～31.5	95～100	90～100	—	40～75	—	—	0～10	0～5
	5～40	95～100	90～100	50～85	—	40～60	—	—	0～10
单粒级	10～16	—	90～100	85～100	0～15	0	—	—	—

GB/T 17431.1—2010 轻集料的颗粒级配，与其他现行规范、规程、标准相比较，主要有以下 3 个不同之处：一是 5～16 mm、5～25 mm、5～31.5 mm 连续粒级，比上限公称粒级大一个粒级的方孔筛规定了累计筛余的范围；二是 5～20 mm 连续粒级，比上限公称粒级大两个粒级的方孔筛规定了累计筛余的范围；三是只有 10～16 mm 一个单粒级。

2. 单粒级粗骨料以及连续粒级粗骨料的定义

据了解，现行规范、规程、标准均没有对单粒级粗骨料以及连续粒级粗骨料进行确切的定义，只有类似的定义、条文说明或注释。

SL/T 352—2020 第 2.0.3 条“骨料粒级：按照粒径大小划分的不同粒径范围的粗骨料颗粒。通常将水工混凝土所用粗骨料分为 4 个粒级，粒径 5 ~ 20 mm 范围的粗骨料称为小石，粒径 20 ~ 40 mm 范围的粗骨料称为中石，粒径 40 ~ 80 mm 范围的粗骨料称为大石，粒径 80 ~ 150（或 120） mm 范围的粗骨料称为特大石”、第 2.0.4 条“级配骨料：由小石和较大粒级的骨料，按一定比例混合而成的连续级配粗骨料。在水利水电工程中，通常将按一定比例混合的小石、中石称为二级配粗骨料，将按一定比例混合的小石、中石、大石称为三级配粗骨料，将按一定比例混合的小石、中石、大石、特大石称为四级配粗骨料”。

《公路路面基层施工技术细则》实施手册（JTG/T F20—2015，以下简称“JTG/T F20—2015《实施手册》”）第 3.6.3 条“单一粒径的规格料指集料经过筛分，在相邻筛孔间剩余的质量应占其总质量的 85% 以上，即保留在上一档筛孔和通过下一档筛孔的集料质量不应大于总质量的 15%”。

JTG/T 3650—2020 表 6.4.3“粗集料的颗粒级配”中的“条文说明：连续级配粗集料的分级尺寸互相衔接，每级均占一定数量……单粒级的集料分级尺寸不相衔接”。

据上可知，5 ~ 10 mm 粒级属于连续粒级，因此，除了 GB/T 14685—2011 把 5 ~ 10 mm 粒级列为单粒级粗骨料，其他现行规范、规程、标准均把 5 ~ 10 mm 粒级列为连续粒级粗骨料。

作者认为，如果 5 ~ 10 mm 粒级单独用于水泥混凝土，则为连续粒级粗骨料；如果 5 ~ 10 mm 粒级作为连续粒级粗骨料组成的多个单粒级中的一个粒级，则为单粒级粗骨料。

3. 单粒级粗骨料及连续粒级粗骨料的使用要求

“粗集料的级配和粒径不好，必然要加大混凝土的胶凝材料总量和用水量，从而增加混凝土的收缩、增加混凝土的渗透性等不良性。为了提高混凝土的耐久性，要求采用良好的级配，粗集料的良好级配需要使孔隙小、水泥用量少、不易离析及和易性好”（注：摘自 JTG/T 3650—2020 第 42 页第 6.4.3 条的“条文说明”）。

因此，现行各行业绝大多数规范、规程、标准对单粒级以及连续粒级粗骨料的使用要求均做了明确的规定，但是，GB/T 14685—2011 并没有具体规定单粒级以及连续粒级粗骨料的使用要求。

SL 677—2014 第 5.3.6 条“粗骨料的品质要求应符合下列规定：(1) 粗骨料应质地坚硬、清洁、级配良好，如有裹粉、裹泥或污染等应清除。(2) 粗骨料的分级。粗骨料宜分为小石、中石、大石和特大石四级，粒径分别为 5 mm ~ 20 mm、20 mm ~ 40 mm、40 mm ~ 80 mm和 80 mm ~ 150（120） mm，用符号分别表示为 D_{20}、D_{40}、D_{80}、D_{150}（D_{120}）。(3) 应控制各级骨料的超径、逊径含量。以原孔筛检验时，其控制标准：超径不大于 5%，逊径不大于 10%。当以超、逊径筛（方孔）检验时，其控制标准：超径为零，逊径不大于 2%。(4) 各级骨料应避免分离。D_{20}、D_{40}、D_{80} 和 D_{150}（D_{120}）分别采用孔径为 10 mm、30 mm、60 mm 和 115（100） mm的中径筛（方孔）检验，中径筛余率宜在 40% ~70% 范围内”。

DL/T 5144—2015 第 3.3.6 条“粗骨料品质，应符合下列要求：(1) 粗骨料的分级可分为小石、中石、大石和特大石，粒径分别为 5 mm ~ 20 mm、20 mm ~ 40 mm、40 mm ~ 80 mm和 80 mm ~ 150（120） mm，最大粒径分别表示为 D_{20}、D_{40}、D_{80}、D_{150}（D_{120}）。(2) 各级骨料的超、逊径含量可采用原孔筛检验和超、逊径筛检验。(3) D_{20}、D_{40}、D_{80} 和 D_{150}（D_{120}）

可分别采用孔径为 10 mm、30 mm、60m 和 115 mm(100 mm)的中径筛(方孔)检验。(4) 粗骨料应质地坚硬、清洁、级配良好;如有裹泥或污染物等应予清除,如有裹粉应经试验确定允许含量”以及表 3.3.6-2“粗骨料品质”规定“超径含量:原孔筛<5%,超、逊径筛 0;逊径含量:原孔筛<10%,超、逊径筛<2%;各级粒径的中径筛余量(方孔筛检测)40% ~70%”。

JTS 202—2011 第 4.3.5 条“粗骨料的颗粒级配应满足表 4.3.5 的要求,并符合下列规定。4.3.5.1 当最大粒径等于或小于 40 mm 且级配适当时,可不分级;但对装配式薄壁结构所用的粗骨料,通过 1/2 最大粒径的筛余率应为 30% ~60%。4.3.5.2 在保证混凝土不离析的情况下,可采用中断级配。根据粗骨料开采和制备的具体情况,也可采用其他分级方法,但在确定各粒径级配的数量尺寸时,应保证粗骨料运输和堆放不发生显著分离现象”。

JTG/T 3650—2020 第 6.4.3 条“粗集料宜根据混凝土最大粒径采用连续两级配或连续多级配。单粒粒级宜用于组合成满足要求的连续粒级;亦可与连续粒级混合使用,改善其级配或配成较大粒度的连续粒级”。

T/CECS G:K50-30—2018 第 4.2.1 条“宜采用两个或三个粒级的粗集料混合配制连续级配粗集料,且混合前的单粒级粗集料级配应符合表 4.2.1 的规定”。

《公路招标文件》第 410.02-3-(2)条“粗集料的颗粒级配,可采用连续级配或连续级配与单粒级配合使用,如工程需要,通过试验证明混凝土无离析现象时,也可采用单粒级”。

TB/T 3275—2018 第 5.2.8 条“粗骨料宜选用同料源两种或多种级配骨料混配而成”、Q/CR 9207—2017 第 6.3.4-2 条“粗骨料应由二级或多级级配混配而成”、TB 10424—2018 第 6.2.4-1 条“粗骨料宜选用同料源两种或多种级配骨料混配而成”,说明铁路工程应采用二级或多级级配骨料混配而成的连续粒级粗骨料。但是,TB/T 3275—2018 第 5.2.1.4 条以及 TB 10424—2018 第 6.1.4 条却又规定“粗骨料……当一种级配的骨料无法满足使用要求时,可以将两种或两种以上级配的粗骨料混合使用”,说明铁路工程可以采用单一级配的连续粒级粗骨料。显然,TB/T 3275—2018 以及 TB 10424—2018 前后表达的意思互相矛盾。

JGJ 52—2006 第 3.2.1 条“混凝土用石应采用连续粒级。单粒级宜用于组合成满足要求的连续粒级;也可与连续粒级混合使用,以改善其级配或配成较大粒度的连续粒级”。

JGJ/T 241—2011 第 4.3.2 条“粗骨料宜采用连续级配的碎石或卵石。当颗粒级配不符合要求时,可采取多级配组合的方式进行调整”。

GB 50164—2011 第 2.2.3 条“粗骨料在应用方面应符合下列规定:1 混凝土粗骨料宜采用连续级配”。

“由于直接破碎的碎石和卵石一般均不能完全满足连续级配的要求,为保证粗骨料为连续级配,应采用两级配或多级配组合的方式进行调整”(注:摘自 JGJ/T 241—2011 第 31 页第 4.3.2 条的“条文说明”),且“连续级配粗骨料堆积相对紧密,空隙率比较小,有利于节约其他原材料,而其他原材料一般比粗骨料价格高,也有利于改善混凝土性能”

（注：摘自 GB 50164—2011 第 33 页第 2.2.3 条的“条文说明”）。

作者认为，水泥混凝土不应采用单粒级粗骨料或单一级配的连续粒级粗骨料，“为了确保骨料具有良好的级配，一个有效又可行的技术措施是采用多级配石，如采用二级配石或三级配石”（注：摘自 Q/CR 9207—2017 第 183 页第 6.3.3、6.3.4 条以及 TB 10424—2018 第 134 页第 6.2.3、6.2.4 条的“条文说明”）。

4. 连续粒级粗骨料的颗粒级配

作者认为，现行各版本规范、规程、标准连续粒级粗骨料的颗粒级配，除了《民用机场水泥混凝土道面设计规范》（MH/T 5004—2010，以下简称“MH/T 5004—2010”）表 D.0.4-1“粗骨料颗粒级配”、《民用机场水泥混凝土面层施工技术规范》（MH 5006—2015，以下简称“MH 5006—2015”）表 3.4.1-2“粗集料的级配范围”、《公路水泥混凝土路面施工技术细则》（JTG/T F30—2014，以下简称“JTG/T F30—2014”）表 3.3.3“粗集料与再生粗集料的级配范围”以及《公路招标文件》表 312-2“粗集料级配范围”外，其他只是名义上的连续粒级，并非严格意义上的连续粒级。

MH/T 5004—2010 表 D.0.4-1 水泥混凝土路面粗骨料的颗粒级配，见表 1.5。

表 1.5　MH/T 5004—2010 粗骨料的颗粒级配

公称粒径/mm	累计筛余/（按质量计，%）							
	方筛孔尺寸/mm							
	2.36	4.75	9.50	16.0	19.0	26.5	31.5	37.5
4.75~31.5	95~100	90~100	75~90	60~75	40~60	20~35	0~5	0

MH 5006—2015 表 3.4.1-2、JTG/T F30—2014 表 3.3.3 以及《公路招标文件》表 312-2水泥混凝土路面粗骨料的颗粒级配，见表 1.6。

表 1.6　MH 5006—2015、JTG/T F30—2014 以及《公路招标文件》粗骨料的颗粒级配

类型级配	粒径/mm	方筛孔尺寸/mm							
		2.36	4.75	9.50	16.0	19.0	26.5	31.5	37.5
		累计筛余/（按质量计，%）							
合成级配	4.75~16	95~100	85~100	40~60	0~10	—	—	—	—
	4.75~19	95~100	85~95	60~75	30~45	0~5	0	—	—
	4.75~26.5	95~100	90~100	70~90	50~70	25~40	0~5	0	—
	4.75~31.5	95~100	90~100	75~90	60~75	40~60	20~35	0~5	—
单粒级	4.75~9.5	95~100	80~100	0~15	0	—	—	—	—
	9.5~16	—	95~100	80~100	0~15	0	—	—	—
	9.5~19	—	95~100	85~100	40~60	0~15	0	—	—
	16~26.5	—	—	95~100	55~70	25~40	0~10	0	—
	16~31.5	—	—	95~100	85~100	55~70	25~40	0~10	0

由于"连续级配粗集料的分级尺寸互相衔接,每级均占一定数量"(注:摘自 JTG/T F50—2011 第 309 页以及 JTG/T 3650—2020 第 42 页第 6.4.3 条的"条文说明"),而现行各版本规范、规程、标准 5 ~ 20 mm 及其以上各连续粒级,至少有 1 个标准筛没有规定具体的级配范围,其中 5 ~ 40 mm 连续粒级的 16 mm、26.5 mm、31.5 mm 3 个标准筛均没有规定具体的级配范围,因而可能出现同一粗骨料同时符合多个连续粒级的现象。

例如:某水泥混凝土配合比设计时要求使用的粗骨料为 5 ~ 31.5 mm 连续级配碎石,工程中拟使用的粗骨料 1、粗骨料 2、粗骨料 3 的筛分结果,见表 1.7。

表 1.7 5 ~ 31.5 mm 连续级配碎石规定的级配范围及 3 个粗骨料的筛分结果

筛孔尺寸/mm	2.36	4.75	9.5	16	19	26.5	31.5	37.5
规范规定的累计筛余/%	95 ~ 100	90 ~ 100	70 ~ 90	—	15 ~ 45	—	0 ~ 5	0
粗骨料 1 的累计筛余/%	95	90	70	42	15	5	0	0
粗骨料 2 的累计筛余/%	100	100	90	67	45	25	5	0
粗骨料 3 的累计筛余/%	100	100	90	67	45	0	0	0

从表 1.7 可以看出,上述 3 个粗骨料的颗粒组成均符合 5 ~ 31.5 mm 粗骨料的级配范围,而且,即使粗骨料 1 与粗骨料 2 的 20 mm 筛累计筛余最大相差达到 30%,但粗骨料 1 与粗骨料 2 均符合 5 ~ 31.5 mm 粗骨料的级配范围。

如果再仔细分析上述 3 个粗骨料的颗粒组成,粗骨料 1 不但符合 5 ~ 31.5 mm 粗骨料的级配范围,而且符合 5 ~ 25 mm 粗骨料的级配范围;粗骨料 2 不但符合 5 ~ 31.5 mm 粗骨料的级配范围,而且符合 5 ~ 40 mm 粗骨料的级配范围;粗骨料 3 不但符合 5 ~ 31.5 mm 粗骨料的级配范围,而且符合 5 ~ 40 mm 粗骨料的级配范围,甚至符合 5 ~ 25 mm 粗骨料的级配范围(详见表 1.8、表 1.9)。

表 1.8 5 ~ 25 mm 连续级配碎石规定的级配范围及 2 个粗骨料的筛分结果

筛孔尺寸/mm	2.36	4.75	9.5	16	19	26.5	31.5
规范规定的级配范围/%	95 ~ 100	90 ~ 100	—	30 ~ 70	—	0 ~ 5	0
粗骨料 1 的累计筛余/%	95	90	70	42	15	5	0
粗骨料 3 的累计筛余/%	100	100	90	67	45	0	0

表 1.9 5 ~ 40 mm 连续级配碎石规定的级配范围及 2 个粗骨料的筛分结果

筛孔尺寸/mm	4.75	9.5	16	19	26.5	31.5	37.5
规范规定的级配范围/%	95 ~ 100	70 ~ 90	—	30 ~ 65	—	—	0 ~ 5
粗骨料 2 的累计筛余/%	100	90	67	45	25	5	0
粗骨料 3 的累计筛余/%	100	90	67	45	0	0	0

作者认为,粗骨料的连续粒级,应如 MH/T 5004—2010、MH 5006—2015 以及 JTG/T F30—2014 明确规定连续粒级中各个方孔筛的级配范围,且比上限公称粒级大一个粒级

的方孔筛上的累计筛余应为零、上限公称粒级的方孔筛应含有一定数量的粗骨料。

5. 单粒级粗骨料的颗粒级配

据上可知，粗骨料的技术要求均为相对于连续粒级粗骨料而言，但是，工程实际应用中，难免会出现连续粒级粗骨料颗粒级配合格、单粒级粗骨料颗粒级配不合格的情况。

据了解，当水泥混凝土单粒级粗骨料颗粒级配出现不合格时，唯有 JTG F40—2004 第 4.8.2 条"当单一规格集料的质量指标达不到表中要求，而按照集料配合比计算的质量指标符合要求时，工程上允许使用"。

粗骨料的其他技术指标也有类似的说明，例如：SHC F40-01—2002 第 10 页的"条文说明：由于实际上一个工程使用的粗细集料往往由几种规格的集料配合而成，粗的和不太粗的指标不一样，例如对针片状颗粒含量来说，10 ~ 20 mm 粗集料的针片状颗粒含量较少，而 5 ~ 10 mm 粗集料的针片状颗粒含量往往比较多。所以在使用时也允许计算集料混合料的综合指标，只要综合指标合格，也允许在工程上使用……。这种情况对其他各种指标，如压碎值、洛杉矶磨耗值、破碎面比例等也可能遇到"。

作者认为，水泥混凝土单粒级粗骨料的颗粒级配范围可供采石场生产粗骨料参考使用，但并非作为粗骨料颗粒级配的评定结果；如出现连续粒级粗骨料颗粒级配合格、单粒级粗骨料颗粒级配不合格的情况，粗骨料的颗粒级配应视为合格。

6. 粗骨料 4.75 mm 以下颗粒的含量

现行各版本规范、规程、标准各连续粒级粗骨料小于 4.75 mm 颗粒的最大含量：5 ~ 10 mm 连续粒级为 20%；5 ~ 16 mm 连续粒级为 15%；5 ~ 20 mm、5 ~ 25 mm 以及 5 ~ 31.5 mm连续粒级为 10%；5 ~ 40 mm 连续粒级为 5%。

作者认为，粗骨料不宜含有过多小于 4.75 mm 的颗粒，理由如下：

一是根据现行各版本规范、规程、标准细骨料的定义，粗骨料中粒径小于 4.75 mm 的颗粒，应属于细骨料。

二是根据 SHC F40-01—2002 第 10 页的"条文说明：10 ~ 20 mm 粗集料的针片状颗粒含量较少，而 5 ~ 10 mm 粗集料的针片状颗粒含量往往比较多"以及 JTG E42—2005 表 T 0312-2"不同试验方法测定的集料中针片状颗粒含量"可知，粗骨料的粒径越小，针片状颗粒含量越大，而针片状颗粒是粗骨料最易破坏的颗粒。

三是根据《水工混凝土配合比设计规程》(DL/T 5330—2015)第 2.1.17 条"砂率：混凝土中砂与砂石的体积比或质量比"，随着细骨料的增加，水泥混凝土的实际砂率，将大于理论配合比的设计砂率。经计算，如果水泥混凝土原有细骨料的用量不变，粗骨料中小于 4.75 mm 的颗粒含量每增加 1%，水泥混凝土的实际砂率将增大 0.5% 左右。

由于粗骨料生产过程中不可避免含有部分小于 4.75 mm 的颗粒，为符合工程实际并保证水泥混凝土砂率不会产生大的变化，作者认为，水泥混凝土粗集料 4.75 mm 以下颗粒的含量不应超过 2%。

7. 方孔筛与圆孔筛粗骨料的颗粒级配

如果仔细比较已经废止的以及现行的各版本规范、规程、标准圆孔筛与方孔筛的粗骨料颗粒级配，方孔筛粗骨料的颗粒级配，"除将 5 ~ 16 的 4.75 mm 筛上的累计筛余由原 90 ~ 100改为 85 ~ 100 外，其余的均没变"(注：摘自 JGJ 52—2006 第 97 页第 3.2.1 条的

"条文说明")。

现行方孔筛粗骨料颗粒级配的修订应该是依据 SL/T 352—2020 第 367 页第 3.1 节"细骨料颗粒级配试验"的"条文说明:依据水工混凝土用砂粗骨料生产用筛的实际情况,将试验筛筛孔形统一为'方孔'……。对比试验表明,两者的筛分结果差别不大,可以对应替换使用"或 JGJ 52—2006 第 97 页第 3.2.1 条的"条文说明:ISO 6274《混凝土-骨料的筛分析》方法中规定试验用筛要求用方孔筛,为与国际标准一致,同时考虑到试验筛与生产用筛一致,将原来的圆孔筛改为方孔筛。为使原有指标不产生大的变化,圆孔改为方孔后,筛子的尺寸相应的变小。编制组共进行了 164 组对比试验,对不同公称粒径的级配进行了圆孔筛及方孔筛筛分析。试验证明,筛分结果基本与原标准的颗粒级配范围基本相符合"。

但是,如果根据作者已出版的《土木工程试验检测技术研究》中"方圆之差,天壤之别"等多篇论文的试验结果,采用现行的方孔筛与已经废止的圆孔筛分别测定的粗骨料颗粒级配存在很大的差异。

根据作者大量的试验数据以及严谨的数据换算,现行水泥混凝土各连续粒级粗骨料方孔筛各号筛的级配范围,见表 1.10。

表 1.10　现行水泥混凝土连续粒级粗骨料方孔筛的级配范围

公称粒径/mm	累计筛余/%								
	方孔筛/mm								
	2.36	4.75	9.5	16.0	19.0	26.5	31.5	37.5	53.0
5 ~ 10	93 ~ 100	73 ~ 93	0 ~ 12	0	—	—	—	—	—
5 ~ 16	93 ~ 100	80 ~ 97	24 ~ 51	0 ~ 2	0	—	—	—	—
5 ~ 20	93 ~ 100	85 ~ 98	36 ~ 73	3 ~ 15	0 ~ 5	0	—	—	—
5 ~ 25	93 ~ 100	86 ~ 97	53 ~ 81	16 ~ 41	7 ~ 21	0	—	—	—
5 ~ 31.5	94 ~ 100	88 ~ 98	65 ~ 85	19 ~ 47	11 ~ 34	0 ~ 5	0	—	—
5 ~ 40	95 ~ 100	93 ~ 98	66 ~ 87	33 ~ 66	25 ~ 55	9 ~ 23	1 ~ 7	0 ~ 4	0

综上所述,为确保工程质量,作者认为,工程实际使用的连续粒级粗骨料颗粒级配除了应采用同料源、同规格、同生产工艺的两种或多种级配粗骨料混配而成外,尚应同时符合以下四个基本条件:① 粗骨料实际最大颗粒的尺寸应符合结构最小尺寸以及钢筋最小净距等有关规定;② 颗粒组成应符合选定连续粒级粗骨料的级配范围;③ 包括"公称最大粒径"在内的各号标准筛均应占一定数量的颗粒,且最大粒径方孔筛的累计筛余应为零;④ 4.75 mm 以下颗粒含量不应超过 2%。

1.6.2　含泥量和泥块含量

卵石、碎石的含泥量和泥块含量应符合表 1.11 的规定。

表1.11　含泥量和泥块含量

类别	Ⅰ	Ⅱ	Ⅲ
含泥量(按质量计)/%	≤0.5	≤1.0	≤1.5
泥块含量(按质量计)/%	0	≤0.2	≤0.5

1.粗骨料含泥量及泥块含量的规定

SL 677—2014 以及 SL 632—2012 粗骨料含泥量及泥块含量的规定,见表1.12。

表1.12　SL 677—2014 及 SL 632—2012 粗骨料的含泥量和泥块含量

项目		指标
含泥量/%	D_{20}、D_{40}粒径级	≤1
	D_{80}、D_{150}(D_{120})粒径级	≤0.5
泥块含量/%		不允许

注:粗骨料如有裹粉、裹泥或污染等应清除。

DL/T 5144—2015 粗骨料含泥量及泥块含量的规定,见表1.13。

表1.13　DL/T 5144—2015 粗骨料的含泥量和泥块含量

粒径级	D_{20}、D_{40}	D_{80}、D_{150}(D_{120})
含泥量/%	≤1	≤0.5
泥块含量/%	不允许	

注:粗骨料如有裹泥或污染物等应予清除,如有裹粉应经试验确定允许含量。

JTS 202—2011 粗骨料含泥量及泥块含量的规定,见表1.14。

表1.14　JTS 202—2011 粗骨料的含泥量和泥块含量

项目	有抗冻性要求		无抗冻性要求		
	>C40	≤C40	≥C60	C55 ~ C30	<C30
总含泥量/(按质量计,%)	≤0.5	≤0.7	≤0.5	≤1.0	≤2.0
泥块含量/(按质量计,%)	≤0.2		≤0.2	≤0.5	<0.7

注:含泥基本是非黏土质的石粉时,对无抗冻性要求的混凝土所用粗骨料的总含泥量可由1.0%、2.0%分别提高到1.5%、3.0%。

T/CECS G:K50-30—2018 表4.2.4"粗集料的检测项目、指标及试验方法"中的"含泥量≤1%;泥块含量≤0.5%"。

JTG/T 3650—2020 粗骨料含泥量及泥块含量的规定,与 GB/T 14685—2011 完全相同。

《公路招标文件》粗骨料含泥量及泥块含量的规定,见表1.15。

表 1.15　《公路招标文件》粗骨料的含泥量和泥块含量

指标	混凝土强度等级	
	≥C30	<C30
含泥量/(按质量计,%)	≤1.0	≤2.0
泥块含量/(按质量计,%)	≤0.5	≤0.7

TB/T 3275—2018、TB 10424—2018 以及 Q/CR 9207—2017 粗骨料含泥量及泥块含量的规定,见表 1.16。

表 1.16　铁路工程粗骨料的含泥量和泥块含量

混凝土强度等级	≥C50	C45 ~ C30	<C30
含泥量/(按质量计,%)	≤0.5	≤1.0	≤2.0
泥块含量/(按质量计,%)	≤0.2		

JGJ 52—2006 粗骨料含泥量及泥块含量的规定,见表 1.17。

表 1.17　JGJ 52—2006 粗骨料的含泥量和泥块含量

混凝土强度等级	≥C60	C55 ~ C30	≤C25
含泥量/(按质量计,%)	≤0.5	≤1.0	≤2.0
泥块含量/(按质量计,%)	≤0.2	≤0.5	≤0.7

注:①对于有抗冻、抗渗或其他特殊要求的混凝土,其所用碎石或卵石中含泥量不应大于 1.0%;当碎石或卵石的含泥是非黏土质的石粉时,其含泥量可由表 3.2.3 的 0.5%、1.0%、2.0%,分别提高到 1.0%、1.5%、3.0%。②对于有抗冻、抗渗或其他特殊要求的强度等级小于 C30 的混凝土,其所用碎石或卵石中泥块含量不应大于 0.5%。

JG/T 568—2019 粗骨料含泥量及泥块含量的规定,见表 1.18。

表 1.18　JG/T 568—2019 粗骨料的含泥量和泥块含量

项目	卵石		碎石	
	特级	Ⅰ级	特级	Ⅰ级
含泥量/(按质量计,%)	≤0.5	≤1.0	≤1.0	≤1.0
泥块含量/(按质量计,%)	0	≤0.2	0	≤0.2

2. 粗骨料含泥量及泥块含量的适用性

据上可知,包括粗骨料含泥量及泥块含量在内的技术指标均为针对连续粒级粗骨料而言,唯独铁路工程尚要求单粒级粗骨料符合连续粒级粗骨料含泥量及泥块含量的规定。

TB/T 3275—2018 第 5.2.8 条"粗骨料宜选用同料源两种或多种级配骨料混配而成,其性能应满足表 8 ~ 表 10 的要求,且各级配骨料的含泥量、泥块含量也应满足表 8 的要求"。

TB 10424—2018 第 6.2.4-5 条"粗骨料的其他性能应符合表 6.2.4-3 的规定。各级配骨料的含泥量、泥块含量也应满足表 6.2.4-3 的要求"及第 6.2.3 和 6.2.4 条第 135 页的"条文说明:为加强粗骨料质量的过程控制,完善控制流程,特提出混凝土用粗骨料的含泥量、泥块含量应分级检验,不合格的分级骨料不应用于混凝土施工。当由粗骨料的含泥量、泥块含量引发工程质量争议时,可按使用分级比例混合后骨料的泥块含量、含泥量是否满足技术要求,对工程质量进行判定"。

Q/CR 9207—2017 的正文没有上述规定,但其第 6.3.3、6.3.4 条第 184 页的"条文说明",与 TB 10424—2018 第 6.2.3 和 6.2.4 条第 135 页的"条文说明"完全相同。

但是,TB/T 3275—2018 表 9"粗骨料的累积筛余质量百分数"、TB 10424—2018 表 6.2.4-1以及 Q/CR 9207—2017 表 6.3.4-1"粗骨料的颗粒级配",只有连续粒级的粗骨料,没有单粒级的粗骨料。

由于无法理解铁路工程"各级配骨料(分级骨料)"及其含泥量、泥块含量的相关规定,且粗骨料的技术指标只针对连续粒级粗骨料,因此,作者认为,铁路工程可以不对各级配骨料(分级骨料)含泥量、泥块含量做规定。

1.6.3　针、片状颗粒含量

卵石、碎石的针、片状颗粒含量应符合表 1.19 的规定。

表 1.19　针、片状颗粒含量

类别	Ⅰ	Ⅱ	Ⅲ
针、片状颗粒总含量(按质量计)/%	≤5	≤10	≤15

1. 粗骨料的针、片状颗粒含量的规定

SL 632—2012 粗骨料的针、片状颗粒含量的规定,见表 1.20。

表 1.20　SL 632—2012 粗骨料的针、片状颗粒含量

检验项目	质量要求
针、片状颗粒含量/%	≤15,经论证可以放宽至 25

SL 677—2014 粗骨料的针、片状颗粒含量的规定,见表 1.21。

表 1.21　SL 677—2014 粗骨料的针、片状颗粒含量

项目		指标
针、片状颗粒含量/%	设计龄期强度等级≥30 MPa 和有抗冻要求的混凝土	≤15
	设计龄期强度等级<30 MPa	≤25

DL/T 5144—2015 粗骨料的针、片状颗粒含量的规定,见表 1.22。

表 1.22　DL/T 5144—2015 粗骨料的针、片状颗粒含量

项目	指标	备注
针、片状颗粒含量/%	≤15	经试验论证可适当放宽

JTS 202—2011 粗骨料的针、片状颗粒含量的规定，见表 1.23。

表 1.23　JTS 202—2011 粗骨料的针、片状颗粒含量

指标名称	有抗冻性要求		无抗冻性要求	
	≥C30	<C30	≥C30	<C30
针、片状颗粒含量/(按质量计,%)	≤15	≤25	≤15	≤25

《公路招标文件》粗骨料的针、片状颗粒含量的规定，见表 1.24。

表 1.24　《公路招标文件》粗骨料的针、片状颗粒含量

指标	混凝土强度等级	
	≥C30	<C30
针、片状颗粒含量/%	≤15	≤25

JTG/T 3650—2020 粗骨料的针、片状颗粒含量的规定与 GB/T 14685—2011 完全相同。

T/CECS G:K50-30—2018 表 4.2.4“粗集料的检测项目、指标及试验方法”中的“泵送混凝土:<5.0%;非泵送混凝土:<8.0%”。

TB/T 3275—2018、TB 10424—2018 以及 Q/CR 9207—2017 粗骨料的针、片状颗粒含量的规定，见表 1.25。

表 1.25　铁路工程粗骨料的针、片状颗粒含量

混凝土强度等级	≥C50	C45 ~ C30	<C30
针、片状颗粒含量/(按质量计,%)	≤5	≤8	≤10

JGJ 52—2006 粗骨料的针、片状颗粒含量的规定，见表 1.26。

表 1.26　JGJ 52—2006 粗骨料的针、片状颗粒含量

混凝土强度等级	≥C60	C55 ~ C30	≤C25
针、片状颗粒含量/(按质量计,%)	≤8	≤15	≤25

JG/T 568—2019 粗骨料的针、片状颗粒含量的规定，见表 1.27。

表 1.27　JG/T 568—2019 粗骨料的针、片状颗粒含量

项目	卵石		碎石	
	特级	Ⅰ级	特级	Ⅰ级
针、片状颗粒含量/%	≤3	≤5	≤3	≤5

2. 与粗骨料的针、片状颗粒含量有关的调查及研究

DL/T 5144—2015 第70 页第3.3.6 条的“条文说明:关于表3.3.6-2:……(4) 针、片状颗粒含量限定值维持原标准不变,经试验论证,限值可放宽至25%”。

JGJ 52—2006 第98 页第3.2.2 条的“条文说明:经调查,用于 C60 混凝土的808 个批次的碎石针、片状颗粒含量>8%的占39.6%、>10%的占22.5%、>12%的占5.4%,若将指标定在5%将有一半的石子无法使用,实践证明8%含量的针、片状颗粒能够配制 C60 的混凝土,因此本次修订将 C60 及 C60 以上混凝土的针、片状颗粒含量规定为≤8%”。

T/CECS G:K50-30—2018 表4.2.4“粗集料的检测项目、指标及试验方法”中的“条文说明:《公路桥涵施工技术规范》(JTG/T F50—2011)规定高强混凝土用粗集料的针片状颗粒含量应小于5.0%,对机制砂高强混凝土的泵送性能非常有利。但对非泵送机制砂高性能混凝土,针、片状颗粒含量在8.0%以内影响不大。《普通混凝土用砂、石质量标准及检验方法》(JGJ 52—2006)对针、片状颗粒含量控制较宽,C30 ~ C55 为不大于15%;C60 以上为不大于8.0%;另外,《建设用卵石、碎石》(GB/T 14685—2011)放得更宽,不赘述。因此,即便本规程规定非泵送机制砂高性能混凝土针、片状颗粒含量小于8.0%,仍是较严的”。

如果根据 JGJ 52—2006 第98 页第3.2.2 条上述的“条文说明”,片状颗粒含量>8%的粗骨料占67.5%(39.6%+22.5%+5.4%=67.5%),说明将近70%岩石不能用于 JTG/T F50—2011>C60 混凝土、铁路工程≥C50 混凝土、JGJ 52—2006≥C60 混凝土、JTG/T 3650—2020 与 GB/T 14685—2011 Ⅰ类粗骨料、T/CECS G:K50-30—2018 与 JG/T 568—2019 所有混凝土。

1.6.4　有害物质

有害物质限量应符合表1.28 的规定。

表1.28　有害物质限量

类别	Ⅰ	Ⅱ	Ⅲ
有机物	合格	合格	合格
硫化物及硫酸盐(按 SO_3 质量计)/%	≤0.5	≤1.0	≤1.0

1. 粗骨料有害物质的规定

SL 632—2012 以及 SL 677—2014 粗骨料有害物质的规定,见表1.29。

表1.29　SL 632—2012 及 SL 677—2014 粗骨料的有害物质

项目	指标
有机质含量	浅于标准色
硫化物及硫酸盐含量/%	≤0.5

DL/T 5144—2015 粗骨料有害物质的规定,见表1.30。

表 1.30　DL/T 5144—2015 粗骨料的有害物质

项目	指标	备注
有机质含量	浅于标准色	如深于标准色,应进行混凝土强度对比试验,抗压强度比不应低于 0.95
硫化物及硫酸盐含量/%	≤0.5	折算成 SO_3 含量,按质量计

JTS 202—2011 粗骨料有害物质的规定,见表 1.31。

表 1.31　JTS 202—2011 粗骨料的有害物质

项目	有抗冻性要求		无抗冻性要求		
	>C40	≤C40	≥C60	C55 ~ C30	<C30
水溶性硫酸盐及硫化物/(按质量计,%)	≤0.5		≤1.0		
有机物含量(比色法)	颜色不应深于标准色。当深于标准色时,应进行混凝土对比试验,相对抗压强度不应低于 95%				

JTG/T 3650—2020 粗骨料的有害物质,与 GB/T 14685—2011 完全相同,且表 6.4.1“粗集料技术指标”中的“注:3. 当粗集料中含有颗粒状硫酸盐或硫化物杂质时,应进行专门检验,确认能满足混凝土耐久性要求后,方可采用”。

T/CECS G:K50-30—2018 表 4.2.4“粗集料的检测项目、指标及试验方法”中的“硫化物或硫酸盐:≤1%,如含有颗粒状硫化物或硫酸盐,应进行混凝土耐久性试验,满足要求时方可使用”。

《公路招标文件》粗骨料有害物质的规定,见表 1.32。

表 1.32　《公路招标文件》粗骨料的有害物质

项目	≥C50	C45 ~ C30	<C30
有机物含量(卵石)	浅于标准色		
硫化物及硫酸盐含量/(按 SO_3 质量计,%)	≤0.5		

TB/T 3275—2018、TB 10424—2018 以及 Q/CR 9207—2017 粗骨料有害物质的规定,见表 1.33。

表 1.33　铁路工程粗骨料的有害物质

混凝土强度等级	品质指标
卵石中有机物含量(用比色法试验)	颜色不应深于标准色。如深于标准色,则应配制成混凝土进行强度试验,抗压强度应不低于 95%
硫化物及硫酸盐含量/(折算为 SO_3 按质量计,%)	≤1

JGJ 52—2006 粗骨料有害物质的规定，见表 1.34。

表 1.34　JGJ 52—2006 粗骨料的有害物质

项目	质量要求
卵石中有机物含量（用比色法试验）	颜色应不深于标准色。当颜色深于标准色时，应配制成混凝土进行强度对比试验，抗压强度比应不低于 0.95
硫化物及硫酸盐含量/（按 SO_3 质量计，%）	≤1.0
注：当碎石或卵石中含有颗粒状硫酸盐或硫化物杂质时，应进行专门检验，确认能满足混凝土耐久性要求后，方可采用。	

JG/T 568—2019 粗骨料有害物质的规定，见表 1.35。

表 1.35　JG/T 568—2019 粗骨料的有害物质

项目	卵石		碎石	
	特级	Ⅰ级	特级	Ⅰ级
有机质含量	合格		合格	
硫化物及硫酸盐含量/（按 SO_3 质量计，%）	≤0.5	≤1.0	≤0.5	≤1.0
注：当粗骨料中含有颗粒状的硫酸盐或硫化杂质时，应进行专门检验，确认能满足混凝土耐久性要求后，方能采用；当粗骨料中含有黄铁矿时，硫化物及硫酸盐含量（按 SO_3 质量计）不得超过 0.25%。				

2. 粗骨料的有机物含量

现行规范、规程、标准，对于粗骨料有机物含量的适用对象，有的只针对卵石，有的针对卵石和碎石，有的没有说明是针对卵石或碎石；对于粗骨料有机物含量的指标要求，有的只规定“合格”，有的只规定“浅于标准色”，有的规定“颜色不应深于标准色”，且对颜色深于标准色时的试验结果做了明确的规定。

例如：DL/T 5144—2015、JTS 202—2011、TB/T 3275—2018、TB 10424—2018、Q/CR 9207—2017 以及 JGJ 52—2006 粗骨料有机物含量的试验结果，均规定“当颜色深于标准色时，应配制成混凝土进行强度对比试验，抗压强度比应不低于 0.95”，而水利工程以及公路工程并没有此规定。

1.6.5　坚固性

采用硫酸钠溶液法进行试验，卵石、碎石的质量损失应符合表 1.36 的规定。

表 1.36　坚固性指标

类别	Ⅰ	Ⅱ	Ⅲ
质量损失/%	≤5	≤8	≤12

粗骨料坚固性的规定

SL 632—2012 粗骨料坚固性的规定,见表 1.37。

表 1.37 SL 632—2012 粗骨料的坚固性

坚固性/%	有抗冻要求	≤5
	无抗冻要求	≤8

SL 677—2014 粗骨料坚固性的规定,见表 1.38。

表 1.38 SL 677—2014 粗骨料的坚固性

坚固性/%	有抗冻和侵蚀作用的混凝土	≤5
	无抗冻要求的混凝土	≤12

DL/T 5144—2015 粗骨料坚固性的规定,见表 1.39。

表 1.39 DL/T 5144—2015 粗骨料的坚固性

坚固性/%	有抗冻要求的混凝土	≤5	经试验论证可适当放宽
	无抗冻要求的混凝土	≤12	

JTS 202—2011 表 4.3.1-4 中的"注:④ 对粗骨料的坚固性有怀疑时,应用硫酸钠溶液法进行检验,经浸烘 5 次循环后的失重率有抗冻要求的混凝土应不大于 3%,强度等级大于等于 C30 的混凝土应不大于 5%"。

JTG/T 3650—2020 表6.4.1 规定的粗骨料坚固性与 GB/T 14685—2011 完全相同,且第 6.4.2 条"当混凝土结构物处于不同环境条件下时,粗集料坚固性试验的结果除应符合表6.4.1 的规定外,尚应符合表6.4.2 的规定"。JTG/T 3650—2020 表6.4.2 的规定见表 1.40。

表 1.40 JTG/T 3650—2020 粗骨料的坚固性

混凝土所处环境条件	在硫酸钠溶液中循环 5 次后的质量损失/%
寒冷地区,经常处于干湿交替状态	<5
严寒地区,经常处于干湿交替状态	<3
混凝土处于干燥条件,但粗骨料风化或软弱颗粒过多时	<12
混凝土处于干燥条件,但有抗疲劳、耐磨、抗冲击要求高或强度等级大于 C40	<5

注:有抗冻、抗渗要求的混凝土用硫酸钠法进行粗骨料坚固性试验不合格时,可再进行直接冻融试验。

T/CECS G:K50-30—2018 表 4.2.4"粗集料的检测项目、指标及试验方法"中的"坚固性:5 次循环后的质量损失≤5%"。

《公路招标文件》粗骨料坚固性的规定,见表 1.41。

表 1.41　《公路招标文件》粗骨料的坚固性

混凝土所处环境条件	在溶液中循环次数	试验后质量损失不大于/%
寒冷地区,经常处于干湿交替状态	5	5
严寒地区,经常处于干湿交替状态	5	3
混凝土处于干燥条件,但粗骨料风化或软弱颗粒过多时	5	12
混凝土处于干燥条件,但有抗疲劳、耐磨、抗冲击要求高或强度大于 C40	5	5

TB/T 3275—2018、TB 10424—2018 以及 Q/CR 9207—2017 粗骨料坚固性的规定,见表 1.42。

表 1.42　铁路工程粗骨料的坚固性

混凝土强度等级	≥C50	C45~C30	<C30
坚固性/%	≤8(用于预应力混凝土结构时≤5)		

JGJ 52—2006 粗骨料坚固性的规定,见表 1.43。

表 1.43　JGJ 52—2006 粗骨料的坚固性

混凝土所处的环境条件及其性能要求	5 次循环后的质量损失/%
在严寒及寒冷地区室外使用,并经常处于潮湿或干湿交替状态下的混凝土;有腐蚀性介质作用或经常处于水位变化区的地下结构或有抗疲劳、耐磨、抗冲击等要求的混凝土	≤8
在其他条件下使用的混凝土	≤12

JG/T 568—2019 粗骨料坚固性的规定,见表 1.44。

表 1.44　JG/T 568—2019 粗骨料的坚固性

项目	卵石		碎石	
	特级	Ⅰ级	特级	Ⅰ级
坚固性/(质量损失,%)	≤5	≤8	≤5	≤8

1.6.6　强度

1.6.6.1　岩石抗压强度

在水饱和状态下,其抗压强度火成岩应不小于 80 MPa,变质岩应不小于 60 MPa,水成岩应不小于 30 MPa。

1. 岩石类型的划分

《公路工程物探规程》(JTG/T 3222—2020)附录A表A“岩土主要物性参数表”中的“沉积岩:页岩、砂岩、石英砂岩、泥岩、砾岩、灰岩、泥灰岩、白云岩、煤、盐岩;变质岩:片岩、片麻岩、石英岩、板岩、大理岩、千枚岩;岩浆岩:花岗岩、闪长岩、玄武岩、安山岩、辉绿岩、流纹岩、凝灰岩”。

《铁路工程岩土分类标准》(TB 10077—2019)第51页“条文说明”中的“说明表3.2.10-2 岩性类型划分”,见表1.45。

表1.45 TB 10077—2019说明表3.2.10-2 岩性类型划分

岩性类型	代表岩性
A	岩浆岩(花岗岩、闪长岩、正长岩、辉绿岩、安山岩、玄武岩、石英粗面岩、石英斑岩等);变质岩(片麻岩、石英岩、片岩、蛇纹岩等);沉积岩(熔结凝灰岩、硅质砾岩、硅质石灰岩等)
B	沉积岩(石灰岩、白云岩等碳酸盐类)
C	变质岩(大理岩、板岩等);沉积岩(钙质砂岩、铁质胶结的砾岩及砂岩等)
D	第三纪沉积岩类(页岩、砂岩、砾岩、砂质泥岩、凝灰岩等);变质岩(云母片岩、千枚岩等),且岩石单轴饱和抗压强度 R_c>15 MPa
E	晚第三纪~第四纪沉积岩类(泥岩、页岩、砂岩、砾岩、凝灰岩等),且岩石单轴饱和抗压强度 R_c≤15 MPa

《工程岩体分级标准》(GB/T 50218—2014)第3.2.1条“岩石坚硬程度的定性划分应符合表3.2.1的规定”;GB/T 50218—2014表3.2.1中的硬质岩,见表1.46。

表1.46 GB/T 50218—2014 岩石坚硬程度的定性划分

坚硬程度		定性鉴定	代表性岩石
硬质岩	坚硬岩	锤击声清脆,有回弹,震手,难击碎; 浸水后,大多无吸水反应	未风化~微风化的:花岗岩、正长岩、闪长岩、辉绿岩、玄武岩、安山岩、片麻岩、硅质板岩、石英岩、硅质胶结的砾岩、石英砂岩、硅质石灰岩等
	较坚硬岩	锤击声较清脆,有轻微回弹,稍震手,较难击碎; 浸水后,有轻微吸水反应	1. 中等(弱)风化的坚硬岩 2. 未风化~微风化的:熔结凝灰岩、大理岩、板岩、白云岩、石灰岩、钙质砂岩、粗晶大理岩等

GB/T 14685—2011没有具体说明火成岩、变质岩、水成岩包含哪些岩石,现行其他版本规范、规程、标准对于岩石类型的划分,详见表1.47~1.54。

2. 岩石抗压强度的规定

SL 632—2012、SL 677—2014以及DL/T 5144—2015均没有规定岩石的抗压强度。

JTS 202—2011 岩石抗压强度的规定,见表 1.47。

表 1.47　JTS 202—2011 岩石的抗压强度

岩石品种	混凝土等级	岩石的立方体抗压强度/MPa
沉积岩	C60 ~ C40	≥80
	C35 ~ C10	≥60
变质岩或深成的火成岩	C60 ~ C40	≥100
	C35 ~ C10	≥60
喷出的火成岩	C60 ~ C40	≥120
	C35 ~ C10	≥80

注:沉积岩包括石灰岩、砂岩等;变质岩包括片麻岩、石英岩等;深成的火成岩包括花岗岩、正长石和橄榄岩等;喷出的火成岩包括玄武岩和辉绿岩等。

JTG/T 3650—2020 表 6.4.1"粗集料技术指标"中的岩石抗压强度与 GB/T 14685—2011 完全相同,且表 6.4.1"粗集料技术指标"中的"注:2. 混凝土强度等级为 C60 及以上时应进行岩石抗压强度检验,其他情况下,如有必要也可进行岩石的抗压强度检验。岩石的抗压强度除应满足表中要求外,其抗压强度与混凝土强度等级之比对于 C60 及以上的混凝土,应不小于 2,其余应不小于 1.5。岩石强度首先应由生产单位提供,工程中可采用压碎值指标进行质量控制"。

T/CECS G:K50-30—2018 表 4.2.4"粗集料的检测项目、指标及试验方法"中的"岩石强度:用于 C60 及以上强度等级混凝土的粗集料母岩强度宜大于 1.5 倍混凝土设计强度"。

《公路招标文件》表 410-6"粗集料的技术要求"中的"注:1. 混凝土强度等级为 C60 及以上时,应进行岩石抗压强度检验,其他情况下,如有怀疑或认为有必要时,也可进行岩石的抗压强度检验。岩石的抗压强度与混凝土强度等级之比,对于小于或等于 C30 的混凝土,不应小于 2,其他不应小于 1.5,且火成岩强度不宜低于 80 MPa,变质岩不宜低于 60 MPa,水成岩不宜低于 30 MPa"。

TB/T 3275—2018 表 8、TB 10424—2018 表 6.2.4-3 及 Q/CR 9207—2017 表 6.3.4-3 中的"岩石抗压强度(碎石)",均为"大于或等于 1.5 倍混凝土抗压强度等级"。

JGJ 52—2006 第 3.2.5 条"碎石的强度可用岩石的抗压强度和压碎值指标表示。岩石的抗压强度应比所配制的混凝土强度至少高 20%。当混凝土强度等级大于或等于 C60 时,应进行岩石抗压强度检验。岩石强度首先应由生产单位提供,工程中可采用压碎值指标进行质量控制"。

JG/T 568—2019 表 2"粗骨料技术要求"中的"岩石抗压强度:在水饱和状态下,其抗压强度火成岩不应小于 80 MPa,变质岩不应小于 60 MPa,水成岩不应低于 45 MPa"。

1.6.6.2　压碎指标

压碎指标应符合表 1.48 的规定。

表 1.48 压碎指标

类别	Ⅰ	Ⅱ	Ⅲ
碎石压碎指标/%	≤10	≤20	≤30
卵石压碎指标/%	≤12	≤14	≤16

1. 粗骨料压碎指标的规定

SL 632—2012 没有具体的规定，SL 677—2014 粗骨料压碎指标的规定，见表 1.49。

表 1.49 SL 677—2014 粗骨料的压碎指标

骨料类别	设计龄期混凝土抗压强度等级	
	≥30 MPa	<30 MPa
沉积岩	≤10%	≤16%
变质岩	≤12%	≤20%
岩浆岩	≤13%	≤30%
卵石	≤12%	≤16%

注：SL 677—2014 第 126 页第 5.3.6-5 条的"条文说明：压碎指标限制值参考 JGJ 52—2006 的规定"，但 JGJ 52—2006 表 3.2.5-1"碎石的压碎值指标"并没有岩浆岩，且两者划分的混凝土抗压强度等级完全不一样。

DL/T 5144—2015 粗骨料压碎指标的规定，见表 1.50。

表 1.50 DL/T 5144—2015 粗骨料的压碎指标

骨料类别	设计龄期混凝土强度等级	
	≥40 MPa	<40 MPa
沉积岩	≤10%	≤16%
变质岩或深成的火成岩	≤12%	≤20%
喷出的火成岩	≤13%	≤30%
卵石	≤12%	≤16%

注：DL/T 5144—2015 第 69 页第 3.3.6 条的"条文说明：岩石品种中沉积岩包括石灰岩、砂岩等；变质岩包括片麻岩、石英岩等；深成火成岩包括花岗岩、正长岩、闪长岩和橄榄岩等；喷出的火成岩包括玄武岩、辉绿岩等"。

JTS 202—2011 粗骨料压碎指标的规定，见表 1.51。

表1.51 JTS 202—2011 粗骨料的压碎指标

岩石品种	混凝土等级	压碎值指标/%
沉积岩	C60 ~ C40	≤10
	C35 ~ C10	≤16
变质岩或深成的火成岩	C60 ~ C40	≤12
	C35 ~ C10	≤20
喷出的火成岩	C60 ~ C40	≤13
	C35 ~ C10	≤30
卵石	C60 ~ C40	≤12
	C35 ~ C10	≤16

注:沉积岩包括石灰岩、砂岩等,变质岩包括片麻岩、石英岩等,深成的火成岩包括花岗岩、正长岩、闪长岩和橄榄岩等,喷出的火成岩包括玄武岩和辉绿岩等。

JTG/T 3650—2020 表6.4.1"粗集料技术指标"中压碎指标的规定与GB/T 14685—2011完全相同。

T/CECS G:K50-30—2018 表4.2.4"粗集料的检测项目、指标及试验方法"中的"压碎指标:≤12%"。

《公路招标文件》粗骨料压碎指标的规定,见表1.52。

表1.52 《公路招标文件》粗骨料的压碎指标

指标	混凝土强度等级	
	C55 ~ C40	≤C35
石料压碎指标值/%	≤12	≤16

TB/T 3275—2018、TB 10424—2018及Q/CR 9207—2017粗骨料压碎指标的规定,见表1.53。

表1.53 铁路工程粗骨料的压碎指标

岩石种类	≥C30	<C30
沉积岩	≤10%	≤16%
变质岩或深成的火成岩	≤12%	≤20%
喷出的火成岩	≤13%	≤30%
卵石	≤12%	≤16%

注:沉积岩包括石灰岩、砂岩等,变质岩包括片麻岩、石英岩等,深成的火成岩包括花岗岩、正长岩、闪长岩和橄榄岩等,喷出的火成岩包括玄武岩和辉绿岩等。

JGJ 52—2006 粗骨料压碎指标的规定,见表1.54。

表 1.54　JGJ 52—2006 粗骨料的压碎指标

岩石品种	混凝土强度等级	压碎值指标/%
沉积岩	C60 ~ C40	≤10
	≤C35	≤16
变质岩或深成的火成岩	C60 ~ C40	≤12
	≤C35	≤20
喷出的火成岩	C60 ~ C40	≤13
	≤C35	≤30
卵石	C60 ~ C40	≤12
	≤C35	≤16

注:沉积岩包括石灰岩、砂岩等;变质岩包括片麻岩、石英岩等;深成的火成岩包括花岗岩、正长岩、闪长岩和橄榄岩等;喷出的火成岩包括玄武岩和辉绿岩等。

JG/T 568—2019 粗骨料压碎指标的规定,见表 1.55。

表 1.55　JG/T 568—2019 粗骨料的压碎指标

项目	卵石		碎石	
	特级	Ⅰ级	特级	Ⅰ级
压碎指标/%	≤10	≤15	≤10	≤15

注:当采用干法生产的石灰岩碎石配制 C40 及其以下强度等级大流态混凝土(坍落度大于 180 mm)时,碎石的压碎指标可放宽至 20%。

2. 粗骨料压碎指标值的划分

据上可知,SL 677—2014、DL/T 5144—2015、JTS 202—2011、TB/T 3275—2018、TB 10424—2018、Q/CR 9207—2017 以及 JGJ 52—2006 均根据岩石的种类以及混凝土的强度等级规定粗骨料相应的压碎指标值。

T/CECS G:K50-30—2018 只规定粗骨料"压碎指标:≤12%";JTG/T 3650—2020、《公路招标文件》、JG/T 568—2019 以及 GB/T 14685—2011 均根据粗骨料的类别或混凝土的强度等级规定粗骨料相应的压碎指标值。

"一般来说,花岗岩的压碎值比较大,玄武岩类、石灰岩类的压碎值比较小。如采用石灰岩类压碎值指标要求花岗岩,在一些地区将难以找到合适的建筑材料,不利于广泛就地取材;相反,如采用花岗岩类的压碎值指标要求石灰岩,则放宽了对原材料的技术要求,不利于工程的质量控制"[注:摘自《公路路面基层施工技术细则》(JTG/T F20—2015,以下简称"JTG/T F20—2015")表 3.6.1"粗集料技术要求"中的"条文说明"]。

为充分利用当地资源并确保工程质量,作者认为,粗骨料的压碎指标值应该根据岩石的种类以及混凝土的强度等级进行相应的规定。

3. 花岗岩碎石的压碎指标值

花岗岩属于火成岩中的一种岩石，根据本书第 1 章第 1.6 节第 1.6.6.1 条可知，现行各版本规范、规程、标准规定的花岗岩抗压强度均比其他岩石抗压强度的规定值大许多。

按照常理，岩石要求的抗压强度越大，岩石的抗压强度应该越高；如果岩石的抗压强度越高，粗骨料要求的压碎指标值应该越小。

但是，根据本书第 1 章第 1.6 节第 1.6.6.2 条可知，现行规范、规程、标准≥30 MPa（或≥40 MPa、C60～C40）混凝土强度等级各种岩石规定的碎石压碎指标值相差不大，而<30 MPa（或<40 MPa、C35～C10）混凝土强度等级的花岗岩压碎指标，最小值为 20%，最大值为 30%，均比其他岩石的压碎指标值大 4%～14%。

另外，JTG/T F20—2015 表 3.6.1“粗集料技术要求”中的“条文说明：一般来说，花岗岩的压碎值比较大，玄武岩类、石灰岩类的压碎值比较小”，有待验证。

4. 石灰岩碎石的压碎指标值

石灰岩属于沉积岩中的一种岩石，石灰岩广泛分布在我国广西等地，采用石灰岩生产的粗骨料是工程建设中最为常用的原材料，根据作者已出版的《土木工程试验检测技术研究》中“各种方法测定混凝土粗集料压碎指标值的试验研究”等多篇论文大量的试验结果表明：

（1）采用 GB/T 14685—2011 第 7.11 节“压碎指标”试验测定的 2 个省、1 个市、4 个县共 11 个采石场石灰岩碎石的压碎指标值：

一是除 3 个采石场的压碎指标值分别为 6.0%、7.2%、9.7% 外，其余 8 个采石场的压碎指标值均>10%，意味着将有 70% 以上石灰岩碎石不能用于桥涵工程：SL 677—2014≥C30 混凝土、DL/T 5144—2015≥C40 混凝土、JTS 202—2011C60～C40 混凝土、JTG/T F50—2011>C60 混凝土、JTG/T 3650—2020 Ⅰ类粗骨料、铁路工程≥C30 混凝土、JGJ 52—2006C60～C40 混凝土、JG/T 568—2019 特级粗骨料、GB/T 14685—2011 Ⅰ类粗骨料。

二是 11 个采石场石灰岩碎石的压碎指标值均在 6.0%～12.2%，意味着即使风化严重的碎石，也可用于桥涵工程：JTS 202—2011≤C35 混凝土、JTG/T F50—2011≤C60 混凝土、JTG/T 3650—2020 Ⅱ类粗骨料、《公路招标文件》≤C35 混凝土、铁路工程<C30 混凝土、JGJ 52—2006≤C35 混凝土、JG/T 568—2019 Ⅰ级粗骨料、GB/T 14685—2011 Ⅱ类粗骨料。

（2）采用 JTG E42—2005/T 0316—2005“粗集料压碎值试验”以及相关关系式 $y=0.816x-5$ 换算得到的 2 个省、1 个市、4 个县共 11 个采石场石灰岩碎石压碎指标值，除 1 个采石场的压碎指标值为 19.8% 外，其余 10 个采石场石灰岩碎石压碎指标值均>20%，意味着绝大多数石灰岩碎石不能用于 JTG/T F50—2011 中 C30～C60 水泥混凝土。

5. 公路工程粗骨料的压碎指标

众所周知，我国最早规定的水泥混凝土圆孔筛粗骨料压碎指标值，应该是通过大量的数据、系统的总结而确定的技术指标，后期修订的方孔筛粗骨料压碎指标值，应该与最早规定的圆孔筛粗骨料压碎指标值相差不大，或存在一定的关系。

以公路桥涵工程为例，如果根据已经废止的《公路桥涵施工技术规范》（JTJ 041—2000，以下简称“JTJ 041—2000”）表 11.2.3-2“粗集料的技术要求”中的圆孔筛粗骨料压碎指标值 C55 ~ C40 混凝土≤12%、≤C35 混凝土≤16% 以及 JTG E42—2005/T 0316—2005"粗集料压碎值试验"第 49 页"条文说明"中的相关关系式 $y=0.816x-5$ 进行换算，重新修订的方孔筛粗骨料压碎指标值应为：C40 ~ C55 水泥混凝土≤21%（$0.816x-5=12\rightarrow x=20.8\rightarrow x=21$）、≤C35 水泥混凝土≤26%（$0.816x-5=16\rightarrow x=25.7\rightarrow x=26$）。

但是，重新修订的公路桥涵工程水泥混凝土粗骨料，并非如上述换算方法得到的压碎指标值。为方便阅读，JTG/T F50—2011 以及 JTG/T 3650—2020 规定的粗骨料压碎指标，汇总于表 1.56。

表 1.56 JTG/T F50—2011 及 JTG/T 3650—2020 粗骨料的压碎指标

JTG/T F50—2011 粗骨料压碎指标的规定				
项目	>C60(Ⅰ类)	C30 ~ C60(Ⅱ类)	<C30(Ⅲ类)	备注
碎石压碎指标/%	<10	<20	<30	第一版
卵石压碎指标/%	<12	<16	<16	
碎石压碎指标/%	<18	<20	<30	2011.10.30 勘误后
卵石压碎指标/%	<20	<25	<25	

JTG/T 3650—2020 粗骨料压碎指标的规定				
项目	Ⅰ类	Ⅱ类	Ⅲ类	
碎石压碎指标/%	≤10	≤20	≤30	
卵石压碎指标/%	≤12	≤14	≤16	

注：⑤卵石和碎石混合使用时，压碎值应分别按卵石和碎石控制。

据上可知，第一版第一次印刷的 JTG/T F50—2011，应该也是参照 GB/T 14685—2011 进行修订，因为，除了 JTG/T F50—2011 Ⅱ类卵石压碎指标<16% 与 GB/T 14685—2011 Ⅱ类卵石压碎指标<14% 不同之外，碎石的压碎指标与 GB/T 14685—2011 完全相同。

但是，勘误后的 JTG/T F50—2011 水泥混凝土粗骨料压碎指标完全不同于 GB/T 14685—2011，不但卵石的压碎指标做了较大的修订，而且Ⅰ类碎石的压碎指标，也由<10% 修订为<18%。

由于"原规范对粗集料的检验试验方法虽然采用《公路工程集料试验规程》(JTG E42—2005)的规定，但在执行过程中，粗集料的压碎值指标成为其中最突出的问题，因该规程的检验试验方法更多考虑的是沥青混凝土和水泥混凝土路面工程中使用的粗集料，而对结构混凝土中使用的粗集料较少顾及，且其在检验压碎值指标时的试验荷载为 400 kN，与国家标准和其他行业标准中采用 200 kN 的试验荷载有较大的区别，使得桥涵工程结构混凝土中的粗集料压碎值指标要求偏高，难以达到规定的指标要求"（注：摘自 JTG/T 3650—2020 第 43 页第 6.4.6 条的"条文说明"），因此，最新版本的 JTG/T 3650—2020 粗骨料压碎指标值，又完全参照 GB/T 14685—2011 进行修订。

T/CECS G：K50-30—2018 第 10 页第 4.2.4 条的"条文说明：《建设用卵石、碎石》(GB/T 14685—2011)和《公路工程集料试验规程》(JTG E42—2005)对粗集料压碎值（或压碎指标）的测试方法给出了不同的规定，且《公路工程集料试验规程》(JTG E42—2005)

测试方法较为严格。本规程参考《建设用卵石、碎石》(GB/T14685—2011)对测试方法进行了规定,且对压碎指标进行了不应大于 12% 的规定”,因此,T/CECS G:K50-30—2018 表4.2.4“粗集料的检测项目、指标及试验方法”中的“压碎指标:≤12%;试验方法:GB/T 14685”。

1.6.7　表观密度、连续级配松散堆积空隙率

卵石、碎石表观密度、连续级配松散堆积空隙率应符合如下规定:

——表观密度不小于 2 600 kg/m³;

——连续级配松散堆积空隙率应符合表 1.57 的规定。

表 1.57　连续级配松散堆积空隙率

类别	Ⅰ	Ⅱ	Ⅲ
空隙率/%	≤43	≤45	≤47

粗骨料表观密度、连续级配松散堆积空隙率的规定

《公路招标文件》以及 JGJ 52—2006 均没有具体的规定;JTG/T 3650—2020 的规定与 GB/T 14685—2011 完全相同。

SL 632—2012、SL 677—2014 以及 DL/T 5144—2015 只规定粗骨料的表观密度≥2 550 kg/m³;JTS 202—2011 只规定粗骨料的颗粒密度≥2 300 kg/m³;Q/CR 9207—2017、TB/T 3275—2018 以及 TB 10424—2018 只规定粗骨料的紧密空隙率≤40%;JG/T 568—2019 只规定粗骨料的表观密度≥2 600 kg/m³。

众所周知,同一生产工艺、同一规格、不同岩质粗骨料的表观密度、松散堆积密度以及空隙率各不相同,而粗骨料表观密度、松散堆积密度以及空隙率的大小决定粗骨料成品质量的优劣。

为确保粗骨料的质量,作者认为,应根据不同的岩质规定粗骨料最小的表观密度、松散堆积密度以及最大的空隙率。

1.6.8　吸水率

吸水率应符合表 1.58 的规定。

表 1.58　吸水率

类别	Ⅰ	Ⅱ	Ⅲ
吸水率/%	≤1.0	≤2.0	≤2.0

粗骨料吸水率的规定

JTS 202—2011、《公路招标文件》以及 JGJ 52—2006 均没有具体规定粗骨料的吸水率;JTG/T 3650—2020 粗骨料吸水率的规定与 GB/T 14685—2011 完全相同。

SL 677—2014 粗骨料吸水率的规定,见表 1.59。

表 1.59　SL 677—2014 粗骨料的吸水率

吸水率/%	有抗冻要求和侵蚀作用的混凝土	≤1.5
	无抗冻要求的混凝土	≤2.5

SL 632—2012 以及 DL/T 5144—2015 粗骨料的吸水率≤2.5%；Q/CR 9207—2017 粗骨料的吸水率≤2.0%；TB/T 3275—2018 以及 TB 10424—2018 粗骨料的吸水率≤2.0%（冻融破坏环境下≤1.0%）。

JG/T 568—2019 粗骨料吸水率的规定，见表 1.60。

表 1.60　JG/T 568—2019 粗骨料的吸水率

项目	卵石		碎石	
	特级	Ⅰ级	特级	Ⅰ级
吸水率/%	≤1.0	≤1.5	≤1.0	≤1.5

1.6.9　碱集料反应

经碱集料反应试验后，试件应无裂缝、酥裂、胶体外溢等现象，在规定的试验龄期膨胀率应小于 0.10%。

粗骨料碱集料反应的规定

SL 632—2012 没有具体的规定；SL 677—2014 第 5.3.2 条“未经专门论证，不应使用碱活性、含有黄锈或钙质结核的骨料”、第 11.2.2 条“使用碱活性骨料时，每批原材料进场均应进行碱含量检测”，但没有具体规定碱活性检测的判定结果。

DL/T 5144—2015 第 3.3.2 条“使用碱活性骨料、含有黄锈和钙质结核的粗骨料等，应进行专项试验论证”，但没有具体说明如何进行专项试验论证。

JTS 202—2011 第 4.3.4 条“海水环境工程中严禁采用碱活性粗骨料，淡水环境工程中所用粗骨料具有碱活性时，应采用碱含量小于 0.6% 的水泥并采取其他措施，经试验验证合格后方可使用”。

JTG/T 3650—2020 规定的粗骨料碱集料反应与 GB/T 14685—2011 完全相同，且第 6.4.5 条“施工前应对所用的粗集料进行碱活性检验，在条件许可时宜避免采用有碱活性反应的粗集料，必须采用时应采取必要的抑制措施”以及第 49 页第 6.8.6 条的“条文说明：混凝土中产生碱集料反应一般认为有三个必备条件：集料具有碱活性、混凝土中总碱量大于 3.0 kg/m³、结构处在有足够湿度的环境中”。

T/CECS G：K50-30—2018 表 4.2.4“粗集料的检测项目、指标及试验方法”中的“碱活性：试件无裂缝、酥裂、胶体外溢等现象，在规定龄期内的试件膨胀率应小于 0.10%”。

《公路招标文件》第 410.02-1-(3) 条“用于混凝土的水泥、集料及掺加剂等，应分别进行含碱量试验，尽量避免使用可能发生碱集料反应（AAR）的集料。在非含碱环境中，如果必须采用此类集料时，应按规范要求，选用碱含量小于 0.6% 的低碱水泥，并限制混凝土中的总碱量，对一般桥涵不宜超过 3.0 kg/m³；对特殊大桥、大桥和主要桥梁不宜大于 1.8 kg/m^3；在含碱环境的混凝土中，不得使用此类集料”。

TB/T 3275—2018 表 8“粗骨料的性能”中的“碱活性（ε_1）：碱-硅酸反应<0.30%（快速砂浆棒膨胀率：当 ε_1<0.20% 时，混凝土的总碱含量应符合表 26 的规定；当 0.20% ≤ ε_1<0.30% 时，除混凝土的总碱含量应符合表 26 的规定外，还应采取抑制碱-骨料反应的技术措施，并经试验证明抑制有效。当 ε_1 ≥0.20% 时，该粗骨料不应在梁体、轨道板、轨枕、接触网支柱等预制构件中使用），碱-碳酸盐反应<0.10%（岩石柱膨胀率）”。

TB 10424—2018 第 6.2.4-4 条“粗骨料的碱活性应按《铁路混凝土》TB/T 3275 对骨料的矿物组成和碱活性矿物类型进行鉴别和相关试验，并应符合下列规定：1）粗骨料的快速砂浆棒膨胀率应小于 0.30%；2）梁体、轨道板、轨枕、接触网支柱等构件中使用的粗骨料的快速砂浆棒膨胀率应小于 0.20%；3）不得使用具有碱-碳酸盐反应的粗骨料，其岩石柱膨胀率应小于 0.10%”。

Q/CR 9207—2017 第 6.3.4-6 条“粗骨料的快速砂浆棒膨胀率应小于 0.30%，岩石柱膨胀率小于 0.10%。梁体、轨道板、轨枕、接触网支柱等构件中使用的粗骨料的快速砂浆棒膨胀率应小于 0.20%”。

CJJ 2—2008 第 7.1.2 条“混凝土宜使用非碱活性骨料，当使用碱活性骨料时，混凝土的总碱含量不宜大于 3 kg/m^3；对大桥、特大桥梁总碱含量不宜大于 1.8 kg/m^3；对处于环境类别属三类以上受严重侵蚀环境的桥梁，不得使用碱活性骨料”，但没有具体规定碱活性检测的判定结果。

JGJ 52—2006 第 3.2.8 条“对于长期处于潮湿环境的重要结构混凝土，其所使用的碎石或卵石应进行碱活性检验。进行碱活性检验时，首先应采用岩相法检验碱活性骨料的品种、类型和数量。当检验出骨料中含有活性二氧化硅时，应采用快速砂浆棒法和砂浆长度法进行碱活性检验；当检验出骨料中含有活性碳酸盐时，应采用岩石柱法进行碱活性检验。经上述检验，当判定骨料存在潜在碱-碳酸盐反应危害时，不宜用作混凝土骨料；否则，应通过专门的混凝土试验，做最后评定；当判定骨料存在潜在碱-硅反应危害时，应控制混凝土中的碱含量不超过 3 kg/m^3，或采用能抑制碱-骨料反应的有效措施”，但没有具体规定碱活性检测的判定结果。

JG/T 568—2019 第 5.1.3 条“碱骨料反应活性：用于混凝土的骨料应进行碱活性检验，并应符合 GB/T 50733 的技术要求”。

《预防混凝土碱骨料反应技术规范》（GB/T 50733—2011）第 6.1 节“骨料：6.1.1 混凝土工程宜采用非碱活性骨料。6.1.2 在勘察和选择采料场时，应对制作骨料的岩石或骨料进行碱活性检验。6.1.3 对快速砂浆棒法检验结果膨胀率不小于 0.10% 的骨料，应按本规范第 5 章的规定进行抑制骨料碱-硅酸反应活性有效性试验，并验证有效。6.1.4 在盐渍土、海水和受除冰盐作用等含碱环境中，重要结构的混凝土不得采用碱活性骨料。6.1.5 具有碱-碳酸盐反应活性的骨料不得用于配制混凝土”。

GB 50164—2011 第 2.2.3-5 条“对粗骨料或用于制作粗骨料的岩石，应进行碱活性检验，包括碱-硅酸反应活性检验和碱-碳酸盐反应活性检验；对于有预防混凝土碱-骨料反应要求的混凝土工程，不宜采用有碱活性的粗骨料”。

1.6.10 含水率和堆积密度

报告其实测值。

粗骨料的含水率及堆积密度

粗骨料含水率以及堆积密度的技术要求，现行各版本规范、规程、标准均没有具体的规定，一般是在工程需要时才检测并报告其实测值。

其他有关内容的论述，详见第3章第3.6节第3.6.5条“表观密度、松散堆积密度、空隙率”以及第3.6.7条“含水率和饱和面干吸水率”。

第 2 章　粗骨料试验方法

各行业粗骨料试验方法的规定

据了解，除市政工程以及铁路工程外，水利工程、电力工程、水运工程、公路工程以及建筑工程均颁布、实施各自行业粗骨料各个技术指标的试验方法。

CJJ 2—2008 第 7.13.9 条“对粗骨料，应抽样检验其颗粒级配、压碎值指标、针片状颗粒含量及规定要求的检验项，并应符合《普通混凝土用砂、石质量及检验方法标准》JGJ 52 的规定”。

TB/T 3275—2018 第 6.7 条、Q/CR 9207—2017 表 6.3.4-3 以及 TB 10424—2018 表 6.2.4-3 中的“检验方法”均“按 GB/T 14685 检验”。

2.1　粗骨料试样

2.1.1　取样方法

(1) 在料堆上取样时，取样部位应均匀分布。取样前先将取样部位表层铲除，然后从不同部位随机抽取大致等量的石子 15 份（在料堆的顶部、中部和底部均匀分布的 15 个不同部位取得）组成一组样品。

(2) 从皮带运输机上取样时，应用接料器在皮带运输机机头的出料处用与皮带等宽的容器，全断面定时随机抽取大致等量的石子 8 份，组成一组样品。

(3) 从火车、汽车、货船上取样时，从不同部位和深度抽取大致等量的石子 16 份，组成一组样品。

粗骨料试样的取样方法

SL/T 352—2020 以及《水工沥青混凝土试验规程》（DL/T 5362—2018，以下简称“DL/T 5362—2018”），均没有粗骨料试样的取样方法。

JTS/T 236—2019 第 7.1.1 条“每验收批石的取样方法应满足下列要求：(1) 从料堆上取样时，取样部位均匀分布；取样前先将取样部位表层铲除，然后在料堆的顶部、中部和底部均匀分布的 15 个不同部位抽取大致相等石子，组成一组样品。(2) 从皮带运输机上取样时，在皮带运输机机尾的出料处用接料器定时抽取石子 8 份，组成一组样品。(3) 从火车、汽车、货船上取样时，从不同部位和深度抽取大致相等的石子 16 份，组成一组样品；经观察，认为各节车皮间、汽车或货船间所载的石子质量相差甚为悬殊时，对质量有怀疑的每节列车、汽车或货船分别取样和验收”。

JTG E42—2005/T 0301—2005“粗集料取样法”第 2 条“取样方法和试样份数：2.1 通过皮带运输机的材料如采石场的生产线、沥青拌和楼的冷料输送带、无机结合料稳定集料、级配碎石混合料等，应从皮带运输机上采集样品。取样时，可在皮带运输机骤停的状态下取其中一截的全部材料，或在皮带运输机的端部连续接一定时间的料得到，将间隔3次以上所取的试样组成一组试样，作为代表性试样。2.2 在材料场同批来料的料堆上取样时，应先铲除堆脚等处无代表性的部分，再在料堆的顶部、中部和底部，各由均匀分布的几个不同部位，取得大致相等的若干份组成一组试样，务必使所取试样能代表本批来料的情况和品质。2.3从火车、汽车、货船上取样时，应从各不同部位和深度处，抽取大致相等的试样若干份，组成一组试样。抽取的具体份数，应视能够组成本批来料代表样的需要而定。注：① 如经观察，认为各节车皮、汽车或货船的碎石或砾石的品质差异不大时，允许只抽取一节车皮、一部汽车、一艘货船的试样（即一组试样），作为该批集料的代表样品。② 如经观察，认为该批碎石或砾石的品质相差甚远时，则应对品质有怀疑的该批集料，分别取样和验收"。

JGJ 52—2006 第5.1.1条每验收批粗骨料的取样方法与 JTS/T 236—2019 第7.1.1条基本相同。

JG/T 568—2019 第6.1条"细骨料和粗骨料的试样、试验环境、试验用筛和颗粒级配分别按 GB/T 14684 和 GB/T 14685 的规定进行"。

《轻集料及其试验方法 第2部分：轻集料试验方法》（GB/T 17431.2—2010，以下简称"GB/T 17431.2—2010"）第4.1条"应从每批产品中随机抽取有代表性的试样"、第4.2条"初次抽取的试样应不少于10份，其总料量应多于试验用料量的一倍"、第4.3条"初次抽取试样应符合下列要求：a）生产企业中进行常规检验时，应在通往料仓或料堆的运输机的整个宽度上，在一定的时间间隔内抽取；b）对均匀料堆进行取样时，……试样可从料堆锥体从上到下的不同部位、不同方向任选10个点抽取，但要注意避免抽取离析的及面层的材料；c）从袋装料和散装料（车、船）抽取试样时，应从10个不同位置和高度（或料袋）中抽取"。

综上所述，作者认为，JTG E42—2005/T 0301—2005"粗集料取样法"内容更加全面、操作更加规范。

2.1.2 试样数量

单项试验的最少取样数量应符合表2.1的规定。在进行几项试验时，如能保证试样经一项试验后不致影响另一项试验的结果，可用同一试样进行几项不同的试验。

表2.1 单项试验取样数量

序号	试验项目	最大粒径/mm							
		9.5	16.0	19.0	26.5	31.5	37.5	63.0	75.0
		最少取样数量/kg							
1	颗粒级配	9.5	16.0	19.0	25.0	31.5	37.5	63.0	80.0
2	含泥量	8.0	8.0	24.0	24.0	40.0	40.0	80.0	80.0
3	泥块含量	8.0	8.0	24.0	24.0	40.0	40.0	80.0	80.0
4	针、片状颗粒含量	1.2	4.0	8.0	12.0	20.0	40.0	40.0	40.0

续表 2.1

序号	试验项目	最大粒径/mm							
		9.5	16.0	19.0	26.5	31.5	37.5	63.0	75.0
		最少取样数量/kg							
5	有机物含量	按试验要求的粒级和数量取样							
6	硫酸盐和硫化物含量								
7	坚固性								
8	岩石抗压强度	随机选取完整石块锯切或钻取成试验用样品							
9	压碎指标	按试验要求的粒级和数量取样							
10	表观密度	8.0	8.0	8.0	8.0	12.0	16.0	24.0	24.0
11	堆积密度与空隙率	40.0	40.0	40.0	40.0	80.0	80.0	120.0	120.0
12	吸水率	2.0	4.0	8.0	12.0	20.0	40.0	40.0	40.0
13	碱集料反应	20.0	20.0	20.0	20.0	20.0	20.0	20.0	20.0
14	放射性	6.0							
15	含水率	按试验要求的粒级和数量取样							

1. 粗骨料单项试验的取样数量

现行各版本规范、规程、标准粗骨料单项试验取样的数量各不相同,因篇幅原因,本书不再赘述。

2. 粗骨料全套试验的取样数量

由于现行各版本规范、规程、标准要求使用连续粒级粗骨料,而从采石场或拌和楼抽取的粗骨料均为单粒级。作者认为,小于 9.5 mm 的单粒级粗骨料取 10 kg 左右、大于 9.5 mm的单粒级粗骨料各取 40 kg 左右,一般可以满足连续粒级粗骨料的全套试验。

2.1.3　试样处理

2.1.3.1　试样缩分

将所取样品置于平板上,在自然状态下拌和均匀,并堆成堆体,然后沿互相垂直的两条直径把堆体分成大致相等的四份,取其中对角线的两份重新拌匀,再堆成堆体。重复上述过程,直至把样品缩分到试验所需量为止。

1. 粗骨料试验所用试样的处理

现行各版本规范、规程、标准粗骨料试验所用试样的处理方法与 GB/T 14685—2011 基本相同。例如:GB/T 14685—2011 第 7.3 节“颗粒级配”第 7.3.2.1 条“按 7.1(即本章第 2.1 节)规定取样,并将试样缩分至略大于表 10 规定的数量”以及第 7.4 节“含泥量”第 7.4.2.1 条“按 7.1 规定取样,并将试样缩分至略大于表 11 规定的 2 倍数量”。

作者认为,GB/T 14685—2011 以及其他各版本规范、规程、标准所述粗骨料试验所用试样的处理方法,应该只适用于 20 世纪 80 年代的粗骨料。

因为,当时工程使用的粗骨料,如为卵石,几乎均为天然级配的卵石;如为碎石,绝大多数为单一规格连续粒级的粗骨料。由于天然卵石、单一规格连续粒级碎石均属于单一粒级，在生产、运输、装卸、储存时容易离析，为使抽取的试样具有代表性，因此要求“把样品缩分到试验所需量为止”。

而现在工程进场的粗骨料，现行行业标准均要求“供方应按单粒粒级销售，需方应按单粒粒级分仓储存”（注：摘自 JG/T 568—2019 第 5.2.1 条），如果只是针对粗骨料颗粒级配试验试样的制备方法而言，并无不妥之处。

但是，“由于直接破碎的碎石和卵石一般均不能完全满足连续级配的要求，为保证粗骨料为连续级配，应采用两级配或多级配组合的方式进行调整”（注：摘自 JGJ/T 241—2011 第 31 页第 4.3.2 条的“条文说明”），而且，根据 JTG F40—2004 第 122 页第 4.8.2 条的“条文说明：集料标准不是针对个别集料而是针对集料混合料”可知，粗骨料的技术要求均为针对连续粒级粗骨料而言，而非针对单一规格粗骨料，因此，如果只是把各单一规格粗骨料“缩分到试验所需量”，显然无法进行包括粗骨料含泥量在内各个技术指标的试验。

2. 粗骨料试样的缩分

现行各版本规范、规程、标准粗骨料试样的缩分，一般分为分料器缩分、人工四分法缩分，由于工程实际应用中很少采用分料器缩分，下面着重介绍人工四分法的缩分。

SL 352—2006 以及 DL/T 5362—2018 均没有单独章节的粗骨料试样缩分方法，但是，几乎每个试验方法均有各自不同的试样制备方法，因篇幅原因，本书不再赘述。

JTS/T 236—2019 第 7.1.3 条以及 JGJ 52—2006 第 5.2.2 条粗骨料试样的缩分方法与 GB/T 14685—2011 基本相同。

JTG E42—2005/T 0301—2005“粗集料取样法”第 4.2 条“四分法：如图 T 0301-3（即图 2.1）所示。将所取试样置于平板上，在自然状态下拌和均匀，大致摊平，然后沿互相垂直的两个方向，把试样由中向边摊开，分成大致相等的四份，取其对角的两份重新拌匀，重复上述过程，直至缩分后的材料量略多于进行试验所必需的量”。

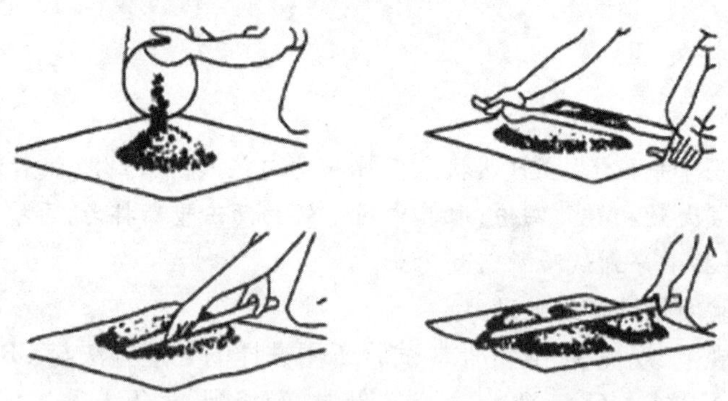

图 2.1　JTG E42—2005 图 T 0301-3 四分法示意图

《公路工程无机结合料稳定材料试验规程》（JTG E51—2009，以下简称“JTG E51—2009”）T 0841—2009“无机结合料稳定材料取样方法”，第 2.1.1 条“四分法：需要时应加清水使主样品变湿。充分拌和主样品：在一块清洁、平整、坚硬的表面上将试料堆成一个圆锥体，用铲翻动此锥体并形成一个新锥体，这样重复进行 3 次。在形成每一个锥体堆时,铲中的料要放在锥顶,使滑到边部的那部分料尽可能分布均匀,使锥体的中心不移动”,第 2.1.2 条“将平头铲反复交错垂直插入最后一个锥体的顶部,使锥体顶变平,每次插入后提起铲时不要带有试料。沿两个垂直的直径,将已变成平顶的锥体料堆分成四部分,尽可能使这四部分料的质量相同”,第 2.1.3 条“将对角的一对料(如一、三象限为一对,二、四象限为另一对)铲到一边,将剩余的一对料铲到一块。重复上述拌和以及缩小的过程,直到达到要求的试样质量”。

GB/T 17431.2—2010 第 3.1 条“试验用的轻集料试样,均应在恒温温度为 105 ℃ ~ 110 ℃的条件下干燥至恒量”,第 4.4 条“抽取的试样拌合均匀后,按四分法缩减到试验所需的用料量”,但没有单独章节四分法的试样缩分方法。

作者认为,现行各版本规范、规程、标准所述粗骨料样品的缩分方法只适用于单粒级粗骨料;JTG E51—2009 所述四分法试样的缩分内容更加全面、操作更加规范。

3. 粗骨料单项试验试样的制备

由于试样的制备至关重要,“如骨料的颗粒尺寸控制较差,会对试验造成较大的影响”(注:摘自 SL/T 352—2020 第 367 页第 3 节“骨料”的“条文说明”),因此,同一连续粒级、不同掺配比例的粗骨料,各个技术指标试验所测定的试验结果会有很大的差异。

作者认为,根据 DL/T 5151—2014 第 4.4.1 条“目的及适用范围:测定卵石或碎石的堆积密度、紧密堆积密度及空隙率,用以评定卵石或碎石质量,选择骨料级配及设计混凝土配合比等”、MH 5006—2015 第 3.4.2 条“碎石或破碎卵石的合成级配应采用两个或三个单粒级的粗集料掺配,以最小松堆孔隙率为准确定各粒级的比例”,粗骨料试验所用的试样,应同时满足以下 3 个条件:一是符合规定的粒级要求,二是符合规定的级配要求,三是合成后的粗骨料空隙率应尽可能小。

如果是在工程开工前料源调查的第一次取样,应根据工程实际配备的各单粒级粗骨料抽取数量足够的具有代表性的试样,经四分法缩分后,对各单粒级粗骨料分别进行筛分试验,根据各单粒级粗骨料的累计筛余百分率,调整各单粒级粗骨料的掺配比例,使连续粒级粗骨料的颗粒级配,尽可能接近各号筛规定级配范围的中值,选取 3 个最接近各号筛规定级配范围中值的粗骨料,然后根据粗骨料的掺配比例,称取满足粗骨料松散堆积密度试验所需试验数量的各单粒级粗骨料,混合均匀后进行粗骨料松散堆积密度试验,以最小空隙率的掺配比例作为粗骨料的最佳掺配比例,最后根据确定的各单粒级粗骨料最佳掺配比例以及试验规定的试验数量,称取各单粒级粗骨料,混合、拌匀后,即可进行连续粒级粗骨料各个技术指标的试验。

如果是在工程施工过程中按规定频率的取样试验,可根据已确定的各单粒级粗骨料最佳掺配比例以及粗骨料颗粒级配试验规定的试验数量,称取经四分法缩分后的具有代表性的各单粒级粗骨料,对混合后的各单粒级粗骨料进行筛分试验,如果筛分试验测定的粗骨料颗粒级配符合规定的级配范围,则可采用此掺配比例制备其他各个技术指标试验所需的连续粒级粗骨料;如果筛分试验测定的粗骨料颗粒级配不在规定的级配范围,则需要重新筛分各单粒级粗骨料,并按上述方法重新确定各单粒级粗骨料的最佳掺配比例,然后采用新的最佳掺配比例,制备各个技术指标试验所需的连续粒级粗骨料。

连接粒级粗骨料各单粒级粗骨料最佳掺配比例的计算,可参照作者已出版的《土木工程试验检测技术研究》中的“集料级配组成设计的计算法”。

作者认为，粗骨料各个技术指标试验所用试样的制备方法，可简而言之：将数量足够的各单粒级粗骨料置于(105±5) ℃干燥箱中烘干至恒量，待冷却至室温后，采用四分法缩分各单粒级粗骨料，根据各个技术指标试验规定的所需试样数量以及已确定的各单粒级粗骨料最佳掺配比例，称取各单粒级粗骨料，将各单粒级粗骨料混合、拌匀后，即可进行连续粒级粗骨料各个技术指标的试验。因篇幅原因，本书以下各章节不再赘述各个技术指标试验所用试样的制备方法。

2.1.3.2　堆积密度检验所用试样可不经缩分，在拌匀后直接进行试验。

试样不需缩分的粗骨料技术指标

SL 352—2006、DL/T 5362—2006 以及 JTG E42—2005 均没有具体的说明；JTS/T 236—2019 第7.1.4 条以及 JGJ 52—2006 第5.2.3 条均为“碎石和卵石的含水率、堆积密度、紧密密度检验所用的试样，可不经缩分，拌匀后直接进行试验”。

由于现在已不允许使用单一规格连续粒级粗骨料或单粒级粗骨料，且单粒级粗骨料大小颗粒的分布并不均匀，作者认为，粗骨料各个技术指标试验所用的试样，均应采用四分法缩分各单粒级粗骨料，并按上述方法制备所需的连续粒级粗骨料。

2.2　粗骨料试验环境和试验用筛

2.2.1　试验环境

试验室的温度应保持在(20±5) ℃。

1. 粗骨料试验室环境要求的规定

SL/T 352—2020 第1.0.3 条“除特别规定外，试验室室内温度宜为(20±5) ℃。试验物料、仪器设备等的温度宜与试验室温度一致，并应避免阳光照射”。

《水运工程材料试验规程》(JTS/T 232—2019，以下简称“JTS/T 232—2019”)第3.0.3条“试验报告应包括试验日期、试验温湿度、仪器、试验方法和试验结果等”，但是，JTS/T 232—2019 第7 节“回填材料”中的“颗粒组成”等试验均没有具体的温度、湿度要求。

《公路试验室标准指南》第4.4.4-(2)条“对温度没有特殊要求的功能室，工作期间温度一般应控制为：夏季不高于30 ℃，冬季不低于10 ℃”。

JG/T 568—2019 第6.1 条“细骨料和粗骨料的试样、试验环境、试验用筛和颗粒级配分别按 GB/T 14684 和 GB/T 14685 的规定进行”。

《检验检测机构管理和技术能力评价 设施和环境通用要求》(RB/T 047—2020)第6.2.1条“温度和湿度：检验检测机构应对温度和湿度加以控制，并根据特定情况确定控制的范围：a）当检验检测工作对环境温度和湿度无特殊要求时，工作环境的温度宜维持在16 ℃ ~26 ℃，相对湿度宜维持在30% ~65%；b）当检验检测工作对环境温度和湿度有特殊要求时，环境温度和湿度应符合相关国家标准或行业标准的规定”。

由于试验室工作环境的温度及湿度对称量仪器的精度会有一定的影响，为保证试验结果的准确度，作者认为，粗骨料试验室的温度应为(20±5) ℃，相对湿度应<80%。

2. 粗骨料专项试验环境要求的规定

有的规范、规程、标准不但对粗骨料（细骨料）试验室的环境要求进行了规定，而且对一些技术指标的试验环境也作出明确的规定。例如：

GB/T 14684—2011 第 7.16 节"碱集料反应"第 7.16.1.3 条、第 7.16.2.4 条以及 GB/T 14685—2011 第 7.15 节"碱集料反应"第 7.15.1.3 条、第 7.15.2.4 条"本试验环境条件如下：a）材料与成型室的温度应保持在 20 ℃ ~27.5 ℃，……；b）成型室、测长室的相对湿度应不少于 80%"。

有的规范、规程、标准并没有规定试验室的环境要求，但对一些技术指标的试验环境作出明确的规定。例如：

DL/T 5144—2015 第 3.2 节"砂料表观密度及吸水率试验"第 3.2.3 条"试验条件：试验室温度为 20 ℃±5 ℃，相对湿度为 40% ~70%"以及第 3.5 节"砂料表观密度试验（李氏瓶法）"第 3.5.3 条、第 3.6 节"砂料表观密度试验（容量瓶法）"第 3.6.3 条"试验条件：试验室温度为 20 ℃±5 ℃"。

《水运工程试验检测仪器设备技术标准》（JTS 238—2016，以下简称"JTS 238—2016"）第 4.4.1 条"骨料筛分析试验检测仪器设备工作条件应满足下列要求：（1）室内工作环境温度（10 ~35）℃；相对湿度不大于 80%"。

JTG E42—2005/T 0321—2005"粗集料磨光值试验"第 5.4.1 条"试件的加速磨光应在室温 20 ℃±5 ℃的房间内进行"、第 5.5.1 条"在试验前 2 h 和试验过程中应控制室温为 20 ℃±2 ℃"。

为保证试验结果的准确度，作者认为，包括粗骨料（细骨料）表观密度在内的一些技术指标，除了对试验室的工作环境进行规定，还应对水的温度进行明确的规定。

2.2.2　试验用筛

应满足 GB/T 6003.1、GB/T 6003.2 中方孔筛的规定，筛孔大于 4.00 mm 的试验筛采用穿孔板试验筛。

1. 粗骨料试验所用的标准筛

现行各版本规范、规程、标准对粗骨料试验所用标准筛的规定各不相同，因篇幅原因，本书不再赘述。

读者如有需要，可以查阅 SL/T 352—2020 第 3.20.2-1 条及其第 370 页的"条文说明"、DL/T 5151—2014 第 4.1.2-1 条、DL/T 5362—2018 第 6.1.2-1 条、JTS/T 236—2019 第 7.2.1-（1）条、JTG E42—2005 第 2.1.26 条以及附录 A、JGJ 52—2006 第 7.1.2-1 条、GB/T 17431.2—2010 第 5.2-c）条、《试验筛 技术要求和检验 第 1 部分：金属丝编织网试验筛》（GB/T 6003.1—2012）表 1、《试验筛 技术要求和检验 第 2 部分：金属穿孔板试验筛》（GB/T 6003.2—2012）表 1、《试验筛 金属丝编织网、穿孔板和电成型薄板 筛孔的基本尺寸》（GB/T 6005—2008）第 5 节"网孔的基本尺寸"。

作者认为，粗骨料试验所用的标准筛应为筛孔尺寸 4.75 mm 以上工程需要的所有标准筛；如与工程实际一致，应采用圆孔筛；如与国际标准一致，应采用方孔筛。

2. 粗骨料标准筛筛孔尺寸的表示

现行规范、规程、标准粗骨料试验所用的标准筛均为方孔筛。但是，粗骨料标准筛的筛孔尺寸，有的采用方孔筛的筛孔尺寸表示（如：DL/T 5362—2006、JTG E42—2005、GB/T 17431.2—2010、GB/T 14685—2011 等为4.75 mm、9.5 mm），有的采用圆孔筛的筛孔尺寸表示（如：SL/T 352—2020、JTS/T 236—2019、JGJ 52—2006 等为5.0 mm、10.0 mm）。

作者认为，粗骨料试验所用标准筛的筛孔尺寸，如采用圆孔筛，应以圆孔筛的筛孔尺寸表示；如采用方孔筛，应以方孔筛的筛孔尺寸表示。

3. 粗骨料圆孔筛与方孔筛筛孔尺寸的差异

众所周知，我国最早的国家标准及各行业标准粗骨料试验采用的标准筛均为圆孔筛，现行各版本规范、规程、标准粗骨料采用的标准筛均为方孔筛。

现行各版本规范、规程、标准粗骨料试验采用的方孔筛，与 JGJ 52—2006 表 3.2.1-1（本书表 2.2）“石筛筛孔的公称直径与方孔筛尺寸”中的方孔筛完全相同。

表 2.2　JGJ 52—2006 石筛筛孔的公称直径与方孔筛尺寸的对应关系

石的公称粒径/mm	石筛筛孔的公称直径/mm	方孔筛筛孔边长/mm
100.0	100.0	90.0
80.0	80.0	75.0
63.0	63.0	63.0
50.0	50.0	53.0
40.0	40.0	37.5
31.5	31.5	31.5
25.0	25.0	26.5
20.0	20.0	19.0
16.0	16.0	16.0
10.0	10.0	9.5
5.00	5.00	4.75
2.50	2.50	2.36

已经废止的《公路工程集料试验规程》（JTJ 058—2000，以下简称“JTJ 058—2000”）附录 B“公路工程圆孔筛集料标准筛”表 2“圆孔筛与方孔筛的对应关系”，见表 2.3。

表 2.3　JTJ 058—2000 粗骨料圆孔筛与方孔筛的对应关系

圆孔筛孔径/mm	对应的方孔筛孔径/mm	圆孔筛孔径/mm	对应的方孔筛孔径/mm
100	75	25	19
80	63	20	16
63（或 60）	53	16	13.2
50	37.5	10	9.5
40	31.5	5	4.75
31.5（或 30）	26.5	2.5	2.36

根据表 2.2 和表 2.3 可知，JGJ 52—2006 以及 JTJ 058—2000 粗骨料圆孔筛与方孔筛的对应关系，主要不同之处在于 16.0 mm 及其以上的标准筛：JGJ 52—2006 方孔筛所对应的圆孔筛，均为与方孔筛筛孔尺寸最接近的圆孔筛；而 JTJ 058—2000 方孔筛所对应的圆孔筛，均比与方孔筛筛孔尺寸最接近的圆孔筛大一个筛孔尺寸。

众所周知，圆孔筛的筛孔为圆形，圆孔筛圆形筛孔的直径，即为粗骨料通过圆孔筛圆形筛孔的上限粒径；方孔筛的筛孔为正方形，正方形的对角线与正方形的边长存在$\sqrt{2}$倍的关系，因而粗骨料可以通过方孔筛正方形筛孔的上限粒径，远远大于方孔筛正方形筛孔的边长。

表 2.4 是粗骨料方孔筛正方形筛孔边长与方孔筛正方形筛孔对角线之间的关系（正方形的对角线等于边长的$\sqrt{2}$倍）。

表 2.4　粗骨料方孔筛正方形筛孔边长与对角线的关系

方孔筛筛孔边长尺寸/mm	2.36	4.75	9.5	16.0	19.0	26.5	31.5	37.5	53.0	63.0	75.0
方孔筛筛孔对角线尺寸/mm	3.34	6.72	13.4	22.6	26.9	37.5	44.5	53.0	75.0	89.1	106.1

表 2.5 是粗骨料筛分试验后，圆孔筛与方孔筛相应各号筛可能留在筛上粗骨料的最小颗粒尺寸与最大颗粒尺寸的分布情况。

表 2.5　圆孔筛与方孔筛相应各号筛粗骨料颗粒尺寸的分布情况

圆孔筛筛孔尺寸/mm	2.50	5.00	10.0	16.0	20.0	25.0	31.5	40.0	50.0	63.0	80.0
圆孔筛筛上骨料的颗粒尺寸/mm	2.50 ~ 5.00	5.00 ~ 10.0	10.0 ~ 16.0	16.0 ~ 20.0	20.0 ~ 25.0	25.0 ~ 31.5	31.5 ~ 40.0	40.0 ~ 50.0	50.0 ~ 63.0	63.0 ~ 80.0	80.0 ~ 100.0
方孔筛筛孔尺寸/mm	2.36	4.75	9.50	16.0	19.0	26.5	31.5	37.5	53.0	63.0	75.0
方孔筛筛上骨料的颗粒尺寸/mm	3.34 ~ 6.72	6.72 ~ 13.4	13.4 ~ 22.6	22.6 ~ 26.9	26.9 ~ 37.5	37.5 ~ 44.5	44.5 ~ 53.0	53.0 ~ 75.0	75.0 ~ 89.1	89.1 ~ 106.1	106.1 ~ 127.3

根据表 2.5 各号筛筛上粗骨料可能的分布情况，以 31.5 mm 筛为例，31.5 mm 圆孔筛筛上颗粒的尺寸为 31.5 ~ 40 mm，而与 31.5 mm 圆孔筛相对应的 31.5 mm 方孔筛，该号方孔筛筛上颗粒的尺寸为 44.5 ~ 53.0 mm，其筛上颗粒的最小尺寸（44.5 mm）比 31.5 mm 圆孔筛筛上颗粒的最大尺寸（40.0 mm）还大 4.5 mm；即使是比 31.5 mm 圆孔筛小一号的 26.5 mm 方孔筛，该号方孔筛筛上颗粒的尺寸（37.5 ~ 44.5 mm）也比 31.5 mm 圆孔筛筛上颗粒的尺寸（31.5 ~ 40.0 mm）大。

因此，圆孔筛改为方孔筛后，从数字上看粗骨料标准筛的尺寸是相应变小了，但是，方孔筛的粗骨料筛分试验结果，可能与圆孔筛的粗骨料颗粒级配范围完全不相符。

其他相关内容的论述，详见本书第1章第1.6节第1.6.1-7条“方孔筛与圆孔筛粗骨料的颗粒级配”以及作者已出版的《土木工程试验检测技术研究》中“方圆之差，天壤之别”。

2.3 粗骨料颗粒级配试验

2.3.1 仪器设备

本试验用仪器设备如下：

a)鼓风干燥箱：能使温度控制在(105±5) ℃。

干燥箱温度的设定

现行各版本规范、规程、标准均没有具体说明如何设定干燥箱的温度，工程实际应用中，一直按照要求的温度范围进行设定。但是，近些年来，很多工程项目的工地试验室根据干燥箱校准证书上的温度偏差值设定干燥箱的温度。

例如：某一电热鼓风恒温干燥箱的校准证书如图2.2所示。假设试验要求干燥箱的控制温度为(105±5)℃，工程实际应用中，工地试验室实际设定的控温范围，并不是上限温度设定为110 ℃、下限温度设定为100 ℃，而是按照校准证书的温度上、下偏差值，修正干燥箱的上限及下限控温范围。

校准温度	105.0 ℃
温度均匀度	1.2 ℃
温度波动度	±0.2 ℃/30 min
温度上偏差	+1.7 ℃
温度下偏差	+0.3 ℃
温度偏差测量不确定度	U=0.2 ℃，k=2

附注：根据校准结果计算实际温度的公式：实际温度=温度显示值-温度偏差值。

图2.2 干燥箱的校准证书

上述干燥箱温度的设定依据应该是《公路试验室标准指南》第5.4.1-(5)条“仪器设备取得检定/校准证书后，需对校准(测试)结果与试验检测工作要求进行符合性确认，必要时要考虑修正因子，并形成确认记录”以及附录1“标准养护室建设、运行实施方案”第1.2-(5)条“标准养护室温度、湿度控制设备的温度、湿度传感器应通过检定/校准，并提供温度在18～22 ℃之间、相对湿度大于95%的温度偏差值和相对湿度偏差值。温度控制传感器的控温范围应在修正温度偏差后，设定为20 ℃±2 ℃”。

众所周知，仪器设备使用前或至一定期限需要进行检定或校准，主要目的是“对于有规定技术条件或标准的仪器设备，将检定/校准结果(示值误差和测量不确定度)与技术条件或标准进行比较，判定该仪器设备能否使用；对于没有规定技术条件或标准的仪器设备，可根据被测对象和测量方法计算出(扩展)测量不确定度，然后与被测量值的技术要求进行比较，应不超过被测量值最大允许偏(误)差的1/3，判定该仪器设备能否使用或限制使用的条件”(注：摘自《公路试验室标准指南》第5.4.1-(5)条)。

如果干燥箱的控温范围需要根据检定/校准证书修正温度偏差后才能进行设定，依此类推，电子天平、试验机等与试验结果具有直接关联的仪器设备，更应需要根据检定/校准证书修正质量、力值等试验数据。

但是，工程实际应用中，电子天平、试验机等其他仪器设备并没有要求进行质量或力值等试验数据的修正，而且《公路工程沥青及沥青混合料试验规程》（JTG E20—2011，以下简称“JTG E20—2011”）T 0735—2011“沥青混合料中沥青含量试验（燃烧炉法）”第2.4条“烘箱：温度应控制在设定值±5 ℃”、第 4.2.6 条“预热燃烧炉。将燃烧温度设定538 ℃±5 ℃。设定修正系数为 0”以及《水泥胶砂强度检验方法（ISO 法）》（GB/T 17671—1999）第 4.1 条、GB/T 17671—2021 第 5.6.1 条“在给定温度范围内，控制系统所设定的温度应为给定温度范围的中值”。

由于仪器设备检定/校准的主要目的是判定仪器设备能否使用或限制使用，作者认为，如干燥箱检定或校准的精度满足使用要求，温度设定时不需考虑温度的修正因子。

b）天平：称量 10 kg，感量 1 g。

1. 与天平有关的术语

JTS 238—2016 第 2 节“术语”第 2.0.1 条“感量：天平指针从平衡位置偏转到标尺 1 分度所需的最大质量”；第 2.0.2 条“示值：由测量仪器或测量系统给出的量值”；第 2.0.3 条“分辨力：引起相应示值产生可觉察到变化的被测量的最小变化”；第 2.0.7 条“分度值：标尺上两相邻标记值之差”；第 2.0.8 条“测量误差：测量结果与（约定）真值之间的差值”；第 2.0.9 条“灵敏度：测量系统的示值变化除以相应的被测量值变化所得的商”；第 2.0.10 条“量程：标称范围上限值与下限值的代数差”。

2. 试验所用天平（或台秤、磅秤，以下统称“称量仪器”）的最小感量要求

SL/T 352—2020 第 3.20 节“粗骨料颗粒级配试验”第 3.20.2-2 条“秤：分度值不大于 0.01 kg 一台，分度值不大于 0.1 kg 一台”；DL/T 5151—2014 第 4.1 节“卵石或碎石颗粒级配试验”以及 DL/T 5362—2018 第 6.1 节“粗骨料颗粒级配试验”，均为 5 g（50 g）；JTS/T 236—2019 第 7.2 节“碎石和卵石的筛分析试验”以及 JGJ 52—2006 第 7.1 节“碎石或卵石的筛分析试验”，均为 5 g（20 g）；JTG E42—2005/T 0302—2005“粗集料及集料混合料的筛分试验（以下简称“T 0302 试验”）”为“感量不大于试样质量的 0.1%”；GB/T 17431.2—2010 第 5 节“颗粒级配（筛分析）”为 5 g。

根据现有称量仪器的精度以及对试验结果的影响，作者认为，粗骨料颗粒级配试验称量仪器的最小感量至少应为 1 g。

c）方孔筛：孔径为 2.36 mm、4.75 mm、9.50 mm、16.0 mm、19.0 mm、26.5 mm、31.5 mm、37.5 mm、53.0 mm、63.0 mm、75.0 mm 及 90 mm 的筛各一只，并附有筛底和筛盖（筛框内径为 300 mm）。

d）摇筛机。

e）搪瓷盘、毛刷等。

2.3.2 试验步骤

2.3.2.1 按第 2 章第 2.1 节规定取样，并将试样缩分至略大于表 2.6 规定的数量，烘干或风干后备用。

表 2.6 颗粒级配试验所需试样数量

最大粒径/mm	9.5	16.0	19.0	26.5	31.5	37.5	63.0	75.0
最少试样质量/kg	1.9	3.2	3.8	5.0	6.3	7.5	12.6	16.0

1. 试验前试样的处理

SL/T 352—2020 第 367 页第 3 节“骨料”的“条文说明:所用粗骨料试样,如超逊径不合格,在进行其他试验前可筛除。对试样的预处理,宜在结果报告中说明”。

DL/T 5151—2014、DL/T 5362—2018、JTS/T 236—2019、JGJ 52—2006、GB/T 17431.2—2010 以及 GB/T 14685—2011 均没有具体的规定。

JTG E42—2005/T 0302 试验第 3 条“试验准备:根据需要可按要求的集料最大粒径的筛孔尺寸过筛,除去超粒径部分颗粒后,再进行筛分”。

作者认为,粗骨料颗粒级配试验前不应筛除其中的超粒径颗粒,理由如下:

一是即使粒径大于 150 mm 的颗粒,DL/T 5151—2014 第 4.1.3-3 条尚要求“称取各筛筛余量(最大粒径大于 150 mm 的颗粒也应称量,并计算出百分含量)”。

二是粗骨料中的超粒径颗粒,筛分时可以人为筛除,但工程实际应用中不可能筛除,因而筛除超粒径颗粒后的粗骨料颗粒级配与工程实际不符。

三是筛除超粒径颗粒后的粗骨料颗粒级配可能符合规定的要求,但工程实际使用的粗骨料颗粒级配不一定符合规定的要求。

四是 JGJ/T 241—2011 第 4.3.3 条“粗骨料最大粒径应符合现行国家标准《混凝土结构工程施工质量验收规范》GB 50204 和《混凝土质量控制标准》GB 50164 的规定”,如果实际使用的粗骨料含有超粒径颗粒,粗骨料实际的最大粒径可能不符合混凝土结构最小边尺寸、钢筋最小净距、输送管径等相关的规定。

由于粗骨料生产过程中不可避免含有或多或少的超粒径颗粒,作者认为,工程实际应用中,如果粗骨料含有超粒径的颗粒,试验前不应筛除,可参照 JTG/T F20—2015《实施手册》第 50 页第 4.5.4 条“条文说明:在实际工程中完全消除超粒径含量是有一定困难的,需要灵活掌握,在不影响混合料性能的前提下,允许有 2% ~3% 的超粒径含量”,否则,应视为不合格的粗骨料。

2. 试验所用试样的数量

粗骨料颗粒级配试验所用试样的数量,现行各版本规范、规程、标准的规定各不相同,因篇幅原因,本书不再赘述。

为确保试验结果的准确性、有效性,作者认为,粗骨料各单粒级试样的最少质量应符合 GB/T 14685—2011 表 10(即本书表 2.6)的规定,并应按照本书第 2 章第 2.1 节第 2.1.3.1-3条“粗骨料单项试验试样的制备”所述方法,制备两份试样。

3. 试验时试样的含水状态

SL/T 352—2020 以及 DL/T 5362—2018 均为风干试样;JTG E42—2005 以及 GB/T 17431.2—2010 均为烘干试样;DL/T 5151—2014、JTS/T 236—2019、JGJ 52—2006 以及 GB/T 14685—2011 均可采用风干试样或烘干试样。

为确保试验结果的准确性、有效性，作者认为，粗骨料颗粒级配试验所用的试样应采用烘干试样。

4. 粗骨料颗粒级配试验所需试样数量中试样粒径的表示

SL/T 352—2020、DL/T 5362—2018、GB/T 17431.2—2010 以及 GB/T 14685—2011 均为“最大粒径”；JTS/T 236—2019 为“最大公称粒径”；DL/T 5151—2014 以及 JTG E42—2005 均为“公称最大粒径”；JGJ 52—2006 为“公称粒径”。

为确保试验结果的准确性、有效性，作者认为，粗骨料颗粒级配试验所需试样数量中的粒径应采用“最大粒径”表示。

2.3.2.2　根据试样的最大粒径，称取按表 2.6 的规定数量试样一份，精确到 1 g。将试样倒入按孔径大小从上到下组合的套筛（附筛底）上，然后进行筛分。

试验前试样总质量的精度要求

SL/T 352—2020 为“小于 10 kg 精确到 0.01 kg，不小于 10 kg 精确到 0.1 kg”；JTG E42—2005 为“称取干燥集料试样的总质量，准确至 0.1%”；DL/T 5151—2014、DL/T 5362—2018、JTS/T 236—2019、JGJ 52—2006 以及 GB/T 17431.2—2010 均没有具体的规定。

根据现有称量仪器的精度以及对试验结果的影响，作者认为，粗骨料颗粒级配试验前试样的总质量至少应精确至 1 g。

2.3.2.3　将套筛置于摇筛机上，摇 10 min；取下套筛，按筛孔大小顺序再逐个用手筛，筛至每分钟通过量小于试样总量 0.1% 为止。通过的颗粒并入下一号筛中，并和下一号筛中的试样一起过筛，这样顺序进行，直至各号筛全部筛完为止。当筛余颗粒的粒径大于 19.0 mm 时，在筛分过程中，允许用手指拨动颗粒。

1. 机筛与手筛的有关规定

SL/T 352—2020、DL/T 5151—2014、DL/T 5362—2018 以及 JGJ 52—2006 均没有配备摇筛机，且整个试验过程，也没有与手筛有关的操作内容；JTS/T 236—2019 没有配备摇筛机，但第 7.2.3-(2) 条“将试样倒入按孔径大小从上到下组合并附筛底的套筛上，置于摇筛机，摇 10 min”；JTG E42—2005/T 0302 试验可以采用机筛或手筛，“当采用摇筛机筛分时，应在摇筛机筛分后再逐个由人工补筛”；GB/T 17431.2—2010 配备摇筛机，但没有具体说明采用手筛或机筛。

由于各号筛最终的试验结果以手筛为准，作者认为，粗骨料颗粒级配试验可以使用摇筛机，也可以不使用摇筛机。

2. 手筛的操作方法

工程试验检测机构或工程项目工地试验室，一般强制性要求配备摇筛机，但是，熟练粗骨料颗粒级配试验的人员很少使用摇筛机。

为加快完成且确保试验结果的准确性、有效性，作者认为，可按 SL/T 352—2020 第 3.1.3-6 条以及 DL/T 5151—2014 第 3.1.3-3 条“手筛时，将装有砂样的整套筛放在试验台上，右手按着顶盖，左手扶住侧面，将套筛一侧抬起（倾斜度为 30°～35°），使筛底与台面成点接触，并按顺时针方向做滚动筛析 3 min，然后再逐个过筛直至达到要求为止”进行操作。

3. 分次筛分的有关规定

SL/T 352—2020 为“筛余试样的层厚不应大于试样的最大粒径值，否则应将筛余试样分成两份，再次进行筛分”；DL/T 5151—2014 为“在每号筛上的筛余平均层厚应不大于试样的公称最大粒径值，如超过此值，应将该号筛上的筛余分成两份，再次进行筛分”；DL/T 5362—2018、JTS/T 236—2019、JGJ 52—2006 以及 GB/T 17431.2—2010 均为“当每号筛上筛余层的厚度大于该试样的最大粒径时，应将该号筛上的筛余试样分成两份，再次进行筛分”；JTG E42—2005 为“如果某个筛上的集料过多，影响筛分作业时，可以分两次筛分”；GB/T 14685—2011 没有具体的规定。

作者认为，上述这些规定：一是很难判断筛上的骨料是否过多、是否会影响筛分作业；二是试验室配备的标准筛，直径绝大部分为 300 mm，很少出现“筛余层的厚度大于该试样的最大粒径”的情况。

为使试验可具操作性并确保试验结果的精度，作者认为，粗骨料颗粒级配试验每号筛每次手筛时筛上试样的质量，13.2 mm 及以上各筛不应超过 500 g，9.5 mm 及以下各筛不应超过 300 g；否则，应分次筛分。

4. 与用手指拨动试样颗粒的有关规定

SL/T 352—2020、DL/T 5151—2014、DL/T 5362—2018 以及 GB/T 17431.2—2010 均没有具体的规定；JTS/T 236—2019 以及 GB/T 14685—2011 均为“当筛余颗粒的粒径大于 19.0 mm 时，在筛分过程中，允许用手指拨动颗粒”；JTG E42—2005 为“当筛余颗粒的粒径大于 19 mm 时，筛分过程中允许用手指轻轻拨动颗粒，但不得逐颗塞过筛孔”。

上述有关规定比较容易理解，唯有 JGJ 52—2006 第 7.1.4-2 条中的“注：当筛余试样的颗粒粒径比公称粒径大 20 mm 以上时，在筛分过程中，允许用手拨动颗粒”较难理解，例如：当筛余试样的颗粒粒径为 21 mm 时，在筛分过程中，是否允许用手指拨动颗粒。

作者认为，粗骨料颗粒级配试验各号筛在筛分过程中，如发现颗粒卡在筛孔、不能在筛面上自由滚动时，可以用手指轻轻拨动颗粒，但不允许用手强行将颗粒塞过筛孔。

5. 每分钟各号筛的最少通过量

SL/T 352—2020 为“直至通过量不超过试样总量的 0.1% 为止”；DL/T 5151—2014、DL/T 5362—2018、JTS/T 236—2019、JGJ 52—2006、GB/T 17431.2—2010 以及 GB/T 14685—2011 均为“直至每分钟每一级筛的通过量不超过试样总量的 0.1% 为止”；JTG E42—2005 为“直至 1 min 内通过筛孔的质量小于筛上残余量的 0.1% 为止”。

由于“筛分时，对 1 min 内通过筛孔的质量小于筛上残余量的数值要求，国内外的试验方法并不统一，例如美国要求到 0.1% 为止，日本要求到 1% 为止，也有要求 0.5% 的（如我国台湾），实际上也不过是一种经验性的观察，不可能真正去称量，本次统一为 0.1%”（注：摘自 JTG E42—2005 第 17 页的“条文说明”）。

作者认为，以“每分钟每一级筛的通过量不超过试样总质量的 0.1%”控制比较合理，理由：一是每次筛分的筛上残余量均为未知数，因而很难判断 0.1% 筛上残余量的相应质量；二是试样总质量为已知数，比较容易判断 0.1% 试样总质量的相应质量；三是如果每次筛分的通过量控制在 0.1% 以下，对粗骨料颗粒级配试验结果没有多大的影响。

6. 粗骨料颗粒级配试验的操作步骤

SL/T 352—2020、DL/T 5151—2014、DL/T 5362—2018、JTS/T 236—2019、JGJ 52—2006、GB/T 17431.2—2010 以及 GB/T 14685—2011 均没有摇筛机筛分以及人工筛分的操作步骤。

JTG E42—2005/T 0302 试验第 4.2 条“人工筛分时，需使集料在筛面上同时有水平方向及上下方向的不停顿的运动，使小于筛孔的集料通过筛孔，直至 1 min 内通过筛孔的质量小于筛上残余量的 0.1% 为止；当采用摇筛机筛分时，应在摇筛机筛分后再逐个由人工补筛。将筛出通过的颗粒并入下一号筛，和下一号筛中的试样一起过筛，顺序进行，直至各号筛全部筛完为止”。

JTG E20—2011/T 0725—2000“沥青混合料的矿料级配检验方法”第 3.2.2 条“将标准筛带筛底置摇筛机上，并将矿质混合料置于筛内，盖妥筛盖后，压紧摇筛机，开动摇筛机筛分 10 min。取下套筛后，按筛孔大小顺序，在一清洁的浅盘上，再逐个进行手筛，手筛时可用手轻轻拍击筛框并经常地转动筛子，直至每分钟筛出量不超过筛上试样质量的0.1%时为止，不得用手将颗粒塞过筛孔。筛下的颗粒并入下一号筛，并和下一号筛中试样一起过筛”。

为使粗骨料尽可能多且快通过各号筛的筛孔，作者认为，粗骨料颗粒级配试验的操作步骤，可按如下方法：采用摇筛机筛分时，应“将标准筛带筛底置摇筛机上，并将矿质混合料置于筛内，盖妥筛盖后，压紧摇筛机，开动摇筛机筛分 10 min”；采用人工筛分时，除“需使集料在筛面上同时有水平方向及上下方向的不停顿的运动”外，尚应不停顿地变换手握筛壁的位置，使粗骨料可以从不同方向通过筛孔，并用手轻拍筛框，使卡在筛孔的颗粒可以在筛面上自由运动；如有颗粒卡在筛孔、不能在筛面上自由滚动时，可以用手指轻轻拨动颗粒，但不允许用手强行将颗粒塞过筛孔。

2.3.2.4　称出各号筛的筛余量，精确至 1 g。

各号筛筛余量的精度要求

SL/T 352—2020、DL/T 5151—2014、DL/T 5362—2018 以及 GB/T 17431.2—2010 对各号筛筛余量的精度均没有具体的规定；JTS/T 236—2019、JTG E42—2005 以及 JGJ 52—2006 均为“称取各筛筛余的质量，精确至试样总质量的 0.1%”。

根据现有称量仪器的精度以及对试验结果的影响，作者认为，粗骨料颗粒级配试验各号筛的筛余量至少应精确至 1 g。

2.3.3　结果计算与评定

2.3.3.1　计算分计筛余百分率：各号筛的筛余量与试样总质量之比，精确至 0.1%。

1. 分计筛余百分率的计算

SL/T 352—2020、DL/T 5151—2014、DL/T 5362—2018、JTS/T 236—2019、JGJ 52—2006、GB/T 17431.2—2010 以及 GB/T 14685—2011 均为“各号筛的筛余量与试样总质量之比”；JTG E42—2005/T 0302 试验水筛法第 6.2.3 条“计算其他各筛的分计筛余百分率、累计筛余百分率、质量通过百分率，计算方法与 6.1 干筛法相同。当干筛时筛分有损耗时，应按 6.1 的方法从总质量中扣除损耗部分”，即 JTG E42—2005/T 0302 试验的分计筛余百分率,为各号筛的筛余量与筛分后试样总质量之比。

作者认为,JTG E42—2005 粗骨料分计筛余百分率的计算是错误的;相关论述,详见本节第 2.3.3.3-7-(3)条"试样质量的损耗"。

2. 分计筛余百分率数位的修约

根据 SL/T 352—2020 第 1.0.7 条"除特别规定外,本标准的测量值、计算结果的数值修约应符合 GB/T 8170 的规定。中间计算结果的修约间隔应比最终结果的修约位数至少多保留一位"及其第 365 页的"条文说明:各方法中只给出了最终计算结果的数值修约间隔的规定,此前各步骤的数值应比指定的修约位数至少多一位"以及第 3.20.4 条"试验结果处理应按下列规定执行:1 各筛的分计筛余百分率按照公式(3.20.4-1)计算;2 各筛的累计筛余百分率按照公式(3.20.4-2)计算;3 以两次测值的平均值作为试验结果(修约间隔 1%)",SL/T 352—2020 累计筛余百分率数位的修约应为"0.1%"、分计筛余百分率数位的修约应为"0.01%";本书以下各章节 SL/T 352—2020 各个试验方法中间计算结果数位的修约均据此推定。

DL/T 5151—2014、DL/T 5362—2018、JTS/T 236—2019、JTG E42—2005、JGJ 52—2006、GB/T 17431.2—2010 以及 GB/T 14685—2011 均为"精确至 0.1%"。

为准确评定粗骨料颗粒级配的试验结果,作者认为,各号筛分计筛余百分率数位的修约应精确至 0.01%。

2.3.3.2 计算累计筛余百分率:该号筛及以上各筛的分计筛余百分率之和,精确至 1%。筛分后,如每号筛的筛余量与筛底的筛余量之和同原试样质量之差超过 1% 时,须重新试验。

1. 累计筛余百分率单个测定值数位的修约

SL/T 352—2020、DL/T 5362—2018 以及 JTG E42—2005 均为"精确至 0.1%";DL/T 5151—2014 没有具体的规定;JTS/T 236—2019、JGJ 52—2006、GB/T 17431.2—2010 以及 GB/T 14685—2011 均为"精确至 1%"。

为准确评定粗骨料颗粒级配的试验结果,作者认为,各号筛累计筛余百分率的单个测定值数位的修约,至少应与各号筛的分计筛余百分率一致,即精确至 0.01%。

2. 粗骨料颗粒级配需要重新试验的有关规定

SL/T 352—2020 没有具体的规定;DL/T 5151—2014、DL/T 5362—2018、JTS/T 236—2019、JGJ 52—2006 以及 GB/T 17431.2—2010 的规定与 GB/T 14685—2011 基本相同。

JTG E42—2005/T 0302 试验第 4.4 条"(干筛法)各筛分计筛余量及筛底存量的总和与筛分前试样的干燥总质量 m_0 相比,相差不得超过 m_0 的 0.5%"、第 6.1.1 条"(干筛法)若损耗率大于 0.3%,应重新进行试验"、第 6.1.6 条"(干筛法)当两次试验结果 $P_{0.075}$ 的差值超过 1% 时,试验应重新进行"、第 6.2.1 条"(水筛法)当两次试验结果 $P_{0.075}$ 的差值超过 1% 时,试验应重新进行"、第 6.2.2 条"(水筛法)若损耗率大于 0.3%,应重新进行试验"。

众所周知,粗骨料颗粒级配试验前后试样质量之差一般不会超过 5 g,但是,以5.0 kg 试样为例,如前后试样质量之差为 1%,则为50 g;如前后试样质量之差为 0.5%,则为 25 g。如此大的质量偏差,显然不符合实际。

为确保试验结果的精度，作者认为，各号筛上的筛余量及筛底的筛余量之和与试样总质量之差，不应超过试样总质量的 0.1%；否则，应重新试验。

2.3.3.3　根据各号筛的累计筛余百分率，采用修约值比较法评定该试样的颗粒级配。

1. 累计筛余百分率算术平均值数位的修约

SL/T 352—2020 为“1%”；DL/T 5151—2014、DL/T 5362—2018、JTS/T 236—2019、JTG E42—2005、JGJ 52—2006、GB/T 17431.2—2010 以及 GB/T 14685—2011 均没有具体的规定。

为准确评定粗骨料颗粒级配的试验结果，作者认为，各号筛累计筛余百分率算术平均值数位的修约应精确至 0.1%。

2. 粗骨料颗粒级配试验的次数

SL/T 352—2020、DL/T 5151—2014、DL/T 5362—2018、JTS/T 236—2019、JTG E42—2005 以及 GB/T 17431.2—2010 均要求进行两次试验；JGJ 52—2006 以及 GB/T 14685—2011 均没有具体的规定。

为准确评定粗骨料颗粒级配的试验结果，参照 GB/T 176—2017 第 4.1 条“试验次数与要求：每一项测定的试验次数规定为两次，两次结果的绝对差值在重复性限内，用两次试验结果的平均值表示测定结果”，作者认为，包括颗粒级配在内的粗骨料各个技术指标试验的次数，至少应进行两次平行试验。

3. 粗骨料颗粒级配试验结果的评定

SL/T 352—2020 为“进行结果评定时应采用修约值比较法”；DL/T 5151—2014 为“以两次测值的平均值作为试验结果”；DL/T 5362—2018 为“根据各级筛的通过百分率绘制颗粒级配曲线”；JTS/T 236—2019 为“根据各筛两次试验累计筛余的平均值，评定该试样的颗粒级配分布情况”；JTG E42—2005 为“报告集料级配组成通过百分率及级配曲线”；JGJ 52—2006 为“根据各筛的累计筛余，评定该试样的颗粒级配”；GB/T 17431.2—2010 为“根据各筛的累计筛余百分率，按 GB/T 17431.1—2010 表 1 评定轻集料的颗粒级配”。

由于现行规范、规程、标准粗骨料的颗粒级配均以各号筛的累计筛余进行规定，作者认为，应根据各号筛的累计筛余以及粗骨料上限与下限的级配范围绘制筛分曲线，如各号筛的累计筛余不超出粗骨料规定的级配范围，则评定合格；如粗骨料任一号筛的累计筛余超出粗骨料规定的级配范围，则评定不合格。

4. 工程实际的粗骨料颗粒级配试验

据了解，工程实际应用中，粗骨料的颗粒级配试验主要有以下三种方法。

一是最常见的方法：工程开工的第一份粗骨料颗粒级配试验，先进行各单粒级粗骨料的颗粒级配试验，然后确定单粒级粗骨料的最佳掺配比例；在工程施工过程中的取样试验，如按已确定的各单粒级粗骨料最佳掺配比例合成后的粗骨料颗粒级配符合规定的级配范围，则继续采用此掺配比例制备粗骨料并进行其他各项技术指标试验；否则，重新确定各单粒级粗骨料的最佳掺配比例。

二是从工程开工至工程结束，每次取样试验时均进行各单粒级粗骨料的颗粒级配试验，然后确定单粒级粗骨料的最佳掺配比例（前后两次试验确定的各单粒级粗骨料的掺配比例不一定相同)，最后按新的掺配比例制备粗骨料并进行其他各项技术指标试验。

三是从工程开工至工程结束，每次取样试验时，除了分别进行各单粒级粗骨料的颗粒级配试验(各单粒级粗骨料的颗粒级配须符合相应单粒级粗骨料规定的级配范围)，同时进行各单粒级粗骨料的其他各项技术指标试验；而且，每次试验虽然确定单粒级粗骨料的最佳掺配比例(前后两次试验确定的各单粒级粗骨料的掺配比例不一定相同)，但没有进行合成后连续粒级粗骨料的各项技术指标试验。

由于粗骨料的技术要求均为相对于连续粒级粗骨料而言，综合上述三种粗骨料颗粒级配的试验方法，作者认为，第一种试验方法既简单、快捷，又能反映粗骨料的质量状态；第二种试验方法虽然可行，但太过繁杂，没有必要每次试验均对各单粒级粗骨料进行颗粒级配试验；第三种试验方法不但繁杂，而且试验结果不符合粗骨料技术要求的规定，不能反映粗骨料的质量状态。

5. 粗骨料各单粒级掺配比例变化的有关规定

TB/T 3275—2018 第 8.2.2 条“混凝土施工过程中，当施工工艺及环境条件未发生明显变化，原材料的品质在合格的基础上发生波动时，可对混凝土减水剂和引气剂掺量、粗骨料分级比例、砂率进行适当调整，调整后的混凝土拌合物性能应符合设计或施工要求”。

Q/CR 9207—2017 第 6.4.6 条以及 TB 10424—2018 第 6.3.1 条“条文说明：当混凝土原材料和施工工艺等发生变化时，必须重新选定配合比。当施工工艺和环境条件未发生明显变化、原材料的品质在合格的基础上发生波动时，可对混凝土外加剂用量、粗骨料分级比例、砂率进行适当调整，调整后混凝土的拌和物性能应与原配合比一致”。

需要注意的是，铁路工程允许调整粗骨料分级比例的条件是原材料的品质在合格的基础上，并非可以任意调整粗骨料的分级比例，而且调整粗骨料分级比例后的粗骨料颗粒级配曲线应在规定的级配范围之内。

6. 与修约值比较法有关的问题

据了解，除 SL/T 352—2020、GB/T 14684—2011 以及 GB/T 14685—2011 的试验结果“采用修约值比较法评定”外，现行其他各版本规范、规程、标准均没有此规定。

但是，SL/T 352—2020、GB/T 14684—2011 以及 GB/T 14685—2011 没有说明何谓“修约值比较法”，为方便读者了解修约值比较法，下面先介绍与修约值比较法有关的术语，然后探讨与修约值比较法有关的问题。

(1)与修约值比较法有关的术语。

《冶金技术标准的数值修约与检测数值的判定》(YB/T 081—2013，以下简称“YB/T 081—2013”)第 3 节“术语和定义：GB/T 8170—2008 界定的术语和定义适用于本文件”。

《数值修约规则与极限数值的表示和判定》(GB/T 8170—2008，以下简称“GB/T 8170—2008”)第 2 节“术语和定义”第 2.1 条“数值修约：通过省略原数值的最后若干位数字，调整所保留的末位数字，使最后所得到的值最接近原数值的过程。注：经数值修约后的数值称为(原数值的)修约值”、第 2.2 条“修约间隔：修约值的最小数值单位。注：修约间隔的数值一经确定，修约值即为该数值的整数倍。例 1：如指定修约间隔为 0.1，修约值应在 0.1 的整数倍中选取，相当于将数值修约到一位小数。例 2：如指定修约间隔为

100,修约值应在 100 的整数倍中选取,相当于将数值修约到‘百’数位”、第 2.3 条“极限数值:标准(或技术规范)中规定考核的以数量形式给出且符合该标准(或技术规范)要求的指标数值范围的界限值”。

(2)与修约值比较法有关的规定。

YB/T 081—2013 第 5.3 节“修约值比较法”第 5.3.1 条“将测定值或其计算值进行修约,修约位数应与规定的极限数值数位一致。当测试或计算精度允许时,应先将获得的数值按指定的修约数位多一位或几位报出,然后按 GB/T 8170—2008 中 3.2 的程序修约至规定的数位”、第 5.3.2 条“将修约后的数值与标准或有关文件规定的极限数值作比较,只要超出极限数值规定的范围(不论超出程度大小),都判定为不符合要求。当标准或有关文件中规定的指标或参数为基本数值带偏差时,判定时应将修约后的数值与基本数值加上或减去偏差值的结果进行比较”。

GB/T 8170—2008 第 4.3.3 节“修约值比较法”第 4.3.3.1 条“将测定值或其计算值进行修约,修约数位应与规定的极限数值数位一致。当测试或计算精度允许时,应先将获得的数值按指定的修约数位多一位或几位报出,然后按 3.2 的程序修约至规定的数位”、第 4.3.3.2 条“将修约后的数值与规定的极限数值进行比较,只要超出极限数值规定的范围(不论超出程度大小),都判定为不符合要求”。

比较 YB/T 081—2013 与 GB/T 8170—2008 的修约值比较法,两者主要区别在于:GB/T 8170—2008 没有“当标准或有关文件中规定的指标或参数为基本数值带偏差时,判定时应将修约后的数值与基本数值加上或减去偏差值的结果进行比较”这些内容。

作者认为,YB/T 081—2013 以及 GB/T 8170—2008 的“修约值比较法”,可以简而言之:计算平行试验的单个测定值时,至少应比平行试验的算术平均值多一位数位;计算平行试验的算术平均值时,应与规定的极限数值数位一致;平行试验的算术平均值与规定的极限数值作比较,如不超出极限数值规定的范围,则判定为合格;否则,判定为不合格。

(3)现行标准采用的修约值比较法。

例如:GB/T 14685—2011 表 1“颗粒级配”中粗骨料各方孔筛的累计筛余百分率均为整数,根据 YB/T 081—2013 以及 GB/T 8170—2008 的“修约值比较法”,GB/T 14685—2011 第 7.3 节“颗粒级配”第 7.3.3.1 条粗骨料各筛分计筛余百分率的计算要求“精确至 0.1%”、第 7.3.3.2 条粗骨料各筛累计筛余百分率的计算要求“精确至 1%”。

但是,现行有的规范、规程、标准算术平均值修约的数位与规定的极限数值数位不一致,甚至互相矛盾。下面以钢筋混凝土用钢有关的规范、规程、标准为例进行说明。

《钢筋混凝土用钢 第 1 部分:热轧光圆钢筋》(GB/T 1499.1—2017,以下简称“GB/T 1499.1—2017”)表 6 中 HPB300 钢筋强度及伸长率的规定见表 2.7,第 8.5 条“数值修约与判定:检验结果的数值修约与判定应符合 YB/T 081 的规定”。

表 2.7　GB/T 1499.1—2017 表 6 中 HPB300 钢筋强度及伸长率的规定

牌号	下屈服强度 R_{eL}/MPa	抗拉强度 R_m/MPa	断后伸长率 A/%	最大力总延伸率 A_{gt}/%
	不小于			
HPB300	300	420	25	10.0

《钢筋混凝土用钢 第2部分:热轧带肋钢筋》(GB/T 1499.2—2018,以下简称“GB/T 1499.2—2018”)表6中HRB400钢筋强度及伸长率的规定见表2.8,第8.6条“数值修约:检验结果的数值修约与判定应符合YB/T 081的规定”。

表2.8　GB/T 1499.2—2018表6中HRB400钢筋强度及伸长率的规定

牌号	下屈服强度 R_{eL}/MPa	抗拉强度 R_m/MPa	断后伸长率 A/%	最大力总延伸率 A_{gt}/%
	不小于			
HRB400	400	540	16	7.5

如果根据YB/T 081—2013的修约值比较法,HPB300以及HRB400钢筋的下屈服强度、抗拉强度、断后伸长率、最大力总延伸率应分别修约至10 MPa、10 MPa、1%、0.1%。

但是,YB/T 081—2013表2“金属材料拉伸试验数值的修约间隔”中部分强度及伸长率修约间隔的规定见表2.9。

表2.9　YB/T 081—2013表2金属材料拉伸试验部分技术指标数值的修约间隔

测试项目	性能范围	修约间隔
R_{eL},R_m	≤200 MPa	1 MPa
	>200～1 000 MPa	5 MPa
	>1 000 MPa	10 MPa
A_{gt}	—	0.1%
A	≤10%	0.5%
	>10%	1%

注:根据供需双方协商,并在合同中注明,也可采用GB/T 228.1—2010第22章规定的修约间隔。

JTS/T 232—2019第4.1.16.4条“屈服强度和抗拉强度修约时,钢筋产品标准中有相关要求时应按产品标准要求修约,未要求时精确至1 MPa”、第4.1.17条规定“断后伸长率……精确至0.5%”、第4.1.18条“钢筋在最大力作用下试样总伸长率……精确至0.1%”。

《金属材料 拉伸试验 第1部分:室温试验方法》(GB/T 228.1—2010)第22节“试验结果数值的修约:试验测定的性能结果数值应按照相关产品标准的要求进行修约。如未规定具体要求,应按照如下要求进行修约:——强度性能值修约至1 MPa;——屈服点延伸率修约至0.1%,其他延伸率和断后伸长率修约至0.5%;——断面收缩率修约至1%”。

《钢筋混凝土用钢材试验方法》(GB/T 28900—2012)第5节“拉伸试验”第5.3条“试验程序:拉伸试验应根据GB/T 228.1进行”,但没有规定检验结果的数值修约。

为确保钢筋质量符合规定的技术要求,作者认为,钢筋屈服强度及抗拉强度应精确至1 MPa、断后伸长率应精确至0.1%、最大力总延伸率应精确至0.01%。

(4)平行试验单个测定值以及算术平均值数位的修约。

据了解,现行各版本规范、规程、标准,甚至是同一版本规范、规程、标准的各个试验方法,对平行试验单个测定值以及算术平均值数位修约的规定各不相同。

有的试验方法没有具体规定平行试验单个测定值以及算术平均值数位的修约。例如:JTG E20—2011/T 0612—1993“沥青含水量试验”第 4 条“试样含水量按式(T 0612-1)计算”、第 5 条“同一试样至少平行试验两次,当两次平行试验结果的差值符合重复性试验允许误差要求时,取其平均值作为试验结果”。

有的试验方法只规定平行试验单个测定值数位的修约,没有规定算术平均值数位的修约。例如:GB/T 14684—2011 第 7.4 节“含泥量”第 7.4.3.1 条“含泥量按式(3)计算,精确至 0.1%”、第 7.4.3.2 条“含泥量取两个试样的试验结果算术平均值作为测定值”。

有的试验方法只规定平行试验算术平均值数位的修约,没有规定单个测定值数位的修约。例如:JTG E20—2011/T 0615—2011“沥青蜡含量试验(蒸馏法)”第 4 条“计算:4.1 沥青试样的蜡含量按式(T 0615-1)计算。4.2 所进行的平行试验结果的最大值与最小值之差符合重复性试验误差要求时,取其平均值作为蜡含量结果,准确至 1 位小数”。

有的试验方法规定平行试验单个测定值的数位与算术平均值的数位一致。例如:GB/T 14685—2011 第 7.5 节“泥块含量”第 7.5.3.1 条“泥块含量按式(2)计算,精确至 0.1%”、第 7.5.3.2 条“含量取两次试验结果的算术平均值,精确至 0.1%”。

有的试验方法规定平行试验单个测定值的数位,比算术平均值的数位多一位数位。例如:GB/T 14684—2011 第 7.19 节“饱和面干吸水率”第 7.19.3.1 条“吸水率按下式(21)计算,精确至 0.01%”、第 7.19.3.2 条“取两次试验的结果的算术平均值作为吸水率值,精确至 0.1%”。

有的试验方法规定平行试验单个测定值的数位,与规定极限数值的数位一致,且平行试验允许误差的数位,比单个测定值多一位数位。例如:JTG F40—2004 表 4.3.2“道路用乳化沥青技术要求”中“蒸发残留分含量:不小于 50%(55%)”,JTG E20—2011/T 0651—1993“乳化沥青蒸发残留物含量试验”第 4 条“计算:乳化沥青的蒸发残留物含量按式(T 0651-1)计算,以整数表示”、第 5 条“报告:同一试样至少平行试验两次,两次试验结果的差值不大于 0.4% 时,取其平均值作为试验结果”;JTG F40—2004 表 4.3.2“道路用乳化沥青技术要求”中“筛上残留物:不大于 0.1%”,JTG E20—2011/T 0652—1993“乳化沥青筛上剩余量试验”第 4 条“计算:乳化沥青试样过筛后筛上剩余物含量按式(T 0652-1)计算,准确至 1 位小数”、第 5 条“报告:同一试样至少平行试验两次,两次试验结果的差值不大于 0.03% 时,取其平均值作为试验结果”。

为确保粗骨料质量符合规定的技术要求,作者认为,各个技术指标平行试验单个测定值修约的数位,应比算术平均值的数位多一位数位;算术平均值修约的数位,应比规定极限数值的数位多一位数位。

下面以 GB/T 14685—2011 表 6“压碎指标”中Ⅱ类碎石压碎指标极限数值≤20% 为例:假设 3 个碎石样品平行试验的压碎指标测定值分别为 20.33%、20.89%、20.25%。

如果依据 GB/T 14685—2011 第 7.11.3.1 条“压碎指标按式(8)计算,精确至 0.1%”,则 3 个碎石样品的压碎指标测定值为 20.3%、20.9%、20.2%;如果依据 GB/T

14685—2011 第 7.11.3.2 条“压碎指标取三次试验结果的算术平均值,精确至 1%”,则 3 个碎石样品的压碎指标算术平均值为(20.3%+20.9%+20.2%)÷3≈20.46667%≈20%,该碎石的压碎指标值符合 GB/T 14685—2011 Ⅱ类碎石压碎指标的规定。

但是,作者认为,该碎石的压碎指标不符合 GB/T 14685—2011 Ⅱ类碎石压碎指标的规定,因为:一是 3 个碎石样品平行试验的压碎指标单个测定值均>20%;二是如果这 3 个碎石样品平行试验的单个测定值修约的数位比算术平均值数位多一位、算术平均值修约的数位比规定极限数值数位多一位,则(20.33%+20.89%+20.25%)÷3=20.49%≈20.5%(>20%)。

(5)现行标准技术指标的极限数值。

GB/T 8170—2008 第 2.3 条“极限数值:标准(或技术规范)中规定考核的以数量形式给出且符合该标准(或技术规范)要求的指标数值范围的界限值”。

现行各版本规范、规程、标准规定的极限数值,除了各个技术指标的数值略有不同外,即使是同一版本规范、规程、标准,甚至是同一版本规范、规程、标准的同一技术指标,所表示的方式也不尽相同。

①数值界限值的表示。不同版本规范、规程、标准的技术指标,例如:GB/T 14684—2011 以及 GB/T 14685—2011 粗骨料与细骨料的各个技术指标,均采用“≤”或“≥”表示;JTT 819—2011 细骨料的各个技术指标,均采用“<”或“>”表示。

同一版本规范、规程、标准的不同技术指标,例如:MH/T 5004—2010 机制砂母岩抗压强度采用“不应小于”表示,机制砂压碎指标采用“小于”表示。

同一版本规范、规程、标准的同一技术指标,例如:JTS 202—2011 以及 JTS 202-2—2011 细骨料的泥块含量与云母含量,有抗冻性要求时采用“<”表示;无抗冻性要求时采用“≤”表示。

②数值有效数位的表示。不同版本规范、规程、标准的技术指标,例如:细骨料的云母含量以及轻物质含量,GB/T 14684—2011 均保留一位小数点;SL 677—2014 以及 SL 632—2011 均保留整数。

同一版本规范、规程、标准的不同技术指标,例如:GB 50164—2011 海砂的贝壳含量保留整数;人工砂的石粉含量保留一位小数点。

同一版本规范、规程、标准的同一技术指标,例如:JG/T 568—2019 机制砂的石粉含量,当亚甲蓝值>4.0,且石粉流动度比<100% 时为≤5.0%;当亚甲蓝值>4.0,且石粉流动度比≥100% 时为≤7%。

作者认为,粗骨料及细骨料技术指标规定的极限数值:数值的界限值,应采用“≤”或“≥”表示。数值的有效数位,当规定值<1 时,修约间隔应根据工程质量要求而定;当规定值≥1 且<100 时,修约间隔应为 1;当规定值≥100 时,修约间隔应为 10 或 10 的倍数。

7. JTG E42—2005 粗骨料颗粒级配试验

粗骨料颗粒级配试验,JTG E42—2005 除了 T 0302 试验,另有一个 T 0303—2005“含土粗集料筛分试验(以下简称‘T 0303 试验’)”,下面探讨与 JTG E42—2005 两个粗骨料颗粒级配试验方法的其他有关内容。

(1)干筛法与水筛法。

JTG E42—2005/T 0302 试验第 1.1 条“对水泥混凝土用粗集料可采用干筛法筛分,对沥青混合料及基层用粗集料必须采用水洗法试验”,据了解,包括 DL/T 5362—2006 在内的现行其他规范、规程、标准粗骨料的颗粒级配试验均采用干筛法。

根据作者大量的试验结果表明,水洗法即使在水中来回摇动、反复筛洗至水清洁,0.075 mm筛底仍然含有较多的颗粒;干筛法无法筛除黏附在粗骨料表面以及“泥块”中小于0.075 mm 的颗粒。因此,无论是水泥混凝土用粗骨料,还是沥青面层及基层用粗骨料,均应采用水洗法进行颗粒级配试验。

为简化粗骨料的颗粒级配试验,作者认为,可以参照 JTG E20—2011/T 0725—2000“沥青混合料的矿料级配检验方法”第 3.2.2 条“针对 0.075 mm 筛的料,根据需要可参照《公路工程集料试验规程》(JTG E42—2005)的方法采用水筛法,或者对同一种混合料适当进行几次干筛与湿筛的对比试验后,对 0.075 mm 通过率进行适当的换算或修正”。

(2)试样质量的损耗。

JTG E42—2005/T 0302 试验第 6.1.1 条“计算各筛分计筛余量及筛底存量的总和与筛分前试样的干燥总质量 m_0之差,作为筛分时的损耗,并计算损耗率”,但没有说明如何计算筛分时质量的损耗率。

如果根据 JTG E42—2005/T 0302 试验表 T 0302-3“粗集料水筛法筛分记录”中的“第2组”试验数据:干燥试样总量3 000 g、水洗后筛上总量2 868 g、筛底0 g、干筛后总量2 865.5 g、损耗2.5 g、扣除损耗后总量 2 997.5 g、损耗率 0.09%;经计算:2.5÷3 000×100=0.083≈0.08,2.5÷2 868×100=0.087≈0.09,2.5÷2 865.5×100=0.087≈0.09,说明 JTG E42—2005 质量的损耗率可能为“筛分时的损耗质量/水洗后干燥试样的总质量”,也可能为“筛分时的损耗质量/水洗后干燥试样各筛分计筛余量与筛底存量的总和”。

JTS/T 232—2019 第 7.2 节“回填碎石”中的“颗粒组成”试验第 7.2.3-(1)条“筛分造成的损耗按式(7.2.3-1)计算,并计算损耗率,损耗率大于 1%时,重新进行试验”,但也没有说明如何计算筛分时质量的损耗率,而且,计算各号筛分计筛余百分率时,采用“用于筛分的干燥碎石总质量”,而不是采用 JTG E42—2005 的“用于干筛的干燥集料总质量-由于筛分造成的损耗”。

除 JTG E42—2005 以及 JTS/T 232—2019 粗骨料颗粒级配试验外,JTG E42—2005、JTS/T 232—2019 的细骨料颗粒级配试验以及现行其他规范、规程、标准粗骨料、细骨料颗粒级配试验均没有“试样质量的损耗或损耗率”的内容。

JTG E51—2009/T 0845—2009“无机结合料稳定材料养生试验方法”第 95 页的“条文说明”虽然有类似的内容,但明确说明“试件的质量损失指含水量的减少,不包括由于各种不同原因从试件上掉下的混合料”。

由于粗骨料颗粒级配试验的试样为风干或烘干试样,因此不存在试样含水量的减少;筛分时如有颗粒从筛上掉落,可以捡回筛内,因而不存在试样的丢失;粗骨料颗粒级配试验前后试样质量不一致,主要是由称量仪器引起的误差,而非试样质量的损耗。

因此,作者认为,JTG E42—2005/T 0302 试验计算粗骨料颗粒级配的分计筛余百分率时,不应从总质量中扣除损耗部分的质量。

(3)含土粗骨料颗粒级配试验。

JTG E42—2005/T 0303—2005“含土粗集料筛分试验”是公路工程含土较多的粗骨料特有的颗粒级配试验,由于篇幅太长,本书没有摘录这一部分的内容。

作者认为,对于含土较多的粗骨料颗粒级配试验,如需要同时测定粗骨料的颗粒级配以及液塑限或塑性指数,可按如下操作:按照本书第 2 章第 2.1 节第 2.1.3.1-3 条“粗骨料单项试验试样的制备”所述方法,制备两份试样;将试样倒入容器中,加入洁净水,使水面高于试样表面 100 mm,浸泡 24 h;如粗骨料含有泥块,需用手拧捏泥块;用手或搅棒充分搅动试样,使粗骨料中的尘屑、泥土和细粉与骨料颗粒在水中完全分离;用 0.5 mm 筛筛洗干净容器中大于 0.5 mm 的试样,将筛洗干净的大于 0.5 mm 试样倒入搪瓷盘,置(105±5)℃烘箱中烘干至恒重,冷却至室温后,即可得到粗骨料颗粒级配试验水洗后的烘干试样;将容器中小于 0.5 mm 的试样及水全部倒入搪瓷盘,待搪瓷盘中的水清澈后,稍稍倾斜搪瓷盘,小心泌去搪瓷盘中的清水,将搪瓷盘连同小于 0.5 mm 的试样置(105±5)℃烘箱中烘干至恒重,冷却至室温后,用橡胶锤或研钵磨碎,即可得到液塑限试验所需的小于 0.5 mm 试样。

2.4　粗骨料含泥量试验

粗骨料含泥量试验的测试目的

众所周知,每一项试验应有一个明确的测试目的,否则,实际测试的结果可能与需要检测的参数毫不相符。

如果根据 SL/T 352—2020 粗骨料含泥量试验的目的与适用范围,粗骨料含泥量试验测定的是河砂的含泥量;如果根据 SL/T 352—2020 的试验方法,粗骨料含泥量试验测定的是河砂中小于 0.075 mm 的部分颗粒含量;如果根据 SL/T 352—2020 第 2.0.9 条的定义,粗骨料含泥量试验测定的是粗骨料中小于 0.075 mm 的黏土、淤泥及细屑的总含量。

如果根据 DL/T 5151—2014、DL/T 5362—2018、JTG E42—2005 以及GB/T 17431.2—2010 粗骨料含泥量试验的目的与适用范围,粗骨料含泥量试验测定的是粗骨料中小于 0.075 mm的黏土、淤泥及细屑的总含量;如果根据试验方法,粗骨料含泥量试验测定的是粗骨料中小于0.075 mm 的部分颗粒含量;如果根据 DL/T 5151—2014 第2.0.8 条等定义的含泥量,粗骨料含泥量试验测定的是粗骨料中小于 0.075 mm 的颗粒含量。

如果根据 JGJ 52—2006 粗骨料含泥量试验的目的与适用范围,粗骨料含泥量试验测定的是粗骨料的含泥量;如果根据 JGJ 52—2006 的试验方法,粗骨料含泥量试验测定的是粗骨料中小于 0.075 mm 的部分颗粒含量;如果根据 JGJ 52—2006 第 2.1.6 条定义的含泥量,粗骨料含泥量试验测定的是粗骨料中小于 0.075 mm 的颗粒含量。

JTS/T 236—2019 以及 GB/T 14685—2011 没有粗骨料含泥量试验的目的与适用范围,如果根据两者的试验方法,粗骨料含泥量试验测定的是粗骨料中小于 0.075 mm 的部分颗粒含量;如果根据 GB/T 14685—2011 第 3.5 条等定义的含泥量,粗骨料含泥量试验测定的是粗骨料中小于 0.075 mm 的颗粒含量。

由于粗骨料含泥量试验时,只“把浑水缓缓倒入 1.18 mm 及 0.075 mm 的套筛”,倒出悬浮液时，总有一部分小于 0.075 mm 的岩石细粉被粗骨料压在容器的底部或下沉至粗骨料的表面而不能随悬浮液倒出，因此现行粗骨料含泥量试验，只能测定粗骨料中小于 0.075 mm 的部分颗粒含量。

由于“淘洗后，小于 0.075 mm 部分的细砂粒沉淀很慢，是很容易随土一起倾走”（注：摘自 JTG E42—2005 第 98 页的“条文说明”），因此现行粗骨料含泥量试验，不能准确测定粗骨料中小于 0.075 mm 的黏土、淤泥及细屑的总含量。

作者认为，粗骨料含泥量试验应该是测定粗骨料中小于 0.075 mm 且矿物组成和化学成分与母岩不同的黏土、淤泥及细屑的颗粒含量。

2.4.1　仪器设备

本试验用仪器设备如下：

a）鼓风干燥箱：能使温度控制在（105±5）℃。

b）天平：称量 10 kg，感量 1 g。

试验所用称量仪器的最小感量要求

SL/T 352—2020 第 3.25 节“粗骨料含泥量（石粉含量）试验”为“天平：分度值不大于 1 g 一台。秤：分度值不大于 0.01 kg 一台，分度值不大于 0.1 kg 一台”；DL/T 5151—2014 第 4.5 节“卵石或碎石含泥量试验”以及 DL/T 5362—2018 第 6.4 节“粗骨料含泥量试验”，均为 5 g（50 g）；JTS/T 236—2019 第 7.7 节“碎石和卵石的含泥量试验”以及 JGJ 52—2006 第 7.7 节“碎石或卵石中含泥量试验”，均为 20 g；JTG E42—2005/T 0310—2005“粗集料含泥量及泥块含量试验”为“感量不大于称量的 0.1%”；GB/T 17431.2—2010 第 14 节“含泥量及泥块含量”以及 GB/T 14685—2011，均为 1 g。

根据现有称量仪器的精度以及对试验结果的影响，作者认为，粗骨料含泥量试验称量仪器的最小感量至少应为 1 g。

c）方孔筛：孔径为 75 μm 及 1.18 mm 的筛各一只。

d）容器：要求淘洗试样时，保持试样不溅出。

e）搪瓷盘、毛刷等。

2.4.2　试验步骤

2.4.2.1　按第 2 章第 2.1 节规定取样，并将试样缩分至略大于表 2.10 规定的 2 倍数量，放在干燥箱中于（105±5）℃下烘干至恒量，待冷却至室温后，分为大致相等的两份备用。

注：恒量系指试样在烘干 3 h 以上，其前后质量之差不大于该项试验所要求的称量精度（下同）。

表 2.10　含泥量试验所需试样数量

最大粒径/mm	9.5	16.0	19.0	26.5	31.5	37.5	63.0	75.0
最少试样质量/kg	2.0	2.0	6.0	6.0	10.0	10.0	20.0	20.0

1. 试验前试样的处理

SL/T 352—2020 为“取适量有代表性单粒级粗骨料，在(105±5) ℃烘箱中烘至恒量，冷却至室温后，按照表3.25.3规定的质量称取试样两份”。

DL/T 5151—2014 为“用四分法取样。在105 ℃±5 ℃的烘箱中烘至恒量，冷却至室温后，按表4.5.3规定称取试样两份”。

DL/T 5362—2018 为“用四分法取样，试样数量符合表6.4.3的规定，在105 ℃±5 ℃烘箱内烘干至质量恒定，取出冷却至室温，称其质量”。

JTS/T 236—2019 为“试验用样品应缩分至表7.7.2所规定最小质量，并置于温度为(105±5) ℃的烘箱内烘干至恒重，冷却至室温后分成两份备用，缩分过程应注意防止细粉丢失”

JTG E42—2005 为“按 T 0301 方法取样，将来样用四分法或分料器法缩分至表T 0310-1所规定的量(注意防止细粉丢失并防止所含黏土块被压碎)，置于温度为105 ℃±5 ℃的烘箱内烘干至恒重，冷却至室温后分成两份备用”。

JGJ 52—2006 为“将样品缩分至表7.7.3所规定的量(注意防止细粉丢失)，并置于温度为(105±5) ℃的烘箱内烘干至恒重，冷却至室温后分成两份备用”。

GB/T 17431.2—2010 为“量取试样5 L~7 L(注意防止细粉丢失)，干燥至恒量，冷却至室温，备用”。

综上所述，现行粗骨料含泥量试验所需的试样数量(或质量)各不相同外，试验前试样的处理方法，主要有以下几个不同之处：

一是试样的数量(或质量)，SL/T 352—2020、DL/T 5151—2014、DL/T 5362—2018以及GB/T 14685—2011采用“取样数量(或质量)”表示；JTS/T 236—2019、JTG E42—2005以及JGJ 52—2006采用“最小质量”表示。

二是试样的粒级或粒径，SL/T 352—2020采用“骨料粒级”表示；DL/T 5151—2014采用“骨料公称粒径”表示；DL/T 5362—2018以及GB/T 14685—2011采用“最大粒径”表示；JTS/T 236—2019以及JGJ 52—2006采用“最大公称粒径”表示；JTG E42—2005采用“公称最大粒径”表示。

三是SL/T 352—2020以及DL/T 5151—2014均需计算各单粒级粗骨料的含泥量，但DL/T 5151—2014并没有说明是否“取单粒级粗骨料”。

四是SL/T 352—2020以及GB/T 17431.2—2010称取试样前均没有说明是否需“用四分法取样”。

五是SL/T 352—2020、DL/T 5151—2014、DL/T 5362—2018以及GB/T 14685—2011缩分试样时，均没有说明是否需“注意防止细粉丢失”。

六是JTS/T 236—2019、JTG E42—2005、JGJ 52—2006以及GB/T 14685—2011试样缩分至表中规定的数量(或质量)后，尚需“分成两份”。

作者认为，试验所用的试样，应为按最佳掺配比例而成的粗骨料；试验所需试样的数量，应采用“最小质量”表示；试样的粒级或粒径，应采用“最大粒径”表示；量取试样时，应明确“用四分法取样”；缩分试样时，应“注意防止细粉丢失”；试样缩分至规定的数量后，不应再次“分成两份”。

2. 试验所用试样的细粉

SL/T 352—2020、DL/T 5151—2014、DL/T 5362—2018 以及 GB/T 14685—2011 缩分试样时，均没有说明是否需“注意防止细粉丢失”。

由于粗骨料的含泥量主要集中在试样的细粉，因此，作者认为，粗骨料含泥量所用的试样，应按照本书第 2 章第 2.1 节第 2.1.3.1-3 条“粗骨料单项试验试样的制备”所述方法制备两份符合 GB/T 14685—2011 表 11(即本书表 2.10)规定的试样；每次缩分时，试样中的细粉应平均分配缩分后的试样，并“注意防止细粉丢失”。

3. 缩分后的试样

JTS/T 236—2019、JTG E42—2005、JGJ 52—2006 以及 GB/T 14685—2011 试样缩分至表中规定的数量后，尚需“分成两份”。

如果按照上述试验方法，每份试样的数量应为表中数量的一半，但是，作者认为，上述试验方法表中的数量应为每份试样的数量，理由：表中的数量若采用四分法分成两份，缩分后的试样数量将不满足表中数量的规定；若试样不采用四分法缩分成两份，试验所用的试样将没有代表性。

4. 恒量(或恒重)的定义

SL/T 352—2020 第 3.1.3-1 条中的“注：在本标准中，恒量是指在物料烘干时，间隔时间大于 1 h 的两次称量结果之差不大于后一次称量结果的 0.1%”。

DL/T 5151—2014 第 3.1.3-1 条“恒量(相邻两次称量间隔时间大于 3 h 的情况下，前后两次称量之差不大于天平的规定感量)”。

《水工混凝土水质分析试验规程》(DL/T 5152—2017，以下简称“DL/T 5152—2017”)第 2.0.1 条“恒重：除溶解性总固体外，是指在规定的条件下连续两次干燥后的质量差异在 0.2 mg 以下”。

JTS/T 236—2019 第 2.0.25 条“恒量：化学分析时，样品经第一次灼烧、冷却、称量后，通过连续对每次 15 min 的灼烧，然后冷却、称量的方法来检查恒定质量，当连续两次称量之差小于 0.000 5 g 时，即达到恒量”以及第 2.0.26 条“恒重：相邻两次称量间隔时间不小于 3 h 的情况下，前后两次称量之差小于该项试验所要求的称量精度，即达到恒重”。

JTG E42—2005/T 0302—2005 试验第 5.1 条中的“注：恒重系指相邻两次称量间隔时间大于 3 h(通常不少于 6 h)的情况下，前后两次称量之差小于该项试验所要求的称量精密度”以及 T 0304—2005“粗集料密度及吸水率试验”第 4.6 条中的“注：恒重是指相邻两次称量间隔时间大于 3 h 的情况下，其前后两次称量之差小于该项试验要求的精密度，即 0.1%。一般在烘箱中烘烤的时间不得少于 4 h～6 h”。

《铁路工程岩土化学分析规程》(TB 10103—2008，以下简称“TB 10103—2008”)第 2.1.2条“恒量：连续两次干燥或灼烧后的质量差异在±0.3 mg 以下”。

JGJ 52—2006 第 6.1.3 条以及第 7.2.4 条中的“注：恒重是指相邻两次称量间隔时间不小于 3 h 的情况下，其前后两次称量之差小于该项试验所要求的称量精度”。

GB/T 176—2017 第 4.6 条“恒量：经第一次灼烧、冷却、称量后，通过连续对每次 15 min的灼烧，然后冷却、称量的方法来检查恒定质量，当连续两次称量之差小于 0.000 5 g时，即达到恒量”。

GB/T 17431.2—2010 第3.1条“当试样干燥至恒量时,相邻两次称量的时间间隔不得小于2 h。当相邻两次称量值之差不大于该项试验要求的精度时,则称为恒量值”。

GB/T 14684—2011 第7.3.2.1条中“恒量”的定义,与 GB/T 14685—2011 第7.4节“含泥量”第7.4.2.1条中的“注”完全相同。

作者认为,JTG E42—2005/T 0304—2005“粗集料密度及吸水率试验”第4.6条“注”中定义的“恒量或(恒重)”,比较全面、合理。

2.4.2.2 根据试样的最大粒径,称取按表11的规定数量试样一份,精确到1 g。将试样放入淘洗容器中,注入清水,使水面高于试样上表面150 mm,充分搅拌均匀后,浸泡2 h,然后用手在水中淘洗试样,使尘屑、淤泥和黏土与石子颗粒分离,把浑水缓缓倒入1.18 mm及75 μm的套筛上(1.18 mm筛放在75 μm筛上面),滤去小于75 μm的颗粒。试验前筛子的两面应先用水润湿。在整个试验过程中应小心防止大于75 μm颗粒流失。

1. 试样总质量的精度要求

SL/T 352—2020为“小于1 kg精确到1 g,1~10 kg精确到0.01 kg,不小于10 kg精确到0.1 kg”;DL/T 5151—2014、DL/T 5362—2018、JTS/T 236—2019、JTG E42—2005、JGJ 52—2006以及GB/T 17431.2—2010均没有具体的规定。

根据现有称量仪器的精度以及对试验结果的影响,作者认为,粗骨料含泥量试验试样的总质量至少应精确到1 g。

2. 试样浸泡的时间

SL/T 352—2020、DL/T 5151—2014以及DL/T 5362—2018均没有具体规定试样浸泡的时间;JTS/T 236—2019、JGJ 52—2006以及GB/T 14685—2011均为“浸泡2 h”;GB/T 17431.2—2010为12 h;JTG E42—2005为“浸泡24 h”。

由于粗骨料的含泥量包含泥块含量,而有的泥块比较硬,如果泥块不经水的浸泡,只是用手在水中淘洗颗粒,无法使小于0.075 mm的泥块颗粒与骨料颗粒完全分离;另外,如果泥块只浸泡2 h或12 h,泥块可能没有完全融化,即使反复“用手在水中淘洗”,也难以淘洗干净泥块中的“泥”。

为使粗骨料中的泥块与骨料在水中完全分离,作者认为,试样应至少浸泡24 h,并用手在水中碾碎泥块。

3. 浸泡试样时水面与砂面之间的高度

SL/T 352—2020、DL/T 5151—2014、DL/T 5362—2018、JTG E42—2005以及GB/T 17431.2—2010均没有具体的规定;JTS/T 236—2019、JGJ 52—2006以及GB/T 14684—2011均为“使水面高出砂面约150 mm”。

由于粗骨料浸泡时会吸收部分水分,为确保试样浸泡时的水面始终位于砂面之上,作者认为,水面与砂面之间的高度至少应为100 mm。

4. 试样的淘洗方法

SL/T 352—2020为“用铁铲在水中翻拌淘洗”;DL/T 5151—2014、JTS/T 236—2019、JTG E42—2005、JGJ 52—2006以及GB/T 14684—2011均为“用手在水中淘洗颗粒”;DL/T 5362—2018为“淘洗颗粒”;GB/T 17431.2—2010为“搅拌5 min”。

由于粗骨料的含泥量包含泥块含量,而有的泥块比较硬,如果只是用手或搅棒在水中淘洗或搅拌，很难清洗干净泥块中的“泥”，作者认为，浸泡后的试样，应先用手在水中捻碎泥块，然后用手在水中淘洗试样，使尘屑、淤泥和黏土与砂粒完全分离。

2.4.2.3　再向容器中注入清水，重复上述操作，直至容器内的水目测清澈为止。

试样的筛洗方法

SL/T 352—2020、DL/T 5151—2014、DL/T 5362—2018、JTS/T 236—2019、JTG E42—2005、JGJ 52—2006 以及 GB/T 14684—2011 均“把浑水（浑浊液）缓缓倒入 1.18 mm 及 75 μm的套筛上，滤去小于 75 μm 的颗粒，……直至容器内的水目测清澈为止”。

GB/T 17431.2—2010“将 9.50 mm、1.18 mm 和75 μm筛子叠置，先用水湿润，然后将试样和水一起倒入套筛上，滤去小于 75 μm 的颗粒。用水流冲洗筛上集料，直至筛上剩余物中看不见有泥土，以及冲洗后的水变清澈为止。最后将 75 μm 筛放在水中（使水面略高出筛内颗粒）来回摇动，以充分洗去小于 75 μm 的尘屑”。

比较上述两种试样的筛洗方法，作者认为，GB/T 17431.2—2010 可以充分洗去粗骨料中小于 0.075 mm 的颗粒，但由于“用水流冲洗筛上集料”，因此，粗骨料中大于 0.075 mm的颗粒，可能由于水的压力而被水冲走。

2.4.2.4　用水淋洗剩余在筛上的细粒，并将 75 μm 筛放在水中（使水面略高出筛中石子颗粒的上表面）来回摇动，以充分洗掉小于 75 μm 的颗粒，然后将两只筛上筛余的颗粒和清洗容器中已经洗净的试样一并倒入搪瓷盘中，置于干燥箱中于(105±5) ℃下烘干至恒量，待冷却至室温后，称出其质量，精确至 1 g。

1. 工程实际采用的试验方法

据了解，至少有半数以上包括试验室主任在内试验人员的粗骨料含泥量试验方法是错误的，主要原因是被“将 75 μm 筛放在水中来回摇动，以充分洗掉小于 75 μm 的颗粒”误导。其他有关论述，详见本书第 4.4.2.4-3 条“工程实际采用的筛洗法”。

作者认为，现行粗骨料含泥量试验的主要步骤，可简述如下：试样浸泡 24 h；用手在水中捻碎泥块并淘洗试样；倒出浑浊液时，应缓慢倒入 1.18 mm 及 0.075 mm 的套筛；筛洗 0.075 mm 筛上残留试样时，应将 0.075 mm 筛放在水中，水平方向来回摇动0.075 mm筛。

2. 标准筛的作用

现行规范、规程、标准粗骨料含泥量试验一般要求配置 1.18 mm 及 0.075 mm 各一个标准筛，但没有说明 1.18 mm 筛与 0.075 mm 筛在粗骨料含泥量试验的作用。

作者认为，1.18 mm 筛主要是防止倒出浑浊液时 0.075 mm 筛受到损坏，起到阻隔粗颗粒、缓冲水流的作用；0.075 mm 筛主要是防止倒出浑浊液时，大于 0.075 mm 的颗粒随浑浊液一起冲走。

3. 水洗后试样质量的精度要求

SL/T 352—2020 为“小于 1 kg 精确到 1 g，1～10 kg 精确到 0.01 kg，不小于 10 kg 精确到 0.1 kg”；DL/T 5151—2014、DL/T 5362—2018、JTS/T 236—2019、JTG E42—2005、JGJ 52—2006 以及 GB/T 17431.2—2010 均没有具体的规定。

根据现有称量仪器的精度以及对试验结果的影响，作者认为，粗骨料含泥量试验水洗后试样的质量至少应精确至 1 g。

2.4.3 结果计算与评定

2.4.3.1 含泥量按式(2.1)计算,精确至0.1%:

$$Q_a = \frac{G_1 - G_2}{G_1} \times 100 \tag{2.1}$$

式中:

Q_a——含泥量,%;

G_1——试验前烘干试样的质量,克(g);

G_2——试验后烘干试样的质量,克(g)。

1. 粗骨料含泥量的计算

SL/T 352—2020 为“i 粒级粗骨料含泥量 =(试验前烘干的试样质量-试验后烘干的试样质量)/试验前烘干的试样质量×100%;粗骨料总含泥量 = $\sum$[i 粒级粗骨料含泥量 ×i 粒级试样在粗骨料中的配合比例(百分率)]”。

DL/T 5151—2014 为“各级试样的含泥量 =(试验前烘干的试样质量-试验后烘干的试样质量)/试验前烘干的试样质量×100%”,但没有如 SL/T 352—2020 粗骨料总含泥量的计算公式。

DL/T 5362—2018、JTS/T 236—2019、JTG E42—2005、JGJ 52—2006 以及 GB/T 17431.2—2010 粗骨料含泥量的计算方法与 GB/T 14685—2011 完全相同。

由于现行粗骨料含泥量的试验方法不能准确测定粗骨料的含泥量,因此,作者认为,可按附录 D“骨料含泥量试验(亚甲蓝滴定法)”测定粗骨料的含泥量。

2. 粗骨料含泥量计算公式中的“%”

SL/T 352—2020、DL/T 5151—2014、DL/T 5362—2018、JTS/T 236—2019 以及 JGJ 52—2006 的计算公式均后缀“%”;JTG E42—2005、GB/T 17431.2—2010 以及 GB/T 14685—2011 的计算公式均没有后缀“%”。

众所周知,“100%”等于1,而任何数值乘以1,仍然等于原数值,但是,数值乘以100后,得到的结果表示百分数。因此,作者认为,没有后缀“%”的计算公式是正确的;后缀“%”的计算公式是错误的。

3. 粗骨料含泥量单个测定值数位的修约

JTS/T 236—2019 没有具体的规定;SL/T 352—2020 为“精确至 0.01%”;DL/T 5151—2014、DL/T 5362—2018、JTG E42—2005、JGJ 52—2006、GB/T 17431.2—2010 以及 GB/T 14685—2011 均为“精确至 0.1%”。

作者认为,粗骨料含泥量单个测定值数位的修约,应比粗骨料含泥量的算术平均值多一位数位。

2.4.3.2 含泥量取两次试验结果的算术平均值,精确至0.1%。

1. 粗骨料含泥量算术平均值数位的修约

SL/T 352—2020、JTS/T 236—2019 以及 GB/T 14685—2011 均为“精确至 0.1%”;DL/T 5151—2014、DL/T 5362—2018、JTG E42—2005、JGJ 52—2006 以及GB/T 17431.2—

2010 均没有具体的规定。

作者认为,粗骨料含泥量算术平均值数位的修约,应比现行规范、规程、标准规定的粗骨料含泥量极限数值多一位数位。

2. 平行试验的允许误差

JTS 238—2016 第 2.0.4 条“最大允许误差:对给定的测量、测量仪器或测量系统,由规范或规程所允许的,相对于已知参考量值的测量误差的极限值”。

《通用计量术语及定义》(JJF 1001—2011)第 7.27 条“最大允许测量误差:简称最大允许误差,又称误差限:对给定的测量、测量仪器或测量系统,由规范或规程所允许的,相对于已知参考量值的测量误差的极限值”。

如果根据 JTG E20—2011 第 2 页的“条文说明:平行试验的允许误差是检验这一次试验结果是否有效的标准,符合此规定者即可取平均值作为试验结果……是试验方法的编制单位通过一系列的比照试验得出”,每个试验方法应明确规定平行试验的允许误差。

然而,现行不同的甚至是同一规范、规程、标准中的各个试验方法,有的规定了平行试验结果的允许误差,有的没有规定平行试验结果的允许误差,主要原因也许是“对国际通用的试验方法,本规程规定的允许误差大都取自于美国 ASTM、AASHTO 及日本道路协会铺装试验法的规定。在本规程中,还有部分试验方法并没有规定允许误差的要求,对这些方法国外试验规程也无明确的规定。因此对于这些试验,试验结果的准确程度不能检验,应仔细操作”(注:摘自 JTG E20—2011 第 2 页第 1 节“总则”的“条文说明”)。

有的试验方法,平行试验允许误差数值的数位比单个测试值的数位多一位数位。这些试验方法规定的平行试验允许误差,由于无法作为“检验这一次试验结果是否有效的标准”,实际上失去了评定试验结果是否合格的意义。例如:

JTG E20—2011/T 0651—1993“乳化沥青蒸发残留物含量试验”第 4 条“计算:乳化沥青的蒸发残留物含量按式(T 0651-1)计算,以整数表示”、第 5 条“报告:同一试样至少平行试验两次,两次试验结果的差值不大于 0.4% 时,取其平均值作为试验结果”、第 6 条“允许误差:重复性试验的允许误差为 0.4%,再现性试验的允许误差为 0.8%”。

JTG E20—2011/T 0652—1993“乳化沥青筛上剩余量试验”第 4 条“计算:乳化沥青试样过筛后筛上剩余物含量按式(T 0652-1)计算,准确至 1 位小数”、第 5 条“报告:同一试样至少平行试验两次,两次试验结果的差值不大于 0.03% 时,取其平均值作为试验结果”、第 6 条“允许误差:重复性试验的允许误差为 0.03%,再现性试验的允许误差为 0.08%”。

关于平行试验、重复性试验、再现性试验以及允许误差更为详细的论述,可参阅 JTG E20—2011 各章节及其第 2 页的“条文说明”,本书以下章节不再论述与此有关的内容。

3. 粗骨料含泥量平行试验的允许误差

SL/T 352—2020、DL/T 5151—2014、DL/T 5362—2018、JTS/T 236—2019、JTG E42—2005、JGJ 52—2006 以及 GB/T 17431.2—2010 均为“如两次测定值的差值大于 0.2%,应重新试验”;唯有 GB/T 14685—2011 粗骨料的“含泥量取两次试验结果的算术平均值”。

为确保试验结果的准确性、有效性,作者认为,粗骨料含泥量两次平行试验测定值的允许误差不应超过0.2%，否则，应重新试验。

2.4.3.3　采用修约值比较法进行评定。

粗骨料石粉含量的试验

DL/T 5151—2014、DL/T 5362—2018、JTG E42—2005、JGJ 52—2006、GB/T 17431.2—2010以及GB/T 14685—2011均没有粗骨料的石粉含量试验；SL/T 352—2020的“前言”明确“粗骨料含泥量（石粉含量）试验：增加人工粗骨料石粉含量检测方法”，因此，SL/T 352—2020第3.25节“粗骨料含泥量（石粉含量）试验”是水利部特有的、可分别测定粗骨料含泥量以及石粉含量的试验方法。

但是，包括SL 677—2014、DL/T 5144—2015等现行水利、电力及其他行业各版本规范、规程、标准均没有粗骨料石粉含量的技术要求。

2.5　粗骨料泥块含量试验

粗骨料泥块含量试验的测试目的

众所周知，每一项试验应有一个明确的测试目的，否则，实际测试的结果可能与需要检测的参数毫不相符。

如果根据SL/T 352—2020、DL/T 5151—2014、DL/T 5362—2018、JTG E42—2005、JGJ 52—2006以及GB/T 17431.2—2010粗骨料泥块含量试验的目的或适用范围，粗骨料泥块含量试验测定的是粗骨料的泥块含量；如果根据上述规程的试验方法以及定义的泥块含量，粗骨料泥块含量试验测定的是粗骨料中粒径大于4.75 mm，经水浸洗、手捏后小于2.36 mm的颗粒含量。

JTS/T 236—2019以及GB/T 14684—2011没有粗骨料泥块含量试验的目的或适用范围，如果根据两者的试验方法以及定义的泥块含量，粗骨料泥块含量试验测定的是粗骨料中粒径大于4.75 mm，经水浸洗、手捏后小于2.36 mm的颗粒含量。

由于“泥块包括颗粒大于5 mm的纯泥组成的泥块，也包括含有砂、石屑的泥团以及不易筛除的包裹在碎石、卵石表面的泥”（注：摘自DL/T 5144—2015第69页第3.3.6条的“条文说明”），粗骨料中粒径大于4.75 mm，经水浸洗、手捏后变成小于2.36 mm的颗粒，不但含有0.075 mm～2.36 mm且与母岩矿物组成和化学成分相同的颗粒，而且，小于0.075 mm的颗粒，既包含小于0.075 mm的“泥粉”，也包含小于0.075 mm且与母岩矿物组成和化学成分相同的“石粉”。因此，不能把粗骨料中“原粒径大于4.75 mm，经水浸洗、手捏后小于2.36 mm的颗粒含量”均作为粗骨料的泥块含量。

作者认为，粗骨料泥块含量试验应该是测定粗骨料中粒径大于4.75 mm中的小于0.075 mm且矿物组成和化学成分与母岩不同的黏土、淤泥及细屑的颗粒含量。

2.5.1　仪器设备

本试验用仪器设备如下：

a）鼓风干燥箱：能使温度控制在（105±5）℃。

b）天平：称量 10 kg，感量 1 g。

试验所用称量仪器的最小感量要求

SL/T 352—2020 第 3.26 节“粗骨料泥块含量试验（泡水法）”为“天平：分度值不大于 1 g 一台。秤：分度值不大于 0.01 kg 一台，分度值不大于 0.1 kg 一台”；DL/T 5151—2014 第 4.6 节“卵石或碎石泥块含量试验”以及 DL/T 5362—2018 第 8.5 节“粗骨料泥块含量试验”均为 5 g(50 g)；JTS/T 236—2019 第 7.8 节“碎石和卵石中泥块含量试验”以及 JGJ 52—2006 第 7.8 节“碎石或卵石中泥块含量试验”均为 20 g；JTG E42—2005/T 0310—2005“粗集料含泥量及泥块含量试验”为“感量不大于称量的 0.1%”；GB/T 17431.2—2010 第 14 节“含泥量及泥块含量”第 14.2 小节“泥块含量”为 1 g(5 g)。

根据现有称量仪器的精度以及对试验结果的影响，作者认为，粗骨料泥块含量试验称量仪器的最小感量至少应为 1 g。

c）方孔筛：孔径为 2.36 mm 及 4.75 mm 筛各一只。

d）容器：要求淘洗试样时，保持试样不溅出。

e）搪瓷盘、毛刷等。

2.5.2　试验步骤

2.5.2.1　按第 2 章第 2.1 节规定取样，并将试样缩分至略大于表 2.10 规定的 2 倍数量，放在干燥箱中于(105±5) ℃下烘干至恒量，待冷却至室温后，筛除小于 4.75 mm 的颗粒，分为大致相等的两份备用。

试验所用的试样

粗骨料泥块含量试验所用试样的数量，现行各版本规范、规程、标准的规定各不相同，因篇幅原因，本书不再赘述。

为确保试验结果的准确性、有效性，作者认为，试样的最少质量应符合 GB/T 14685—2011 表 11（即本书表 2.10）的规定，并应按本书第 2 章第 2.1 节第 2.1.3.1 条中的“粗骨料单项试验试样的制备”所述方法制备两份试样，其中大于 4.75 mm 的颗粒另存备用；缩分单粒级试样以及制备试样时，应防止所含黏土泥块被压碎。

2.5.2.2　根据试样的最大粒径，称取按表 2.10 的规定数量试样一份，精确到 1 g。将试样倒入淘洗容器中，注入清水，使水面高于试样上表面。充分搅拌均匀后，浸泡24 h。然后用手在水中碾碎泥块，再把试样放在 2.36 mm 筛上，用水淘洗，直至容器内的水目测清澈为止。

1. 试样总质量的精度要求

SL/T 352—2020 为“小于 1 kg 精确到 1 g，1 ~ 10 kg 精确到 0.01 kg，不小于 10 kg 精确到 0.1 kg”；DL/T 5151—2014、DL/T 5362—2018、JTS/T 236—2019、JGJ 52—2006、JTG E42—2005 以及 GB/T 17431.2—2010 均没有具体的规定。

根据现有称量仪器的精度以及对试验结果的影响，作者认为，粗骨料泥块含量试验试样的总质量至少应精确至 1 g。

2. 试样的浸泡

SL/T 352—2020、DL/T 5151—2014、DL/T 5362—2018、JTS/T 236—2019、JTG E42—2005、JGJ 52—2006、GB/T 17431. 2—2010、GB/T 17431. 2—2010 以及 GB/T 14685—2011 均为“浸泡 24 h”。

为确保粗骨料中的泥块充分溶解，作者认为，粗骨料泥块含量试验所用的试样，至少应在水中浸泡 24 h。

3. 浸泡试样时水面与砂面之间的高度

SL/T 352—2020 为“水面至少高出试样 50 mm”；DL/T 5151—2014、DL/T 5362—2018、JTS/T 236—2019、JTG E42—2005、JGJ 52—2006 以及 GB/T 14685—2011 均为“使水面高于试样上表面”；GB/T 17431. 2—2010 为“加入水将其浸没”。

由于浸泡过程中，粗骨料颗粒和泥块会吸收部分水分，为确保试样浸泡时的水面始终高于试样上表面，作者认为，水面与试样表面之间的高度至少应为 100 mm。

4. 试样的淘洗

SL/T 352—2020 为“用手在水中将泥块碾碎，再将骨料分批放在 2.5 mm 筛上用水冲洗干净”；DL/T 5151—2014、DL/T 5362—2018 以及 GB/T 14685—2011 均为“用手在水中碾碎泥块，再把试样放在 2. 36 mm 筛上用水淘洗”；JTS/T 236—2019 以及 JGJ 52—2006 均为“用手碾压泥块，然后把试样放在公称直径为 2. 50 mm 的方孔筛上摇动淘洗”；JTG E42—2005 以及 GB/T 17431. 2—2010 均为“用手捻压泥块，然后将试样放在 2. 36 mm 筛上用水冲洗”。

众所周知，如果筛产生上下方向的摇动或用水直接冲洗筛上的试样，必然产生一定的水压力，可能导致大于 2. 36 mm 的颗粒被强行通过 2. 36 mm 的筛。

为防止水压力冲走大于 2. 36 mm 的颗粒，作者认为，应把浸泡 24 h、用手捏碎泥块后的试样全部倒入 2. 36 mm 筛后，使筛在水中进行不停顿的水平方向运动，但不允许上下方向的摇动，更不能直接用水冲洗筛中的试样，直至容器内的水目测清澈为止。

2. 5. 2. 3 保留下来的试样小心地从筛中取出，装入搪瓷盘后，放在干燥箱中于(105±5) ℃下烘干至恒量，待冷却至室温后，称出其质量，精确到 1 g。

试验后烘干试样质量的精度要求，SL/T 352—2020 为“小于 1 kg 精确到 1 g，1～10 kg 精确到 0. 01 kg，不小于 10 kg 精确到 0. 1 kg”；DL/T 5151—2014、DL/T 5362—2018、JTS/T 236—2019、JGJ 52—2006、JTG E42—2005 以及 GB/T 17431. 2—2010 均没有具体的规定。

根据现有称量仪器的精度以及对试验结果的影响，作者认为，粗骨料泥块含量试验后烘干试样的质量至少应精确至 1 g。

2.5.3　结果计算与评定

2. 5. 3. 1　泥块含量按式(2. 2)计算，精确至 0. 1%：

$$Q_b = \frac{G_2 - G_1}{G_1} \times 100 \tag{2.2}$$

式中：

Q_b——泥块含量,%；

G_1——4.75 mm 筛筛余试样的质量，克(g)；

G_2——试验后烘干试样的质量，克(g)。

1. 粗骨料泥块含量计算公式中的“%”

SL/T 352—2020、DL/T 5151—2014、DL/T 5362—2018、JTS/T 236—2019 以及 JGJ 52—2006 的计算公式均后缀“%”；JTG E42—2005、GB/T 17431.2—2010 以及 GB/T 14685—2011 的计算公式均没有后缀“%”。

众所周知，“100%”等于 1，而任何数值乘以 1，仍然等于原数值，但是，数值乘以 100 后，得到的结果表示百分数。因此，作者认为，没有后缀“%”的计算公式是正确的，后缀“%”的计算公式是错误的。

2. 粗骨料泥块含量单个测定值数位的修约

JTS/T 236—2019 没有具体的规定；SL/T 352—2020、DL/T 5151—2014、DL/T 5362—2018、JTG E42—2005、JGJ 52—2006、GB/T 17431.2—2010 以及 GB/T 14685—2011 均为“精确至 0.1%”。

作者认为，粗骨料泥块含量单个测定值数位的修约，应比粗骨料泥块含量的算术平均值多一位数位。

3. 粗骨料泥块含量的计算

SL/T 352—2020“取适量有代表性单粒级粗骨料”，因而其粗骨料泥块含量的计算方法为“i 粒级粗骨料泥块含量=(试验前试样质量-剔除泥块后的试样质量)/剔除泥块后的试样质量×100%；级配粗骨料中总泥块含量可参考公式(3.25.4-2)计算”，SL/T 352—2020 式(3.25.4-2)为“粗骨料总含泥量= $\sum$[i 粒级粗骨料含泥量 × i 粒级试样在粗骨料中的配合比例(百分率)]”。

但是，SL/T 352—2020 粗骨料泥块含量试验，并非用手剔除泥块，而是用水冲洗泥块；已经废止的《水工混凝土试验规程》(SL 352—2006)第 2.24 节“石料泥块含量试验”，才是用手剔除泥块。

DL/T 5151—2014 粗骨料泥块含量的计算方法为“各级试样中泥块含量=(5 mm 筛筛余试样质量-剔除泥块后的烘干试样质量)/5 mm 筛筛余试样质量×100%”。

但是，DL/T 5151—2014 粗骨料泥块含量试验，并非用手剔除泥块，而是用水冲洗泥块，且没有说明是否“取适量有代表性单粒级粗骨料”，也没有如 SL/T 352—2020 粗骨料总泥块含量的计算公式；已经废止的《水工混凝土砂石骨料试验规程》(DL/T 5151—2001)第 4.6 节“卵石或碎石泥块含量试验”，才是用手剔除泥块。

DL/T 5362—2018、JTS/T 236—2019、JTG E42—2005、JGJ 52—2006 以及 GB/T 17431.2—2010 粗骨料泥块含量的计算方法与 GB/T 14685—2011 完全相同。

上述粗骨料泥块含量计算公式中的试样总质量，均为“4.75 mm 筛筛余试样的质量”，即不包含粗骨料小于 4.75 mm 的颗粒质量。但是，工程实际应用中，粗骨料不可避免含有粒径小于 4.75 mm 的颗粒；且粗骨料小于 4.75 mm 的颗粒，并非不含泥块，只是不需检测而已。

作者认为,粗骨料泥块含量试验所用的试样应为粒径大于4.75 mm的颗粒;粗骨料泥块含量试验所用试样的总质量应包含粒径小于4.75 mm的粗骨料。

4. 粗骨料泥块含量计算公式中的分子

综观现行各版本规范、规程、标准粗骨料泥块含量试验,唯有GB/T 14685—2011计算公式中的分子为“试验后烘干试样的质量-4.75 mm筛筛余试样的质量”。

作者认为,GB/T 14685—2011粗骨料泥块含量计算公式中的分子,应该是笔误,应为(G_1-G_2),即“4.75 mm筛筛余试样的质量-试验后烘干试样的质量”。

5. 粗骨料泥块含量计算公式中的分母

综观现行各版本规范、规程、标准粗骨料泥块含量试验,唯有SL/T 352—2020计算公式中的分母为“剔除泥块后的试样质量”。

作者认为,SL/T 352—2020粗骨料泥块含量计算公式中的分母,应该是笔误,应为“试验前试样质量”。

2.5.3.2 (泥块)含量取两次试验结果的算术平均值,精确至0.1%。

1. 粗骨料泥块含量算术平均值数位的修约

SL/T 352—2020为“修约间隔1%”;DL/T 5151—2014、DL/T 5362—2018、JTG E42—2005、JGJ 52—2006以及GB/T 17431.2—2010均没有具体的规定;JTS/T 236—2019以及GB/T 14685—2011均为“精确至0.1%”。

作者认为,粗骨料泥块含量算术平均值数位的修约,应比现行规范、规程、标准规定的粗骨料泥块含量极限数值多一位数位。

2. 粗骨料泥块含量平行试验的允许误差

SL/T 352—2020、DL/T 5151—2014、JTS/T 236—2019、JGJ 52—2006以及GB/T 14685—2011均没有具体的规定;DL/T 5362—2018以及JTG E42—2005均“以两个试样两次试验结果的算术平均值为测定值,两次试验结果的差值超过0.1%时,应重新取样进行试验”;GB/T 17431.2—2010“以两次测定值的算术平均值作为试验结果,两次测定值相差超过0.2%,应重新取样进行试验”。

由于粗骨料泥块含量只是粗骨料含泥量中的一部分,且粗骨料生产时,尚要求除土处理,因此工程实际中,粗骨料可能不含泥块或含少量的泥块。

为确保试验结果的准确性、有效性,作者认为,粗骨料泥块含量两次平行试验测定值的允许误差不应超过0.1%,否则,应重新试验。

2.5.3.3 采用修约值比较法进行评定。

全新的粗骨料泥块含量试验方法

由于现行规范、规程、标准粗骨料泥块含量的试验方法均不能准确测定粗骨料的泥块含量,作者独创了可以准确测定粗骨料泥块含量的“骨料泥块含量试验(干湿法)”,因作者另有所用,该新方法并没有录入本书。

2.6　粗骨料针片状颗粒含量试验

2.6.1　仪器设备

本试验用仪器设备如下：

a)针状规准仪与片状规准仪(图2.3和图2.4)。

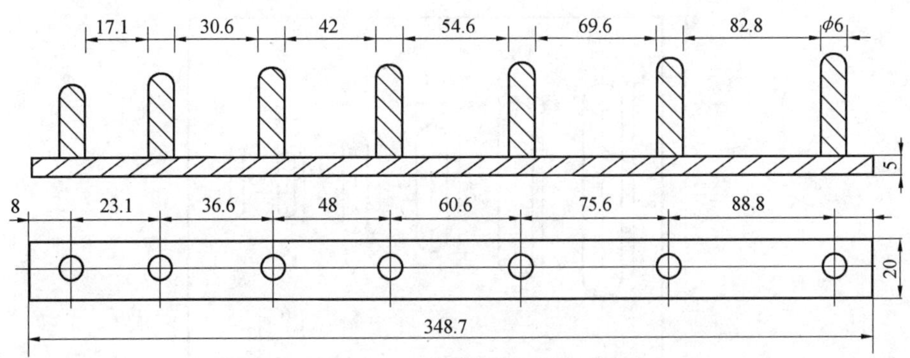

图2.3　针状规准仪(单位:mm)

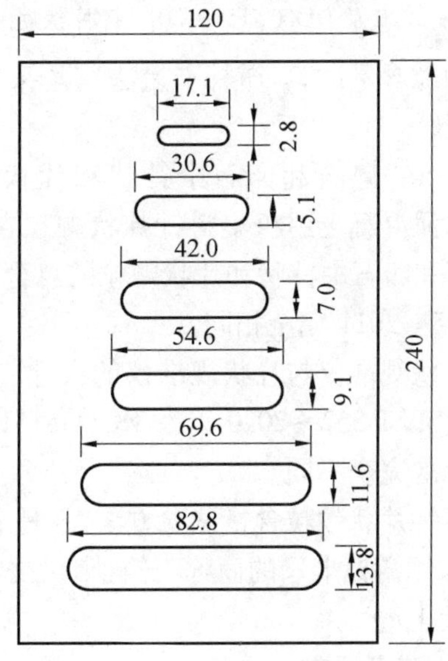

图2.4　片状规准仪(单位:mm)

针状规准仪与片状规准仪的尺寸

SL/T 352—2020第3.29节“粗骨料针、片状颗粒含量试验”第3.29.2-4“针状规准仪和片状规准仪,见图3.29.2(本书图2.5)”;DL/T 5151—2014第4.8节“卵石或碎石针片状颗粒含量试验”第4.8.2-4“针状规准仪和片状规准仪,见图4.8.2(本书图2.5)”。

DL/T 5362—2018第6.6节“粗骨料针片状颗粒含量试验”以及JTG E42—2005/T

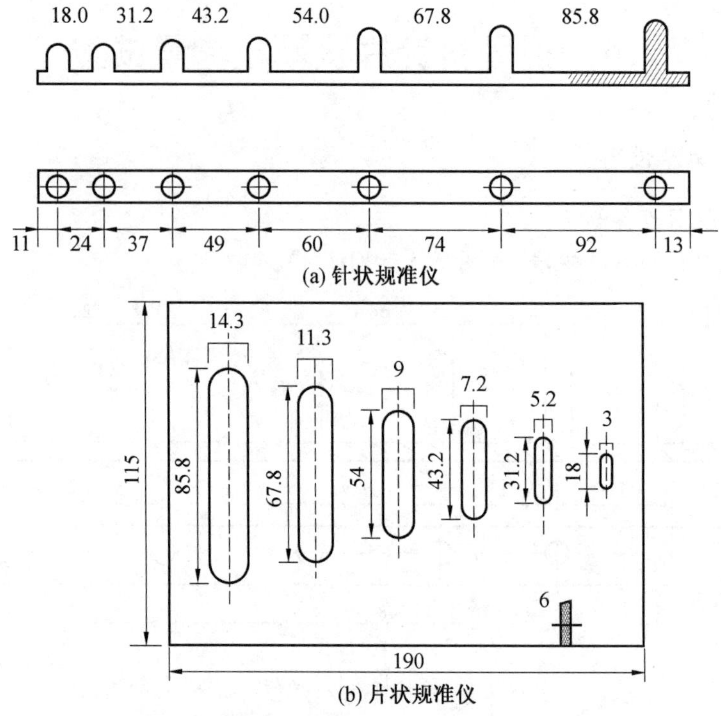

图 2.5 SL/T 352—2020 及 DL/T 5151—2014 针片状规准仪(单位: mm)

0312—2005"粗集料针片状颗粒含量试验(游标卡尺法)"均采用游标卡尺进行试验,因而不需针状规准仪及片状规准仪。

JTS/T 236—2019 第 7.9 节"碎石和卵石中针状和片状颗粒的总含量试验"、JTG E42—2005/T 0311—2005"水泥混凝土用粗集料针片状颗粒含量试验(规准仪法)"以及 JGJ 52—2006 第 7.9 节"碎石和卵石中针状和片状颗粒的总含量试验"针状规准仪与片状规准仪的尺寸,与 GB/T 14685—2011 完全相同。

按常理,规准仪法所用针状规准仪与片状规准仪的尺寸应该一致,但是,根据本书图 2.3、图 2.4 以及图 2.5 可知,SL/T 352—2020 以及 DL/T 5151—2014 针片状规准仪的尺寸,与现行其他规范、规程、标准完全不同。

为方便论述,以下粗骨料针片状颗粒含量试验方法,凡是采用针状规准仪和片状规准仪的简称"规准仪法",凡是采用游标卡尺的简称"游标卡尺法"。

b)天平:称量 10 kg,感量 1 g。

试验所用称量仪器的最小感量要求

SL/T 352—2020 为"天平:分度值不大于 1 g。秤:分度值不大于 0.01 kg 一台,不大于 0.1 kg 一台";DL/T 5151—2014 以及 DL/T 5362—2018 均为 1 g(5 g、50 g);JTS/T 236—2019 以及 JGJ 52—2006 均为 2 g(20 g);JTG E42—2005/T 0311 试验为"感量不大于称量值的 0.1%"、T 0312 试验为 1 g;GB/T 17431.2—2010 没有粗骨料针片状颗粒含量试验。

根据现有称量仪器的精度以及对试验结果的影响,作者认为,粗骨料针片状颗粒含量试验称量仪器的最小感量至少应为1 g。

c)方孔筛，孔径为4.75 mm、9.50 mm、16.0 mm、19.0 mm、26.5 mm、31.5 mm及37.5 mm的筛各一个。

2.6.2　试验步骤

2.6.2.1　按第2章第2.1节规定取样，并将试样缩分至略大于表2.11规定的数量，烘干或风干后备用。

表2.11　针、片状颗粒含量试验所需试样数量

最大粒径/mm	9.5	16.0	19.0	26.5	31.5	37.5	63.0	75.0
最少试样质量/kg	0.3	1.0	2.0	3.0	5.0	10.0	10.0	10.0

试验所用试样的数量

SL/T 352—2020为“取有代表性的适量风干单粒级粗骨料，按照表3.25.3(即本书表2.12)规定的质量称取试样”。

表2.12　SL/T 352—2020表3.25.3粗骨料含泥量(石粉含量)试验取样质量表

粒级代号 i	a	b	c	d
骨料粒级/mm	5~20	20~40	40~80	80~150(120)
最少取样质量/kg	5	10	20	40

DL/T 5151—2014为“根据取样质量选用适宜的衡器，用四分法按表4.8.3-1(即本书表2.13)称取各级试样质量”。

表2.13　SL/T 352—2020表4.8.3-1针片状颗粒含量试验取样质量表

骨料公称粒径/mm	5~20	20~40	40~80	80~150(120)
最少取样质量/kg	5	10	30	40

DL/T 5362—2018为“将试样风干，用四分法取样，试样数量符合表6.6.3(即本书表2.14)的规定，称各级试样质量”。

表2.14　DL/T 5362—2018表6.6.3针片状颗粒含量试验取样

粒径范围/mm	4.75~9.5	9.5~16.0	16.0~19.0	19.0~26.5
试样质量不少于/kg	1	2	4	8

据上可知，SL/T 352—2020、DL/T 5151—2014以及DL/T 5362—2018规准仪法所需试样的质量，均以单粒级粗骨料或针片状颗粒含量试验划分的粒级进行确定。

JTS/T 236—2019、JTG E42—2005以及JGJ 52—2006规准仪法所需试样的质量，与GB/T 14685—2011基本相同，但前者均以粗骨料最大公称粒径进行确定，而GB/T 14685—2011以粗骨料最大粒径进行确定。

作者认为，规准仪法试验所用试样的数量应根据粗骨料的最大粒径进行确定，为确保试验结果的准确性、有效性，试样的最少质量应符合 GB/T 14685—2011 表 12（即本书表 2.11）的规定，并应按照本书第 2 章第 2.1 节第 2.1.3.1 条中的“粗骨料单项试验试样的制备”所述方法制备两份试样。

2.6.2.2 根据试样的最大粒径，称取按表 2.11 的规定数量试样一份，精确到 1 g。然后按表 2.15 规定的粒级按第 2 章第 2.3 节规定进行筛分。

表 2.15 针、片状颗粒含量试验的粒级划分及其相应的规准仪孔宽或间距

石子粒级/mm	4.75 ~ 9.5	9.5 ~ 16.0	16.0 ~ 19.0	19.0 ~ 26.5	26.5 ~ 31.5	31.5 ~ 37.5
片状规准仪相对应孔宽/mm	2.8	5.1	7.0	9.1	11.6	13.8
针状规准仪相对应间距/mm	17.1	30.6	42.0	54.6	69.6	82.8

1. 试样总质量的精度要求

SL/T 352—2020 为“小于 1 kg 精确到 1 g，1 ~ 10 kg 精确到 0.01 kg，不小于 10 kg 精确到 0.1 kg”；DL/T 5151—2014、DL/T 5362—2018、JTS/T 236—2019、JTG E42—2005 以及 JGJ 52—2006 均没有具体的规定。

根据现有称量仪器的精度以及对试验结果的影响，作者认为，粗骨料针片状颗粒含量试验试样的总质量至少应精确到 1 g。

2. 粗骨料针片状颗粒含量试验的粒级划分及其相应的规准仪孔宽或间距

SL/T 352—2020 表 3.29.3-1 以及 DL/T 5151—2014 表 4.8.3-2“针、片状试验的粒级划分及其相应的规准仪孔宽或间距”，见表 2.16。

表 2.16 水利及水电工程针、片状试验的粒级划分及其相应的规准仪孔宽或间距

粒级/mm	5.0 ~ 10.0	10.0 ~ 16.0	16.0 ~ 20.0	20.0 ~ 25.0	25.0 ~ 31.5	31.5 ~ 40.0
片状规准仪上相对应的孔宽/mm	3.0	5.2	7.2	9.0	11.3	14.3
针状规准仪上相对应的间距/mm	18.0	31.2	43.2	54.0	67.8	85.8

JTS/T 236—2019、JTG E42—2005 以及 JGJ 52—2006 规准仪法粒级的划分及其相应的规准仪孔宽或间距，与 GB/T 14685—2011 完全相同。

3. 圆孔筛与方孔筛规准仪尺寸的关系

下面摘录现行的以及已废止的各版本规范、规程、标准中与规准仪法圆孔筛规准仪、方孔筛规准仪尺寸有关的内容。

JTJ 058—2000/T 0311—2000“水泥混凝土用粗集料针片状颗粒含量试验（规准仪法）”表“水泥混凝土集料针、片状颗粒试验的粒级划分及其相应的规准仪孔宽或间距”，见表 2.17。

表 2.17　JTJ 058—2000 圆孔筛的粒级划分及其相应的规准仪孔宽或间距

粒级/(圆孔筛,mm)	5~10	10~16	16~20	20~25	25~31.5	31.5~40
片状规准仪上相对应的孔宽/mm	3	5.2	7.2	9	11.3	14.3
针状规准仪上相对应的立柱之间的间距宽/mm	18	31.2	43.2	54	67.8	85.8

SL/T 352—2020 以及 DL/T 5151—2014 规准仪法虽然也是采用方孔筛,但是,从上表 2.16 可知,两者粒级的划分均采用圆孔筛的筛孔尺寸表示,且其相应的规准仪孔宽和间距与 JTJ 058—2000 表 2.14 完全一致。

JTJ 058—2000/T 0311 试验第 41 页"条文说明:以 5 mm~10 mm 集料为例,用间距 24 mm(实际宽 18 mm)鉴定,凡是颗粒长度大于此间距者为针状颗粒……再用 3 mm 宽的片状规准仪鉴定,凡是厚度小于孔宽的为片状颗粒"。

JTG E42—2005/T 0311 试验第 38 页"条文说明:以 4.75 mm~9.5 mm 集料为例,用间距 17.1 mm 鉴定,凡是颗粒长度大于 17.1 mm 者为针状颗粒……将通过 17.1 mm 的颗粒用 2.8 mm 宽的片状规准仪鉴定,凡是厚度小于 2.8 mm 的为片状颗粒"。

粗略一看,上述两段文字并没有什么区别,因为,"针片状规准仪的尺寸,由于试验筛孔径的改变而改变。根据定义,长度大于 2.5 倍的平均粒度为针状,厚度小于 0.4 倍平均粒度为片状,规准仪的尺寸作了相应的调整,具体数值见表 5、表 6(即表 2.18、表 2.19)"(注:摘自 JGJ 52—2006 第 108 页的"条文说明",其中的"2.5 倍",应为"2.4 倍")。

表 2.18　JGJ 52—2006 的条文说明表 5"针状规准仪(mm)"

粒级	新	37.5~31.5	31.5~26.5	26.5~19	19~16	16~9.5	9.5~4.75
	旧	40~31.5	31.5~25	25~20	20~16	16~10	10~5
新		82.8	69.6	54.6	42	30.6	17.1
旧		85.8	67.8	54	43.2	31.2	18

表 2.19　JGJ 52—2006 的条文说明表 6"片状规准仪(mm)"

粒级	新	37.5~31.5	31.5~26.5	26.5~19	19~16	16~9.5	9.5~4.75
	旧	40~31.5	31.5~25	25~20	20~16	16~10	10~5
新		13.8	11.6	9.1	7.0	5.1	2.8
旧		14.3	11.3	9	7.2	5.2	3

如果根据表 2.18 针状规准仪的尺寸,对方孔筛 4.75~9.5 mm 粒级而言,其针状规准仪的间距应该是按如下计算:$(4.75+9.5)\div 2\times 2.4=17.1$(mm);对圆孔筛 5~10 mm 粒级而言,其针状规准仪的间距应该是按如下计算:$(5+10)\div 2\times 2.4=18$(mm)。

如果根据表 2.19 片状规准仪的尺寸,对方孔筛 4.75~9.5 mm 粒级而言,其片状规准仪的孔宽应该是按如下计算：(4.75+9.5)÷2×0.4＝2.8(mm)；对圆孔筛5～10 mm粒级而言，其片状规准仪的孔宽应该是按如下计算：(5+10)÷2×0.4＝3.0(mm)。

但是，对圆孔筛5～10 mm粒级而言，如果标准筛为圆孔筛，可以通过10 mm圆孔筛的最大粒径为10 mm，因而5～10 mm粒级的上限粒径就是该粒级上限圆孔筛筛孔的直径(10 mm)；可以通过5 mm圆孔筛的最大粒径为5 mm，因而5～10 mm粒级的下限粒径就是该粒级下限圆孔筛筛孔的直径(5 mm)，则5～10 mm粒级上限与下限粒径的平均值为(5 mm+10 mm)÷2＝7.5 mm。

对方孔筛4.75～9.5 mm粒级而言，由于方孔筛筛孔对角线的长度等于方孔筛筛孔边长的$\sqrt{2}$倍，如果标准筛为方孔筛，可以通过9.5 mm方孔筛的最大粒径并非9.5 mm，理论上小于9.5 mm方孔筛筛孔对角线长度的颗粒均可以通过9.5 mm方孔筛，因而4.75～9.5 mm粒级的上限粒径，理论上是该粒级上限方孔筛筛孔的对角线长度(即9.5 mm×$\sqrt{2}$＝13.44 mm)；可以通过4.75 mm方孔筛的最大粒径并非4.75 mm，理论上小于4.75 mm方孔筛筛孔对角线长度的颗粒，均可以通过4.75 mm方孔筛，因而4.75～9.5 mm粒级的下限粒径，理论上是该粒级下限方孔筛筛孔的对角线长度(即4.75 mm×$\sqrt{2}$＝6.72 mm)，则该粒级上限与下限粒径的平均值为(6.72+13.44)÷2＝10.08(mm)。

因此，如果根据粗骨料针片状颗粒的定义以及各号方孔筛筛孔对角线的长度进行计算，现行方孔筛针片状规准仪的孔宽与间距见表2.20。

表2.20 方孔筛规准仪的孔宽与间距

粒级(方孔筛)/mm	37.5～31.5	31.5～26.5	26.5～19	19～16	16～9.5	9.5～4.75
针状规准仪上相对应的立柱之间的间距宽/mm	117.0	98.4	77.3	59.4	43.2	24.1
片状规准仪上相对应的孔宽/mm	19.5	16.4	12.9	9.9	7.2	4.0

根据作者已出版的《土木工程试验检测技术研究》中的“规准仪法测定粗集料针片状颗粒含量的探讨”等多篇论文大量的试验结果表明：方孔筛规准仪测定的针片状颗粒总含量，比圆孔筛规准仪大0.5%左右；方孔筛规准仪测定的针状颗粒含量，远远大于片状颗粒含量；圆孔筛规准仪测定的片状颗粒含量，远远大于针状颗粒含量。

2.6.2.3 按表2.15规定的粒级分别用规准仪逐粒检验，凡颗粒长度大于针状规准仪上相应间距者，为针状颗粒；颗粒厚度小于片状规准仪上相应孔宽者，为片状颗粒。称出其总质量，精确至1 g。

1.规准仪法的鉴定步骤

SL/T 352—2020、DL/T 5151—2014、DL/T 5362—2018、JTS/T 236—2019以及JGJ 52—2006规准仪法的鉴定步骤，与GB/T 14685—2011完全相同。

JTG E42—2005规准仪法的鉴定步骤为“目测挑出接近立方体形状的规则颗粒，将目测有可能属于针片状颗粒的集料按表T 0311-2所规定的粒级用规准仪逐粒对试样进行针状颗粒鉴定，挑出颗粒长度大于针状规准仪上相应间距而不能通过者，为针状颗粒；将通过针状规准仪上相应间距的非针状颗粒逐粒对试样进行片状颗粒鉴定，挑出厚度小于片状规准仪上相应孔宽能通过者，为片状颗粒”。

作者认为，规准仪法的鉴定步骤可按如下方法进行：将各粒级粗骨料分别置于搪瓷盘并摊成薄层，针状规准仪、片状规准仪置于搪瓷盘旁边，把搪瓷盘上的颗粒用手逐粒拨动，先目测挑出接近立方体、形状规则的非针片状颗粒于搪瓷盘的另一侧，然后将目测疑似针片状的颗粒按规定的粒级及其相应的针状规准仪、片状规准仪逐粒对试样进行针状、片状颗粒鉴定，颗粒长度大于针状规准仪上相应间距而不能通过者，为针状颗粒；厚度小于片状规准仪上相应孔宽可以通过者，为片状颗粒；鉴定为针状、片状的颗粒，统一置于一个干净的铝盒或其他容器；鉴定完毕后，称出针状、片状颗粒的总质量，精确至 1 g。鉴定疑似针状颗粒时，颗粒长度方向应与针状规准仪的轴线平行；鉴定疑似片状颗粒时，可用手轻轻拨动颗粒，但不允许强行塞过片状规准仪的孔宽。

2. 针片状颗粒总质量的精度要求

SL/T 352—2020 为“小于 1 kg 精确到 1 g，1～10 kg 精确到 0.01 kg，不小于 10 kg 精确到 0.1 kg”；DL/T 5151—2014、DL/T 5362—2018、JTS/T 236—2019、JTG E42—2005 以及 JGJ 52—2006 均没有具体的规定。

根据现有称量仪器的精度以及对试验结果的影响，作者认为，粗骨料针片状颗粒含量试验针片状颗粒的总质量至少应精确至 1 g。

2.6.2.4　石子粒径大于 37.5 mm 的碎石或卵石可用卡尺检验针、片状颗粒，卡尺卡口的设定宽度应符合表 2.21 的规定。

表 2.21　大于 37.5 mm 颗粒针、片状试验的粒级划分及其相应的卡尺卡口设定宽度

石子粒级/mm	37.5～53.0	53.0～63.0	63.0～75.0	75.0～90.0
检验片状颗粒的卡尺卡口设定宽度/mm	18.1	23.2	27.6	33.0
检验针状颗粒的卡尺卡口设定宽度/mm	108.6	139.2	165.6	198.0

粒径大于 37.5 mm 粗骨料针片状颗粒卡尺卡口的设定宽度

从表 2.21 可知，GB/T 14685—2011 规准仪法大于 37.5 mm 粒级的划分，采用方孔筛的筛孔尺寸表示，且其相应卡尺卡口的设定宽度，也是采用方孔筛的筛孔尺寸进行计算。例如：(37.5+53.0)/2×0.4＝18.1(mm)；(37.5+53.0)/2×2.4＝108.6(mm)。

SL/T 352—2020 表 3.29.3-2 以及 DL/T 5151—2014 表 4.8.3-3“粒径大于 40 mm 颗粒卡尺卡口的设定宽度”，见表 2.22。

表 2.22　SL/T 352—2020 及 DL/T 5151—2014 粒径大于 40 mm 颗粒卡尺卡口的设定宽度

粒径/mm	40.0～63.0	63.0～80.0	80.0～150.0 (120.0)
鉴定片状颗粒的卡口宽度/mm	20.6	28.6	46.0(40.0)
鉴定针状颗粒的卡口宽度/mm	123.6	171.6	276.0(240.0)

从表 2.22 可知，SL/T 352—2020 以及 DL/T 5151—2014 规准仪法虽然采用方孔筛，

但是,两者大于37.5 mm粒级的划分,采用圆孔筛的筛孔尺寸表示,且其相应卡尺卡口的设定宽度,也是采用圆孔筛的筛孔尺寸进行计算,例如:(40.0+63.0)/2×0.4=20.6(mm);(40.0+63.0)/2×2.4=123.6(mm)。

JTS/T 236—2019表7.9.3以及JGJ 52—2006表7.9.4"公称粒径大于40 mm用卡尺卡口的设定宽度",见表2.23。

表2.23 JTS/T 236—2019及JGJ 52—2006公称粒径大于40 mm用卡尺卡口的设定宽度

公称粒级/mm	40.0~63.0	63.0~80.0
片状颗粒的卡口宽度/mm	18.1	27.6
针状颗粒的卡口宽度/mm	108.6	165.6

从表2.23可知,JTS/T 236—2019以及JGJ 52—2006规准仪法虽然采用方孔筛,但是,两者大于37.5 mm粒级的划分,采用圆孔筛的筛孔尺寸表示,但其相应卡尺卡口的设定宽度,如果根据JGJ 52—2006表3.2.1-1(即本书表2.2)石筛筛孔的公称直径与方孔筛尺寸的对应关系,却是采用方孔筛的筛孔尺寸进行计算,例如:(63.0+75.0)/2×0.4=27.6(mm);(63.0+75.0)/2×2.4=165.6(mm)。

比较表2.21与表2.23,GB/T 14685—2011规准仪法37.5~53.0 mm粒级卡尺卡口的设定宽度,与JTS/T 236—2019以及JGJ 52—2006规准仪法40.0~63.0 mm粒级完全一致,但是,如果根据JGJ 52—2006表3.2.1-1(即本书表2.2)石筛筛孔的公称直径与方孔筛尺寸的对应关系以及采用方孔筛的筛孔尺寸进行计算,JTS/T 236—2019以及JGJ 52—2006规准仪法40.0~63.0 mm粒级卡尺卡口的设定宽度,应为(37.5+63.0)/2×0.4=20.1(mm)、(37.5+63.0)/2×2.4=120.6(mm)。

比较表2.22与表2.23,SL/T 352—2020、DL/T 5151—2014与JTS/T 236—2019、JGJ 52—2006规准仪法40.0~63.0 mm、63.0~80.0 mm这两个粒级,两者卡尺卡口的设定宽度完全不同。

JTG E42—2005虽然采用规准仪法,但"国家标准中大于37.5 mm的碎石及卵石采用卡尺法检测针片状颗粒的含量,这么大的粒径对公路水泥混凝土路面及桥梁几乎不用,所以本方法没有列入"(注:摘自JTG E42—2005第37页的"条文说明")。

2.6.3 结果计算与评定

2.6.3.1 针、片状颗粒含量按式(2.3)计算,精确至1%:

$$Q_c=\frac{G_2}{G_1}\times 100 \tag{2.3}$$

式中:

Q_c——针、片状颗粒含量,%;

G_1——试样的质量,克(g);

G_2——试样中所含针、片状颗粒的总质量,克(g)。

1. 粗骨料针片状颗粒含量计算公式中的"%"

SL/T 352—2020、DL/T 5151—2014、DL/T 5362—2018、JTS/T 236—2019以及JGJ

52—2006 的计算公式均后缀“%”；JTG E42—2005 以及 GB/T 14685—2011 的计算公式均没有后缀“%”。

众所周知，“100%”等于 1，而任何数值乘以 1，仍然等于原数值，但是，数值乘以 100 后，得到的结果表示百分数。因此，作者认为，没有后缀“%”的计算公式是正确的，后缀“%”的计算公式是错误的。

2. 粗骨料针片状颗粒含量单个测定值数位的修约

SL/T 352—2020 为“修约间隔 0.1%”；DL/T 5151—2014、JTS/T 236—2019、JGJ 52—2006 以及 GB/T 14685—2011 均为“精确至 1%”；DL/T 5362—2018 以及 JTG E42—2005 均为“精确至 0.1%”。

作者认为，粗骨料针片状颗粒含量单个测定值数位的修约，应比粗骨料针片状颗粒含量的算术平均值多一位数位。

3. 粗骨料针片状颗粒含量的计算

已经废止的 SL/T 352—2006 第 2.26.4 条以及 DL/T 5151—2014 第 4.8.4 条，均为“试验结果处理包括以下内容。(1)各级试样中针片状颗粒含量按下式计算：$q_n = G_1/G_0 \times 100$　式中：q_n——各级试样中针片状颗粒含量，%；G_1——各级试样中针片状颗粒质量，g；G_0——各级试样质量，g。(2)骨料中针、片状颗粒总含量按下式计算：$Q_n = (m_1 q_{n1} + m_2 q_{n2} + m_3 q_{n3} + m_4 q_{n4})/(m_1 + m_2 + m_3 + m_4)$　式中：Q_n——骨料中针、片状颗粒总含量，%；q_{n1}、q_{n2}、q_{n3}、q_{n4}——5 ~ 20 mm、20 ~ 40 mm、40 ~ 80 mm、80 ~ 150(120) mm 试样中针、片状颗粒含量，%；m_1、m_2、m_3、m_4——5 ~ 20 mm、20 ~ 40 mm、40 ~ 80 mm、80 ~ 150 (120) mm 各级试样在骨料中的配合比例，%”，但是，SL/T 352—2006 式(2.26.4-2)与表 2.26.3-2 各粒级的划分、DL/T 5151—2014 式(4.8.4-2)与表 4.8.3-2 各粒级的划分不一致，因而无法计算两者的粗骨料针片状颗粒含量。

重新修订的 SL/T 352—2020 第 3.29.4 条“试验结果处理应按下列规定执行：(1)试样中针、片状颗粒含量按照公式(3.29.4)计算(修约间隔 0.1%)：$Q_{np-i} = G_1/G_0 \times 100\%$　(3.29.4) 式中：Q_{np-i}——i 粒级试样中针片状颗粒含量；G_1——试样中针状颗粒和片状颗粒总质量，g；G_0——试样质量，g。(2)级配粗骨料中针、片状颗粒总含量可参考公式(3.25.4-2)计算(修约间隔 1%)”，SL/T 352—2020 式(3.25.4-2)为“粗骨料总含泥量 = $\sum$ [i 粒级粗骨料含泥量×i 粒级试样在粗骨料中的配合比例(百分率)]”。

DL/T 5362—2018 第 6.6.4 条“试验结果处理：(1) 各级试样中针片状颗粒含量按下式计算，精确至 0.1%：$q_i = m_i'/m_i \times 100\%$　(6.6.4-1) 式中：q_i——各级试样中针片状颗粒含量，%；m_i'——各级试样中针片状颗粒质量，g；m_i——各级试样质量，g。(2) 骨料中针片状颗粒总含量按下式计算，精确至 0.1%：$Q = (p_1 q_1 + p_2 q_2 + p_3 q_3 + p_4 q_4)/(p_1 + p_2 + p_3 + p_4)$　(6.6.4-2) 式中：Q——骨料中针片状颗粒总含量，%；q_1、q_2、q_3、q_4——4.75 mm ~ 9.5 mm、9.5 mm ~ 16.0 mm、16.0 mm ~ 19.0 mm、19.0 mm ~ 26.5 mm 试样中针片状颗粒含量，%；p_1、p_2、p_3、p_4——4.75 mm ~ 9.5 mm、9.5 mm ~ 16.0 mm、16.0 mm ~ 19.0 mm、19.0 mm ~ 26.5 mm各级试样在骨料中的比例，%”。

JTS/T 236—2019、JTG E42—2005 以及 JGJ 52—2006 粗骨料针片状颗粒含量的计算方法，与 GB/T 14685—2011 完全相同。

作者认为，无论是规准仪法，还是游标卡尺法，粗骨料针片状颗粒含量均为相对连续级配粗骨料而言，因此，各粒级试样的针片状颗粒总质量与试样的总质量之比，即为连续级配粗骨料的针片状颗粒含量。

4. 粗骨料针片状颗粒含量计算公式中的试样总质量

如果根据 SL/T 352—2020、DL/T 5151—2014、DL/T 5362—2018、JTS/T 236—2019、JTG E42—2005、JGJ 52—2006 以及 GB/T 14685—2011 试样总质量的称取方法，粗骨料针片状颗粒含量试样的总质量，应包含 4.75 mm 以下颗粒的质量。

如果根据 SL/T 352—2020、DL/T 5151—2014、DL/T 5362—2018、JTS/T 236—2019、JTG E42—2005、JGJ 52—2006 以及 GB/T 14685—2011 计算公式中分母的表达内容，粗骨料针片状颗粒含量试样的总质量不应包含 4.75 mm 以下颗粒的质量。

如果根据粗骨料的定义以及粗骨料针片状颗粒含量试验所用的粒级，粗骨料针片状颗粒含量试验试样的总质量不应包含 4.75 mm 以下颗粒的质量。

工程实际应用中，粗骨料不可避免含有 4.75 mm 以下的颗粒，而且，现行规范、规程、标准粗骨料均允许含有 5% ~15% 的 4.75 mm 以下颗粒。虽然“粗集料的针片状颗粒含量测定适用于 4.75 mm 以上的颗粒，对 4.75 mm 以下的 3 mm ~ 5 mm 石屑一般不作测定”（注：摘自 JTG E42—2005 第 39 页的“条文说明”），但并不代表 4.75 mm 以下的骨料不含有针片状颗粒。

因此，作者认为，无论是规准仪法，还是游标卡尺法，粗骨料针片状颗粒含量试验试样的总质量，应包含 4.75 mm 以下颗粒的质量。

2.6.3.2　采用修约值比较法进行评定。

1. 粗骨料针片状颗粒含量算术平均值数位的修约

SL/T 352—2020 为“修约间隔 1%”；DL/T 5151—2014、DL/T 5362—2018、JTS/T 236—2019、JTG E42—2005、JGJ 52—2006 以及 GB/T 14685—2011 均没有具体的规定。

作者认为，粗骨料针片状颗粒含量算术平均值数位的修约，应比现行规范、规程、标准规定的粗骨料针片状颗粒含量极限数值多一位数位。

2. 粗骨料针片状颗粒含量的平行试验及允许误差

SL/T 352—2020、JTS/T 236—2019、JTG E42—2005 以及 JGJ 52—2006 规准仪法均没有说明是否需要进行平行试验，因而没有规定平行试验相应的允许误差。

DL/T 5151—2014 规准仪法以及 DL/T 5362—2018 游标卡尺法均明确要求进行两次平行试验，但没有具体规定两次平行试验的允许误差。

JTG E42—2005 游标卡尺法第 5.1 条“试验要平行测定两次，计算两次结果的平均值。如两次结果之差小于平均值的 20%，取平均值为试验值；如大于或等于 20%，应追加测定一次，取三次结果的平均值为测定值”。

如果根据 GB/T 14685—2011 第 7.6.2.2 条“根据试样的最大粒径，称取按表 12 的规定数量试样一份”，说明粗骨料的针片状颗粒含量试验只需进行一次测定。

为保证试验结果的准确性、有效性，作者认为，粗骨料针片状颗粒含量的测定至少应进行两次平行试验，并以两次测定值的算术平均值作为试验结果；如两次平行试验测定值之差超过 1%，应重新试验。

3. 测定粗骨料针片状颗粒含量的游标卡尺法

DL/T 5362—2018 第6.6节"粗骨料针片状颗粒含量试验"以及 JTG E42—2005/T 0312—2005"粗集料针片状颗粒含量试验",均采用游标卡尺法测定粗骨料的针片状颗粒含量,下面比较 DL/T 5362—2018 与 JTG E42—2005 游标卡尺法主要不同之处:

一是粗骨料针片状颗粒的定义。DL/T 5362—2018 为"骨料颗粒最大尺寸与最小尺寸之比大于3的称为针片状颗粒";JTG E42—2005 为"粗集料颗粒的最大长度(或宽度)方向与最小厚度(或直径)方向的尺寸之比大于3倍的颗粒"。作者认为,JTG E42—2005 定义的粗骨料针片状颗粒更加准确、全面。

二是试验所用的试样。DL/T 5362—2018 采用4.75～9.5 mm、9.5～16.0 mm、16.0～19.0 mm、19.0～26.5 mm 四个粒级的试样;JTG E42—2005 采用4.75 mm 以上不划分粒级的试样。作者认为,游标卡尺法可直接采用4.75 mm 以上的试样,没有必要按粒级进行检测。

三是试样的数量。DL/T 5362—2018:4.75～9.5 mm 为1 kg、9.5～16.0 mm 为2 kg、16.0～19.0 mm 为4 kg、19.0～26.5 mm 为8 kg;JTG E42—2005 为"试样数量应不少于800 g,并不少于100颗"。作者认为,游标卡尺法所用的试样至少应大于1 000 g。

四是针片状颗粒的鉴定。DL/T 5362—2018 为"用游标卡尺测量骨料尺寸,捡出各级试样中含有的针片状颗粒并称其质量";JTG E42—2005 为"将试样平摊于桌面上,首先用目测挑出接近立方体的颗粒,剩下可能属于针状(细长)和片状(扁平)的颗粒;按图 T 0312-1……"。作者认为,JTG E42—2005 游标卡尺法针片状颗粒的鉴定步骤更加规范。

五是针片状颗粒含量的计算。DL/T 5362—2006 需根据各粒级试样的针片状颗粒含量以及各级试样在骨料中的比例,计算粗骨料针片状颗粒的总含量;JTG E42—2005 的计算公式为针片状颗粒质量除以试样质量。作者认为,游标卡尺法针片状颗粒含量的计算应采用 JTG E42—2005 的公式。

六是试验结果的处理。DL/T 5362—2006 为"同一样品平行试验两次,以两次测值的平均值作为试验结果";JTG E42—2005 为"试验要平行测定两次,计算两次结果的平均值。如两次结果之差小于平均值的20%,取平均值为试验值;如大于或等于20%,应追加测定一次,取三次结果的平均值为测定值"。作者认为,游标卡尺法试验结果的处理,应以两次测值的平均值作为试验结果;如两个测值之差超过1%,应重新进行试验。

4. JTG E42—2005 规准仪法与游标卡尺法的适用范围

现行各版本规范、规程、标准测定粗集料针片状颗粒含量的试验方法,有的采用规准仪法,有的采用游标卡尺法,唯独公路工程把规准仪法和游标卡尺法同时列入 JTG E42—2005。下面探讨 JTG E42—2005 规准仪法与游标卡尺法的适用范围。

如果根据规准仪法第1.1条"目的与适用范围:本方法适用于测定水泥混凝土使用的4.75 mm 以上的粗集料的针状及片状颗粒含量",规准仪法仅适用于水泥混凝土粗骨料。

如果根据游标卡尺法第1.1条"目的与适用范围:本方法适用于测定粗集料的针状及片状颗粒含量",游标卡尺法适用于所有粗骨料。

如果根据规准仪法第37页的“条文说明:用规准仪测定粗集料针片状颗粒含量的测定方法,仅适用于水泥混凝土集料”,规准仪法仅适用于水泥混凝土粗骨料。

如果根据规准仪法第40页的“条文说明:本规程中还有另一个专门为水泥混凝土集料用的方法,即T 0311”,规准仪法仅适用于水泥混凝土粗骨料。

如果根据游标卡尺法第40页的“条文说明:对本试验规程同时列入T 0311—2005及T 0312—2005两个针片状颗粒含量的试验方法,分别适用于沥青路面和水泥混凝土”,规准仪法适用于沥青路面粗骨料,游标卡尺法适用于水泥混凝土粗骨料。

如果根据JTG/T F20—2015表3.6.1“粗集料技术要求”以及JTG F40—2004表4.8.2“沥青混合料用粗集料质量技术要求”中“指标:针片状颗粒含量”对应的“试验方法:T 0312”,游标卡尺法适用于沥青路面粗骨料。

如果根据JTG/T F30—2014表5.4.1“混凝土原材料的检测项目及频率”中“检测项目:级配,针片状、超径颗粒含量,表观密度,堆积密度,空隙率”对应的“试验方法:JTG E42 T 0302、T 0312、T 0308、T 0309”,游标卡尺法仅适用于水泥混凝土粗骨料。

如果根据JTG/T F50—2011以及JTG/T 3650—2020第6.4.6条“粗集料的……检验试验方法应符合现行行业标准《公路工程集料试验规程》(JTG E42)的规定”,无法判断水泥混凝土粗骨料针片状颗粒含量,究竟是采用规准仪法,或是采用游标卡尺法。

如果根据T/CECS G:K50-30—2018表4.2.4“粗集料的检测项目、指标及试验方法”中的“针片状颗粒含量试验方法:JTG E42(T 0311、T 0322)”,由于现行JTG E42—2005/T 0322—2000为“粗集料冲击值试验”,而非粗骨料针片状颗粒含量试验,因此T/CECS G:K50-30—2018表4.2.4中的“T 0322”应为笔误,实为“T 0312”,即T 0312—2005“粗集料针片状颗粒含量试验(游标卡尺法)”,则规准仪法与游标卡尺法均适用于水泥混凝土粗骨料。

2.7　岩石抗压强度试验

2.7.1　仪器设备

本试验用仪器设备如下:

a)压力试验机:量程1 000 kN;示值相对误差2%。

试验所用的压力试验机

《水利水电工程岩石试验规程》(SL/T 264—2020,以下简称“SL/T 264—2020”)第5.2节“单轴抗压强度试验”、《水电水利工程岩石试验规程》(DL/T 5368—2007,以下简称“DL/T 5368—2007”)第4.7节“单轴抗压强度试验”、《水运工程地基基础试验检测技术规程》(JTS 237—2017,以下简称“JTS 237—2017”)第4.41节“岩石单轴抗压强度试验”、《公路工程岩石试验规程》(JTG E41—2005)T 0221—2005“单轴抗压强度试验(以下简称“JTG E41—2005/T 0221试验”)”、《铁路工程岩石试验规程》(TB 10115—2014,以下简称“TB 10115—2014”)第13节“岩石单轴抗压强度试验”、《建筑基础设计规范》(GB 50007—2011,以下简称“GB 50007—2011”)附录J“岩石饱和单轴抗压强度试验要点”、

GB/T 50218—2014 附录 A“R_c、$I_{s(50)}$测试的规定”以及《工程岩体试验方法标准》(GB/T 50266—2013,下简称“GB/T 50266—2013”)第 2.7 节“单轴抗压强度试验”,均没有说明采用多少 kN 的压力试验机及其精度要求。

《建筑地基基础检测规范》(DBJ/T 15-60—2019,以下简称“DBJ/T 15-60—2019 ”)第 13 节“钻芯法”第 13.5 小节“芯样试件抗压强度试验”为“芯样试件的破坏荷载应按国家标准《普通混凝土力学性能试验方法》GB/T 50081 的有关规定确定”。

《混凝土物理力学性能试验方法标准》(GB/T 50081—2019,以下简称“GB/T 50081—2019”)为“压力试验机应符合下列规定:1) 试件破坏荷载宜大于压力机全量程的 20% 且宜小于压力机全量程的 80%;2) 示值相对误差应为±1%”。

《四川省建筑地基基础检测技术规程》(DBJ51/T 014—2013,以下简称“DBJ51/T 014—2013”)第 3 节“基本规定”第 3.8 小节“钻芯法”为“钻芯法的仪器设备……应按《建筑基桩检测技术规范》JGJ 106 的有关规定执行”。

SL/T 352—2020 第 3.33 节“岩石抗压强度及软化系数试验”以及 DL/T 5151—2014 第 4.12 节“岩石抗压强度及软化系数试验”,均为“压力试验机:最大压力 1 000 kN”。

JTS/T 232—2019 第 7 节“回填材料”第 7.3 小节“回填块石、料石:岩石抗压强度”为“压力试验机的量程不小于 1 000 kN,准确度等级不低于 1 级”。

JTS/T 236—2019 第 7.13 节“岩石的抗压强度试验”为“压力试验机荷载为1 000 kN,测量精度±1%”。

JGJ 52—2006 第 7.12 节“岩石的抗压强度试验”第 7.12.2-1 条为“压力试验机:荷载 1 000 kN”。

《建筑基桩检测技术规范》(JGJ 106—2014,以下简称“JGJ 106—2014”)第 7 节“钻芯法”第 7.5 小节“芯样试件抗压强度试验”为“桩底岩芯单轴抗压强度试验以及岩石单轴抗压强度标准值的确定,宜按现行国家标准《建筑地基基础设计规范》GB 50007 执行”,而 GB 50007—2011 附录 J“岩石饱和单轴抗压强度试验要点”,没有说明采用多少 kN 的压力试验机以及精度要求。

由于绝大多数岩石的抗压强度一般在 100 kN 左右,参照现行各版本规范、规程、标准“混凝土立方体抗压强度试验”中的“试件破坏荷载大于压力机全量程的 20%,且小于压力机全量程的 80%”,作者认为,岩石抗压强度试验所用压力试验机的最大量程应小于 300 kN,且准确度等级不应低于 1 级。

b) 钻石机或锯石机。

c) 岩石磨光机。

d) 游标卡尺和角尺。

2.7.2　试件

本试验用试件如下:

a) 立方体试件尺寸:50 mm×50 mm×50 mm。

b) 圆柱体试件尺寸:ϕ50 mm×50 mm。

试件的尺寸

DBJ/T 15-60—2019 第 13.4.4 条“每组芯样应制作三个芯样抗压试件。混凝土芯样试件应按附录 H 进行加工和测量。岩石、复合地基增强体等其他芯样的加工可参照执行”,但附录 H“混凝土芯样试件加工和测量”没有说明试件的尺寸。

DBJ51/T 014—2013 第 3.8.3 条“钻芯法确定桩端以下中风化或微风化岩石单轴抗压强度时应符合下列规定:1 岩样尺寸宜为 ϕ50 mm×100 mm”。

SL/T 352—20201 第 3.33.3-1 条“用钻石机和切石机从岩石中制取两组直径与高均为 50 mm 的圆柱体试件,……对有显著层理的岩石,应用切石机制作边长 50 mm 的立方体试件”。

SL/T 264—2020 第 4.7.2 条“试件制备应符合下列规定:(1) 试件应采用标准试件,对于非均质粗粒岩石或非标准钻孔岩心,可采用非标准试件。(2) 标准试件可用钻孔岩心或坑探槽中采取岩块加工制成。试件直径宜为 48 ~ 54 mm,且应大于岩石最大颗粒粒径的 10 倍。试件高度与直径之比应为 2.0 ~ 2.5。(3) 对于非标准试件,试件高径比不宜小于 2.0”。

DL/T 5151—2014、JTS/T 236—2019、JGJ 52—2006 以及 GB/T 14685—2011 均为“立方体试件尺寸:50 mm×50 mm×50 mm;圆柱体试件尺寸:ϕ50 mm×50 mm”。

DL/T 5368—2007 第 4.7.3 条“试件尺寸应符合下列要求:(1) 圆柱体直径宜为 48 mm ~ 54 mm;(2) 含大颗粒的岩石,试件的直径应大于岩石中最大颗粒直径的 10 倍;(3) 试件高度与直径之比宜为 2.0 ~ 2.5”。

JTS/T 232—2019 第 7.3.2 条“试样制备应满足下列要求:(1) 建筑地基的回填块石、料石试验,采用圆柱体作为标准试件,直径为(50±2) mm、高径比为 2 : 1;(2) 其他工程用回填块石、料石,采用圆柱体或立方体试件,其直径或边长和高度均为(50±2) mm”。

JTS 237—2017 第 4.41.3 条“试件……直径和精度应符合现行国家标准《工程岩体试验方法标准》(GB/T 50266) 的有关规定”。

《水运工程岩土勘察规范》(JTS 133—2013,以下简称“JTS 133—2013”) 第 15.3.4 条“岩石的单轴抗压强度试验可采用圆形或方柱体试件;其中圆形试件直径不应小于 5 cm,软质岩石宜为 7 ~ 10 cm,试件高度与直径之比宜为 2.0 ~ 2.5”。

MH/T 5004—2010 附录 D 表 D.0.4-2“压碎值和抗压强度指标”中的“注:岩石立方体抗压强度试验:将岩石制成 50 mm×50 mm×50 mm 的立方体(或直径与高度均为 50 mm 的圆柱体)试件”。

JTG E41—2005/T 0221 试验第 3.1 条“建筑地基的岩石试验,采用圆柱体作为标准试件,直径为 50 mm±2 mm、高径比为 2 : 1”、第 3.2 条“桥梁工程用的石料试验,采用立方体试件,边长为 70 mm±2 mm”、第 3.3 条“路面工程用的石料试验,采用圆柱体或立方体试件,其直径或边长和高均为 50 mm±2 mm”。

《公路圬工桥涵设计规范》(JTG D61—2005,以下简称“JTG D61—2005”) 第 3.1.1 条中的“注:(1) 石材强度等级采用边长 70 mm 的含水饱和的立方体试块的抗压强度表示”以及附录 A 第 A.0.1 条“石材的强度等级,应用边长为 70 mm 的立方体试块的抗压强度表示”。

TB 10424—2018 第 8.1.1 条“砌体所用石材强度等级应以边长为 70 mm 的立方体试件在浸水饱和状态下的抗压极限强度表示”。

Q/CR 9207—2017 第 10.2.2 条“石料强度等级应以边长为 70 mm 的立方体试件在浸水饱和状态下的抗压极限强度表示。当采用边长为 100 mm 或 50 mm 的立方体试件时……”。

《铁路路基设计规范》(TB 10001—2016,以下简称“TB 10001—2016”)第 165 页第 5.3.2条的“条文说明:石料的强度标准值采用立方体石料的饱和极限抗压强度值。……对石料试件规定为边长 7 cm 的立方体,如果石料试件边长采用 20 cm、15 cm、10 cm、5 cm 时……”。

TB 10077—2019 第 37 页第 3.1.2 条的“条文说明:作为建筑地基的岩石,在进行岩石单轴抗压强度试验时,一般采用圆柱体作为标准试件。其直径为 50 mm,允许偏差为 ±2 mm,高度与直径之比值为 2.0”。

TB 10115—2014 第 13.0.3-2 条“试件尺寸:1) 岩石试验采用圆柱体作为标准试件。其直径为 50 mm±2 mm,高度与直径之比宜为 2.0 ~ 2.5;2) 砌体工程的石材试验,应采用立方体试件,其标准试件边长为 70 mm±2 mm,采用 50 mm±2 mm 的立方体试件时,其抗压强度应进行校正;3) 含有大颗粒的岩石,试件直径或边长应大于岩石最大颗粒尺寸的 10 倍”。

JGJ 106—2014 附录 E 第 E.0.5 条“芯样试件出现下列情况时,不得用作抗压或单轴抗压强度试验:1 ……;4 岩石芯样试件高度小于 2.0d 或大于 2.5d 时”。

《砌体结构设计规范》(GB 50003—2011,以下简称“GB 50003—2011”)附录 A“石材的规格尺寸及其强度等级的确定方法”第 A.0.2 条“石材的强度等级,可用边长为 70 mm 的立方体试块的抗压强度表示”。

《建筑结构检测技术标准》(GB/T 50344—2019,以下简称“GB/T 50344—2019”)第 5 节“砌体结构”第 5.2 小节“砌筑块材”第 5.2.10 条“采用钻芯法检测砌筑构件石材强度应符合下列规定:芯样试件的直径可为 70 mm,高径比应为 1.0”。

GB 50007—2011 附录 J“岩石饱和单轴抗压强度试验要点”第 J.0.2 条“岩样尺寸一般为 ϕ50 mm×100 mm”。

GB/T 50218—2014 第 A.0.1 条“岩石饱和单轴抗压强度 R_c 的测试应符合下列规定:1 ……;2 标准试件为圆柱形,直径宜为 48 mm ~ 54 mm,高度与直径之比宜为 2.0 ~ 2.5”。

GB/T 50266—2013 第 2.7.3 条“试件尺寸应符合下列规定:1 圆柱体试件直径宜为 48 mm ~ 54 mm;2 试件的直径应大于岩石中最大颗粒直径的 10 倍;3 试件高度与直径之比宜为 2.0 ~ 2.5”。

“鉴于圆形试件具有轴对称特性,应力分布均匀,而且试件可直接取自钻孔岩芯,在室内加工程序简单”(注:摘自 JTG E41—2005/T 0221—2005“单轴抗压强度试验”第 30 页第 4 条“试件尺寸”的“条文说明”)。作者认为,从加工程序简易程度以及应力分布角度考虑,应采用直径 50 mm、径高比 1 : 1 的圆柱体试件作为标准试件。

c)试件与压力机压头接触的两个面要磨光并保持平行,6 个试件为一组。对有明显层理的岩石,应制作二组,一组保持层理与受力方向平行,另一组保持层理与受力方面垂直，分别测试。

试件的组数及个数

DBJ/T 15-60—2019 第 13.4.4 条“每组芯样应制作三个芯样抗压试件”，但没有规定试件的组数。

DBJ51/T 014—2013 第 3.8.3 条“钻芯法确定桩端以下中风化或微风化岩石单轴抗压强度时应符合下列规定：1 岩样……数量不应少于 6 个”，但没有规定试件的组数。

SL/T 352—2020 第 3.33.3-1 条以及 DL/T 5151—2014 第 4.12.3-1 条“用钻石机或切石机从岩石试样或岩芯中制取边长为 50 mm 的立方体或直径与高均为 50 mm 的圆柱体试件两组，每组 6 个，对有显著层理的岩石，试件组数应增至 4 组”。

SL/T 264—2020 第 5.2.2-4 条“同一含水状态、同一加压方向下每组试件数量不应少于 3 个”，但没有规定试件的组数。

DL/T 5368—2007 第 4.7.6 条“同一含水状态和同一加压方向下，每组试验试件的数量为 3 个”，但没有规定试件的组数。

JTS/T 232—2019 第 7.3.2 条“试样制备应满足下列要求：(1) 建筑地基的回填块石、料石试验，抗压强度每组试件共 6 个；(2) 其他工程用回填块石、料石，抗压强度每组试件共 6 个；(3) 对有明显层理的回填块石、料石，分别沿平行和垂直层理方向各取试件 6 个”。

JTS 237—2017 第 4.41.5 条“同一含水状态下每组试件数量不应少于 3 个”，但没有规定试件的组数。

JTS/T 236—2019、JGJ 52—2006 以及 JTG E41—2005 试件的组数及个数，与 GB/T 14685—2011 完全相同。

JTG D61—2005 第 3.1.1 条中的“注：(1) 石材……抗压强度取三个试件破坏强度的平均值”，但没有说明试件的组数及个数。

TB 10001—2016 第 165 页第 5.3.2 条的“条文说明：石料的强度标准值……一般取三个试件强度的平均值”。

TB 10115—2014 第 13.0.3-5 条“试件数量：视所要求含水状态或受力方向而定，每种情况下都应制备 3 个试件”，但没有规定试件的组数。

GB 50003—2011 附录 A“石材的规格尺寸及其强度等级的确定方法”第 A.0.2 条“石材的……抗压强度取三个试件破坏强度的平均值”。

GB 50007—2011 附录 J“岩石饱和单轴抗压强度试验要点”第 J.0.2 条“岩样……数量不应少于 6 个”，但没有规定试件的组数。

GB/T 50218—2014 第 A.0.1 条“岩石饱和单轴抗压强度 R_c 的测试应符合下列规定：1 ……；6 每组试件数量不应少于 3 个”，但没有规定试件的组数。

GB/T 50266—2013 第 2.7.6 条“同一含水状态和同一加载方向下，每组试验试件的数量应为 3 个”，但没有规定试件的组数。

为确保试验结果的准确性、有效性，作者认为，无论岩石是否有显著层理，岩石抗压强度试验的试件至少应各 1 组，且每组试件数量不应少于 6 个。

2.7.3　试验步骤

2.7.3.1　用游标卡尺测定试件尺寸，精确至 0.1 mm，并计算顶面和底面的面积。取顶面和底面的算术平均值作为计算抗压强度所用的截面积。将试件浸没于水中浸泡 48 h。

1. 试件尺寸的精度要求

DBJ51/T 014—2013 第 3.8 节“钻芯法”以及 GB 50007—2011 附录 J“岩石饱和单轴抗压强度试验要点”，均没有规定试件尺寸的精度要求。

DBJ/T 15-60—2019 第 H.0.3 条“试验前，应对芯样试件的几何尺寸做下列测量：1 平均直径：用游标卡尺测量芯样中部，在相互垂直的两个位置上，取其两次测量的算术平均值，精确至 0.5 mm；2 芯样高度：用钢卷尺或钢板尺进行测量，精确至 1 mm”。

SL/T 352—2020、DL/T 5151—2014、JTS/T 232—2019、JTS/T 236—2019、JTG E41—2005、JGJ 52—2006 以及 GB/T 14685—2011 均为“精确至 0.1 mm”。

SL/T 264—2020 第 5.2.2 条“试件制备除应符合本规程 4.7.2 条 1～4 款的规定外，还应符合下列规定：1 试件加工精度应符合 4.4.2 条 2～4 款的规定”、第 4.4.2 条“量积法试件制备应符合下列规定：1……。2 试件高度、直径或边长的允许偏差为±0.3 mm”。

DL/T 5368—2007 第 4.7.4 条“试件精度应符合下列要求：1 试件两端面不平行度误差不应大于 0.05 mm；2 沿试件高度，直径的误差不应大于 0.3 mm”。

JTS 237—2017 第 4.41.3 条“试件……直径和精度应符合现行国家标准《工程岩体试验方法标准》（GB/T 50266）的有关规定”。

TB 10115—2014 第 13.0.3-3 条“试件精度：1）试件两端面不平整度允许偏差为±0.05 mm；2）试件高度、直径或边长的允许偏差为±0.3 mm”。

JGJ 106—2014 第 E.0.4 条“试验前，应对芯样试件的几何尺寸做下列测量：1 平均直径：在相互垂直的两个位置上，用游标卡尺测量芯样表观直径偏小的部位的直径，取其两次测量的算术平均值，精确至 0.5 mm；2 芯样高度：用钢卷尺或钢板尺进行测量，精确至1 mm”。

GB/T 50218—2014 第 A.0.1-3 条以及 GB/T 50266—2013 第 2.7.4 条“试件精度应符合下列要求：1 试件两端面不平行度误差不得大于 0.05 mm；2 沿试件高度，直径的误差不得大于 0.3 mm”。

由于“试件加工精度的影响主要表现在试件端面的平整度和平行度，因此，试验时对试件加工精度要求较高”（注：摘自 JTG E41—2005/T 0221—2005“单轴抗压强度试验”第 29 页第 3 条“试验条件”的“条文说明”），作者认为，试件的尺寸应精确至 0.1 mm，两端面不平行度应小于 0.05 mm。

2. 试件受压面积的计算方法

DBJ/T 15-60—2019、DBJ51/T 014—2013、SL/T 264—2020、DL/T 5368—2007、JTS 237—2017、TB 10115—2014、GB 50007—2011、GB/T 50218—2014 以及 GB/T 50266—2013 均没有规定试件受压面积的计算方法。

SL/T 352—2020、DL/T 5151—2014、JTS/T 232—2019、JTS/T 236—2019、JTG E41—

2005 以及 JGJ 52—2006 均为“对于立方体试件，在顶面和底面上各量取其边长，以各个面上相互平行的两个边长的算术平均值作为宽或高，由此计算面积。对于圆柱体试件，在顶面和底面上各量取相互垂直的两个直径，以其算术平均值计算面积。取顶面和底面面积的算术平均值作为计算抗压强度所用的截面积”。

作者认为，岩石单轴抗压强度试验试件的受压面积，应如 SL 352—2006、JTS/T 232—2019、JTS/T 236—2019、JTG E41—2005 以及 JGJ 52—2006 所述方法进行计算。

3. 试件受压面积的精度要求

SL/T 352—2020 为“修约间隔为 1 mm^3”；DBJ/T 15-60—2019、DBJ51/T 014—2013、SL/T 264—2020、DL/T 5368—2007、DL/T 5151—2014、JTS/T 232—2019、JTS/T 236—2019、JTS 237—2017、JTG E41—2005、TB 10115—2014、JGJ 52—2006、GB 50007—2011、GB/T 50218—2014、GB/T 50266—2013 以及 GB/T 14685—2011，均没有规定试件受压面积的精度要求。

作者认为，为确保试验结果的准确性，岩石单轴抗压强度试验试件的受压面积，至少应“精确至 0.1 mm^3”。

4. 试件的含水状态

DBJ/T 15-60—2019 第 13 节“钻芯法”第 13.5.1 条“岩芯样试件应在清水中浸泡不少于 12 h 后进行试验”。

DBJ51/T 014—2013 第 3.8 节“钻芯法”第 2.8.3-2 条“岩样应进行饱和处理，若为黏土质岩时取天然状态”。

SL/T 352—2020 第 3.33.3-3 条以及 DL/T 5151—2014 第 4.12.3-3 条“将一组试件（具有显著层理的岩石试件需两组）置于水池中浸泡 48 h，水面应高出试件顶面 2 cm（50 mm）以上，其余试件为气干状态”。

SL/T 264—2020 第 5.2.2-2 条“试件含水状态可根据需要选择天然状态、烘干状态或饱和状态”。

DL/T 5368—2007 第 4.7.5 条“试件含水状态可根据需要选择天然含水状态、烘干状态、饱和状态或其他含水状态”。

JTS 133—2013 第 15.3.2-(1)条“常规试验项目包括岩石……饱和、干燥和天然状态下的单轴抗压强度试验”。

JTS/T 232—2019 第 7.3.3 条“试样制备应满足下列要求：(1)……；(2)干燥试件处理……；(3)饱水试件处理……”。

JTS 237—2017 第 4.41.4 条“试件含水状态可根据需要选择天然含水状态、干燥状态、饱和状态或其他含水状态”。

JTS/T 236—2019、JGJ 52—2006 以及 GB/T 14685—2011 试件的含水状态均为“水中浸泡 48 h”。

MH/T 5004—2010 附录 D 表 D.0.4-2“压碎值和抗压强度指标”中的“注：岩石立方体抗压强度试验……在饱和水状态下试验”。

JTG D61—2005 第 3.1.1 条中的“注：(1)石材强度等级采用边长 70 mm 的含水饱和的立方体试块的抗压强度表示”，而附录 A“石材试件强度的换算系数及石砌体分类”，并没有说明试件的含水状态。

JTG E41—2005/T 0221 试验第1条“目的和适用范围:本法采用饱和状态下的岩石立方体(或圆柱体)试件的抗压强度来评定岩石强度”、第4.2条“试件的含水状态可根据需要选择烘干状态、天然状态、饱和状态、冻融循环后状态”。

JTG/T F50—2011 以及 JTG/T 3650—2020 表6.4.1“粗集料技术指标”中的岩石抗压强度,均为“水饱和状态”。

TB 10001—2016 第165页第5.3.2条的“条文说明:石料的强度标准值采用立方体石料的饱和极限抗压强度值”。

TB 10115—2014 第13.0.3-4条“试件的含水状态可根据需要选择烘干状态、天然状态、饱和状态、冻融循环后状态”。

GB 50003—2011 附录A“石材的规格尺寸及其强度等级的确定方法”,没有说明试件的含水状态。

GB 50007—2011 附录J“岩石饱和单轴抗压强度试验要点”第J.0.2条“岩样……进行饱和处理”。

《岩土工程勘察规范》(GB 50021—2001,以下简称“GB 50021—2001”)第11.6节“岩石试验”第11.6.2条“单轴抗压强度试验应分别测定干燥和饱和状态下的强度”。

GB/T 50218—2014 第A.0.1条“岩石饱和单轴抗压强度 R_c 的测试应符合下列规定:1 ……;4 可采用自由吸水法或强制饱和法使试件吸水饱和”。

GB/T 50266—2013 第2.7.5条“试验的含水状态,可根据需要选择天然含水状态、烘干状态、饱和状态或其他含水状态”。

由于“含水状态对岩石强度具有显著的影响,一般随含水率增大岩石强度降低,……如页岩、黏土岩饱水后强度可降低40%~60%”(注:摘自 JTG E41—2005/T 0221—2005“单轴抗压强度试验”第29页第2条“试验含水率”的“条文说明”),作者认为,从工程质量安全角度考虑,应以岩石饱和状态下测定的抗压强度为标准,同时根据工程需要,测定岩石天然含水状态、烘干状态、冻融循环状态或其他含水状态的抗压强度。

2.7.3.2　从水中取出试件,擦干表面,放在压力机上进行强度试验,加荷速度为0.5 MPa/s~1 MPa/s。

试验的加荷速度

DBJ/T 15-60—2019 为“芯样试件的破坏荷载应按国家标准《普通混凝土力学性能试验方法》GB/T 50081 的有关规定确定”。

GB/T 50081—2019 为“试验过程中应连续均匀加荷,……当立方体抗压强度小于30 MPa时,加荷速度宜取0.3 MPa/s~0.5 MPa/s;立方体抗压强度为30 MPa~60 MPa时,加荷速度宜取0.5 MPa/s~0.8 MPa/s;立方体抗压强度不小于60 MPa时,加荷速度宜取0.8 MPa/s~1.0 MPa/s”。

DBJ51/T 014—2013 以及 GB 50007—2011 均为“每秒500 kPa~800 kPa”;SL/T 264—2020 为“0.2 MPa/s~1.0 MPa/s”;SL/T 352—2020 为“加压速度为0.5~1.0 MPa/s”;DL/T 5151—2014、DL/T 5368—2007、JTS/T 232—2019、JTS/T 236—2019、JTS 237—2017、JTG E41—2005、TB 10115—2014、GB/T 50218—2014、GB/T 50266—2013

以及 GB/T 14685—2011，均为“0.5 MPa/s～1.0 MPa/s”。

由于“加荷速率增加，岩石强度也增大”（注：摘自 JTG E41—2005 第 29 页的“条文说明”），作者认为，岩石抗压强度试验的加荷速度，宜为 0.5 MPa/s～1.0 MPa/s。

2.7.4 结果计算与评定

2.7.4.1 试件抗压强度按式(2.4)计算，精确至 0.1 MPa：

$$R=\frac{F}{A} \tag{2.4}$$

式中：

R——抗压强度，兆帕(MPa)；

F——破坏荷载，牛顿(N)；

A——试件的荷载面积，平方毫米(mm^2)。

1. 抗压强度的计算

DBJ/T 15-60—2019、DBJ51/T 014—2013、SL/T 352—2020、SL/T 264—2020、DL/T 5151—2014、DL/T 5368—2007、JTS/T 232—2019、JTS/T 236—2019、JTS 237—2017、JTG E41—2005、TB 10115—2014、JGJ 52—2006、GB/T 50218—2014 以及 GB/T 50266—2013 岩石抗压强度的计算公式，与 GB/T 14685—2011 完全相同。

唯有 GB 50007—2011 第 J.0.4 条“根据参加统计的一组试样的试验值计算其平均值、标准差、变异系数，取岩石饱和单轴抗压强度的标准值为：$f_{rk}=\psi\times f_{ml}$（J.0.4-1），$\psi=1-(1.704/\sqrt{n}+4.678/n^2)\times\delta$（J.0.4-2）式中：$f_{ml}$——岩石饱和单轴抗压强度平均值(kPa)；$f_{rk}$——岩石饱和单轴抗压强度标准值(kPa)；$\psi$——统计修正系数；$n$——试样个数；$\delta$——变异系数”。

根据现行规范、规程、标准水泥混凝土立方体抗压强度试验的计算方法，作者认为，岩石的抗压强度应如 GB/T 14685—2011 进行计算。

2. 岩石抗压强度单个测定值数位的修约

DBJ51/T 014—2013、SL/T 352—2020、GB 50007—2011 以及 GB/T 50218—2014 均没有具体的规定；DBJ/T 15-60—2019、JTS/T 232—2019、JTG E41—2005 以及 GB/T 14685—2011 均为“精确至 0.1 MPa”；SL/T 264—2020、DL/T 5368—2007、JTS 237—2017、TB 10115—2014 以及 GB/T 50266—2013 均为“计算值取 3 位有效数字”；DL/T 5151—2014、JTS/T 236—2019 以及 JGJ 52—2006 均为“精确至 1 MPa”。

作者认为，岩石抗压强度单个测定值数位的修约，应比岩石抗压强度的算术平均值多一位数位。

2.7.4.2 岩石抗压强度取 6 个试件试验结果的算术平均值，并给出最小值，精确至 1 MPa，采用修约值比较法进行评定。

1. 试验结果的处理

DBJ/T 15-60—2019、DBJ51/T 014—2013、SL/T 264—2020、DL/T 5368—2007、JTS 237—2017、GB 50007—2011、GB/T 50218—2014 以及 GB/T 50266—2013 均没有具体的规定。

SL/T 352—2020 第 3.33.4-2 条“对圆柱体试件，从每组 6 个试件的抗压强度测值中去掉最大值和最小值，取其余 4 个测值的平均值作为试验结果”。

DL/T 5151—2014 第 4.12.4-1 条“以每组 6 个试件的抗压强度测值，除去最大和最小值，取其余 4 个测值的平均值作为试验结果”。

JTS/T 232—2019 第 7.3.4-(1)条“取 6 个试件试验结果的算术平均值，并给出最小值”。

JTS/T 236—2019 第 7.13.5 条以及 JGJ 52—2006 第 7.12.7 条“以六个试件试验结果的算术平均值作为抗压强度测定值；当其中两个试件的抗压强度与其他四个试件抗压强度的算术平均值相差三倍以上时，应以试验结果相接近的四个试件的抗压强度算术平均值作为抗压强度测定值”。

JTG E41—2005/T 0221 试验第 5.2 条“单轴抗压强度试验结果应同时列出每个试件的试验值及同组岩石单轴抗压强度的平均值”。

TB 10115—2014 第 13.0.5-2 条“3 个值中最大与最小之差不应超过平均值的 20%，否则，应另取第 4 个试件，并在 4 个试件中取最接近的 3 个值的平均值作为试验结果，同时在报告中将 4 个值全部给出”。

需要说明的是，JTS/T 232—2019 第 7.3.4 条、JTG E41—2005/T 0221 试验第 5.2 条以及 TB 10115—2014 第 13.0.5-2 条对岩石抗压强度以及软化系数试验结果处理的完整文字几乎完全相同。但是，JTS/T 232—2019 以及 JTG E41—2005 把这些内容拆分后所表达的意思，与 TB 10115—2014 所表达的意思完全不同。

为确保试验结果的准确性、有效性，作者认为，岩石单轴抗压强度试验，应以每组 6 个试件的抗压强度测值，除去最大和最小值，取其余 4 个测值的平均值作为试验结果。

2. 岩石抗压强度算术平均值数位的修约

DBJ/T 15-60—2019、DBJ51/T 014—2013、SL/T 352—2020、DL/T 5151—2014、DL/T 5368—2007、JTS/T 236—2019、JTS 237—2017、JTG E41—2005、TB 10115—2014、JGJ 52—2006、GB 50007—2011、GB/T 50218—2014 以及 GB/T 50266—2013 均没有没有具体的规定。

SL/T 264—2020 为“修约间隔 0.1 MPa”；JTS/T 232—2019 以及 GB/T 14685—2011 均为“精确至 1 MPa”。

作者认为，岩石抗压强度算术平均值数位的修约，应比现行规范、规程、标准规定的极限数值多一位数位。

2.7.4.3　对存在明显层理的岩石，应分别给出受力方向平行层理的岩石抗压强度与受力方向垂直层理的岩石抗压强度。

注：仲裁检验时，以 ϕ50 mm×50 mm 圆柱体试件的抗压强度为准。

1. 有显著层理的岩石抗压强度的取值要求

DBJ/T 15-60—2019、DBJ51/T 014—2013、SL/T 264—2020、DL/T 5368—2007、JTS 237—2017、TB 10115—2014、GB 50007—2011、GB/T 50218—2014 以及 GB/T 50266—2013 均没有具体的规定。

SL/T 352—2020 为“对具有显著层理岩石的立方体试件，以垂直于层理及平行于层理的抗压强度的平均值作为试验结果”。

DL/T 5151—2014、JTS/T 236—2019 以及 JGJ 52—2006 均为“对具有显著层理的岩石,应以垂直于层理及平行于层理的抗压强度的平均值作为其抗压强度”。

JTS/T 232—2019 以及 GB/T 14685—2011 均为“对存在明显层理的岩石,分别给出受力方向平行层理的岩石抗压强度与受力方向垂直层理的岩石抗压强度”。

JTG E41—2005/T 0221 试验为“有显著层理的岩石,分别报告垂直与平行层理方向的试件强度的平均值”。

GB 50021—2001 为“对各向异性明显的岩石应分别测定平行和垂直层理面的强度”。

从工程质量安全角度考虑,作者认为,具有显著层理的岩石应以垂直于层理与平行于层理中最小的抗压强度作为岩石的抗压强度。

2. 非标准试件抗压强度的换算

DBJ/T 15-60—2019、DBJ51/T 014—2013、SL/T 352—2020、SL/T 264—2020、DL/T 5151—2014、DL/T 5368—2007、JTS/T 236—2019、JTS 237—2017、GB 50007—2011、GB/T 50218—2014、GB/T 50266—2013 以及 GB/T 14685—2011 均没有具体的规定。

JTS/T 232—2019 第 7.3.4-(4) 条“对于非标准圆柱体试件,为便于对单轴抗压强度的试验结果做统计分析,将任意高径比试件的抗压强度值按式(7.3.4-3)换算成高径比为 2∶1 的标准抗压强度值;抗压强度值精确至 1 MPa,试件尺寸精确至 0.1 mm;$R_c=8R/(7+2D/H)$ (7.3.4-3) 式中:R_c——高径比为 2∶1 的标准抗压强度(MPa);R——任意高径比试件的抗压强度(MPa);D——试件的直径(mm);H——试件的高度(mm)”。

JTG E41—2005/T 0221 试验第 3 条“试件制备:对于非标准圆柱体试件,试验后抗压强度试验值按本章条文说明中公式(T 0221-3)进行换算”、第 30 页“条文说明:为便于对单轴抗压强度的试验结果作统计分析,应将任意高径比的抗压强度值 R 按下式换算成高径比为 2∶1 的标准抗压强度值 R_C:$R_C=8R/(7+2D/H)$ (T 0221-3)”。

JTG D61—2005 第 A.0.1 条“石材的强度等级,应用边长为 70 mm 的立方体试块的抗压强度表示,当采用其他尺寸时,应乘以表 A.0.1(即本书表 2.24)规定的换算系数进行换算”。

表 2.24 JTG D61—2005 石材试件强度的换算系数

立方体试件边长/mm	200	150	100	70	50
换算系数	1.43	1.28	1.14	1.00	0.86

TB 10001—2016 第 165 页第 5.3.2 条的“条文说明:石料的强度标准值采用立方体石料的饱和极限抗压强度值。……对石料试件规定为边长 7 cm 的立方体,如果石料试件边长采用 20 cm、15 cm、10 cm、5 cm 时,将其在饱和湿度条件下的极限抗压强度分别乘以 1.43、1.28、1.14 或 0.86 的换算系数,换算成边长 7 cm 立方体试件的极限强度”。

TB 10115—2014 第 13.0.5 条“成果整理应符合下列规定:1 ……;3 砌体工程用石材,采用 50 mm±2 mm 的立方体试件时,其抗压强度应乘以 0.86 的换算系数。4 制样困难,试件直径(边长)不是 50 mm 或高度与直径(边长)比不是 2.0 时,应用本规程第 C.1.2条第 2 款和第 3 款中公式进行修正”。

Q/CR 9207—2017 第 10.2.2 条以及 TB 10424—2018 第 8.1.1 条“砌体所用石材强度等级应以边长为 70 mm 的立方体试件在浸水饱和状态下的抗压极限强度表示。当采用边长为 100 mm 或 50 mm 的立方体试件时,其抗压极限强度应分别乘以 1.14 或 0.86 的换算系数”。

GB 50003—2011 表 A.0.2“石材强度等级的换算系数”,与 JTG D61—2005 表 A.0.1 (即本书表 2.21)“石材试件强度的换算系数”完全一致。

GB/T 50344—2019 第 5.2.10 条“采用钻芯法检测砌筑构件石材强度应符合下列规定:1 芯样试件的直径可为 70 mm,高径比应为 1.0;2……;3 换算成 70 mm 立方体试块抗压强度时,可将直径 70 mm 芯样试件抗压强度乘以 1.15 的系数”。

但是,GB/T 50344—2019 第 5.2.10 条所表达的意思,应该是 70 mm 立方体试块比直径 70 mm、高径比 1.0 圆柱体试件的抗压强度大 1.15 倍,与 JTG E41—2005 第 29 页第 3 条的“条文说明:一般来说,圆柱体试件的强度大于棱柱体试件”,显然互不一致。

作者认为,应以直径 50 mm、径高比 1∶1 圆柱体试件在岩石饱和状态下测定的抗压强度为标准,当采用立方体或棱柱体的非标准试件时,应通过大量的试验数据,建立不同岩质标准圆柱体试件与非标准试件抗压强度的换算关系式,非标准试件的抗压强度标准值,由已确定的相应岩质的抗压强度关系式换算得到。

3. 仲裁检验的标准试件

DBJ/T 15-60—2019、DBJ51/T 014—2013、SL/T 352—2020、SL/T 264—2020、DL/T 5151—2014、DL/T 5368—2007、JTS/T 232—2019、JTS/T 236—2019、JTS 237—2017、GB 50007—2011 以及 GB/T 50266—2013 均没有具体的规定。

JTG E41—2005/T 0221 试验第 3.1 条“建筑地基的岩石试验,采用圆柱体作为标准试件,直径为 50 mm±2 mm、高径比为 2∶1”、第 3.2 条“桥梁工程用的石料试验,采用立方体试件,边长为 70 mm±2 mm”、第 3.3 条“路面工程用的石料试验,采用圆柱体或立方体试件,其直径或边长和高均为 50 mm±2 mm”。

JTG D61—2005 第 3.1.1 条中的“注:(1)石材强度等级采用边长 70 mm 的含水饱和的立方体试块的抗压强度表示”以及附录 A 第 A.0.1 条“石材的强度等级,应用边长为 70 mm 的立方体试块的抗压强度表示”。

Q/CR 9207—2017 第 10.2.2 条以及 TB 10424—2018 第 8.1.1 条“砌体所用石材强度等级应以边长为 70 mm 的立方体试件在浸水饱和状态下的抗压极限强度表示”。

TB 10077—2019 第 37 页第 3.1.2 条的“条文说明:作为建筑地基的岩石,在进行岩石单轴抗压强度试验时,一般采用圆柱体作为标准试件。其直径为 50 mm,允许偏差为 ±2 mm,高度与直径之比值为 2.0”。

TB 10115—2014 第 13.0.3-2 条“试件尺寸:1) 岩石试验采用圆柱体作为标准试件。其直径为 50 mm±2 mm,高度与直径之比宜为 2.0~2.5;2) 砌体工程的石材试验,应采用立方体试件,其标准试件边长为 70 mm±2 mm”。

GB 50003—2011 第 A.0.2 条“石材的强度等级,可用边长为 70 mm 的立方体试块的抗压强度表示”。

GB/T 50218—2014 第 A.0.1 条“岩石饱和单轴抗压强度 R_c 的测试应符合下列规定:

1 ……;2 标准试件为圆柱形,直径宜为48 mm ~54 mm,高度与直径之比宜为2.0 ~2.5”。

“一般来说,圆柱体试件的强度大于棱柱体试件,是因为后者棱角部分应力集中之故。另外,随试件尺寸和高径比的增大岩石强度也降低,其原因是试件岩石内包含的裂隙、孔隙等缺陷增多及应力分布不均造成的”(注:摘自 JTG E41—2005/T 0221—2005“单轴抗压强度试验”第29 页第3 条的“条文说明”)。

作者认为,仲裁检验的标准试件应为直径50 mm、径高比1∶1 的圆柱体试件,其在饱水状态下测定的抗压强度作为岩石抗压强度的标准值。

2.8 粗骨料压碎指标试验

2.8.1 仪器设备

本试验用仪器设备如下:

a)压力试验机:量程300 kN,示值相对误差2%。

试验所用压力试验机

SL/T 352—2020 第3.32 节“粗骨料压碎值试验”为“压力机:压力不小于300 kN”;DL/T 5151—2014 第4.11 节“卵石或碎石压碎指标试验”为“压力试验机:最大压力300 kN以上”;DL/T 5362—2018 第6.7 节“粗骨料压碎率试验”为“压力试验机:最大压力不小于500 kN”;JTS/T 236—2019 第7.14 节“碎石和卵石的压碎值指标试验”为“压力试验机荷载300 kN,测量精度±1%”;JTG E42—2005/T 0316—2005“粗集料压碎值试验(以下简称“T 0316 试验”)”为“压力机:500 kN,应能在10 min 内达到400 kN”;JGJ 52—2006 第7.13 节“碎石或卵石的压碎值指标试验”为“压力试验机:荷载300 kN”;GB/T 17431.2—2010 没有粗骨料压碎指标试验。

作者认为,粗骨料压碎指标试验所用压力试验机的最大量程应小于1 000 kN,且准确度等级不应低于1 级。

b)天平:称量10 kg,感量1 g。

试验所用称量仪器的最小感量要求

SL/T 352—2020、JTG E42—2005 以及 GB/T 14685—2011 均为1 g;DL/T 5151—2014、DL/T 5362—2018、JTS/T 236—2019 以及 JGJ 52—2006 均为5 g。

根据现有称量仪器的精度以及对试验结果的影响,作者认为,粗骨料压碎指标试验称量仪器的最小感量至少应为1 g。

c)受压试模(压碎指标测定仪,见图2.6)。

压碎指标测定仪圆模的内径及高度

DL/T 5362—2018 没有具体规定圆模的内径及高度;SL/T 352—2020、DL/T 5151—2014、JTS/T 236—2019、JGJ 52—2006 以及 GB/T 14685—2011 圆模的内径均为152 mm,但没有规定圆模的高度;JTG E42—2005 圆模的内径为150 mm、高度为125 ~128 mm。

经量测,工程实际配置的粗骨料压碎指标测定仪,至少有三种规格:一是圆模的内径为150 mm、高度为130 mm;二是的圆模内径为150 mm、高度为126 mm;三是的圆模内径

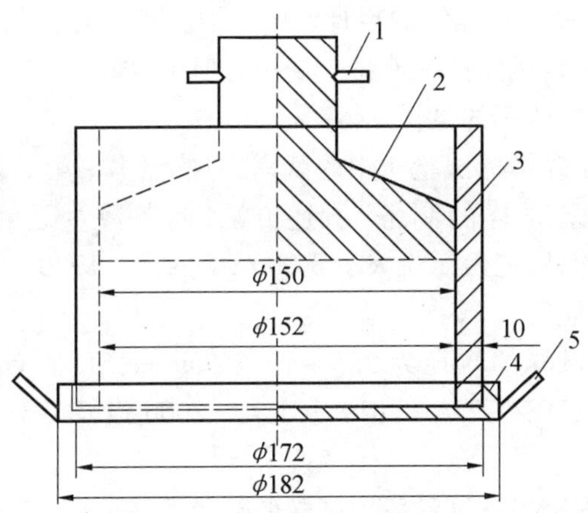

图 2.6　压碎指标测定仪(单位:mm)
1—把手;2—加压头;3—圆模;4—底盘;5—手把

为 152 mm、高度为 127 mm。

作者认为,粗骨料压碎指标测定仪圆模的内径及高度应做统一的规定,否则,同一样品所测定的粗骨料压碎指标值,可能产生较大的差异。

d)方孔筛:孔径分别为 2.36 mm、9.50 mm 及 19.0 mm 的筛各一只。

试验所用的标准筛

SL/T 352—2020、DL/T 5151—2014、DL/T 5362—2018、JTS/T 236—2019、JGJ 52—2006 以及 GB/T 14685—2011 方孔筛的孔尺寸,均为 2.36 mm、9.5 mm、19.0 mm;JTG E42—2005 方孔筛筛的孔尺寸为 2.36 mm、9.5 mm、13.2 mm。

作者认为,粗骨料压碎指标试验所用的标准筛,应统一采用 2.36 mm、9.5 mm、19.0 mm方孔筛,公路工程沥青路面及基层、底基层粗骨料 9.5 ~ 13.2 mm 粒级的压碎指标,可以通过 9.5 ~ 19.0 mm 粒级及相关关系式进行换算。

e)垫棒:ϕ10 mm,长 500 mm 圆钢。

试验所用的圆钢

由于试样的密实方法并不一致,SL/T 352—2020、DL/T5151—2014 以及 DL/T 5362—2018 均不需配备圆钢;JTS/T 236—2019、JTG E42—2005、JGJ 52—2006 以及 GB/T 14685—2011 均需配备 ϕ10 mm 的圆钢。

2.8.2　试验步骤

2.8.2.1　按第 2 章第 2.1 节规定取样,风干后筛除大于 19.0 mm 及小于 9.5 mm 的颗粒,并去除针、片状颗粒,分为大致相等的三份备用。当试样中粒径在 9.5 ~ 19.0 mm 之间的颗粒不足时,允许将粒径大于 19.0 mm 的颗粒破碎成粒径在 9.5 ~ 19.0 mm 之间的颗粒用作压碎指标试验。

1. 试验所用的试样

由于粗骨料压碎指标试验所需试样的粒级以及数量较为特殊,而且,试样中接近 9.5 mm与 19.0 mm 的颗粒所占比例的大小,对所测定的压碎指标值有着较大的影响,如接近 9.5 mm 的颗粒多一些,所测定的粗骨料压碎指标值将会变大;如接近 19.0 mm 的颗粒多一些,所测定的粗骨料压碎指标值将会变小。但是,现行各版本粗骨料压碎指标试验均没有说明如何筛取试验所用的试样。

作者认为,粗骨料压碎指标试验所用的试样,应按照本书第 2 章第 2.1 节第 2.1.3.1 条中的“粗骨料单项试验试样的制备”所述方法,制备数量足够的粗骨料,然后采用 19.0 mm及 9.5 mm 筛,筛取三份每份大于 3 000 g 的 9.5 ~ 19.0 mm 试样。

2. 试验所用试样的粒径

除 JTG E42—2005 试样的粒径为 9.5 ~ 13.2 mm 外,SL/T 352—2020、DL/T 5151—2014、DL/T 5362—2018、JTS/T 236—2019、JGJ 52—2006 以及 GB/T 14685—2011 试样的粒径均为 9.5 ~ 19.0 mm。

作者认为,粗骨料压碎指标试验所用试样的粒径可统一采用 9.5 ~ 19.0 mm,公路工程沥青路面及基层、底基层粗骨料 9.5 ~ 13.2 mm 粒级的压碎指标,可以通过 9.5 ~ 19.0 mm粒级及相关关系式进行换算。

3. 试样中的针片状颗粒

SL/T 352—2020、DL/T 5151—2014、JTS/T 236—2019、JGJ 52—2006 以及 GB/T 14685—2011 的试样均需去除针、片状颗粒;DL/T 5362—2018 以及 JTG E42—2005 的试样均不需去除针、片状颗粒。

作者认为,不应剔除试样中的针片状颗粒,理由:一是 JTG E42—2005/T 0316 试验表 T 0316-2认为“去除针片状颗粒试验不合理,且工作量很大”;二是粗集料不可避免含有针片状颗粒以及软弱颗粒,如果人为剔除针片状颗粒,粗骨料中的软弱颗粒应该一起剔除;三是工程实际应用中,粗骨料的针片状颗粒以及软弱颗粒不可能被剔除;四是针片状颗粒是最容易破坏的颗粒,经作者大量的试验结果表明,没有剔除针片状颗粒的压碎指标值,比剔除针片状颗粒的压碎指标值大 0.5% 左右。

4. 试样的含水状态

DL/T 5151—2014、DL/T 5362—2018 均为“气干状态”;SL/T 352—2020、JTS/T 236—2019、JGJ 52—2006 以及 GB/T 14685—2011 均为“风干状态”;JTG E42—2005 为“风干石料……如过于潮湿需加热烘干时,烘箱温度不得超过 100 ℃,烘干时间不超过 4 h”。

作者认为,粗骨料压碎指标试验试样的含水状态,可采用风干石料;如过于潮湿,可在温度不超过 100 ℃烘箱中烘干,冷却至室温后备用。

2.8.2.2 称取试样 3 000 g,精确至 1 g。将试样分两层装入圆模(置于底盘上)内,每装完一层试样后,在底盘下面垫放一直径为 10 mm 的圆钢,将筒按住,左右交替颠击地面各25 下,两层颠实后,平整模内试样表面,盖上压头。当圆模装不下 3 000 g 试样时,以装至距圆模上口 10 mm 为准。

1. 试样质量的精度要求

SL/T 352—2020 以及 GB/T 14685—2011 均为“精确至 1 g”;DL/T 5151—2014、DL/T 5362—2018、JTS/T 236—2019、JTG E42—2005 以及 JGJ 52—2006 均没有具体的规定。

根据现有称量仪器的精度以及对试验结果的影响,作者认为,粗骨料压碎指标试验试样的质量至少应精确至 1 g。

2. 试样装入圆模的层数

SL/T 352—2020、DL/T 5151—2014、DL/T 5362—2018、JTS/T 236—2019、JGJ 52—2006 以及 GB/T 14685—2011 均为两层;JTG E42—2005 为三层。

由于现行粗骨料压碎指标试验试样在圆模内的深度一般要求 100 mm 左右,作者认为,试样分两层装入圆模即可。

3. 试样的密实方法

现行规范、规程、标准粗骨料压碎指标试验试样的密实方法主要有以下三种:一是 SL/T 352—2020、DL/T 5151—2014 以及 DL/T 5362—2018 均为“每装完一层试样,按住圆模,将底盘一边的把手提起约 20 mm,松手使其自由落下,两边交替,反复进行至每边提起 25 次”;二是 JTG E42—2005 为“每次均将试样表面整平,用金属棒的半球面端从石料表面上均匀捣实 25 次”;三是 JTS/T 236—2019、JGJ 52—2006 以及 GB/T 14685—2011 均为“每装完一层试样后,在底盘下面垫放一直径为 10 mm 的圆钢,将筒按住,左右交替颠击地面各 25 下”。

作者认为,上述现行各版本规范、规程、标准粗骨料压碎指标试验试样的密实方法存在以下不足之处:一是“按住圆模,将底盘一边的把手提起约 20 mm,松手使其自由落下”时,圆模及其里面的试样可能会脱离底盘;二是“用金属棒的半球面端从石料表面上均匀捣实 25 次”时,金属棒既可以从石料表面上 50 mm 自由落下,也可以从石料表面上 500 mm自由落下,既可以在石料表面用金属棒轻轻捣实,也可以在石料表面用金属棒重重冲实,捣实方法比较因人而异,且无论何种捣实方法,包括针片状在内的一些易碎颗粒均有可能被破碎;三是“将筒按住,左右交替颠击地面各 25 下”的颠击方法,只能使颠击方向的试样密实,而与颠击方向垂直的两侧试样并不能密实。

为使圆模内的试样更加紧密,作者认为,可采用如下颠击方法:试样分两层装入圆模,每装一层试样,分两次左右交替颠击地面各 25 次,第二次颠击时圆模底垫棒的方向与第一次放置方向垂直。

4. 试样数量的控制标准

如果根据 SL/T 352—2020 第 2. 29. 3 条、DL/T 5151—2014 第 4. 11. 3 条以及 DL/T 5362—2018 第 6. 7. 3 条“取 3 kg 试样,称其质量……两层振完后,平整模内试样表面”,粗骨料压碎指标试验所需试样的数量,应以 3 000 g 为标准。

如果根据 JTS/T 236—2019 第 7. 14. 3 条以及 JGJ 52—2006 第 7. 13. 4 条“称取每份 3 000 g试样……第二层颠实后,试样表面距盘底的高度应控制为 100 mm 左右”,粗骨料压碎指标试验所需试样的数量,应以试样表面距盘底 100 mm 左右高度时的试样数量为标准。但是,“100 mm 左右”是个笼统的概念,100 mm±20 mm 均属于 100 mm 左右的范畴,据此推断,粗骨料压碎指标试验所需试样的数量,应以 3 000 g 为标准。

如果根据 JTG E42—2005/T 0316 试验第 3. 2 条“夯击后石料在试筒内的深度为 100 mm”,粗骨料压碎指标试验所需试样的数量,应以石料在试筒内 100 mm 深度时的试样数量为标准。但是,JTG E42—2005 在 1 767 cm^3金属筒中确定的石料数量,远小于试筒内 100 mm 深度的石料数量。

如果根据 GB/T 14685—2011 第 7. 11. 2. 2 条“称取试样 3 000 g……当圆模装不下

3 000 g试样时，以装至距圆模上口 10 mm 为准"，粗骨料压碎指标试验所需试样的数量，应以3 000 g 为标准；当圆模装不下 3 000 g 试样时，应以装至距圆模上口 10 mm 时的试样数量为标准。但是，"当圆模装不下 3 000 g 试样时"是个笼统的概念，如颠实后的 3 000 g 试样没有高出圆模上口，即判定可装下圆模，而颠实后的 3 000 g 试样，作者未曾发现高出圆模上口的粗骨料，据此推断，GB/T 14685—2011 粗骨料压碎指标试验所需试样的数量，应该是以 3 000 g 为标准。

众所周知，由于岩质的不同，3 000 g 试样在圆模的高度会有很大的差异，有的可能只有 80 mm，有的可能达到 120 mm，而试样在圆模内高度的大小，对所测定的压碎指标值有着很大的影响，圆模内试样的高度越大，试样受到的压力越小，所测定的粗骨料压碎指标值越小，反之亦然。

为使粗骨料的压碎指标值具有可比性及统一性，作者认为，粗骨料压碎指标试验试样的数量，应以"试样表面距底盘面 100 mm 的高度"为标准。

5. 试样数量的控制

为使粗骨料压碎指标试验试样表面距盘底的高度为 100 mm，JTG E42—2005/T 0316 试验第 2-(6)条"金属筒：圆柱形，内径 112.0 mm，高 179.4 mm，容积 1 767 cm^3"，理论上，JTG E42—2005 金属筒的容积，与"试筒内的深度为 100 mm"时的容积（$\pi\times7.5$ cm× 7.5 cm×10 cm=1 767 cm^3）相同。

但是，粗骨料由不规则的颗粒组成，容器的内径越小，颗粒之间的空隙率越大。粗骨料压碎指标试验所用圆模的内径为 150 mm，而 JTG E42—2005 金属筒的内径为 112 mm，因而金属筒内 1 767 cm^3的试样，装入圆模后的深度将小于 100 mm。经作者多次试验，金属筒内 1 767 cm^3的不同岩质 9.5～19.0 mm 粗骨料，装入圆模后的深度为 70～90 mm。

为确保颠击后试样在圆模内的深度为 100 mm，作者认为，可按如下方法确定试样的数量：现行规范、规程、标准规定压碎指标测定仪的圆模内径，绝大多数为 152 mm，因而可定制一个内径 152 mm、高度 100 mm 的金属筒。每次试验前，先将 9.5～19.0 mm 试样分两层装入金属筒，每装完一层后，分两次左右交替颠击地面各 25 次，第二次颠击时金属筒底垫棒的方向与第一次放置方向垂直；两层颠实后，加料填至试样超出金属筒口，用直尺刮下高出筒口的颗粒，再用合适的颗粒填平凹处，使表面凸凹部分的体积大致相等，称取金属筒内试样的质量，精确至 1 g。粗骨料压碎指标试验时，称取相同质量的试样，分两次装入圆模，按前面所述的方法颠击后进行试验。

6. 平行试验试样的数量

SL/T 352—2020 为"称取试样两份，每份约 3 kg"；DL/T 5151—2014、DL/T 5362—2018、JTS/T 236—2019、JGJ 52—2006 以及 GB/T 14685—2011 均没有具体的说明。

如果根据 JTG E42—2005/T 0316 试验第 3.2 条"每次试验的石料数量应满足按下述方法夯击后石料在试筒内的深度为 100 mm……称取量筒中试样质量（m_0）。以相同质量的试样进行压碎值的平行试验"，说明 JTG E42—2005 平行试验试样的数量均相同，且以每次试验前石料在试筒内夯击后 100 mm 深度时的试样数量为标准。

作者认为，粗骨料压碎指标平行试验试样的数量应相同，且应以试验前试样在内径为 150 mm、高度为 100 mm 金属筒内颠实后的试样数量为标准。

2.8.2.3　把装有试样的圆模置于压力试验机上，开动压力试验机，按 1 kN/s 速度均匀加荷至 200 kN 并稳荷 5 s，然后卸荷。取下加压头，倒出试样，用孔径 2.36 mm 的筛筛除被压碎的细粒，称出留在筛上的试样质量，精确至 1 g。

1. 试验的加载方式

SL/T 352—2020 以及 DL/T 5151—2014 均为"在 3 ~ 5 min 内均匀地加荷到 200 kN，然后卸荷"；DL/T 5362—2018 为"在 3 min ~ 5 min 内均匀加荷至 400 kN 后卸荷"；JTS/T 236—2019 以及 JGJ 52—2006 均为"在试验机上 160 ~ 300 s 内均匀地加荷到 200 kN，稳定 5 s 后卸荷"；JTG E42—2005 为"均匀地施加荷载，在 10 min 左右的时间内达到总荷载 400 kN，稳压 5 s，然后卸荷"；GB/T 14685—2011 为"按 1 kN/ s 速度均匀加荷至 200 kN 并稳荷 5 s，然后卸荷"。

作者认为，现行规范、规程、标准粗骨料压碎指标试验的加载方式存在以下几个问题：

一是 GB/T 14685—2011 要求"按 1 kN/s 速度均匀加荷至 200 kN"的加载速率太过苛刻。因为，试样的空隙率很大，当试样在荷载作用下，粗骨料颗粒会产生位移并填充彼此之间的空隙，所以，"保持 1 kN/s 加载速率许多压力机有困难"（注：摘自 JTG E42—2005 表 T 0316-2"原 T 0315 及 T 0316 试验方法的不同"）。

二是 SL/T 352—2020、DL/T 5151—2014 要求"3 ~ 5 min 内均匀地加荷到 200 kN"与 JTS/T 236—2019、JGJ 52—2006 要求"160 ~ 300 s 内均匀地加荷到 200 kN"的加载速率太过宽松。因为，试验时，既可"在 3 min（160 s）内均匀地加荷到 200 kN"，也可"在 5 min（300 s）内均匀地加荷到 200 kN"，加载时间有着很大的随意性，最大时间差达到 140 s（2 min）。但是，荷载施加时间的长短，对测定的压碎指标值有着很大的影响，荷载施加时间越长，测定的压碎指标值越大，反之亦然。

三是 JTG E42—2005 要求"在 10 min 内达到总荷载 400 kN"的加载速率更为宽松。因为，从加载开始后的 10 min 内任一时间，既可以是 1 min，也可以是 5 min，亦可以是 10 min，而 1 min、5 min 与 10 min 均匀加载至 400 kN 的平均速率相差甚远，加载时间（加载速率）可以随心所欲，因人而异，所以测定的压碎指标值将大相径庭。

四是 DL/T 5362—2018 要求"在 3 min ~ 5 min 内均匀加荷至 400 kN 后卸荷"与 JTG E42—2005 要求"在 10 min 内达到总荷载 400 kN"的加载时间相比较，最大时间差达到 5 min，而荷载施加时间的长短，对测定的压碎指标值有着很大的影响，荷载施加时间越长，测定的压碎指标值越大，反之亦然。

作者认为，粗骨料压碎指标试验的加载方式应以加载时间以及加载速率进行双控制，即在 290 s ~ 300 s（590 s ~ 600 s）的时间内以 0.4 kN/s ~ 1.0 kN/s 的速率均匀加荷至200 kN±0.5 kN（400 kN±0.5 kN）。

2. 试验的稳荷时间

SL/T 352—2020、DL/T 5151—2014 以及 DL/T 5362—2018 均为加荷至规定的荷载后，直接"卸荷"；JTS/T 236—2019、JTG E42—2005、JGJ 52—2006 以及 GB/T 14685—2011 均为加荷至规定的荷载后，"稳荷 5 s，然后卸荷"。

为确保粗骨料压碎指标值的准确性、有效性，作者认为，粗骨料压碎指标试验加荷至规定的荷载后应稳荷 5 s 后卸荷。

3. 压碎后试样的筛分

SL/T 352—2020、DL/T 5151—2014、DL/T 5362—2018、JTS/T 236—2019、JGJ 52—2006 以及 GB/T 14685—2011 均“用孔径 2.36 mm（2.5 mm）的筛筛除被压碎的细粒”；JTG E42—2005 为“用 2.36 mm 筛筛分经压碎的全部试样，可分几次筛分，均需筛到在 1 min内无明显的筛出物为止”。

经作者多次试验，粗骨料压碎指标试验压碎后的试样至少应分成 6 个等份，分次筛分至 1 min 内无明显的筛出物为止，否则，粗骨料压碎指标值的误差将达到 0.5% 左右。

4. 筛分后试样质量的精度要求

SL/T 352—2020、JTG E42—2005 以及 GB/T 14685—2011 均为“精确至 1 g”；DL/T 5151—2014、DL/T 5362—2018、JTS/T 236—2019 以及 JGJ 52—2006 均没有具体的规定。

根据现有称量仪器的精度以及对试验结果的影响，作者认为，粗骨料压碎指标试验筛分后试样的质量至少应精确至 1 g。

2.8.3 结果计算与评定

2.8.3.1 压碎指标按式(2.5)计算，精确至 0.1%：

$$Q_e = \frac{G_1 - G_2}{G_1} \times 100 \tag{2.5}$$

式中：

Q_e——压碎指标，%；

G_1——试样的质量，克(g)；

G_2——压碎试验后筛余的试样质量，克(g)。

1. 试验前及试验后试样的质量

根据 SL/T 352—2020、DL/T 5151—2014 以及 DL/T 5362—2018“取 3 kg 试样，称其质量，记为 m_1……卸荷，取下压碎率测定仪，移去加压头，倒出试样，通过 2.36 mm 筛，称取剩留在筛上的试样质量，记为 m_2”可知，SL/T 352—2020、DL/T 5151—2014 以及 DL/T 5362—2018 试验前后试样的质量均为 3 kg。

根据 JTS/T 236—2019 以及 JGJ 52—2006“称取每份 3 kg 的试样 3 份备用……卸荷，取出测定筒。倒出筒中的试样并称其质量（m_0），用公称直径为 2.50 mm 的方孔筛筛除被压碎的细粒，称量剩留在筛上的试样质量（m_1）”可知，JTS/T 236—2019 以及 JGJ 52—2006 试验前试样的质量为 3 kg，试验后试样的质量，并非以 3 kg 为准，而是以“倒出筒中的试样”为准。

根据 JTG E42—2005/T 0316 试验“每次试验的石料数量应满足按下述方法夯击后石料在试筒内的深度为 100 mm……称取量筒中试样质量（m_0）。以相同质量的试样进行压碎值的平行试验”可知，JTG E42—2005/T 0316 试验前后试样的质量均为金属筒中确定的石料质量。

根据 GB/T 14685—2011“称取 3 000 g 试样……当圆模装不下 3 000 g 试样时，以装至距圆模上口 10 mm 为准……卸荷。取下加压头，倒出试样，用孔径 2.36 mm 的筛筛除被压碎的细粒，称出留在筛上的试样质量”可知，GB/T 14685—2011 试验前试样的质量为≤3 kg，当 3 000 g 试样的表面距圆模上口的高度≥10 mm，则试验后试样的质量为 3 kg；当 3 000 g 试样的表面距圆模上口的高度<10 mm，则试验后试样的质量以“试样以装至距圆模上口 10 mm 为准”。

2. 卸荷后试筒中试样的质量

JTS/T 236—2019 以及 JGJ 52—2006 试验前试样的质量为 3 kg，卸荷后要求“倒出筒中的试样并称其质量（m_0）”，但是，此 m_0 不一定等于 3 kg。

因为，3 kg 试样经过试验，试样本身的质量并没有变化，但由于称量的误差，实际称取的质量可能比 3 kg 多几克，也可能比 3 kg 少几克，而此称量误差对粗骨料压碎指标值的计算并没有什么影响。

作者认为，JTS/T 236—2019 以及 JGJ 52—2006 粗骨料压碎指标试验前后试样的质量应视为相同，卸荷后“倒出筒中的试样并称其质量”，纯属多此一举。

3. 粗骨料压碎指标计算公式中的“%”

SL/T 352—2020、DL/T 5151—2014、DL/T 5362—2018、JTS/T 236—2019 以及 JGJ 52—2006 的计算公式均后缀“%”；JTG E42—2005 以及 GB/T 14684—2011 的计算公式均没有后缀“%”。

众所周知，“100%”等于 1，而任何数值乘以 1，仍然等于原数值；但是，数值乘以 100 后，得到的结果表示百分数。因此，作者认为，没有后缀“%”的计算公式是正确的，后缀“%”的计算公式是错误的。

4. 粗骨料压碎指标单个测定值数位的修约

SL/T 352—2020 为“修约间隔 0.01%”；DL/T 5151—2014、DL/T 5362—2018、JTG E42—2005、JGJ 52—2006 以及 GB/T 14685—2011 均为“精确至 0.1%”；JTS/T 236—2019 没有具体的规定。

作者认为，粗骨料压碎指标单个测定值数位的修约，应比粗骨料压碎指标的算术平均值多一位数位。

2.8.3.2　压碎指标取三次试验结果的算术平均值，精确至 1%。

1. 粗骨料压碎指标算术平均值数位的修约

SL/T 352—2020 为“修约间隔 0.1%”；JTS/T 236—2019 为“精确至 0.1%”；DL/T 5151—2014、DL/T 5362—2018、JTG E42—2005 以及 JGJ 52—2006 均“以 3 次测值的平均值作为试验结果”，但没有规定算术平均值数位的修约。

作者认为，粗骨料压碎指标算术平均值数位的修约，应比现行规范、规程、标准规定的粗骨料压碎指标极限数值多一位数位。

2. 粗骨料压碎指标平行试验的次数

SL/T 352—2020 为“称取试样两份……以两次测值的平均值作为试验结果”；DL/T 5151—2014、DL/T 5362—2018、JTS/T 236—2019、JTG E42—2005、JGJ 52—2006 以及 GB/T 14685—2011 均为三次平行试验。

由于制备粗骨料压碎指标试验所用试样比较麻烦，作者认为，粗骨料压碎指标平行试验的次数可为两次。

3. 公路工程粗骨料压碎指标平行试验的次数

现行公路工程不同的规范、规程、标准,对粗骨料压碎指标平行试验次数的规定或说明各不相同。

JTG E42—2005/T 0316 试验第 6 条"报告:以 3 个试样平行试验结果的算术平均值作为压碎值的测定值"。

JTG E42—2005 表 T 0316-3"不同试验方法压碎值的对比",无论是"按原 T 0315 方法",还是"按原 T 0316 方法",15 个样品中的 9 个样品只有 2 个测定值,其余 6 个样品只有 1 个测定值。也就是说,15 个样品均没有按 JTG E42—2005 的规定进行 3 次平行试验,这也许是 JTG E42—2005 相关关系式 $y=0.816x-5$ 不成立的其中一个原因。

JTG/T F20—2015《实施手册》第 14 页第 3.6.1 条"集料压碎值的试验精度较高,通常只需要做两次试验,并取其平均值"。

JTG F40—2004 表 11.4.3"施工过程中材料质量检查的项目与频度"中粗集料压碎值的"试验规程规定的平行试验次数或一次试验的试样数"为"2"。

2.8.3.3　采用修约值比较法进行评定。

1. 多种岩石组成的粗骨料压碎指标试验

现行各版本规范、规程、标准对多种岩石组成的粗骨料压碎指标试验的规定各不相同,因篇幅原因,本书不再赘述。

读者如有需要,可查阅 SL/T 352—2020 第 3.32.3-1 条、DL/T 5151—2014 第 4.11.3-1条、JTG/T 3650—2020 表 6.4.1 中的"注"、JTS/T 236—2019 第 7.14.2-(2) 条与第 7.14.4.2 条、JGJ 52—2006 第 7.13-3-2 条与 JGJ 52—2006 第 7.13.5 条。

作者认为,当卵石和碎石混合使用时,混合前应分别测定卵石和碎石的压碎指标值,并应分别符合卵石和碎石压碎指标值的规定;否则,不应用于工程中。当卵石夹杂与卵石矿物成分有显著差异的碎石时,应分别测定卵石和碎石的压碎指标值,并应分别符合卵石和碎石压碎指标值的规定;否则,不应用于工程中。

2. 与粗骨料压碎指标有关的文件

JTG/T 3650—2020 第 6.4.6 条第 43 页的"条文说明:原规范对粗集料的检验试验方法虽然采用《公路工程集料试验规程》(JTG E42—2005)的规定,但在执行过程中,粗集料的压碎值指标成为其中最突出的问题,因该规程的检验试验方法更多考虑的是沥青混凝土和水泥混凝土路面工程中使用的粗集料,而对结构混凝土中使用的粗集料较少顾及,且其在检验压碎值指标时的试验荷载为 400 kN,与国家标准和其他行业标准中采用 200 kN 的试验荷载有着较大的区别,使得桥涵工程结构混凝土中的粗集料压碎值指标要求偏高,难以达到规定的指标要求"。

因此,为解决公路桥涵工程结构混凝土粗骨料压碎值指标要求偏高,无法满足工程需要的粗骨料,全国很多省市下发了与桥涵水泥混凝土工程粗骨料压碎指标有关的文件,本书摘录其中的两份文件。

广西壮族自治区交通工程质量安全监督站于 2014 年 12 月 18 日下发的桂交监路函〔2014〕116 号"关于混凝土工程粗集料压碎指标执行试验标准的意见"中的主要内容"为正确执行公路桥涵混凝土工程用粗集料的压碎指标试验方法和控制标准,合理选用粗集料，根据我站监督执行公路工程技术标准的有关职责，现就公路桥涵混凝土工程粗集料压碎指标执行试验标准提出如下意见：一、《公路桥涵施工技术规范》（JTG/T F50—2011）第6.4.1款粗集料技术指标，对碎石和卵石的压碎指标按粗集料分类提出了要求。公路桥涵混凝土工程选用粗集料时，应当按压碎指标要求执行。二、粗集料压碎指标试验方法应当按照现行国家标准《建筑用卵石、碎石》（GB/T 14685—2011）第7.11条压碎指标（值）的试验方法进行。当采用《公路工程集料试验规程》（JTG E42—2005）T 0316的试验方法进行压碎值试验时，应将压碎值换算为压碎指标，可按条文说明进行换算”。

广东省交通运输厅于2015年5月11日下发的省交通运输厅工作会议纪要〔2015〕35号“关于广东省桥涵结构混凝土碎石压碎值专题研究报告评审会议纪要”中的主要内容“一、2011年《公路桥涵施工技术规范》（JTG/T F50—2011）实施以来，碎石压碎值指标较原《公路桥涵施工技术规范》（JTJ 041—2000）有大幅提高，压碎值试验方法的选取存在争议。我省新一轮高速公路建设大会战以来，桥涵用碎石需求量大、影响面广，碎石压碎值问题已成为影响项目工期、进度、造价的重要因素。因此，开展广东省桥涵结构混凝土碎石压碎值专题研究工作并进一步明确适合我省实际的公路桥涵结构混凝土用碎石压碎值指标是必要的。二、《研究报告》全面分析碎石压碎值指标修改过程，分析了相关规范、标准以及试验规程的具体指标合理性，并参照其他省份和国外的标准，结合我省工程实际，提出了适合我省的公路桥涵结构混凝土用碎石压碎值指标。《研究报告》研究技术路线合理，研究结论可信。三、关于我省公路桥涵结构混凝土用碎石压碎值指标有关意见，具体如下：（一）《公路桥涵施工技术规范》（JTG/T F50—2011）为推荐性标准，其压碎值的技术要求参照了《建设用卵石、碎石》（GB/T 14685—2011），但未考虑试验规程的一致性问题，要求技术指标存在不匹配，与我省多年来成功的、有效的公路桥涵施工实际应用情况不符。（二）结合我省公路桥涵工程实际情况及历史经验，本着安全可靠、就地取材、经济环保的原则，建议我省公路桥涵工程碎石压碎值指标（包括试验规程）套用《建设用卵石、碎石》（GB/T 14685—2011）质量体系。具体强度等级分类和压碎值指标要求如下：>C60混凝土为≤10%；C55～C45混凝土为≤12%；C40～C30混凝土为≤16%；≤C25混凝土为≤20%；试验方法：GB/T 14685—2011”。

3. 2020年10月1日后公路工程粗骨料压碎指标的试验方法

JTG/T 3650—2020第43页第6.4.6条的“条文说明：由于新修订的行业标准《公路工程集料试验规程》尚未正式颁布实施，因此在执行本条规定时，对于粗集料压碎值的检验试验方法，可以暂按《建设用卵石、碎石》（GB/T 14685—2011）的规定采用”。

作者认为，根据JTG/T 3650—2020第6.4.6条的“条文说明”，《公路工程集料试验规程》没有重新修订、实施前，2020年10月1日实施的JTG/T 3650—2020粗骨料压碎指标，应采用GB/T 14685—2011进行试验。

4. 重新修订的《公路工程集料试验规程》

JTG E42—2005/T 0316试验第47页的“条文说明：对原规程T 0316及T 0315因为使用于沥青路面和水泥混凝土的不同，而采取两种试验设备及不同方法的问题，各地有很多反映，一直呼吁统一起来。为此本规程修订时作了专题研究……根据以上比较，专家审查会一致同意将两种试验方法统一起来，以原T 0316为基础废除原T 0315方法”。

但是,JTG/T 3650—2020 第 43 页第 6.4.6 条的“条文说明:本次修订经与《公路工程集料试验规程》(JTG E42—2005)修订编制组协调后达成共识,在该规程中对粗集料压碎值的检验试验方法作出了调整,增加了结构混凝土中粗集料的压碎值检验试验方法,其试验荷载为 200 kN,如此则与《建设用卵石、碎石》(GB/T 14685—2011)中的检验试验方法相一致”。

作者认为,重新修订后的《公路工程集料试验规程》(JTG E42)不需“增加结构混凝土中粗集料的压碎值检验试验方法”,理由:

一是即使 JTG/T 3650—2020 粗骨料压碎指标的试验方法与 GB/T 14685—2011 完全一致,工程实际应用中也没有多大的指导意义,主要原因,详见第一章第 6 节第 6.6 小节第 6.6.2 条中“石灰岩碎石的压碎指标值”的所述。

二是如果 JTG E42—2005/T 0316 试验中的相关关系式 $y=0.816x-5$ 成立,可以只保留 T 0316 试验,然后采用 T 0316 试验测定的压碎指标值及其相关关系式 $y=0.816x-5$,即可直接计算出结构混凝土粗骨料的压碎指标值。

另外,作者认为,如果重新修订后的《公路工程集料试验规程》(JTG E42)“增加了结构混凝土中粗集料的压碎值检验试验方法”,则不需保留沥青混凝土粗集料压碎指标值的检验试验方法,理由:

一是通过“结构混凝土粗集料的压碎值检验试验方法”测定的压碎指标值以及 JTG E42—2005 的相关关系式 $y=0.816x-5$,即可反算出沥青混凝土粗集料的压碎指标值。

二是“对原规程 T 0316 及 T 0315 因为使用于沥青路面和水泥混凝土的不同,而采取两种试验设备及不同方法的问题,各地有很多反映,一直呼吁统一起来”(注:摘自 JTG E42—2005/T 0316—2005“粗集料压碎值试验”第 47 页的“条文说明”)。

5. 同一产地、同一批次粗骨料的压碎指标值

对同一产地、同一批次粗骨料的压碎指标值而言,无论采用何种试验方法或换算公式,应该为一个相对接近的数值,然而,国家标准以及不同的行业标准各有不同的试验方法,而且不同的试验方法测定的压碎指标值相差甚远。

根据作者已出版的《土木工程试验检测技术研究》中“各种方法测定混凝土粗集料压碎指标值的试验研究”等多篇论文大量的试验结果表明:

一是现行方孔筛粗骨料压碎指标试验测定的压碎指标值,比原圆孔筛粗骨料压碎指标试验测定的压碎指标值大 1% 左右,存在 $y=0.922x-0.180$ 的关系式。

二是 JTG E42—2005/T 0316 试验及其相关关系式 $y=0.816x-5$ 换算得到的压碎指标值,比现行方孔筛粗骨料压碎指标试验测定的压碎指标值大 2.5% 左右。

三是 JTG E42—2005/T 0316 试验测定的压碎指标值,比 JTJ 058—2000/T 0315—1994“水泥混凝土用粗集料压碎值试验”测定的压碎指标值大 3.5% 左右,不存在 $y=0.816x-5$的关系式,而存在 $y=0.570x-3.604$ 的关系式。

四是 JTG E42—2005/T 0316 试验测定的压碎指标值,比 JTJ 058—2000/T 0316—2000“粗集料压碎值试验”测定的压碎指标值大 1.5% 以上,存在 $y=0.936x-1.194$ 的关系式。

2.9　粗骨料表观密度试验(网篮法)

2.9.1　环境条件

试验时各项称量可在15 ℃~25 ℃范围内进行,但从试样加水静止的2 h起至试验结束,其温度变化不应超过2 ℃。

1. GB/T 14685—2011 液体比重天平法

GB/T 17431.2—2010没有网篮法测定粗骨料表观密度的试验;GB/T 14685—2011测定粗骨料表观密度的第7.12.1节"液体比重天平法",其实是现行其他版本规范、规程、标准中的"网篮法",为方便论述,下面统称"网篮法"。

2. 网篮法试验温度的规定

DL/T 5362—2018第6.2节"粗骨料密度及吸水率试验"的正文对试验温度没有具体的要求,其第218页第6.2.3条的"条文说明:粗骨料表观密度试验允许在室温20 ℃±5 ℃下进行,试验过程中,两次加入容量瓶中的水,其温差不得超过2 ℃"。

SL/T 352—2020第3.21节"粗骨料饱和面干表观密度及吸水率试验"以及DL/T 5151—2014第4.2节"卵石或碎石表观密度及吸水率试验",均为"两次称量时,水的温度相差不得大于2 ℃",但没有规定两次称量时水的温度。

JTG E42—2005/T 0304—2005"粗集料密度及吸水率试验(网篮法)"为"调节水温在15 ℃~25 ℃范围内",但没有规定两次称量时水温度的相差范围。

JTS/T 236—2019第7.3节"碎石和卵石的表观密度试验"以及JGJ 52—2006第7.2节"碎石或卵石的表观密度试验(标准法)",均为"试验时各项称重可以在15 ℃~25 ℃的温度范围内进行,但从试样加水静置的最后2 h起直至试验结束,其温度相差不应超过2 ℃"。

JTS/T 236—2019以及JGJ 52—2006网篮法对水温度的要求,与GB/T 14685—2011的主要区别在于:JTS/T 236—2019以及JGJ 52—2006在"2 h"的前面,增加了"最后"两个字。显而易见,JTS/T 236—2019以及JGJ 52—2006网篮法对水温度的要求,比现行其他版本规范、规程、标准网篮法更加明确、规范。

为保证试验的准确度,作者认为,粗骨料表观密度试验,试验室的温度应在(20±5) ℃、相对湿度应<80%;试验时水的温度,应为(20±5) ℃,且从试样加水静置的最后2 h起直至试验结束,其温度相差不应超过2 ℃。

2.9.2　仪器设备

本试验用仪器设备如下:

a)鼓风干燥箱:能使温度控制在(105±5) ℃。

b)天平:称量5 kg,感量5 g;其型号及尺寸应能允许在臂上悬挂盛试样的吊篮,并能将吊篮放在水中称量。

网篮法称量仪器的最小感量要求

SL/T 352—2020 为“静水力学天平：由天平与静水力学装置构成，能称量水中物料，其中：1）天平：分度值不大于 1 g”；DL/T 5151—2014 以及 DL/T 5362—2018 均为 1 g（5 g）；JTS/T 236—2019 为 5 g（20 g）；JTG E42—2005 为“感量不大于最大称量的 0.05%”；JGJ 52—2006 以及 GB/T 14685—2011 均为 5 g。

根据现有称量仪器的精度以及对试验结果的影响，作者认为，网篮法称量仪器的最小感量至少应为 0.1 g。

c）吊篮：直径和高度均为 150 mm，由孔径为 1 mm～2 mm 的筛网或钻有 2 mm～3 mm 孔洞的耐锈蚀金属板制成。

d）方孔筛：孔径为 4.75 mm 的筛一只。

e）盛水容器：有溢流孔。

f）温度计、搪瓷盘、毛巾等。

2.9.3 试验步骤

2.9.3.1 按第 2 章第 2.1 节规定取样，并缩分至略大于表 2.25 规定的数量，风干后筛除小于 4.75 mm 的颗粒，然后洗刷干净，分为大致相等的两份备用。

表 2.25 表观密度试验所需试样数量

最大粒径/mm	<26.5	31.5	37.5	63.0	75.0
最少试样质量/kg	2.0	3.0	4.0	6.0	6.0

1. 网篮法试验前试样的处理

SL/T 352—2020、DL/T 5151—2014 以及 DL/T 5362—2018 均没有说明是否需要筛除小于 4.75 mm 的颗粒；JTS/T 236—2019、JTG E42—2005、JGJ 52—2006 以及 GB/T 14685—2011 均需筛除小于 4.75 mm 的颗粒。

如果试样的粒径太小，试样会穿过吊篮的孔洞，且根据水泥混凝土粗骨料的定义，作者认为，网篮法所用的试样应筛除粗骨料中小于 4.75 mm 的颗粒。

2. 网篮法所用的试样

网篮法所用的试样，现行各版本规范、规程、标准的规定各不相同，如 SL/T 352—2020“取适量有代表性的单粒级粗骨料”，因篇幅原因，本书不再赘述。

作者认为，粗骨料表观密度试验所用的试样不应采用单粒级粗骨料，应采用工程实际使用的连续粒级粗骨料。

3. 试验所用试样的数量

网篮法所用试样的数量，现行各版本规范、规程、标准的规定各不相同，因篇幅原因，本书不再赘述。

为确保试验结果的准确性、有效性，作者认为，网篮法试样的最少质量应符合 GB/T 14685—2011 表 16（即表 2.25）的规定，并应按照第 2 章第 2.1 节第 2.1.3.1 条中的“粗骨料单项试验试样的制备”所述方法制备两份试样，然后筛除小于 4.75 mm 的颗粒。

4. 网篮法试验前试样的清洗

SL/T 352—2020、DL/T 5151—2014、DL/T 5362—2018、JTS/T 236—2019 以及 JGJ 52—2006 均为“冲洗干净”；JTG E42—2005 为“将每一份集料试样浸泡在水中，并适当搅动，仔细洗去附在集料表面的尘土和石粉，经多次漂洗干净至水完全清澈为止”；GB/T 14685—2011 为“洗刷干净”。

由于试样表面或多或少黏附小于 4.75 mm 的尘土、石粉等颗粒，作者认为，网篮法筛除粗骨料中 4.75 mm 以下的颗粒后，应按 JTG E42—2005 网篮法第 3.3 条所述方法清洗试样。

5. 网篮法清洗骨料时是否可以散失颗粒

网篮法清洗粗骨料时，唯有 JTG E42—2005 网篮法第 3.3 条“清洗过程中不得散失集料颗粒”，现行其他规范、规程、标准均没有说明是否允许散失颗粒。

由于清洗过程散失的颗粒没有参与试验，对试验结果不会产生任何影响，作者认为，如果试样满足规定的数量，粗骨料清洗过程中可以散失骨料颗粒。

2.9.3.2　取试样一份装入吊篮，并浸入盛水的容器中，水面至少高出试样 50 mm。浸泡 24 h 后，移放到称量用的盛水容器中，并用上下升降吊篮的方法排除气泡(试样不得露出水面)。吊篮每升降一次约 1 s，升降高度为 30 mm ~ 50 mm。

1. 网篮法试样的浸泡方法

SL/T 352—2020、DL/T 5151—2014 以及 DL/T 5362—2018，均为“将试样浸入盛水的容器中，水面至少高出试样 50 mm，浸泡 24 h”。

JTG E42—2005 为“取试样一份装入干净的搪瓷盘中，注入洁净的水，水面至少应高出试样 20 mm，轻轻搅动石料，使附着在石料上的气泡完全逸出。在室温下保持浸水24 h”。

JTS/T 236—2019、JGJ 52—2006 以及 GB/T 14685—2011 均为“取试样一份装入吊篮，并浸入盛水的容器中，水面至少高出试样 50 mm。浸泡 24 h”。

由于搪瓷盘内的水面很难高出试样 20 mm，而吊篮长时间浸泡水中容易产生锈蚀，且试样在浸泡过程中会吸收水分，作者认为，应采用其他能保证水面至少高出试样表面 100 mm的容器，并浸泡 24 h。

2. 网篮法试样表面气泡的排除

SL/T 352—2020、DL/T 5151—2014 以及 DL/T 5362—2018 均为“用上下升降网篮的方法排除气泡，试样不得露出水面”；JTG E42—2005 只要求浸泡试样时“轻轻搅动石料，使附着在石料上的气泡完全逸出”，没有要求排除吊篮内试样表面的气泡；JTS/T 236—2019、JGJ 52—2006 以及 GB/T 14685—2011 均为“用上下升降吊篮的方法排除气泡(试样不得露出水面)。吊篮每升降一次约 1 s，升降高度为 30 mm ~ 50 mm”。

由于试样朝下部分的表面以及试样与试样之间的表面，容易产生气泡并难以排除，为尽可能排除试样表面的气泡，作者认为，除应采用上下升降吊篮的方法外，还应抖动吊篮内试样 2 ~ 3 次；升降及抖动吊篮时，试样不得露出水面。

2.9.3.3　测定水温后(此时吊篮应全浸在水中)，准确称出吊篮及试样在水中的质量，精确至 5 g。称量时盛水容器中水面的高度由容器的溢流孔控制。

网篮法吊篮及试样在水中质量的精度要求

SL/T 352—2020 为“精确至 1 g”；DL/T 5151—2014、DL/T 5362—2018、JTS/T 236—2019、JTG E42—2005 以及 JGJ 52—2006 均没有具体的规定。

根据现有称量仪器的精度以及对试验结果的影响，作者认为，网篮法吊篮及试样在水中的质量至少应精确至 0.1 g。

2.9.3.4 提起吊篮，将试样倒入浅盘，放在干燥箱中于(105±5) ℃下烘干至恒量，待冷却至室温后，称出其质量，精确至 5 g。

网篮法干燥试样质量的精度要求

SL/T 352—2020 为“精确至 1 g”；DL/T 5151—2014、DL/T 5362—2018、JTS/T 236—2019、JTG E42—2005 以及 JGJ 52—2006 均没有具体的规定。

根据现有称量仪器的精度以及对试验结果的影响，作者认为，网篮法干燥试样的质量（或饱和面干试样的质量）至少应精确至 0.1 g。

2.9.3.5 称出吊篮在同样温度水中的质量，精确至 5 g。称量时盛水容器的水面高度仍由溢流孔控制。

网篮法吊篮在水中质量的精度要求

SL/T 352—2020 为“精确至 1 g”；DL/T 5151—2014、DL/T 5362—2018、JTS/T 236—2019、JTG E42—2005 以及 JGJ 52—2006 均没有具体的规定。

根据现有称量仪器的精度以及对试验结果的影响，作者认为，网篮法吊篮在水中的质量至少应精确至 0.1 g。

2.9.4 结果计算

2.9.4.1 表观密度按式(2.6)计算，精确至 10 kg/m³：

$$\rho_0=\left(\frac{G_0}{G_0+G_2-G_1}-\alpha_t\right)\times\rho_{水} \tag{2.6}$$

式中：

ρ_0——表观密度，千克每立方米(kg/m³)；

G_0——烘干后试样的质量，克(g)；

G_1——吊篮及试样在水中的质量，克(g)；

G_2——吊篮在水中的质量，克(g)；

$\rho_{水}$——1 000，千克每立方米(kg/m³)。

α_t——水温对表观密度影响的修正系数(表 2.26)。

表 2.26 不同水温对碎石和卵石的表观密度影响的修正系数

水温/℃	15	16	17	18	19	20	21	22	23	24	25
α_t	0.002	0.003	0.003	0.004	0.004	0.005	0.005	0.006	0.006	0.007	0.008

1. 质量、体积及密度的单位

SL/T 352—2020、DL/T 5151—2014、JTS/T 236—2019、JGJ 52—2006 以及 GB/T 14685—2011 网篮法质量的单位均为"g"、密度的单位均为" kg/m^3";DL/T 5362—2018 以及 JTG E42—2005 网篮法质量的单位均为"g"、密度的单位均为"g/cm^3"。

JTG E20—2011 第 1.0.4 条"计量单位应采用国家法定计量单位。国外进口或原有仪具设备不符合我国法定计量单位者,使用时应换算成法定计量单位"。

1984 年 2 月 27 日国务院颁布的《中华人民共和国法定计量单位》(以下简称"《中国法定计量单位》")中与长度、质量、体积有关的表 1-1"国际单位制的基本单位"以及表 1-4"国家选定的非国际单位制单位",见表 2.27。

表 2.27　中国法定计量单位

表 1-1 国际单位制的基本单位			表 1-4 国家选定的非国际单位制单位			
量的名称	单位名称	单位符号	量的名称	单位名称	单位符号	换算关系和说明
质量	千克(公斤)	kg	质量	吨	t	1 t=1 000 kg
长度	米	m	体积	升	L,(l)	1 L=1 dm=10^{-3} m^3

如果根据 JTG E20—2011 以及《中国法定计量单位》表 1-4"国家选定的非国际单位制单位",质量的单位应为"t"、体积的单位应为"L",则密度的单位应为"t/L"。

如果根据工程实际配置的仪器以及《中国法定计量单位》表 1-4"国家选定的非国际单位制单位"的换算关系,作者认为,质量的单位应采用" kg"、体积的单位应采用"m^3",则密度的单位应为" kg/m^3"。

2. 粗骨料表观密度单个测定值数位的修约

SL/T 352—2020 没有具体的规定;DL/T 5362—2018 为"精确至 0.01 g/cm^3";JTG E42—2005 为"准确至小数点后 3 位";DL/T 5151—2014、JTS/T 236—2019、JGJ 52—2006 以及 GB/T 14685—2011 均为"精确至 10 kg/m^3"。

作者认为,粗骨料表观密度单个测定值数位的修约,应比粗骨料表观密度的算术平均值多一位数位。

3. 网篮法粗骨料表观密度计算公式中水的密度

SL/T 352—2020 网篮法,只要求"两次称量时,水的温度相差不得大于 2 ℃",没有规定水温度的范围,但是,计算粗骨料表观密度时,"ρ_w——水的密度, kg/m^3"。

DL/T 5151—2014 网篮法,只要求"两次称量时,水的温度相差不得大于 2 ℃",没有规定水温度的范围,因而没有考虑水温度对粗骨料表观密度的影响。

DL/T 5362—2018 网篮法,对水温度没有具体的要求,因而计算粗骨料表观密度时,"水的密度,一般取 1 g/cm^3"。

JTS/T 236—2019、JTG E42—2005、JGJ 52—2006 以及 GB/T 14685—2011 网篮法,均根据 15 ℃ ~25 ℃水温及其试验时相应的水温修正系数(或水密度)计算粗骨料的表观密度。

由于不同温度的水具有不同的表观密度,作者认为,粗骨料表观密度的计算应考虑试验时水的温度对粗骨料表观密度的影响。

4. 不同水温时水的密度

如需查取0.1倍数的5.0 ℃ ~35.9 ℃水温对应水的密度,可依据JTG E41—2005附录“洁净水的密度”。

如需查取整数的15 ℃ ~25 ℃水温对应水的密度,可依据本书表2.26或JTG E42—2005附录B“不同温度水的密度修正方法”表B-1“不同水温时水的密度ρ_T及水温修正系数α_T”。

2.9.4.2 表观密度取两次试验结果的算术平均值,两次试验结果之差大于20 kg/m³,须重新试验。对颗粒材质不均匀的试样,如两次试验结果之差超过20 kg/m³,可取4次试验结果的算术平均值。

1. 粗骨料表观密度算术平均值数位的修约

SL/T 352—2020为“表观密度、吸水率以两次测值的平均值作为试验结果(修约间隔分别为10 kg/m³、0.01%)”;DL/T 5151—2014、DL/T 5362—2018、JTS/T 236—2019、JTG E42—2005、JGJ 52—2006以及GB/T 14685—2011均没有具体的规定。

作者认为,粗骨料表观密度算术平均值数位的修约,应比现行规范、规程、标准规定的粗骨料表观密度极限数值多一位数位。

2. 网篮法平行试验的允许误差

SL/T 352—2020以及DL/T 5151—2014均为“当两次表观密度试验测值相差大于20 kg/m³,或两次吸水率测值相差大于0.2%时,应重做试验”;DL/T 5362—2018为“精密度要求:重复性试验表观密度的允许差0.02 g/cm³”;JTG E42—2005为“精密度或允许差:重复试验的精密度,对表观相对密度、表干相对密度、毛体积相对密度,两次结果相差不得超过0.02”;JTS/T 236—2019、JGJ 52—2006以及GB/T 14685—2011均为“两次试验结果之差大于20 kg/m³,须重新试验。对颗粒材质不均匀的试样,如两次试验结果之差超过20 kg/m³,可取4次试验结果的算术平均值”。

为确保试验结果的准确性、有效性,作者认为,粗骨料表观密度两次平行试验测定值的允许误差不应超过20 kg/m³,否则,应重新试验;对颗粒材质不均匀的粗骨料,由于两次平行试验测定的表观密度可能相差较大,应如GB/T 14685—2011的规定进行取值。

3. 沥青路面粗骨料表观密度的测定

JTG E42—2005网篮法第3.1条“对沥青路面用粗集料,应对不同规格的集料分别测定,不得混杂,所取的每一份集料试样应基本上保持原有的级配”。

但是,JTG F40—2004表4.8.2“沥青混合料用粗集料质量技术要求”,只规定粗骨料的表观相对密度,没有规定不同规格粗骨料的表观密度,且第4.8.2条中的“注:2”,只规定多孔玄武岩的视密度,没有规定不同规格粗骨料的表观密度。

根据JTG F40—2004第122页第4.8.2条的“条文说明:在规范规定的技术指标中……对工程单位来说可理解是对工程所使用的集料混合料而言”,作者认为,沥青路面粗骨料的表观密度应采用生产配合比的粗骨料混合料进行测定。

2.10　粗骨料表观密度试验(广口瓶法)

2.10.1　适用范围

本方法不宜用于测定最大粒径大于37.5 mm的碎石或卵石的表观密度。

1. GB/T 14685—2011 广口瓶法

GB/T 14685—2011测定粗骨料表观密度的第7.12.2节“广口瓶法”,其实就是现行其他版本规范、规程、标准中的“容量瓶法”或“简易法”;GB/T 17431.2—2010虽然采用1 000 mL量筒进行试验,但测试原理一致;为方便论述,下面统称“广口瓶法”。

2. 广口瓶法的适用范围

SL/T 352—2020、DL/T 5151—2014以及DL/T 5362—2018均没有“广口瓶法”;JTS/T 236—2019第7.3节“碎石和卵石的表观密度试验”中的“简易法”以及JGJ 52—2006第7.3节“碎石或卵石的表观密度试验(简易法)”,均“适用于最大公称粒径不超过40 mm的碎石和卵石”;JTG E42—2005/T 0308—2005“粗集料密度及吸水率试验(容量瓶法)”以及GB/T 17431.2—2010第7节“表观密度”,均没有规定粗骨料的最大粒径。

如果广口瓶法的容积及口径足够大,作者认为,广口瓶法适用于最大粒径超过37.5 mm的、工程实际使用的各种粗骨料。

2.10.2　环境条件:

试验时各项称量可在15 ℃~25 ℃范围内进行,但从试样加水静止的2 h起至试验结束,其温度变化不应超过2 ℃。

试验水温度的要求

JTS/T 236—2019以及JGJ 52—2006均为“试验时各项称重可以在15 ℃~25 ℃的温度范围内进行,但从试样加水静置的最后2 h起直至试验结束,其温度相差不应超过2 ℃”;JTG E42—2005为“水温应在15 ℃~25 ℃范围内,浸水最后2 h内的水温相差不得超过2 ℃”;GB/T 17431.2—2010对水温度没有具体的要求。

JTS/T 236—2019、JTG E42—2005以及JGJ 52—2006广口瓶法对水温度的要求,与GB/T 14685—2011的主要区别在于:JTS/T 236—2019、JTG E42—2005以及JGJ 52—2006在“2 h”的前面,增加了“最后”两个字。显而易见,前者广口瓶法对水温度的要求比GB/T 14685—2011更加明确、规范。

为保证试验结果的精确度,作者认为,广口瓶法水温度的要求应符合JTS/T 236—2019、JTG E42—2005以及JGJ 52—2006的规定。

2.10.3　仪器设备

本试验用仪器设备如下:

a)鼓风干燥箱:能使温度控制在(105±5) ℃。

b)天平:称量2 kg,感量1 g。

称量仪器的最小感量要求

JTS/T 236—2019 为 5 g(20 g);JTG E42—2005 为“感量不大于最大称量的 0.05%”;JGJ 52—2006 为 20 g;GB/T 17431.2—2010 以及 GB/T 14685—2011 均为 1 g。

根据现有称量仪器的精度以及对试验结果的影响,作者认为,广口瓶法称量仪器的最小感量至少应为 0.1 g。

c)广口瓶:1 000 mL,磨口。

d)方孔筛:孔径为 4.75 mm 的筛一只。

e)玻璃片(尺寸约 100 mm×100 mm)、温度计、搪瓷盘、毛巾等。

2.10.4 试验步骤

2.10.4.1 按第 2 章第 2.1 节规定取样,并缩分至略大于表 2.25 规定的数量,风干后筛除小于 4.75 mm 的颗粒,然后洗刷干净,分为大致相等的两份备用。

1. 试验前试样的处理

JTS/T 236—2019、JGJ 52—2006 以及 GB/T 14685—2011 均需筛除小于 4.75 mm 的颗粒;JTG E42—2005 为“将取来样过筛,对水泥混凝土的集料采用 4.75 mm 筛,沥青混合料的集料用 2.36 mm 筛,分别筛去筛孔以下的颗粒”;GB/T 17431.2—2010 为“用筛孔为 2.36 mm 的筛子过筛”。

根据水泥混凝土粗骨料的定义,作者认为,广口瓶法所用的试样应筛除粗骨料中小于 4.75 mm 的颗粒。

2. 试验所用试样的数量

GB/T 14685—2011 第 7.12.2.3.1 条广口瓶法试样的数量为“缩分至略大于表 17 规定的数量”,而 GB/T 14685—2011 表 16 为“表观密度试验所需试样数量”、表 17 为“不同水温对碎石和卵石的表观密度影响的修正系数”,因此,GB/T 14685—2011 第7.12.2.3.1 条中的“表 17”,应该是笔误,实为“表 16”,即本书的表 2.25。

粗骨料表观密度试验所需试样的数量,现行各版本规范、规程、标准的规定各不相同,因篇幅原因,本书不再赘述。

为确保试验结果的准确性、有效性,作者认为,广口瓶法试样的最少质量应符合 GB/T 14685—2011 表 16(即本书表 2.25)“表观密度试验所需试样数量”,并应按照本书第 2 章第 2.1 节第 2.1.3.1 条中的“粗骨料单项试验试样的制备”所述方法,制备两份试样,然后筛除粗骨料中小于 4.75 mm 的颗粒。

2.10.4.2 将试样浸水饱和,然后装入广口瓶中。装试样时,广口瓶应倾斜放置,注入饮用水,用玻璃片覆盖瓶口。以上下左右摇晃的方法排除气泡。

1. 试样的饱水状态

JTS/T 236—2019、JGJ 52—2006 以及 GB/T 14685—2011 广口瓶法均为“将试样浸水饱和”;JTG E42—2005 广口瓶法为“在室温下保持浸水 24 h”;GB/T 17431.2—2010 广口瓶法为“放入量筒浸入水中 1 h”。

显而易见,JTS/T 236—2019、JGJ 52—2006 以及 GB/T 14685—2011 广口瓶法对试样饱水状态的规定,太过笼统;而 GB/T 17431.2—2010 广口瓶法的饱水时间,显然不足以使试样达到饱水状态。

为使试样达到饱水状态、保证试验结果的准确度，作者认为，广口瓶法试样的饱水时间至少应浸泡 24 h。

2. 试样表面气泡的排除方法

JTS/T 236—2019、JGJ 52—2006 以及 GB/T 14685—2011 均为"上下左右摇晃的方法排除气泡"；JTG E42—2005 为"轻轻摇动容量瓶，使附着在石料上的气泡逸出"；GB/T 17431.2—2010 没有说明试样表面气泡的排除方法。

为尽可能排除广口瓶内试样表面的气泡，作者认为，应采用力度适中的上下、左右摇晃广口瓶的方法排除气泡；排除气泡时，试样不应露出水面。

2.10.4.3　气泡排尽后，向瓶中添加饮用水，直至水面凸出瓶口边缘。然后用玻璃片沿瓶口迅速滑行，使其紧贴瓶口水面。擦干瓶外水分后，称出试样、水、瓶和玻璃片总质量，精确至 1 g。

试样、水、瓶和玻璃片总质量的精度要求

JTS/T 236—2019、JTG E42—2005 以及 JGJ 52—2006 均没有具体的规定；GB/T 17431.2—2010 不需称取试样、水、瓶和玻璃片的总质量。

根据现有称量仪器的精度以及对试验结果的影响，作者认为，广口瓶法试样、水、瓶和玻璃片的总质量至少应精确至 0.1 g。

2.10.4.4　将瓶中试样倒入浅盘，放在干燥箱中于(105±5) ℃下烘干至恒量，待冷却至室温后，称出其质量，精确至 1 g。

干燥试样质量的精度要求

JTS/T 236—2019、JTG E42—2005、JGJ 52—2006 以及 GB/T 17431.2—2010 均没有规定广口瓶法干燥试样质量的精度要求。

根据现有称量仪器的精度以及对试验结果的影响，作者认为，广口瓶法干燥试样的质量(包括饱和面干试样的质量)至少应精确至 0.1 g。

2.10.4.5　将瓶洗净并重新注入饮用水，用玻璃片紧贴瓶口水面，擦干瓶外水分后，称出水、瓶和玻璃片总质量，精确至 1 g。

水、瓶和玻璃片总质量的精度要求

JTS/T 236—2019、JTG E42—2005 以及 JGJ 52—2006 均没有具体的规定；GB/T 17431.2—2010 不需称取水、瓶和玻璃片的总质量。

根据现有称量仪器的精度以及对试验结果的影响，作者认为，广口瓶法水、瓶和玻璃片的总质量至少应精确至 0.1 g。

2.10.5　结果计算与评定

2.10.5.1　表观密度按式(2.6)计算，精确至 10 kg/m^3。

粗骨料表观密度单个测定值数位的修约

JTS/T 236—2019、JGJ 52—2006 以及 GB/T 14685—2011 均为"精确至 10 kg/m^3"；JTG E42—2005 为"准确至小数点后 3 位"；GB/T 17431.2—2010 为"精确至 1 kg/m^3"。

作者认为，粗骨料表观密度单个测定值数位的修约，应比粗骨料表观密度的算术平均值多一位数位。

2.10.5.2 表观密度取两次试验结果的算术平均值，两次试验结果之差大于 20 kg/m³，须重新试验。对颗粒材质不均匀的试样，如两次试验结果之差超过 20 kg/m³，可取 4 次试验结果的算术平均值。

1. 粗骨料表观密度算术平均值数位的修约

JTG E42—2005 为“准确至小数点后 3 位”；JTS/T 236—2019、JGJ 52—2006、GB/T 17431.2—2010 以及 GB/T 14685—2011 均没有具体的规定。

作者认为，粗骨料表观密度算术平均值数位的修约，应比现行规范、规程、标准规定的粗骨料表观密度极限数值多一位数位。

2. 平行试验的允许误差

JTS/T 236—2019 以及 JGJ 52—2006 的规定与 GB/T 14685—2011 完全相同；JTG E42—2005 为“精密度或允许差：重复试验的精密度，两次结果之差对相对密度不得超过 0.02”；GB/T 17431.2—2010 为“如两次测定值之差大于平均值的 2% 时，应重新取样进行试验”。

为确保试验结果的准确性、有效性，作者认为，粗骨料表观密度两次平行试验测定值的允许误差不应超过 20 kg/m³，否则，应重新试验；对颗粒材质不均匀的粗骨料，由于平行试验测定的表观密度可能相差较大，应如 GB/T 14685—2011 的规定进行取值。

2.10.5.3 采用修约值比较法进行评定。

GB/T 17431.2—2010 的广口瓶法

由于 GB/T 17431.2—2010 广口瓶法不是采用广口瓶，而是采用量筒测定粗骨料表观密度的方法，且与现行其他规范、规程、标准网篮法、广口瓶法完全不同，因篇幅原因，本书不再赘述。

2.11 粗骨料堆积密度和紧密密度试验

2.11.1 仪器设备

本试验用仪器设备如下：

a）天平：称量 10 kg，感量 10 g；称量 50 kg 或 100 kg，感量 50 g 各一台。

1. 称量仪器的最小感量要求

SL/T 352—2020 第 3.23 节“粗骨料堆积密度及空隙率试验”为“秤：分度值不大于 0.01 kg一台，分度值不大于 0.1 kg 一台”；DL/T 5151—2014 第 4.4 节“卵石或碎石堆积密度及空隙率试验”为 50 g（200 g）；DL/T 5362—2018 没有粗骨料堆积密度与空隙率试验；JTS/T 236—2019 第 7.6 节“碎石和卵石的堆积密度和紧密密度试验”以及 JGJ 52—2006 第 7.6 节“碎石或卵石的堆积密度和紧密密度试验”均为 100 g；JTG E42—2005/T 0309—2005“粗集料堆积密度及空隙率试验”为“感量不大于称量的 0.1%”；GB/T 17431.2—2010 第 6 节“堆积密度”为 1 g（2 g）。

根据现有称量仪器的精度以及对试验结果的影响，作者认为，粗骨料堆积密度以及紧密密度试验称量仪器的最小感量至少应为1 g。

2. 粗骨料堆积密度以及紧密密度的称呼

GB/T 14685—2011中的“松散堆积密度”，在SL/T 352—2020、DL/T 5151—2014、JTS/T 236—2019、JTG E42—2005、JGJ 52—2006以及GB/T 17431.2—2010中相应称为“堆积密度”。为方便论述，粗骨料的松散堆积密度或堆积密度，以下统称“堆积密度”。

GB/T 14685—2011中的“紧密堆积密度”，在SL/T 352—2020中相应称为“紧密密度”或“振实密度”；在DL/T 5151—2014中相应称为“紧密堆积密度”；在JTS/T 236—2019以及JGJ 52—2006中相应称为“紧密密度”；在JTG E42—2005中相应称为“振实密度”或“捣实密度”。为方便论述，粗骨料的紧密堆积密度、紧密密度、振实密度或捣实密度，以下统称“紧密密度”。

b) 容量筒：容量筒规格见表2.28。

表2.28　容量筒的规格要求

最大粒径/mm	容量筒容积/L	容量筒规格		
		内径/mm	净高/mm	壁厚/mm
9.5,16.0,19.0,26.5	10	208	294	2
31.5,37.5	20	294	294	3
53.0,63.0,75.0	30	360	294	4

试验所用容量筒的规格

粗骨料堆积密度和紧密密度试验所用容量筒的规格，现行各版本规范、规程、标准的规定各不相同，因篇幅原因，本书不再赘述。

由于同一样品、相同容积、不同内径的容量筒所测定的粗骨料堆积密度以及紧密密度会有很大的差异。因此，作者认为，粗骨料堆积密度以及紧密密度试验，粗骨料的最大粒径及其相应的容量筒应符合GB/T 14685—2011表18(即本书表2.28)的规定。

c) 垫棒：直径16 mm，长600 mm的圆钢。

试验所用垫棒的直径

SL/T 352—2020、DL/T 5151—2014以及JGJ 52—2006均为25 mm；JTS/T 236—2019以及GB/T 14685—2011均为16 mm；JTG E42—2005/T 0309—2005试验第2-(6)条为“捣棒：直径16 mm、长600 mm、一端为圆头的钢棒”、第4.2条为“在筒底垫放一根直径为25 mm的圆钢筋”；GB/T 17431.2—2010只需测定粗骨料的堆积密度，因而不需要垫棒。

众所周知，不同直径的垫棒所测定的同一粗骨料紧密密度会有较大的差异，而且，由于试验所用的容量筒比较大，如果垫棒的直径太小，不便于颠击试样。因此，作者认为，粗骨料紧密密度试验，应采用直径25 mm的光圆钢筋作为垫棒。

d) 直尺、小铲等。

2.11.2　试验步骤

2.11.2.1　按第2章第2.1节规定取样，烘干或风干后，拌匀并把试样分为大致相等的两份备用。

试验所用的试样

SL/T 352—2020 为“取适量有代表性的单粒级粗骨料”；DL/T 5151—2014 为“根据石料最大粒径确定相应容积的容量筒，取一定数量的天然级配风干试样，或按一定级配比例组合的风干试样”；JTS/T 236—2019、JTG E42—2005、JGJ 52—2006 以及 GB/T 14685—2011 均为“拌匀并把试样分为大致相等的两份备用”；GB/T 17431.2—2010 为“取粗集料 30 L～40 L 放入干燥箱内干燥至恒量。分成两份，备用”。

另外，GB/T 14685—2011 第7.1.4条等认为“堆积密度试验所用试样可不经缩分，在拌匀后直接进行试验”，但是，同一粗骨料不同的颗粒大小比例所测定的堆积密度会有很大的差异。

因此，作者认为，粗骨料堆积密度或紧密密度试验所用的试样不应采用单粒级粗骨料，应采用工程实际使用的连续级配粗骨料；为确保试验结果的准确性、有效性，粗骨料堆积密度以及紧密密度试验所用的试样应按照本书第 2 章第 2.1 节第 2.1.3.1 条中的“粗骨料单项试验试样的制备”所述方法，制备两份数量足够的试样。

2.11.2.2　松散堆积密度

取试样一份，用小铲将试样从容量筒口中心上方 50 mm 处徐徐倒入，让试样以自由落体落下，当容量筒上部试样呈堆体，且容量筒四周溢满时，即停止加料。除去凸出容量口表面的颗粒，并以合适的颗粒填入凹陷部分，使表面稍凸起部分和凹陷部分的体积大致相等（试验过程应防止触动容量筒），称出试样和容量筒的总质量。

1. 料勺或漏斗出料口与容量筒筒口的距离

SL/T 352—2020 以及 DL/T 5151—2014 均为“容量筒上口 5 cm 高度”；JTS/T 236—2019、JTG E42—2005 以及 JGJ 52—2006 均为“容量筒上口的距离保持为 50 mm 左右”；GB/T 17431.2—2010 为“容器口上方 50 mm 处”；GB/T 14685—2011 为“容量筒口中心上方 50 mm 处”。

为确保试验结果的准确性、有效性，作者认为，粗骨料堆积密度试验时，料勺或漏斗出料口应距容量筒筒口中心上方 50 mm 处自由落入容量筒内。

2. 试样高出筒口状态的描述

SL/T 352—2020、DL/T 5151—2014 以及 JTS/T 236—2019 均为“直至试样超出（高出）容量筒筒口”；JTG E42—2005 以及 JGJ 52—2006 均为“装满容量筒除去凸出筒口表面的颗粒”；GB/T 17431.2—2010 为“装满后使容量筒口上部试样呈锥体”；GB/T 14685—2011 为“当容量筒上部试样呈锥体，且容量筒四周溢满时，即停止加料”。

试样从容量筒筒口上方自由落入容量筒时，顶层试样的形状始终呈锥体，试样高出筒口，可以是锥体的顶部高出筒口，也可以是锥体的底部高出筒口；装满容量筒，可以是锥体部分的试样刮平后装满容量筒，也可以是锥体底部的试样填满容量筒。因此，“超出（高出）容量筒筒口”、“装满容量筒”以及“容量筒口上部试样呈锥体”，均没有统一的标准，不能保证试样在自然状态下装满容量筒。

为确保试验结果的准确性、有效性，作者认为，粗骨料堆积密度试验时，锥体底部的试样应高出筒口，且整个试验过程中，不得晃动容量筒。

3. 粗骨料堆积密度试验与质量有关的称量要求

SL/T 352—2020 为“小于 10 kg 精确到 0.01 kg，不小于 10 kg 精确到 0.1 kg”；DL/T 5151—2014、JTS/T 236—2019、JTG E42—2005、JGJ 52—2006、GB/T 17431.2—2010 以及 GB/T 14685—2011 均没有具体的规定。

根据现有称量仪器的精度以及对试验结果的影响，作者认为，粗骨料堆积密度试验与质量有关的称量至少应精确至 1 g。

2.11.2.3　紧密堆积密度

取试样一份分三次装入容量筒。装完第一层后，在筒底垫放一根直径为 16 mm 的圆钢，将筒按住，左右交替颠击地面各 25 次，再装入第二层，第二层装满后用同样方法颠实（但筒底所垫钢筋的方向与第一层时的方向垂直），然后装入第三层，第三层装满后用同样方法颠实（但筒底所垫钢筋的方向与第一层时的方向平行）。试样装填完毕，再加试样直至超过筒口，用钢尺沿筒口边缘刮去高出的试样，并用适合的颗粒填平凹陷部分，使表面稍凸起部分与凹陷部分的体积大致相等。称取试样和容量筒的总质量，精确至 10 g。

1. 试样的紧密方法

SL/T 352—2020、DL/T 5151—2014 以及 JTG E42—2005 试样的紧密方法，包括振动台振动法以及垫棒颠击法；JTS/T 236—2019、JGJ 52—2006 以及 GB/T 14685—2011 试样的紧密方法，只有垫棒颠击法；GB/T 17431.2—2010 没有粗骨料紧密密度试验。

由于垫棒颠击法人为因素影响较大，为减少人为因素的影响，作者认为，粗骨料紧密密度的测定应采用振动台振实法。

2. 振动台振实法的振动时间

对于振动台振实法的振动时间，SL/T 352—2020 以及 DL/T 5151—2014 均为“2～3 min”；JTG E42—2005 为“3 min”。

为确保试验结果的准确性、有效性，作者认为，粗骨料紧密密度试验振动台振实法的振动时间应统一为 3 min±5 s。

3. 垫棒颠击法所用钢筋的直径

SL/T 352—2020、DL/T 5151—2014 以及 JGJ 52—2006 均为 25 mm；JTS/T 236—2019、JTG E42—2005 以及 GB/T 14685—2011 均为 16 mm。

由于垫棒的直径越大，容量筒越容易颠击，试样更容易密实，测定的粗骨料紧密密度越大、空隙率越小，作者认为，粗骨料紧密密度试验垫棒颠击法应采用直径 25 mm 的光圆钢筋作为垫棒。

4. 试样的颠击方法

SL/T 352—2020 以及 DL/T 5151—2014 均为“将试样分三层距容量筒上口 5 cm 高处装入筒中，每装完一层后，将筒按住，左右交替颠击地面各 25 次”；JTS/T 236—2019、JTG E42—2005 以及 JGJ 52—2006 试样的颠击方法与 GB/T 14685—2011 完全相同。

为确保试验结果的准确性、有效性，作者认为，粗骨料紧密密度试样的颠击方法应如 GB/T 14685—2011 所述。

5. 筒口试样的整平

SL/T 352—2020 为“用钢直尺或金属直杆沿筒口边缘刮去高出筒口的颗粒”；DL/T

5151—2014 以及 GB/T 14685—2011 均为“用钢尺沿筒口边缘刮去高出筒口的颗粒”；JTS/T 236—2019、JTG E42—2005 以及 JGJ 52—2006 均为“用钢筋沿筒口边缘滚转，刮下高出筒口的颗粒”。

由于钢筋或金属直杆多为圆形，沿筒口边缘滚转试样时，很难刮平高出筒口的颗粒，而钢直尺相对容易一些，作者认为，宜用钢直尺整平容量筒筒口的试样。

6. 与质量有关的称量要求

SL/T 352—2020 为“小于 10 kg 精确到 0.01 kg，不小于 10 kg 精确到 0.1 kg”；DL/T 5151—2014、JTS/T 236—2019、JTG E42—2005、JGJ 52—2006 以及 GB/T 17431.2—2010 均没有具体的规定；GB/T 14685—2011 为“精确至 10 g”。

根据现有称量仪器的精度以及对试验结果的影响，作者认为，粗骨料紧密密度试验与质量有关的称量至少应精确至 1 g。

2.11.3 结果计算与评定

2.11.3.1 松散或紧密堆积密度按式(2.7)计算，精确至 10 kg/m³：

$$\rho_1=\frac{G_1-G_2}{V} \tag{2.7}$$

式中：

ρ_1——松散堆积密度或紧密堆积密度，千克每立方米(kg/m³)；

G_1——容量筒和试样的总质量，克(g)；

G_2——容量筒的质量，克(g)；

V——容量筒的容积，升(L)。

1. 质量、容积以及密度的单位

SL/T 352—2020、DL/T 5151—2014、JTS/T 236—2019、JGJ 52—2006 以及 GB/T 17431.2—2010 质量的单位均为“kg”、容积的单位均为“L”、密度的单位均为“kg/m³”；JTG E42—2005 质量的单位为“kg”、容积的单位为“L”、密度的单位为“t/m³”；GB/T 14685—2011 质量的单位为“g”、容积的单位为“L”、密度的单位为“kg/m³”。

如果根据 JTG E20—2011 第 1.0.4 条以及《中国法定计量单位》，作者认为，粗骨料堆积密度以及紧密密度试验质量的单位应采用“g”、体积的单位应采用“cm³”、密度的单位宜采用“g/cm³”。

2. 粗骨料堆积密度以及紧密密度单个测定值数位的修约

SL/T 352—2020 以及 GB/T 17431.2—2010 均为“准确至 1 kg/m³”；DL/T 5151—2014、JGJ 52—2006 以及 GB/T 14685—2011 均为“精确至 10 kg/m³”；JTS/T 236—2019 没有具体的规定；JTG E42—2005 为“计算至小数点后 2 位”。

作者认为，粗骨料堆积密度以及紧密密度单个测定值数位的修约，应比算术平均值多一位数位。

2.11.3.2 空隙率按式(2.8)计算，精确至 1%：

$$V_0=\left(1-\frac{\rho_1}{\rho_2}\right)\times 100 \tag{2.8}$$

式中：

V_0——空隙率，%；

ρ_1——按式(10)计算的松散或紧密堆积密度，千克每立方米(kg/m^3)；

ρ_2——按式(9)计算的表观密度，千克每立方米(kg/m^3)。

1. 粗骨料空隙率的定义

JTG E42—2005 第 2 节“术语、符号”第 2.1.22 条“集料空隙率(间隙率)：集料的颗粒之间空隙体积占集料总体积的百分比”，与现行规范、规程、标准计算公式得到的粗骨料空隙率一致。

假设：某粗骨料的试样质量为 m、实测的松散或紧密堆积密度为 ρ_1、实测的表观密度为 ρ_2；根据 JTG E42—2005 第 2 节“术语、符号”第 2.1.11 条“堆积密度：单位体积(含物质颗粒固体及其闭口、开口孔隙体积及颗粒间空隙体积)物质颗粒的质量”，则该粗骨料的总体积为 m/ρ_1；根据 JTG E42—2005 第 2 节“术语、符号”第 2.1.12 条“表观密度(视密度)：单位体积(含材料的实体矿物成分及闭口孔隙体积)物质颗粒的干质量”，该粗骨料的实体体积为 m/ρ_2；根据 JTG E42—2005 定义的粗骨料空隙率，则粗骨料的空隙率=$(m/\rho_1-m/\rho_2)/(m/\rho_1)=1-\rho_1/\rho_2$。

2. 粗骨料空隙率计算公式中的“%”

SL/T 352—2020、DL/T 5151—2014、JTS/T 236—2019 以及 JGJ 52—2006 的计算公式均后缀“%”；JTG E42—2005、GB/T 17431.2—2010 以及 GB/T 14684—2011 的计算公式均没有后缀“%”。

众所周知，“100%”等于 1，而任何数值乘以 1，仍然等于原数值；但是，数值乘以 100 后，得到的结果表示百分数。因此，作者认为，没有后缀“%”的计算公式是正确的，后缀“%”的计算公式是错误的。

3. 粗骨料空隙率单个测定值数位的修约

SL/T 352—2020 为“精确至 0.1%”；DL/T 5151—2014、JTS/T 236—2019、JGJ 52—2006、GB/T 17431.2—2010 以及 GB/T 14685—2011 均为“精确至 1%”；JTG E42—2005 没有具体的规定。

作者认为，粗骨料空隙率单个测定值数位的修约，应比粗骨料空隙率的算术平均值多一位数位。

4. 水泥混凝土粗骨料空隙率的计算

SL/T 352—2020、DL/T 5151—2014、JTS/T 236—2019、JGJ 52—2006、GB/T 17431.2—2010 以及 GB/T 14685—2011 均为“粗集料空隙率=(1-粗骨料的堆积密度或紧密密度/粗骨料的表观密度)×100”；唯独 JTG E42—2005 为“水泥混凝土粗集料空隙率=(1-按振实法测定的粗集料的堆积密度/粗集料的表观密度)×100”。

需要注意的是，对于公路桥涵工程水泥混凝土粗骨料的空隙率，JTG/T F50—2011 表 6.4.1 为“空隙率”，JTG/T 3650—2020 表 6.4.1 为“连续级配松散堆积空隙率”。因此，现行公路桥涵工程水泥混凝土粗骨料的空隙率应为“(1-堆积密度/表观密度)×100”。

由于工程施工过程中，水泥混凝土一般经过振捣，为与工程实际一致，作者认为，水泥混凝土粗骨料的空隙率应采用振实法进行计算。

2.11.3.3 堆积密度取两次试验结果的算术平均值，精确至 10 kg/m³。空隙率取两次试验结果的算术平均值，精确至1%。

1. 粗骨料堆积密度以及紧密密度算术平均值数位的修约

SL/T 352—2020、JTS/T 236—2019 以及 GB/T 14685—2011 均为“精确至10 kg/m³”；DL/T 5151—2014、JTG E42—2005、JGJ 52—2006 以及 GB/T 17431.2—2010 均没有具体的规定。

作者认为，粗骨料堆积密度以及紧密密度算术平均值数位的修约，应比现行规范、规程、标准规定的极限数值多一位数位。

2. 粗骨料空隙率算术平均值数位的修约

SL/T 352—2020 以及 GB/T 14685—2011 均为“精确至 1%”；DL/T 5151—2014、JTS/T 236—2019、JTG E42—2005、JGJ 52—2006 以及 GB/T 17431.2—2010 均没有具体的规定。

作者认为，粗骨料空隙率算术平均值数位的修约，应比现行规范、规程、标准规定的极限数值多一位数位。

3. 粗骨料堆积密度以及紧密密度平行试验的允许误差

SL/T 352—2020 以及 DL/T 5151—2014 均“如两次测值相差超过 20 kg/m³时，试验应重做”；JTS/T 236—2019、JTG E42—2005、JGJ 52—2006、GB/T 17431.2—2010 以及 GB/T 14685—2011 均没有具体的规定。

为确保试验结果的准确性、有效性，作者认为，粗骨料堆积密度以及紧密密度两次平行试验测定值的允许误差不应超过 20 kg/m³，否则，应重新试验。

2.11.3.4 采用修约值比较法进行评定。

1. 平行试验所用的试样

SL/T 352—2020 为“将试样倒出，与剩余试样一起翻拌均匀，按上述步骤再测一次松散堆积密度和紧密堆积密度”；DL/T 5151—2014 为“将试样倒出拌和均匀，按上述步骤再测一次”；JTS/T 236—2019、JTG E42—2005、JGJ 52—2006、GB/T 17431.2—2010 以及 GB/T 14685—2011 均为“试样……拌匀后分成两份备用”。

为确保试验结果的准确性、有效性，作者认为，粗骨料堆积密度以及紧密密度两次平行试验所用的试样不应重复使用。

2. SL/T 352—2020 粗骨料的振实密度

SL/T 352—2020 除了可以测定粗骨料堆积密度和紧密密度的第 3.23 节“粗骨料堆积密度及空隙率试验”，另有一个专用测定碾压混凝土粗骨料振实密度及空隙率的第 3.24节“粗骨料振实密度及空隙率试验”，因篇幅原因，本书不再赘述。

3. JTG E42—2005 粗骨料的捣实密度

JTG E42—2005/T 0309—2005“粗集料堆积密度及空隙率试验”，除了可以测定粗骨料的堆积密度以及紧密密度，另有一个专用方法可以测定沥青混合料粗骨料的捣实密度，因篇幅原因，本书不再赘述。

2.11.4 容量筒的校准方法

将温度为(20±2) ℃的饮用水装满容量筒，用一玻璃板沿筒口推移，使其紧贴水面。

擦干筒外壁水分，然后称出其质量，精确至 10 g。容量筒容积按式(2.9)计算，精确至 1 mL：

$$V = G_1 - G_2 \tag{2.9}$$

式中：

V——容量筒容积，毫升(mL)；

G_1——容量筒、玻璃板和水的总质量，克(g)；

G_2——容量筒和玻璃板质量，克(g)。

1. 容量筒容积的校准

水泥混凝土拌合物表观密度试验，并没有配备专用的容量筒，均采用粗骨料堆积密度或紧密密度试验用的 5 L 或 10 L 容量筒，按常理，容量筒容积的校准方法应该是一样的。

但是，除 GB/T 17431.2—2010 没有容量筒容积的校准方法，其他现行不同版本容量筒容积的校准方法各不相同。为方便读者了解更多的知识，本书同时摘录包括水泥混凝土拌合物表观密度试验容量筒容积校准的有关内容。

SL/T 352—2020 第 3.23.3-2 条以及第 4.7 节“混凝土拌和物表观密度试验”第 4.7.3-1条“根据骨料最大粒径按照表 3.23.2 选用相应规格的容量筒，称出空容量筒质量，并按照 SL 127 校准实际容积”。

《容量筒校验方法》(SL 127—2017，以下简称“SL 127—2017”)附录 A“容量筒容积校准方法”第 A.2.1 条“1 L 容量筒：称量干燥状态下容量筒的质量 W_1 和玻璃板的质量 W_2。将容量筒平稳放置在地面上，注满(20±5) ℃的自来水，然后将玻璃板紧贴筒口滑移，如有气泡则向筒内添水，排除气泡。擦干容量筒外壁后称量容量筒、玻璃板和水的总质量 W_3，按公式(A.1)计算容量筒的容积 V(计算结果取 2 位小数)。$V=1\,000(W_3-W_1-W_2)/\rho$ ……(A.1) 式中：V——容量筒的容积，L；W_1——玻璃板的质量，kg；W_3——容量筒、玻璃板和水的总质量，kg；ρ——纯水的密度，取 998.2 kg/m^3”、第 A.2.2 条“5 L、10 L、15 L、20 L、30 L、80 L 容量筒：称量干燥状态下容量筒的质量 W_1，将容量筒平稳放置在地面上，注满(20±5) ℃的自来水，擦干容量筒外壁后称量容量筒和水的总质量 W_4，按公式(A.2)计算容量筒的容积 V (计算结果取 1 位小数)。$V=1\,000(W_1-W_4)/\rho$ ……(A.2) 式中：W_4——容量筒和水的总质量，kg”。

DL/T 5151—2014 第 3.9.3-4 条“容量筒容积的校正方法为：称取空容量筒和玻璃板的总质量(g_1)，将 20 ℃±2 ℃的自来水装满容量筒，用玻璃板沿筒口推移使其紧贴水面，盖住筒口(玻璃板和水面间不得带有气泡)，擦干筒外壁的水，然后称其质量(g_2)”、第 3.9.4-1条“容量筒的容积按式 $V=g_2-g_1$ 计算。式中：V——容量筒的容积，L；g_1——容量筒及玻璃板总质量，kg；g_2——容量筒、玻璃板及水总质量，kg”。

《水工混凝土试验规程》(DL/T 5150—2017)第 3.7 节“表观密度试验”第 3.7.3-1 条“测定容量筒容积：将干净的容量筒与玻璃板一起称其质量，再将容量筒装满水，仔细用玻璃板从筒口的一边推到一边，使筒内满水及玻璃板下无气泡，擦干筒、盖的外表面，再次称其质量。2 次质量之差即为水的质量，除以该温度下水的密度，即得容量筒容积 V。在正常情况下，水温影响可以忽略不计，水的密度可取为 1 kg/L”。

JTS/T 236—2019 第 7.6.5 条“校正容量筒容积时应以(20±5) ℃的饮用水装满容量

筒,用玻璃板沿筒口滑移,使其紧贴水面,擦干筒外壁水分后称取质量;容量筒容积应按式(7.6.5)计算。$V=m_2'-m_1'$(7.6.5) 式中:V——容量筒的体积(L);m_2'——容量筒、玻璃板和水总质量(kg);m_1'——容量筒和玻璃板质量(kg)”。

JTS/T 236—2019 第 11.13 节“表观密度试验”第 11.13.2.1 条“容量筒的容积应按第6.5.5 条的规定测定”;JTS/T 236—2019 第 6.5.5 条的有关规定,详见本书第 4 章第4.9节第 4.9.4-1 条“容量筒容积的校准”。

《公路工程试验检测仪器设备校准指南》(2010 版,以下简称“《公路试验仪器校准指南》”)第二部分第 2 章第 2.8 节“容量筒校准方法(JTJZ 02-08)”第 5.3 条“提前将容量筒、玻璃板和校准所要用到的水放到已经恒温的室内(最好控制在 20±2 ℃范围内),称取容量筒和玻璃板质量;然后往容量筒内装满水,同时记录试验用的水温,用玻璃板紧贴筒口滑移排去多余的水和气泡,擦干筒外壁水分后称总质量,重复上述步骤测定三次,计算容量筒容积,取平均值。10 L 及以下容量筒校准用感量 1 g 的电子秤称量,10 L 以上容量筒校准用感量 5 g 的电子秤或磅秤称量”。

JTG E42—2005/T 0309—2005 试验第 4.4 条“容量筒容积的标定:用水装满容量筒,测量水温,擦干筒外壁的水分,称取容量筒与水的总质量(m_w),并按水的密度对容量筒的容积作校正”、第 5.1 条“容量筒的容积按式(T 0309-1)计算。$V=(m_w-m_1)/\rho_t$(T 0309-1) 式中:V——容量筒的容积(L);m_1——容量筒的质量(kg);m_w——容量筒与水的总质量(kg);ρ_t——试验温度 T 时水的密度(g/cm^3),按附录 B 表 B-1 选用”。

JTG 3420—2020/T 0525—2020“水泥混凝土拌合物体积密度试验方法”第 3 条“容量筒标定:3.1 应将干净容量筒与玻璃板一起称重;3.2 将容量筒装满水,缓慢将玻璃板从筒口一侧推到另一侧,容量筒内应满水,且不应存在气泡,擦干容量筒外壁,再次称重;3.3 两次称重结果之差除以该温度下水的密度,则为容量筒的容积,常温下水的密度可取1 000 kg/m^3”。

JGJ 52—2006 第 7.6.6 条“容量筒容积的校正应以(20±5) ℃的饮用水装满容量筒,用玻璃板沿筒口滑移,使其紧贴水面,擦干筒外壁水分后称取质量。用下式计算筒的容积:$V=V=m_2'-m_1'$(7.6.6) 式中:V——容量筒的体积(L);m_2'——容量筒、玻璃板和水总质量(kg);m_1'——容量筒和玻璃板质量(kg)”。

《普通混凝土拌合物性能试验方法标准》(GB/T 50080—2016)第 14 节“表观密度试验”第 14.0.3-1 条“应按下列步骤测定容量筒的容积:1) 应将干净容量筒与玻璃板一起称重;2) 将容量筒装满水,缓慢将玻璃板从筒口一侧推到另一侧,容量筒内应满水并且不应存在气泡,擦干容量筒外壁,再次称重;3) 两次称重结果之差除以该温度下水的密度应为容量筒容积;常温下水的密度可取 1 kg/L”。

2. 容量筒校准时的用水要求

SL 127—2017 以及 DL/T 5151—2014 均为“自来水”;JTS/T 236—2019、JGJ 52—2006 以及 GB/T 14685—2011 均为“饮用水”;《公路试验仪器校准指南》以及 JTG E42—2005 均没有具体的规定。

作者认为,粗骨料堆积密度以及紧密密度试验校准容量筒容积时所用的水,可以采用日常饮用的洁净水。

3. 容量筒校准时的水温要求

SL 127—2017、DL/T 5151—2014、《公路试验仪器校准指南》以及 GB/T 14685—2011 均为“(20±2) ℃”;JTS/T 236—2019 以及 JGJ 52—2006 均为“(20±5) ℃”;JTG E42—2005 没有具体规定水的温度,但需“测量水温”。

由于不同水温相应的水密度各不相同,因此计算容量筒的容积时,应考虑试验时水温度对水密度的影响,作者认为,校准容量筒容积时水的温度可控制在(20±5)℃范围内。

4. 玻璃板与水面之间的描述

SL 127—2017 既有“注满(20±5) ℃的自来水,然后将玻璃板紧贴筒口滑移,如有气泡则向筒内添水,排除气泡。擦干容量筒外壁后称量容量筒、玻璃板和水的总质量”,也有“注满(20±5) ℃的自来水,擦干容量筒外壁后称量容量筒和水的总质量”。

DL/T 5151—2014 为“用玻璃板沿筒口推移使其紧贴水面,盖住筒口(玻璃板和水面间不得带有气泡),擦干筒外壁的水,然后称其质量”。

JTS/T 236—2019、JGJ 52—2006 以及 GB/T 14685—2011 均为“用玻璃板沿筒口滑移,使其紧贴水面,擦干筒外壁水分后称取质量”。

《公路试验仪器校准指南》为“往容量筒内装满水,同时记录试验用的水温,用玻璃板紧贴筒口滑移排去多余的水和气泡,擦干筒外壁水分后称总质量”。

JTG E42—2005 不需要玻璃板,因而“用水装满容量筒,测量水温,擦干筒外壁的水分,称取容量筒与水的总质量”。

相对而言,作者认为,《公路试验仪器校准指南》玻璃板与水面之间的描述更加全面、规范、准确。

5. 与质量有关的称量要求

SL 127—2017、DL/T 5151—2014、JTS/T 236—2019、JTG E42—2005、JGJ 52—2006 以及 GB/T 17431.2—2010 均没有具体的规定;《公路试验仪器校准指南》为“10 L 及以下容量筒校准用感量 1 g 的电子秤称量,10 L 以上容量筒校准用感量 5 g 的电子秤或磅秤称量”;GB/T 14685—2011 为“精确至 10 g”。

根据现有称量仪器的精度以及对试验结果的影响,作者认为,容量筒容积校准时与质量有关的称量至少应精确至 1 g。

6. 水温度对水密度的影响

SL 127—2017 为(20±5) ℃,但“ρ——纯水的密度,取 998.2 kg/m^3”;而根据 JTG E42—2005 附录 B 表 B-1“不同水温时水的密度 ρ_T 及水温修正系数 α_T”,15 ℃时水的密度为 0.999 13 g/cm^3,20 ℃时水的密度为 0.998 22 g/cm^3,25 ℃时水的密度为0.997 02 g/cm^3。

DL/T 5151—2014、JTS/T 236—2019、JGJ 52—2006 以及 GB/T 14685—2011 均规定了校准容量筒容积时水的温度,但并没有考虑试验时不同水温度对水密度的影响。

《公路试验仪器校准指南》规定了校准容量筒容积时水的温度,且考虑试验时不同水温度对水密度的影响。

JTG E42—2005 没有规定校准容量筒容积时水的温度,但需“测量水温”;计算容量筒的容积时,考虑不同水温度对水密度的影响。

众所周知,质量除以密度等于体积,如果质量减去质量,得到的单位仍然是质量的单位 g(kg),并非体积的单位 L(cm^3、m^3);另外,水的体积随温度变化而变化,质量相同、温度不同的水,水的体积互不相同。因此,作者认为,容量筒容积的计算应为容量筒内水的质量除以试验时水温度相对应的水密度。

但是,工程实际应用中,容量筒容积的计算,较为常见的是:容量筒内水的质量乘以试验时水温度相对应的水密度。例如:图 2.7 所示中的第一个测定值(20 ℃时水的密度为 0.998 22 g/cm^3),(3 120−2 094)÷0.998 22=1 028,(3 120−2 094)×0.998 22=1 024。

筒编号	规格型号	外观	内径(mm)	净高(mm)		壁厚(mm)	容积					校准结果
				单值	平均		筒+玻璃板质量(g)	筒+水+玻璃板质量(g)	水温(℃)	容积(cm^3) 单值	容积(cm^3) 平均	
	1L	[illegible]	108.74	109.13	109.13	2.54	2094	3120	20	1024	1020	合格
			108.65	109.22			2094	3113	20	1017		
			108.81	109.04			2094	3115	20	1019		

图 2.7　容量筒容积的计算

7. 容量筒容积的计算精度

SL 127—2017 为“1 L 容量筒……计算结果取 2 位小数;5 L……计算结果取 1 位小数”;SL/T 352—2020 为“修约间隔 0.01 L”;DL/T 5151—2014、JTS/T 236—2019、《公路试验仪器校准指南》、JTG E42—2005 以及 JGJ 52—2006 均没有具体的规定;GB/T 14684—2011 以及 GB/T 14685—2011 均为“精确至 1 mL”。

为确保试验结果的准确性,作者认为,粗骨料堆积密度以及紧密(振实)密度试验容量筒容积的计算至少应精确至 1 mL。

2.12　粗骨料含水率试验

2.12.1　仪器设备

本试验用仪器设备如下:

a)鼓风干燥箱:能使温度控制在(105±5) ℃。

b)天平:称量 10 kg,感量 1 g。

称量仪器的最小感量要求

SL/T 352—2020、DL/T 5151—2014 以及 GB/T 17431.2—2010 均没有粗骨料含水率试验;DL/T 5362—2018 第 6.3 节“粗骨料含水率试验”以及 GB/T 14685—2011 均为 1 g;JTS/T 236—2019 第 7.4 节“碎石和卵石的含水率试验”以及 JGJ 52—2006 第 7.4 节“碎石或卵石的含水率试验”均为 20 g;JTG E42—2005/T 0305—1994“粗集料含水率试验”为 5 g、T 0306—1994“粗集料含水率快速试验(酒精燃烧法)”为 1 g。

根据现有称量仪器的精度以及对试验结果的影响,作者认为,粗骨料含水率试验称量仪器的最小感量至少应为 0.1 g。

c) 小铲、搪瓷盘、毛巾、刷子等。

2.12.2　试验步骤

2.12.2.1　按第 2 章第 2.1 节规定取样，并将试样缩分至约 4.0 kg，拌匀后分为大致相等的两份备用。

试验所用的试样

粗骨料含水率试验所需的试样数量，现行各版本规范、规程、标准的规定各不相同，因篇幅原因，本书不再赘述。

作者认为，粗骨料含水率试验所用的试样，如为单粒粒级粗骨料，应按照本书第 2 章第 2.1 节第 2.1.3.1-2 条“粗骨料试样的缩分”所述方法，缩分至略大于 2.0 kg 的两份试样；如为连续粒级粗骨料，应按照本书第 2 章第 2.1 节第 2.1.3.1 条中的“粗骨料单项试验试样的制备”所述方法，制备两份大于 2.0 kg 的试样。

粗骨料的含水率一般是在工程需要时才进行测定：如需要现场测定，可用酒精燃烧法；如不需要现场测定，可在现场用铝盒称取粗骨料，或把密封处理后的粗骨料取回试验室，用烘箱测定粗骨料的含水率。

2.12.2.2　称取试样一份，精确至 1 g，放在干燥箱中于(105±5) ℃下烘干至恒量，待冷却至室温后，称出其质量，精确至 1 g。

试样质量的精度要求

DL/T 5362—2018、JTS/T 236—2019、JTG E42—2005 以及 JGJ 52—2006 均没有规定试样质量的精度要求。

根据现有称量仪器的精度以及对试验结果的影响，作者认为，粗骨料含水率试验试样的质量至少应精确至 0.1 g。

2.12.3　结果计算与评定

2.12.3.1　含水率按式(2.10)计算，精确至 0.1%：

$$Z=\frac{G_1-G_2}{G_2}\times 100 \tag{2.10}$$

式中：

Z——含水率，%；

G_1——烘干前试样的质量，克(g)；

G_2——烘干后试样的质量，克(g)。

1. 粗骨料含水率计算公式中的“%”

DL/T 5362—2018、JTS/T 236—2019 以及 JGJ 52—2006 的计算公式均后缀“%”；JTG E42—2005 以及 GB/T 14684—2011 的计算公式均没有后缀“%”。

众所周知，“100%”等于 1，而任何数值乘以 1，仍然等于原数值；但是，数值乘以 100 后，得到的结果表示百分数。因此，作者认为，没有后缀“%”的计算公式是正确的，后缀“%”的计算公式是错误的。

2. 粗骨料含水率单个测定值数位的修约

DL/T 5362—2018、JTG E42—2005、JGJ 52—2006 以及 GB/T 14685—2011 均为"精确至0.1%";JTS/T 236—2019 没有具体的规定。

作者认为,粗骨料含水率单个测定值数位的修约,应比粗骨料含水率的算术平均值多一位数位;如规范、规程、标准没有规定极限数值,应精确至0.01%。

2.12.3.2 含水率取两次试验结果的算术平均值,精确至0.1%。

1. 粗骨料含水率算术平均值数位的修约

DL/T 5362—2018、JTG E42—2005 以及 JGJ 52—2006 均没有具体的规定;JTS/T 236—2019 以及 GB/T 14685—2011 均为"精确至0.1%"。

作者认为,粗骨料含水率算术平均值数位的修约,应比现行规范、规程、标准规定的限数值多一位数位;如规范、规程、标准没有规定极限数值,应精确至0.1%。

2. 粗骨料含水率平行试验的允许误差

DL/T 5362—2018 第6.3.4-3 条"精密度要求:重复性试验的允许差为0.5%";JTS/T 236—2019、JTG E42—2005、JGJ 52—2006 以及 GB/T 14685—2011 均没有具体的规定。

由于粗骨料的含水率一般在2%左右,为确保试验结果的准确性、有效性,作者认为,粗骨料含水率两次平行试验测定值的允许误差,不应超过0.2%,否则,应重新试验。

2.13 粗骨料试验组批规则

按同品种、规格、适用等级及日产量每600 t 为一批,不足600 t 亦为一批,日产量超过2 000 t,按1 000 t 为一批,不足1 000 t 亦为一批。日产量超过5 000 t,按2 000 t 为一批,不足2 000 t 亦为一批。

1. 检验批的定义

现行很多规范、规程、标准中的"术语"均对检验批进行了定义,根据所表达的意思,主要有以下两种。

DL/T 5210.1—2012 第2.0.9 条、JTS 257—2008 第1.2.0.9 条、TB 10424—2018 第2.0.5 条以及《建筑工程施工质量验收统一标准》(GB 50300—2013,以下简称"GB 50300—2013")第2.0.6 条等"检验批:按同一生产条件或按规定的方式汇总起来供抽样检验用的,由一定数量样本组成的检验体"。

《水运工程混凝土结构实体检测技术规程》(JTS 239—2015,以下简称"JTS 239—2015")第2.0.4 条"检测批:检测项目相同、质量要求和生产工艺等基本相同,由一定数量构件或区域等构成的检测对象"。

作者认为,粗骨料的检测批应为"检测项目相同、质量要求和生产工艺等基本相同,由一定数量样本组成的检验体"。

2. 粗骨料的组批规则

SL 677—2014 第11.2.4 条"骨料生产和验收检验,应符合下列规定:1 骨料生产的质量,每8 h 应检测1 次。2 成品骨料出厂品质检测:粗骨料应按同料源、同规格碎石每2 000 t为一批,卵石每1 000 t 为一批"、第11.2.8 条"混凝土生产过程中的原材料检验应遵守下列规定:1 ……。4 粗骨料的超逊径、含泥量每8 h应检测1次。5 ……。6 拌和楼砂石骨料……应每月进行1次检验"。

SL 632—2012 附录C表C.1-2"粗骨料质量标准"中粗骨料的组批规则,见表2.29。

表2.29　SL 632—2012 粗骨料的组批规则

检验项目	含泥量	超逊径含量	泥块含量	有机质含量	坚固性	硫化物及硫酸盐含量	表观密度	吸水率	针片状颗粒含量
检验数量	1次/8 h		≥2次/月						

DL/T 5144—2015 第11.2.4条"骨料生产和进场检验,应符合下列规定:1 应按表11.2.4进行骨料的生产检验,在筛分楼出料皮带或下料口取样;主控项目应每8 h检测1次,一般项目应每月检验不少于2次。2 ……。3 使用单位应进行骨料进场检验,粗骨料按同料源同规格进行,骨料主控项目应每8 h检验1次。4 生产单位和使用单位应分别每月至少进行1次全面检验。必要时应定期进行碱活性检验"、第11.2.6条"混凝土生产过程中,应在拌和楼进行原材料检验,检验项目和检验频率应符合表11.2.6(即表2.30)的规定"。

表2.30　DL/T 5144—2015 表11.2.6 混凝土生产过程粗骨料检验项目

骨料名称	检验项目	检验频率
粗骨料	小石含水率	每4 h 1次,雨雪后等特殊情况应加密检测
	超径含量、逊径含量、中径筛筛余量、含泥量	每8 h 1次

JTS 257—2008 附录C表C.0.0.1"主要材料试验和现场检验抽样组批原则和试验内容"中粗骨料的抽样组批原则"以同一产地、同一规格、每400 m^3或600 t为一批,不足400 m^3或600 t也按一批计;当质量比较稳定进料数量较大时,可定期检验"。

JTG/T 3650—2020 第6.4.6条"粗集料的进场检验组批应符合本规范第6.3.2条的规定",JTG/T 3650—2020 第6.3.2条粗骨料组批规则的规定与JTG/T F50—2011第6.3.2条粗骨料组批规则的规定完全相同。

《公路招标文件》第410.19-2-(3)条"碎石:对进场的同料源、同级配的碎石每500 m^3为一批验收,每批至少取样一次,做筛分分析试验、视相对密度试验、重度试验、含泥量试验和针、片状含量试验、压碎指标值试验"。

《公路试验室标准化指南》附录3"试验检测项目/参数检验频率一览表"中"工程类别:桥梁工程(二)"的"施工检验频率:粗集料:1次/批,不超过400 m^3或600 t为1批;小批量进场的宜以不超过200 m^3或300 t为1批"。

TB 10424—2018 表6.2.4-4"粗骨料的检验要求"中"下列情况之一时,检验一次:①任何新选料源。② 连续使用同料源、同品种、同规格的粗骨料达一年;连续进场的同料源、同品种、同规格的粗骨料每400 m^3(或600 t)为一批,不足上述数量时也按一批计"。

JGJ 52—2006 第4.0.1条"使用单位应按砂或石的同产地同规格分批验收。采用大型工具(如火车、货船或汽车)运输的,应以400 m^3或600 t为一验收批;采用小型工具(如拖拉机等)运输的,应以 200 m^3或 300 t 为一验收批。不足上述量者,应按一验收批进行验收”、第 4.0.2 条“当砂或石的质量比较稳定、进料量又较大时,可以 1 000 t 为一验收批”。

JGJ/T 241—2011 第 8.1.4 条“原材料的检验规则应符合下列规定:1 ……。3 粗骨料应以 400 m^3 或 600 t 为一个检验批;不足一个检验批时,也应按一检验批计。……7 当原材料来源稳定且连续三次检验合格时,可将检验批量扩大一倍”。

JG/T 568—2019 第 7.2 条“组批规则:按同分类、类别(粗骨料还包括公称粒级)及日产量,每 2 000 t 为 1 批,不足 2 000 t 亦为 1 批;当日产量超过 10 000 t,每 4 000 t 为 1 批,不足 4 000 t 亦为 1 批”。

GB/T 17431.2—2010 第 4.3 条“初次抽取试样应符合下列要求:a)……;b) 对均匀料堆进行取样时,以 400 m^3为一批,不足一批者亦以一批论”。

GB 50204—2015 第 7.2.6 条“混凝土原材料中的粗骨料、细骨料……检查数量:执行现行行业标准《普通混凝土用砂、石质量及检验方法标准》JGJ 52 的规定”。

GB 50164—2011 第 7.1.3 条“混凝土原材料的检验批量应符合下列规定:1 ……砂、石骨料应按每 400 m^3或 600 t 为一个检验批”。

3. 现行粗骨料组批规则的商榷

作者认为,上述现行各版本规范、规程、标准粗骨料的组批规则,有以下几个问题值得商榷:

一是“同产地”。“同产地”的说法显然太过广泛,可以为一个乡镇或一个村寨,也可以为一个地名或一个厂家,因而应采用“同料源”表示。

二是“同规格”。众所周知,即使是同一料源,不同的机械设备以及工艺流程均可生产同一规格的粗集料,但是,不同的机械设备以及工艺流程生产的同一规格粗骨料,各项技术指标会有很大的差异,因而应增加“同生产工艺”。

三是“连续进场数量”。现行规范、规程、标准对“连续进场数量”没有确切的定义,因而可以理解为一天 24 h 内连续进场的数量,也可以理解为一个时间段内进场的数量。由于受场地限制等,即使是大型的商业搅拌站,很少可以一次连续进场 400 m^3粗骨料,更别说工程自建的搅拌站,为符合工程实际,因而应采用“进场数量”表示。

四是“主控项目应每 8 h 检测 1 次”。现在采石场一般要求采用大型的成套设备生产粗骨料,质量比较稳定,显然没有必要采用如此大的频率进行检验。

五是粗骨料进场数量的单位。现在搅拌站进场粗骨料时,一般以吨为计量单位,因而应采用“t”表示。

“考虑到不同砂石加工系统生产规模的实际情况,对于规模较大、连续生产强度高的系统,按产量确定检验批会造成取样量过大;对于规模较小的系统,按产量确定检验批又会造成取样量过少,现场工作很难满足质量要求等情况”(注:摘自 DL/T 5144—2015 第 11.2.4 条的“条文说明”),为符合工程实际并确保粗骨料的质量,作者认为,生产单位生产粗骨料时,每天至少应检验一次;使用单位进场粗骨料时,应以同料源、同规格、同生产工艺每进场 600 t 为一验收批。

如果根据 TB 10753—2018 第 4.1.2 条“来源稳定且连续三批均一次检验合格的产品,进场检验时检验批的容量可按本规范的规定扩大一倍,且检验批代表数量仅可扩大一次。扩大检验批后的检验中,出现不合格情况时,应按扩大前的检验批代表数量验收,且该产品不得再次扩大检验批代表数量”、GB 50164—2011 第 7.1.3-2 条“当符合下列条件之一时，可将检验批量扩大一倍：1）对经产品认证机构认证符合要求的产品；2）来源稳定且连续三次检验合格。3）同一厂家的同批出厂材料，用于同时施工且属于同一工程项目的多个单位工程”以及 GB 50300—2013 第 3.0.4 条“符合下列条件之一时，可按相关专业验收规范的规定适当调整抽样复验、试验数量，调整后的抽样复验、试验方案应由施工单位编制，并报监理单位审核确认。1 同一项目中由相同施工单位施工的多个单位工程，使用同一生产厂家的同品种、同规格、同批次的材料、构配件、设备”，作者认为，当连续进场的三批粗骨料各项技术指标均合格，可以扩大至 1 000 t 为一验收批。

4. 粗骨料的检验项目

根据本书第 1.6-1 条“粗骨料技术要求的特性”，作者认为，对岩石强度、粗骨料表观密度、磨光值等天然特性的技术指标，如岩质无变化，可在第一次取样时进行一次检验；对粗骨料颗粒级配、含泥量、泥块含量、针片状颗粒含量、压碎值等加工特性的技术指标，可按上述的检验批进行检验；对粗骨料坚固性、有害物质含量、氯离子含量、碱活性及放射性等技术指标，可根据需要进行检验。

2.14　粗骨料试验判定规则

2.14.1　试验结果均符合本标准的相应类别规定时，可判为该批产品合格。

2.14.2　技术要求 1.6.1～1.6.7 若有一项指标不符合标准规定时，则应从同一批产品中加倍取样，对该项进行复验。复验后，若试验结果符合标准规定，可判为该批产品合格；若仍然不符合本标准要求时，否则判为不合格。若有两项及以上试验结果不符合标准规定时，则判该批产品不合格。

1. 粗骨料检验项目出现不合格的规定

DL/T 5362—2018、JTS/T 236—2019 以及 JTG E42—2005 均没有粗骨料检验项目出现不合格的有关规定。

SL/T 352—2020 第 367 页第 3 节“骨料”的“条文说明：所用粗骨料试样，如超逊径不合格，在进行其他试验前可筛除。对试样的预处理，宜在结果报告中说明”。

《水利水电工程施工质量检验与评定规程》（SL 176—2007，以下简称“SL 176—2007”）第 4.1.12 条“工程中出现检验不合格的项目时，应按以下规定进行处理：1 原材料、中间产品（注：SL 176—2007 第 2.0.10 条“中间产品：工程施工中使用的砂石骨料、石料、混凝土拌和物、砂浆拌和物、混凝土预制构件等土建类工程的成品及半成品）一次抽样检验不合格时，应及时对同一取样批次另取两倍数量进行检验，如仍不合格，则该批次原材料或中间产品应定为不合格，不得使用”。

JTS 202—2011 第 4.3.5.3 条“当卵石的颗粒级配不符合表 4.3.5 要求时，应采取措施并经试验证明能确保工程质量后，方可使用”。

JTS 202-2—2011 第 4.5.4.3 条“当卵石的颗粒级配不符合表 4.5.4 要求时，应采取措施并经试验证明能确保工程质量后，方可使用”、第 4.5.6 条“粗骨料质量检验结果不符合本标准规定的指标时，应采取措施，并经试验证明能确保工程质量时，方可使用”。

Q/CR 9207—2017 第 6.1.4 条“当粗、细骨料的含泥量或泥块含量超标时应采用专用设备进行处理”。

JGJ 52—2006 第 5.1.2 条“除筛分析外，当其余检验项目存在不合格项时，应加倍取样进行复验。当复验仍有一项不满足标准要求时，应按不合格品处理”。

JG/T 568—2019 第 7.3 条“判定规则：7.3.1 试验结果均符合本标准的相应类别和级别判定时，可判为该批产品合格；7.3.2 若有一项检验指标不符合标准规定时，应从同一批产品中加倍取样，对该项进行复验。复验后，若试验结果符合标准规定，可判为该批产品合格；若仍然不符合标准规定，判为不合格。若有 2 项及以上试验结果不符合标准规定时，则判该批产品不合格”。

当粗骨料颗粒级配出现不合格时，根据本书第 2 章第 2.3 节第 2.3.3.3-5 条“粗骨料单粒级掺配比例变化的有关规定”，作者认为，可对粗骨料各单粒级的掺配比例重新进行调整，如果重新调整掺配比例后的粗骨料颗粒级配曲线符合规定的级配范围，则粗骨料合格，否则，按不合格品处理。

当粗骨料颗粒级配以外的检验项目出现不合格时，为准确判定粗骨料的质量状况，作者认为，应重新取样对不合格项进行复验；如重新取样、复验后的不合格项满足规定的技术要求，则该批粗骨料合格，否则，按不合格品处理。

2. 粗骨料碱集料反应

据了解，GB/T 14685—2011 等现行规范、规程、标准粗骨料试验判定规则中的不符合标准规定的技术指标，并不包含如 GB/T 14685—2011 第 6.9 条“碱集料反应”。

为确保工程质量，作者认为，粗骨料试验判定规则中的不符合标准规定的技术指标，应包含粗骨料的碱集料反应。

第二部分

细骨料质量标准及常用试验方法

《建设用砂》(GB/T 14684—2011)

第3章　细骨料质量标准

3.1　适用范围

本标准规定了建设用砂的术语和定义、分类与规格、技术要求、试验方法、检验规则、标志、储存和运输等。

本标准适用于建设工程中混凝土及其制品和普通砂浆用砂。

GB/T 14684—2011 的适用范围

GB/T 14684—2011 与 GB/T 14685—2011 的适用范围相比较，主要区别在于：GB/T 14684—2011 的适用范围少了“除水工建筑物”。

作者认为，GB/T 14684—2011 以及 GB/T 14685—2011 中的所有内容均适用于包括水工建筑物在内的各行各业建设工程水泥混凝土和普通砂浆及其制品用粗骨料、细骨料。相关论述，详见本书第 1 章第 1.1-1 条“GB/T 14685—2011 的适用范围”。

3.2　规范性引用文件

下列文件对于本文件的应用是必不可少的。凡是注日期的引用文件，仅注日期的版本适用于本文件。凡是不注日期的引用文件，其最新版本（包括所有的修改单）适用于本文件。

GB 175 通用硅酸盐水泥

GB/T 601 化学试剂 标准滴定溶液的制备

GB/T 602 化学试剂 杂质测定用标准溶液的制备

GB/T 2419 水泥胶砂流动度测定方法

GB/T 6003.1 金属丝编织网试验筛

GB/T 6003.2 金属穿孔板试验筛

GB 6566 建筑材料放射性核素限量

GB/T 17671 水泥胶砂强度检验方法（ISO 法）

规范性引用文件

作者认为，包括 GB/T 14684—2011、GB/T 14685—2011 在内的规范、规程、标准，可不介绍“规范性引用文件”这一部分的内容。有关论述，详见本书第 1 章第 1.2-1 条“规范性引用文件”。

3.3 细骨料术语和定义

3.3.1 天然砂

自然生成的,经人工开采和筛分的粒径小于4.75 mm的岩石颗粒,包括河砂、湖砂、山砂、淡化海砂,但不包括软质、风化的岩石颗粒。

天然砂的定义

JTG E42—2005 第2.1节"术语"第2.1.4条"天然砂:由自然风化、水流冲刷、堆积形成的、粒径小于4.75 mm的岩石颗粒,按生存环境分河砂、海砂、山砂等"。

JGJ 52—2006 第2.1.1条"天然砂:由自然条件作用而形成的,公称粒径小于5.00 mm的岩石颗粒。按其产源不同,可分为河砂、海砂、山砂";JG/T 568—2019 第3.1.9条定义的天然砂,与GB/T 14684—2011 相同。

众所周知,天然砂不可能完全由同一岩石颗粒组成,不可避免含有或多或少的"泥"以及"软质、风化的岩石颗粒",而且,天然山砂没有经水流冲刷。

作者认为,天然砂确切的定义应为"由自然条件作用而形成,经机械开采、筛分,粒径小于4.75 mm,矿物组成和化学成分基本一致的岩石颗粒,包括河砂、海砂、湖砂、山砂"。

3.3.2 机制砂

经除土处理,由机械破碎、筛分制成的,粒径小于4.75 mm的岩石、矿山尾矿或工业废渣颗粒,但不包括软质、风化的颗粒,俗称人工砂。

机制砂的定义

DB 24/016—2010 第2.1.1条"山砂:特指碳酸盐类岩石经除土开采、机械破碎、筛分而成的公称粒径小于5.00 mm的岩石颗粒"及其"条文说明:本规程中的山砂是利用贵州地区特有的喀斯特地貌中具有大量碳酸盐岩石加工而成的产品。山砂可分为自然山砂和机制山砂两类。……仅保留机制山砂"。

《水运工程混凝土质量控制标准》(JTS 202-2—2011,以下简称"JTS 202-2—2011")第2.0.5条"机制砂:非软质页岩、风化的岩石经除尘处理、机械破碎、筛分制成的公称粒径小于5.00 mm的岩石颗粒";JTS/T 236—2019 第2.0.6条机制砂的定义与GB/T 14684—2011 相同。

JTG E42—2005 第2.1节"术语"第2.1.5条"人工砂:经人为加工处理得到的符合规格要求的细集料,通常指石料加工过程中采取真空抽吸等方法除去大部分土和细粉,或将石屑水洗得到的洁净的细集料。从广义上分类,机制砂、矿渣砂和煅烧砂都属于人工砂"、第2.1.6条"机制砂:由碎石及砾石经制砂机反复破碎加工至粒径小于2.36 mm的人工砂,亦称破碎砂"。

《公路工程水泥混凝土用机制砂》(JT/T 819—2011,以下简称"JT/T 819—2011")第3.1条"机制砂:经除土开采、机械破碎、筛分制成的粒径在4.75 mm以下的岩石颗粒。注:不包括软质岩、风化岩石的颗粒"。

T/CECS G:K50-30—2018 第2.1.1条“机制砂:经除土处理,由机械破碎和筛分制成的、粒径不大于4.75 mm的岩石颗粒”。

《铁路机制砂场建设技术规程》(Q/CR 9570—2020,以下简称“Q/CR 9570—2020”)第2.0.1条“机制砂:以合格的母岩为原料,经除土处理,由机械破碎、筛分、整形制成的,粒径小于4.75 mm且粒形和级配满足要求的颗粒”。

JGJ 52—2006 第2.1.2条“人工砂:岩石经除土开采、机械破碎、筛分而成的,公称粒径小于5.00 mm的岩石颗粒”。

JG/T 568—2019 第3.1.11条“机制砂:岩石、卵石、未经化学方法处理过的矿山尾矿,经除土、机械破碎、整形、筛分、粉控等工艺制成的,粒径小于4.75 mm的岩石颗粒,但不包括软质、风化的岩石颗粒”。

JGJ/T 241—2011 第2.0.1条“人工砂:岩石或卵石经除土开采、机械破碎、筛分而成的,公称粒径小于5 mm的岩石或卵石(不包括软质岩和风化岩)颗粒”。

众所周知,采石场开采岩石前,首先要把岩石表层的土清除,而且加工碎石时,第一道工序需要把岩石夹杂的泥土筛除,但是,即使经过两道除土措施处理,也不可能把采石场的覆盖层以及岩石层之间的泥土全部清除,因此,机制砂不可能完全由岩石颗粒组成,不可避免含有或多或少的“泥”以及“软质、风化的岩石颗粒”。

作者认为,机制砂确切的定义应为“岩石、卵石、未经化学方法处理过的矿山尾矿,经机械除土、破碎、筛分、粉控等工艺制成,粒径小于4.75 mm,矿物组成和化学成分与母岩相同为主的颗粒”。

由于“我国对各种细集料的定义一向比较混淆,对人工砂、机制砂、石屑的名词使用混乱,有的将石屑经加工处理得到的人工砂也称为机制砂,将石屑称为人工砂等”(注:摘自JTG E42—2005第2.1节“术语”第2.1.5条“条文说明”),为方便论述,本书对人工砂、机制砂、混合砂、石屑统称为“机制砂”。

3.3.3　含泥量

天然砂中粒径小于75 μm的颗粒含量。

细骨料含泥量的定义

SL/T 352—2020 第2.0.9条“含泥量:骨料中小于0.08 mm的黏土、淤泥及细屑的总含量”。

DL/T 5151—2014 第2.0.8条“含泥量:骨料中粒径小于0.08 mm的颗粒含量,包括黏土、淤泥及细屑”。

SL/T 352—2020与DL/T 5151—2014定义的细骨料含泥量均含有“黏土、淤泥及细屑”,但两者表示的细骨料含泥量应该有所不同:前者应为细骨料中小于0.075 mm的黏土、淤泥及细屑含量,后者应为包括黏土、淤泥及细屑在内的小于0.075 mm的颗粒含量。

DL/T 5144—2015 第67页第3.3.5条的“条文说明:含泥量是指天然砂中粒径小于0.075 mm的颗粒含量”。

JTG F40—2004 第4.9.2条“细集料的洁净程度,天然砂以小于0.075 mm含量的百分数表示”。

JG/T 568—2019 第 3.1.14 条“含泥量:天然砂、卵石和碎石中粒径小于 75 μm 的颗粒含量”。

JGJ 52—2006 第 2.1.6 条“含泥量:砂、石中公称粒径小于 80 μm 的颗粒含量”。

综上所述,细骨料含泥量的定义,SL/T 352—2020 为“细骨料中小于 0.075 mm 的黏土、淤泥及细屑的总含量”;DL/T 5151—2014 以及 JGJ 52—2006 为“细骨料中粒径小于 0.075 mm 的颗粒含量”;DL/T 5144—2015、JTG F40—2004、JG/T 568—2019 以及 GB/T 14685—2011 为“天然砂中粒径小于 0.075 mm 的颗粒含量”。

众所周知,细骨料中小于 0.075 mm 的颗粒,既包含小于 0.075 mm 且矿物组成和化学成分与母岩完全不同的黏土、淤泥及细屑等“泥粉”,也包含小于 0.075 mm 且矿物组成和化学成分与母岩完全相同的“石粉”。因此,不能把细骨料中矿物组成和化学成分与母岩完全相同的小于 0.075 mm 的石粉作为细骨料的含泥量。

作者认为,细骨料含泥量确切的定义应为“细骨料中粒径小于 0.075 mm 且矿物组成和化学成分与母岩不同的尘屑、淤泥和黏土的颗粒含量”。

3.3.4 石粉含量

机制砂中粒径小于 75 μm 的颗粒含量。

1. 细骨料石粉含量的定义

SL/T 352—2020 第 2.0.10 条“石粉含量:人工骨料中小于 0.16 mm 的颗粒含量。其中小于 0.08 mm 的颗粒称为微粒”。

DL/T 5151—2014 第 2.0.9 条“石粉含量:人工骨料中粒径小于 0.16 mm,且其矿物组成和化学组成与被加工母岩相同的颗粒含量”。

DL/T 5144—2015 第 68 页第 3.3.5 条的“条文说明:本规范将小于 0.16 mm 的颗粒确定为石粉,……0.16 mm 及以下颗粒含量是指人工砂石粉含量”。

JTS 202—2011 第 2.0.3 条“石粉:骨料中公称粒径小于 80 μm,且其矿物组成和化学成分与骨料相同的颗粒”。

JTS 202-2—2011 第 56 页第 4.4.4 条的“条文说明: 石粉指机制砂或混合砂中小于 0.075 mm 以下的颗粒”。

JTG/T 3650—2020 表 6.3.1“注 2”、JT/T 819—2011 第 3.2 条、Q/CR 9570—2020 第 2.0.3 条以及 JG/T 568—2019 第 3.1.15 条细骨料石粉含量的定义,与 GB/T 14684—2011 相同。

DB 24/016—2010 第 2.1.3 条、JTS/T 236—2019 第 2.0.12 条、JGJ 52—2006 第 2.1.9 条以及 JGJ/T 241—2011 第 2.0.2 条均为“石粉含量:人工砂中公称粒径小于 75 μm,且其矿物组成和化学成分与被加工母岩相同的颗粒含量”。

Q/CR 9570—2020 第 2.0.3 条“石粉含量:机制砂中粒径小于 75 μm 的颗粒含量”及其第 39 页的“条文说明:‘石粉含量’中的‘石粉’属于广义上的石粉,由泥粉和矿物组成及化学成分与被加工母岩相同的粉料组成”。

2. 细骨料中粒径小于 75 μm 的颗粒含量

现行各版本规范、规程、标准对天然砂中粒径小于 0.075 mm 的颗粒含量定义为含泥量,对机制砂中粒径小于0.075 mm的颗粒含量定义为石粉含量,难道机制砂不含泥？事实并非如此。

即使JTG F40—2004第4.8.4条要求“采石场在生产过程中必须彻底清除覆盖层及泥土夹层。生产碎石用的原石不得含有土块、杂物,集料成品不得堆放在泥土地上”以及第4.9.5条强调“机制砂宜采用专用的制砂机制造,并选用优质石料生产”,但是,“采矿时山上土层没有清除干净或有土的夹层会在人工砂中夹有泥土”(注:摘自JGJ 52—2006第3.1.5条的“条文说明”),因此,TB/T 3275—2018表6以及TB 10424—2018表6.2.3-2“细骨料的性能”中的含泥量并非特指天然砂,应该包含机制砂。

由于“‘石粉含量’中的‘石粉’属于广义上的石粉,由泥粉和矿物组成及化学成分与被加工母岩相同的粉料组成”(注:摘自Q/CR 9570—2020第39页第2.0.3条的“条文说明”),而“机制砂筛分后的含泥量与石粉含量是混在75 μm细颗粒总量中的,难于区分,这一直是公路界在原材料质量控制方面很困惑的难题”(注:摘自JTG/T F30—2014实施手册第30页的“条文说明”)。显而易见,不能把“机制砂中粒径小于75 μm的颗粒含量”均作为机制砂的石粉含量。

综合本条所述,作者认为,细骨料石粉含量确切的定义应为“细骨料中粒径小于0.075 mm且矿物组成和化学成分与母岩相同的颗粒含量”。

3. 细骨料中小于75 μm颗粒的关系

为便于识别并符合工程实际,作者认为,“细骨料中小于0.075 mm的颗粒含量”应定义为细骨料的“含粉量”;“细骨料中粒径小于0.075 mm且矿物组成和化学成分与母岩相同的颗粒含量”应定义为细骨料的“石粉含量”;“细骨料中粒径小于0.075 mm且矿物组成和化学成分与母岩不同的尘屑、淤泥和黏土的颗粒含量”应定义为细骨料的“含泥量”。

因此,根据本书定义的细骨料含粉量、含泥量以及石粉含量,细骨料小于0.075 mm的颗粒含量包含石粉含量以及含泥量,即:细骨料的含粉量=石粉含量+含泥量。

3.3.5　泥块含量

砂中原粒径大于1.18 mm,经水浸洗、手捏后小于600 μm的颗粒含量。

细骨料泥块含量的定义

DL/T 5144—2015第67页第3.3.5条的“条文说明”、DL/T 5151—2014第2.0.11条、JTS/T 236—2019第2.0.10条以及JGJ 52—2006第2.1.7条“砂的泥块含量:砂中公称粒径大于1.25 mm,经水洗、手捏后变成小于630 μm的颗粒含量”。

根据JTS 202—2011表4.2.1、JTS 202-2—2011表4.4.1-1“细骨料杂质含量限值”中的“总含泥量”与“其中泥块含量”以及《公路招标文件》表410-3“细集料中杂质的最大含量”中的“含泥量”与“其中泥块含量”可知,细骨料的泥块含量,只是细骨料含泥量中的一部分,而细骨料的含泥量,只是细骨料小于0.075 mm颗粒中的一部分。

细骨料粒径大于1.18 mm,经水洗、手捏后小于0.6 mm的颗粒,不但含有0.075 mm～0.6 mm且矿物组成和化学成分与母岩完全相同的颗粒,而且,小于0.075 mm的颗粒,既包含小于0.075 mm且矿物组成和化学成分与母岩完全不同的“泥粉”,也包含小于0.075 mm且矿物组成和化学成分与母岩完全相同的“石粉”。因此,不能把“细骨料中粒径大于 1.18 mm,经水洗、手捏后小于 0.6 mm 的颗粒含量”均作为细骨料的泥块含量。

综上所述,作者认为,细骨料泥块含量确切的定义应为“细骨料粒径大于1.18 mm中的小于 0.075 mm 且矿物组成和化学成分与母岩完全不同的黏土、淤泥和细屑的颗粒含量”。

3.3.6　细度模数

衡量砂粗细程度的指标。

1. 细骨料细度模数的定义

JTG E42—2005 第 2.1 节“术语”第 2.1.29 条“细度模数:表征天然砂粒径的粗细程度及类别的指标”。

需要说明的是,“细度模数主要反映全部颗粒的粗细程度,不完全反映颗粒的级配情况,混凝土配制时应同时考虑砂的细度模数和级配情况”(注:摘自 JTG/T 3650—2020 表 6.3.3“砂的分类”中的“注”)。

2. 与细骨料细度模数的有关规定

SL 677—2014 第 5.3.5-1 条“人工砂的细度模数宜在 2.4 ~2.8 内,天然砂的细度模数宜在 2.2 ~3.0 内”。

DL/T 5144—2015 第 3.3.5-1 条“天然砂的细度模数宜为 2.2 ~3.0,人工砂宜为 2.4 ~2.8,使用山砂、粗砂、特细砂应经过试验论证”。

JTG/T 3650—2020 第 6.3.4 条“条文说明:为了保证混凝土结构物的质量,重要工程的混凝土用砂宜选用中砂,细度模数宜为 2.9 ~2.6”。

《公路招标文件》表 410-1“细集料级配范围”中的“注:4. 对于高强泵送混凝土用砂宜选用中砂,细度模数为 2.9 ~2.6”。

Q/CR 9207—2017 第 6.3.3-2 条“配制混凝土时宜优先选用中砂(细度模数 3.0 ~2.3)。当采用粗砂(细度模数 3.7 ~3.1)时,宜适当提高砂率;当采用细砂(细度模数 2.2 ~1.6)时,宜适当降低砂率”。

JG/T 568—2019 第 5.3 节“细骨料的技术要求”第 5.3.1 条“细骨料……细度模数应为 2.3 ~3.2”。

3. 细骨料细度模数变化时的有关规定

SL 632—2012 附录 C“普通混凝土中间产品质量标准”表 C.1-1“砂料质量标准”中规定“细度模数波动:±0.2”。

DL/T 5144—2015 第 11.3.3 条“当砂子细度模数超出控制中值±0.2时,应调整配料单的砂率”。

MH 5006—2015 第 3.3.2 条“同一配合比用砂的细度模数变化范围不应超过 0.3”。

JTC/T F30—2014 第 3.4.6-2 条“细度模数差值超过 0.3 的砂应分别堆放,分别进行配合比设计”。

《公路招标文件》第 312.02-3(2)条“路面和桥面……同一配合比用砂的细度模数变化范围不应超过 0.3,否则,应分别堆放,并调整配合比中的砂率后使用”。

如果根据 DL/T 5144—2015 第 11.3.3 条,当细骨料细度模数超出控制中值±0.2时,混凝土施工配合比及配料单可以随意更改;但是,如果根据 DL/T 5144—2015 第 11.3.1 条"应严格按混凝土施工配合比和配料单进行配料和拌和,不得擅自更改"的规定,意味着即使细骨料细度模数发生了较大的变化,混凝土的施工配合比及配料单均不能更改。

作者认为,水泥混凝土施工配合比的砂率不应擅自更改;当细骨料细度模数变化超过±0.3 时,细骨料应分别堆放,并重新进行配合比设计。

4. Ⅰ区、Ⅱ区、Ⅲ区上、下限级配范围的细度模数

根据作者已出版的《土木工程试验检测技术研究》中的"细集料细度模数计算方法的探讨2",现行细骨料细度模数计算方法得到的Ⅰ区、Ⅱ区、Ⅲ区上限级配范围与下限级配范围的细度模数,见表3.1。

表3.1 现行计算方法得到的细度模数

计算方法	级配区	Ⅰ区		Ⅱ区		Ⅲ区	
	级配范围	上限	下限	上限	下限	上限	下限
现行计算法	细度模数	3.67	2.81	3.19	2.11	2.39	1.61
	平均细度模数	3.24		2.65		2.00	

从表3.1可知,Ⅱ区砂上限累计筛余与下限累计筛余的细度模数之差为1.08,如果根据"除4.75 mm和0.60 mm筛孔外,其余各筛孔的累计筛余允许超出分界线,但其超出量不得大于5%"的规定,意味着除4.75 mm、0.60 mm筛外的其余各筛Ⅱ区砂上限累计筛余均可增加5%、下限累计筛余均可减少5%,则现行细骨料细度模数计算方法得到的Ⅱ区砂上限累计筛余与下限累计筛余细度模数之差达到1.35。

3.3.7 坚固性

砂在自然风化和其他外界物理化学因素作用下抵抗破裂的能力。

细骨料坚固性的定义

DL/T 5151—2014 第 2.0.13 条细骨料坚固性的定义与 GB/T 14684—2011 完全相同。

JGJ 52—2006 第 2.1.13 条"坚固性:骨料在气候、环境变化或其他物理因素作用下抵抗破裂的能力"。

JGJ 52—2006 定义的坚固性与 DL/T 5151—2014 以及 GB/T 14684—2011 不尽相同,JGJ 52—2006 只有物理因素,而 DL/T 5151—2014 以及 GB/T 14684—2011 既有物理因素,又有化学因素。

因此,作者认为,DL/T 5151—2014 以及 GB/T 14684—2011 定义的细骨料坚固性更加全面、确切。

3.3.8 轻物质

砂中表观密度小于2 000 kg/m^{3}的物质。

细骨料轻物质的定义

DL/T 5151—2014 第 2.0.14 条、JTS/T 236—2019 第 2.0.9 条、JTS 202—2011 表 4.2.1“砂杂质含量限值”中的“注：③”、JT/T 819—2011 第 3.4 条以及 JGJ 52—2006 第 2.1.14条轻物质的定义与 GB/T 14684—2011 完全相同。

3.3.9　碱集料反应

水泥、外加剂等混凝土组成物及环境中的碱与集料中碱活性矿物在潮湿环境下缓慢发生并导致混凝土开裂破坏的膨胀反应。

1. 细骨料碱集料反应的定义

DL/T 5151—2014 第 2.0.18 条“碱-骨料反应：硬化混凝土中的碱与骨料中的碱活性矿物在潮湿环境下缓慢发生并导致混凝土膨胀、开裂甚至破坏的化学反应”。

JTG E42—2005 第 2.1 节“术语”第 2.1.23 条“碱集料反应：水泥混凝土中因水泥和外加剂中超量的碱与某些活性集料发生不良反应而损坏水泥混凝土的现象”。

2. 碱活性骨料的定义

DB 24/016—2010 第 2.1.5 条、DL/T 5151—2014 第 2.0.19 条、JTS/T 236—2019 第 2.0.14 条以及 JGJ 52—2006 第 2.1.17 条均为“碱活性骨料：能在一定条件下与混凝土中的碱发生化学反应导致混凝产生膨胀、开裂甚至破坏的骨料”。

DL/T 5151—2014 第 2.0.20 条“碱-硅酸反应活性骨料：含有非晶体或结晶不完整的二氧化硅、在适当条件下可能产生碱-骨料反应的骨料”。

DL/T 5151—2014 第 2.0.21 条“碱-碳酸盐反应活性骨料：含具有特定结构构造的微晶白云石、在适当条件下可能产生碱-骨料反应的骨料”。

3.3.10　亚甲蓝(MB)值

用于判定机制砂中粒径小于 75 μm 颗粒的吸附性能的指标。

细骨料亚甲蓝值的定义

DL/T 5151—2014 第 2.0.10 条“亚甲监 MB 值：用于判定人工砂中粒径小于 0.08 mm 颗粒的吸附性能的指标”。

JT/T 819—2011 第 3.3 条“亚甲蓝值：每千克 0～2.36 mm 粒级试样所消耗的亚甲蓝质量，也称 MB 值”。

Q/CR 9570—2020 第 2.0.4 条“亚甲蓝（MB）值：用于判定机制砂中粒径小于75 μm 颗粒的吸附性能指标”及其第 39 页的“条文说明：亚甲蓝（MB）值用于判定机制砂石粉中泥粉的吸附性能”。

JG/T 568—2019 第 3.1.16 条“石粉亚甲蓝值（MB 值）：用于判定石粉吸附性能的指标”。

JGJ/T 241—2011 第 2.0.3 条“亚甲蓝（MB）值：用于判定人工砂石粉中泥土含量的指标”。

已经废止的 GB/T 14684—2001 第 3.10 条“亚甲蓝 MB 值：用于判定人工砂中粒径小于 75 μm 颗粒含量主要是泥土还是与被加工母岩化学成分相同的石粉的指标”。

同一铁路行业标准细骨料亚甲蓝值的定义，Q/CR 9570—2020 第2.0.4条的正文明确说明亚甲蓝值用于判定机制砂中粒径小于75 μm颗粒的吸附性能指标，而“条文说明”却是用于判定机制砂石粉中泥粉的吸附性能，两者的判定结果完全不同。

同一国家标准，同为细骨料亚甲蓝MB值的定义，已经废止的GB/T 14684—2001中亚甲蓝MB值明确表示用于判定人工砂中粒径小于0.075 mm颗粒含量主要是泥土还是石粉，而现行GB/T 14684—2011的亚甲蓝MB值只能用于判定机制砂中粒径小于0.075 mm颗粒的吸附性能，两者的判定结果完全不同。

3.4　细骨料分类和规格

3.4.1　分类

砂按产源分为天然砂、机制砂两类。

1. 细骨料的分类

JTG/T 3650—2020表6.3.1“细集料技术指标”中“注:1”的细骨料分类与GB/T 14684—2011完全相同。

JG/T 568—2019第4.1条“细骨料(砂)分为天然砂和人工砂，人工砂包括机制砂和混合砂”。

细骨料按产源可分为天然砂、机制砂，工程实际应用中至少还包含以下两种细骨料：

一是混合砂。JTG E42—2005第2.1节“术语”第2.1.8条“混合砂:由天然砂、人工砂、机制砂或石屑等按一定比例混合形成的细集料的统称”；JGJ 52—2006第2.1.3条“混合砂:由天然砂与人工砂按一定比例组合而成的砂”；“混合砂的使用是为了克服机制砂粗糙、天然砂细度模数偏细的缺点”(注:摘自JGJ 52—2006第2.1.3条“混合砂”的“条文说明”)。

二是石屑。JTG E42—2005第2.1节“术语”第2.1.7条“石屑:采石场加工碎石时通过最小筛孔(通常为2.36 mm或4.75 mm)的筛下部分”；“目前机制砂的生产水平参差不齐，有些甚至是由生产碎石后的石屑经过简单筛分制得”(注:摘自Q/CR 9570—2020第39页第2.0.5~2.0.6条的“条文说明”)。

根据工程实际以及细骨料的生产方式，作者认为，细骨料可分为天然砂、机制砂、混合砂以及石屑四大类。

2. 石屑的适用范围

“石屑在我国使用相当普遍，这是材料中最薄弱的一环”(注:摘自JTG F40—2004《实施手册》第125页的“条文说明”)，由于“石屑是破碎石料时的下脚料，基本上是石料中较为薄弱的部分首先变成石屑剥落下来，所以石屑中扁平颗粒含量特别大，而且强度较差……可能含有较多泥土(来自采石场的覆盖层和岩石层的间隙)”(注:摘自SHC F40-01—2002第11页的“条文说明”)。

作者认为，石屑不宜用于桥梁、涵洞、隧道、建筑的主体工程，可用于防护以及临时工程的低强度等级水泥混凝土或砌筑砂浆。

3.4.2　规格

砂按细度模数分为粗、中、细三种规格，其细度模数分别为：

——粗：3.7～3.1；

——中：3.0～2.3；

——细：2.2～1.6。

细骨料规格的划分

JT/T 819—2011 第4.2 条“规格：机制砂的粗细程度按照细度模数分为粗砂、中砂两种规格，其细度模数分别为：a）粗砂：细度模数3.9～3.1；b）中砂：细度模数3.0～2.3”。

现行其他版本规范、规程、标准细骨料规格的划分及其相应的细度模数，与 GB/T 14684—2011 完全相同。

工程实际应用中，还有一种规格的细骨料，即 JTS 202—2011 表4.2.3-1“砂的粗细程度划分”以及 JGJ 52—2006 第3.1.1 条“砂的粗细程度按细度模数μ_f分为粗、中、细、特细四级，其范围应符合下列规定：粗砂：μ_f=3.7～3.1；中砂：μ_f=3.0～2.3；细砂：μ_f= 2.2～1.6；特细砂：μ_f=1.5～0.7”中的特细砂，其中 Q/CR 9207—2017 以及 TB 10424—2018 专门针对特细砂混凝土进行了相关的规定。

根据工程实际使用的细骨料，作者认为，细骨料按细度模数可分为粗砂、中砂、细砂及特细砂四种规格，相应的细度模数应符合 JTS 202—2011 或 JGJ 52—2006 的规定。

3.4.3　类别

砂按技术要求分为Ⅰ类、Ⅱ类和Ⅲ类。

细骨料按技术要求划分的类别

JTG/T F50—2011 表6.3.1“细集料技术指标”中的“注：1. 砂按技术要求分为Ⅰ类、Ⅱ类、Ⅲ类。Ⅰ类宜用于强度等级大于 C60 的混凝土；Ⅱ类宜用于强度等级 C30～C60 及有抗冻、抗渗或其他要求的混凝土；Ⅲ类宜用于强度等级小于 C30 的混凝土和砌筑砂浆”，主要原因是“原规范对细集料（包括粗集料）的技术指标不作类的区别，本次修订按现行国家标准《建筑用砂》（GB/T 14684）、《建筑用卵石、碎石》（GB/T 14685）及行业标准《普通混凝土用砂石质量及检验方法标准》（JGJ 52）的有关规定进行了分类，施工中应根据混凝土的强度选择适用的技术指标类别”（注：摘自 JTG/T F50—2011 第6.3.1 条的“条文说明”）。

JTG/T 3650—2020 细骨料按技术要求也是分为Ⅰ类、Ⅱ类和Ⅲ类，但没有说明Ⅰ类、Ⅱ类和Ⅲ类细骨料分别适用于哪一强度等级水泥混凝土，主要原因是“本次修订取消了原规范表6.3.1 中注1‘Ⅰ类宜用于强度等级大于 C60 的混凝土；Ⅱ类宜用于强度等级 C30～C60 及有抗冻、抗渗或其他要求的混凝土；Ⅲ类宜用于强度等级小于 C30 的混凝土和砌筑砂浆’的要求”（注：摘自 JTG/T 3650—2020 第6.3.1 条中的“条文说明”）。

JT/T 819—2011 第4.1 条“分类：机制砂可分为Ⅰ类、Ⅱ类、Ⅲ类：a）Ⅰ类宜用于强度等级大于或等于 C60 的混凝土；b）Ⅱ类宜用于强度等级大于或等于 C30、小于 C60 及有抗冻、抗渗要求的混凝土；c）Ⅲ类宜用于强度等级小于 C30 的混凝土”。

T/CECS G:K50-30—2018 第2.1.1条“机制砂:按技术指标分为Ⅰ类、Ⅱ类和Ⅲ类”、第4.1.3条“Ⅰ类机制砂宜用于强度等级大于或等于C60的混凝土,Ⅱ类机制砂宜用于强度等级大于C30、小于C60的混凝土,Ⅰ类机制砂和Ⅱ类机制砂均宜用于有抗冻抗渗要求的混凝土,Ⅲ类机制砂宜用于强度等级小于或等于C30的混凝土”。

JG/T 568—2019 第4.2条“等级:细骨料、粗骨料按技术要求分别分为特级和Ⅰ级”,但没有说明特级、Ⅰ级细骨料分别适用于哪一强度等级水泥混凝土。

据了解,除上述规范、规程、标准细骨料类别的划分,其他现行规范、规程、标准均按水泥混凝土的不同强度等级规定不同的细骨料技术要求。

GB/T 14684—2011 的“前言”明确说明“删除了用途(2001版的4.4)”,即删除GB/T 14684—2001第4.4条“用途:Ⅰ类宜用于强度等级大于C60的混凝土;Ⅱ类宜用于强度等级C30~C60及抗冻、抗渗或其他要求的混凝土;Ⅲ类宜用于强度等级小于C30的混凝土和建筑砂浆”,从而无法判定Ⅰ类、Ⅱ类或Ⅲ类细骨料分别适用于何种强度等级的水泥混凝土。

由于工程施工中无法根据混凝土的强度等级选择适用的技术指标,因此,根据试验结果以及细骨料相应的技术要求,可以判定细骨料属于Ⅰ类、Ⅱ类或Ⅲ类(或特级和Ⅰ级),但无法确定细骨料适用于哪一强度等级的水泥混凝土,因此,作者认为,JTG/T 3650—2020、JG/T 568—2019以及GB/T 14684—2011细骨料的分类及其相应的技术指标,失去指导工程实际的意义。

为充分利用资源并有效指导工程的施工、确保工程的质量,作者认为,细骨料除了应按技术要求划分为Ⅰ类、Ⅱ类、Ⅲ类,还应明确规定Ⅰ类、Ⅱ类、Ⅲ类细骨料分别适用的水泥混凝土强度等级。

3.5　细骨料一般要求

3.5.1　有害物质

用矿山尾矿、工业废渣生产的机制砂有害物质除应符合6.3的规定外,还应符合我国环保和安全相关标准和规范,不应对人体、生物、环境及混凝土、砂浆性能产生有害影响。

3.5.2　放射性

砂的放射性应符合GB 6566的规定。

细骨料有害物质以及放射性的规定

Q/CR 9570—2020 第7.2.3条“机制砂母岩的放射性应符合《建筑材料放射性核素限量》GB 6566的规定”。

《砌筑砂浆配合比设计规程》(JGJ/T 98—2010)第3.0.1条“砌筑砂浆所用原材料不应对人体、生物与环境造成有害的影响,并应符合现行国家标准《建筑材料放射性核素限量》GB 6566的规定”。

JGJ/T 241—2011 第3.0.3条“用于建筑工程的人工砂混凝土放射性应符合现行国家

标准《建筑材料放射性核素限量》GB 6566 的规定”。

据了解，现行绝大多数规范、规程、标准的细骨料，只对水泥混凝土性能以及砂浆性能产生有害影响的物质做了相应的规定，对人体、生物、环境产生有害影响的物质（包括放射性），均没有作出任何的规定。

为确保细骨料不会对人体、生物、环境、水泥混凝土性能以及砂浆性能产生有害的影响，作者认为，应对包括放射性在内的有害物质作出具体的规定。

3.6　细骨料技术要求

1. 细骨料技术要求的特性

细骨料技术要求特性的相关论述，详见本书第 1 章第 1.6 节“粗骨料技术要求”中的“粗骨料技术要求的特性”。

2. 各行业细骨料的技术要求

细骨料的技术要求，现行绝大多数行业标准均做了相关的规定，有的行业标准没有具体的规定，而是采用其他行业标准的细骨料技术要求。例如：

CJJ 2—2008 第 1.0.3 条“原材料、半成品或成品的质量应符合国家现行有关标准的规定”、第 7.2.3-3 条“砂的分类、级配及各项技术指标应符合国家现行标准《普通混凝土用砂、石质量及检验方法标准》JGJ 52 的有关规定”。

JTS 202—2011 第 4.2.5 条“当采用特细砂、人工砂或混合砂时，应符合现行行业标准《普通混凝土用砂、石质量及检验方法标准》（JGJ 52）的有关规定”。

3.6.1　颗粒级配

砂的颗粒级配应符合表 3.2 的规定；砂的级配类别应符合表 3.3 的规定。对于砂浆用砂，4.75 mm 筛孔的累计筛余量应为 0。砂的实际颗粒级配除 4.75 mm 和 600 μm 筛档外，可以略有超出，但各级累计筛余超出值总和应不大于 5%。

表 3.2　颗粒级配

砂的分类	天然砂			机制砂		
级配区	1 区	2 区	3 区	1 区	2 区	3 区
方筛孔	累计筛余/%					
4.75 mm	10 ~ 0	10 ~ 0	10 ~ 0	10 ~ 0	10 ~ 0	10 ~ 0
2.36 mm	35 ~ 5	25 ~ 0	15 ~ 0	35 ~ 5	25 ~ 0	15 ~ 0
1.18 mm	65 ~ 35	50 ~ 10	25 ~ 0	65 ~ 35	50 ~ 10	25 ~ 0
600 μm	85 ~ 71	70 ~ 41	40 ~ 16	85 ~ 71	70 ~ 41	40 ~ 16
300 μm	95 ~ 80	92 ~ 70	85 ~ 55	95 ~ 80	92 ~ 70	85 ~ 55
150 μm	100 ~ 90	100 ~ 90	100 ~ 90	97 ~ 85	94 ~ 80	94 ~ 75

表 3.3　级配类别

类别	Ⅰ	Ⅱ	Ⅲ
级配区	2 区	1、2、3 区	

1. 细骨料颗粒级配的规定

SL 632—2012 附录 C“普通混凝土中间产品质量标准”表 C.1-1“砂料质量标准”没有细骨料的级配要求。

SL 677—2014 第 5.3.5-1 条“细骨料应质地坚硬、清洁、级配良好”，但没有细骨料的级配要求。

DL/T 5144—2015 第 3.3.5-1 条“细骨料应质地坚硬、清洁、级配良好”及第 3.3.5 条“条文说明：中砂的颗粒级配应满足表 1（即表 3.4）要求，当颗粒级配不符合表 1 要求时，应采取相应措施，经试验验证混凝土质量”。

表 3.4　DL/T 5144—2015 条文说明表 1 中砂的颗粒级配要求

筛孔尺寸/mm	2.50	1.25	0.63	0.315	0.16
累计筛余/%	25 ~ 0	50 ~ 10	70 ~ 41	92 ~ 70	100 ~ 90

JTS 202—2011 表 4.2.3-2“砂的颗粒级配区”只有与 GB/T 14684—2011 表 1“颗粒级配”中“天然砂”相同的颗粒级配，但没有说明是天然砂、机制砂的颗粒级配。

JTG/T 3650—2020 表 6.3.4-1“细集料的颗粒级配”与 GB/T 14684—2011 天然砂、机制砂的颗粒级配完全相同。

T/CECS G：K50-30—2018 表 4.1.5-1“机制砂的颗粒级配”与 GB/T 14684—2011 机制砂的颗粒级配完全相同。

JT/T 819—2011 表 2“Ⅰ类机制砂级配范围”，见表 3.5；表 3“Ⅱ类、Ⅲ类机制砂级配范围”，见表 3.6。

表 3.5　JT/T 819—2011 表 2 Ⅰ类机制砂的颗粒级配

筛孔尺寸/mm	9.5	4.75	2.36	1.18	0.60	0.30	0.15
累计筛余/%	0	0 ~ 10	5 ~ 20	15 ~ 50	40 ~ 70	80 ~ 90	90 ~ 100

表 3.6　JT/T 819—2011 表 3 Ⅱ类、Ⅲ类机制砂的颗粒级配

筛孔尺寸/mm	9.5	4.75	2.36	1.18	0.60	0.30	0.15
累计筛余/%	0	0 ~ 10	5 ~ 50	35 ~ 70	71 ~ 85	80 ~ 95	90 ~ 100

注：当机制砂级配在表 3 范围内时，应结合 JTG/T F50、JTG F30 的技术要求验证水泥混凝土性能。

《公路招标文件》表 410-1“细集料级配范围”中除 1.25 mm 筛的累计筛余为 25% ~ 10%，且要求“混凝土中细集料的级配范围应符合表 410-1 任一区”外，其余与 GB/T 14684—2011 表 1 中“天然砂”的颗粒级配完全相同。

Q/CR 9207—2017、TB/T 3275—2018 以及 TB 10424—2018 细骨料的颗粒级配与

GB/T 14684—2011 天然砂、机制砂的颗粒级配完全相同。

JGJ 52—2006 表 3.1.2-2“砂颗粒级配区”只有与 GB/T 14684—2011 表 1“颗粒级配”中“天然砂”相同的颗粒级配，但没有说明是天然砂、机制砂的颗粒级配，且第 94 页第 3.1.2 条的“条文说明：由于特细砂多数均为 150 μm 以下颗粒，因此无级配要求”。

JG/T 568—2019 表 3“细骨料颗粒级配”，见表 3.7。

表 3.7　JG/T 568—2019 细骨料的颗粒级配

方筛孔尺寸/mm	4.75	2.36	1.18	0.60	0.30	0.15	筛底
人工砂分级筛余/%	0 ~ 5	10 ~ 15	10 ~ 25	20 ~ 31	20 ~ 30	5 ~ 15	0 ~ 20
天然砂分级筛余/%	0 ~ 10	10 ~ 15	10 ~ 25	20 ~ 31	20 ~ 30	5 ~ 15	0 ~ 10

JGJ/T 241—2011 表 4.1.1-1“人工砂的颗粒级配”，见表 3.8。

表 3.8　JGJ/T 241—2011 人工砂的颗粒级配

筛孔尺寸		4.75 mm	2.36 mm	1.18 mm	600 μm	300 μm	150 μm
累计筛余/%	Ⅰ区	0 ~ 10	5 ~ 35	35 ~ 65	71 ~ 85	80 ~ 95	90 ~ 100
	Ⅱ区	0 ~ 10	0 ~ 25	10 ~ 50	41 ~ 70	70 ~ 92	90 ~ 100
	Ⅲ区	0 ~ 10	0 ~ 15	0 ~ 25	16 ~ 40	55 ~ 85	90 ~ 100

2. 细骨料各筛孔累计筛余的规定

JTS 202—2011、T/CECS G：K50-30—2018、JTG/T 3650—2020、Q/CR 9207—2017、TB/T 3275—2018、TB 10424—2018、JGJ 52—2006 以及 GB/T 14684—2011 均为“除公称粒径为4.75 mm和 600 μm 的累计筛余外，其余公称粒径的累计筛余可稍有超出分界线，但总超出量不应大于 5%”。

上述规范、规程、标准细骨料颗粒级配各筛孔累计筛余的规定，可以理解为：细骨料颗粒级配中的 6 个标准筛，除 4.75 mm 和 0.60 mm 这 2 个标准筛的累计筛余不能超出限定范围，其余 0.15 mm、0.30 mm、1.18 mm、2.36 mm 这 4 个标准筛的累计筛余均可超出限定的范围，但超出的总量不得大于 5%。

JTG/T F50—2011 表 6.3.4“细集料的分区及级配范围”中的“注：1. 除 4.75 mm 和 600 μm 筛孔外，其余各筛孔的累计筛余允许超出分界线，但其超出量不得大于 5%”。

JGJ/T 241—2011 第 4.1.1-2 条“人工砂的实际颗粒级配与表 4.1.1-1 中累计筛余相比，除筛孔为 4.75 mm 和 600 μm 的累计筛余外，其余筛孔的累计筛余可超出表中限定范围，但超出量不应大于 5%”。

JTG/T F50—2011 与 JGJ/T 241—2011 细骨料颗粒级配各筛孔累计筛余的规定，可以理解为：细骨料颗粒级配中的 6 个标准筛，除 4.75 mm 和 0.60 mm 这 2 个标准筛的累计筛余不能超出限定范围，其余 0.15 mm、0.30 mm、1.18 mm、2.36 mm 这 4 个标准筛的累计筛余均可超出限定的范围，但各自超出的累计筛余不得大于 5%。

《公路招标文件》表 410-1“细集料级配范围”中的“注：2 表中除带有 * 号筛孔（即：5.00 mm、0.63 mm 以及 0.16 mm 筛孔）外，其余各筛孔累计筛余允许超出分界线，但其总量不得大于 5%”。

《公路招标文件》细骨料颗粒级配各筛孔累计筛余的规定，可以理解为：细骨料颗粒级配中的 6 个标准筛，除 4.75 mm、0.60 mm 以及 0.15 mm 这 3 个标准筛的累计筛余不能超出限定范围，其余 0.30 mm、1.18 mm、2.36 mm 这 3 个标准筛的累计筛余均可超出限定范围，但超出的总量不得大于 5%。

JG/T 568—2019 第 5.3.1 条“细骨料颗粒级配允许一个粒级（不含 4.75 mm 和筛底）的分计筛余可略有超出，但不应大于 5%”。

JG/T 568—2019 细骨料颗粒级配各筛孔累计筛余的规定，可以理解为：细骨料颗粒级配中的 6 个标准筛，除 4.75 mm 这 1 个标准筛的累计筛余不能超出限定范围，其余 0.15 mm、0.30 mm、0.60 mm、1.18 mm、2.36 mm 这 5 个标准筛，允许其中 1 个标准筛的累计筛余超出限定范围，且这一标准筛超出的累计筛余不得大于 5%。

由于 4.75 mm 筛为粗骨料与细骨料的界限筛孔、0.60 mm 筛为细骨料的分区筛孔（注：JGJ 52—2006 第 3.1.2 条“除特细砂外，砂的颗粒级配可按公称直径 630 μm 筛孔的累计筛余量，分成三个级配区”），且一个标准筛的累计筛余超出限定范围后，后面标准筛的累计筛余，也有可能超出限定范围。

因此，作者认为，细骨料颗粒级配各筛孔的累计筛余，除 4.75 mm 筛以及 0.60 mm 筛外，其余 0.15 mm、0.30 mm、1.18 mm、2.36 mm 标准筛，其中之一标准筛的累计筛余可超出限定范围，但不应大于 5%。

3. 细骨料 4.75 mm 以上颗粒的含量

虽然 JTS 202—2011 第 4.2.1 条以及 JTS 202-2—2011 第 4.4.1 条明确要求“拌制混凝土应采用质地坚固、粒径在 5 mm 以下的砂作为细骨料”，但是，包括 JTS 202—2011、JTS 202-2—2011 在内的各行业规范、规程、标准，细骨料颗粒级配中 4.75 mm 筛的最大累计筛余量均为 10%，而且，工程实际应用中，绝大多数细骨料均含有大于 4.75 mm 的颗粒。

如果根据粗骨料的定义、Q/CR 9207—2017 第 6.3.3-8 条“细骨料中粒径大于 5 mm 的颗粒含量不宜大于 5%，否则应在混凝土试配时将超出限量部分计入粗骨料”以及 DL/T 5330—2015 第 2.1.17 条“砂率：混凝土中砂与砂石的体积比或质量比”，细骨料中大于 4.75 mm 的颗粒，应全部计入粗骨料，因而细骨料的实际用量将减少，水泥混凝土实际的砂率将小于理论配合比设计的砂率。经计算，如果水泥混凝土原有细骨料以及粗骨料的总用量保持不变，细骨料中大于 4.75 mm 的颗粒含量每增加 1%，水泥混凝土的实际砂率将减少 0.5% 左右。

由于工程实际应用中，细骨料不可避免含有或多或少大于 4.75 mm 的颗粒，为符合工程实际并保证水泥混凝土砂率不产生大的改变，作者认为，水泥混凝土细骨料中 4.75 mm以上颗粒的含量不应超过 1%。

4. 细骨料级配区与粗细程度的关系

MH/T 5004—2010 附录 D 表 D.0.3-1“砂的分区及级配要求”中的“注：① 1 区砂基本属于粗砂；2 区砂基本属于中砂和一部分偏粗的细砂，颗粒适中，级配良好；3 区砂属于细砂和一部分偏细的中砂”。

JTG/T 3650—2020 第 40 页第 6.3.4 条的“条文说明：条文列入了各种级配区的级

配,如表 6.3.4-1 所示,其中 1 区基本属于粗砂范畴,2 区基本属于中砂范畴,3 区基本属于细砂范畴”。

如果根据本书表 3.1“现行计算方法得到的细度模数”,Ⅰ区细骨料的细度模数在 3.67 ~2.81 之间,Ⅱ区细骨料的细度模数在 3.19 ~2.11 之间,Ⅲ区细骨料的细度模数在 2.39 ~1.61 之间,而细度模数 3.7 ~3.1 属于粗砂、3.0 ~2.3 属于中砂、2.2 ~1.6 属于细砂,说明细骨料的级配区与细骨料的粗细程度不存在任何的关联。

5. 细骨料级配区与级配类别的关系

T/CECS G:K50 - 30—2018 表 4.1.5 - 2“级配类别”以及 JTG/T 3650—2020 表 6.3.4-2“级配类别”,与 GB/T 14684—2011 完全相同。

作者无法查证细骨料级配区与级配类别对应关系的依据出自何处,更不清楚列出细骨料级配区与级配类别的对应关系有何目的或意义。

根据本书表 3.1“现行计算方法得到的细度模数”可知,Ⅱ区与Ⅰ区重叠的细骨料细度模数为 2.81 ~3.19、Ⅱ区与Ⅲ区重叠的细骨料细度模数为 2.11 ~2.39。

由于“细度模数相同而级配不同的砂,会具有不同的混凝土配制性质”(注:摘自 JTG/T 3650—2020 第 40 页第 6.3.4 条的“条文说明”),从细骨料细度模数的角度考虑,作者认为,细骨料的级配区与级配类别不存在任何的关联,更不能说明Ⅱ区细骨料就是Ⅰ类细骨料或是最好的细骨料。

6. 细骨料的选用

JTS 202—2011 表 4.2.3-2“砂的颗粒级配区”中的“注:① ……;② 当使用Ⅰ区砂,特别是当级配接近上限时,宜适当提高混凝土的砂率,确保混凝土不离析;当使用Ⅲ区砂时,应适当降低混凝土的砂率或掺入减水剂,提高拌合物的和易性并便于振实;③ ……;④ Ⅰ区砂宜配制低流动性混凝土、Ⅱ区砂宜配制不同强度等级混凝土、Ⅲ区砂宜降低砂率配制不同强度等级混凝土”。

《公路招标文件》表 410-1“细集料级配范围”中的“注:1. 混凝土中细集料的级配范围应符合表 410-1 任一区。2. ……。3. Ⅰ区砂宜提高砂率以配低流动性混凝土,Ⅱ区砂宜优先选用以配不同等级混凝土,Ⅲ区砂宜适当降低砂率以保证混凝土强度”。

Q/CR 9207—2017 第 6.3.3-2 条“配制混凝土时宜优先选用中砂(细度模数 3.0 ~2.3)。当采用粗砂(细度模数 3.7 ~3.1)时,宜适当提高砂率;当采用细砂(细度模数 2.2 ~1.6)时,宜适当降低砂率”。

CJJ 2—2008 第 7.2.3-2 条“混凝土用砂一般应以细度模数 2.5 ~3.5 的中、粗砂为宜”。

JGJ 52—2006 第 3.1.2 条“配制混凝土时宜优先选用Ⅱ区砂;当采用Ⅰ区砂时,应提高砂率,并保持足够的水泥用量,满足混凝土的和易性;当采用Ⅲ区砂时,宜适当降低砂率;当采用特细砂时,应符合相应的规定;配制泵送混凝土,宜选用中砂”。

JGJ/T 241—2011 第 6.1.3 条“配制混凝土时,宜采用细度模数为 2.3 ~3.2 的人工砂”。

根据本书表 3.1“现行计算方法得到的细度模数”可知:Ⅰ区的细骨料,可能是粗砂,也可能是中砂;Ⅱ区的细骨料,可能是粗砂,可能是中砂,也可能是细砂;Ⅲ区的细骨料,可能是中砂,也可能是细砂。因此,作者认为,选用细骨料时,应同时考虑细骨料的级配区及细度模数,建议优先选用Ⅱ区、中砂。

7. 细骨料各号筛的颗粒级配

现行各版本规范、规程、标准细骨料,虽是连续的颗粒级配,但是,可能出现同一细骨料同时符合Ⅰ区、Ⅱ区或Ⅲ区颗粒级配的情况。

如果根据上述 JTG/T F50—2011 表6.3.4 以及 JGJ/T 241—2011 第4.1.1-2 条的规定,Ⅱ区1.18 mm 筛的上限累计筛余与下限累计筛余之差,最大可能相差50%,但是,即使细骨料的累计筛余相差达到50%,细骨料的颗粒级配也可判定合格。

例如:某水泥混凝土配合比设计时使用的细骨料为Ⅱ区、中砂、天然砂,工程实际使用的天然砂1、天然砂2、天然砂3 的筛分结果,见表3.9。

表3.9　Ⅱ区天然砂的级配要求及3 种天然砂的筛分结果

筛孔尺寸/mm	0.15	0.30	0.60	1.18	2.36	4.75	细度模数
Ⅱ区天然砂级配范围/%	90~100	70~92	41~70	10~50	0~25	0~10	—
天然砂1 的累计筛余/%	95	90	60	40	15	0	3.0
天然砂2 的累计筛余/%	95	75	65	55	30	10	3.0
天然砂3 的累计筛余/%	98	92	70	40	0	0	3.0

从表3.9 可以看出,上述3 个天然砂的颗粒组成,均符合天然砂Ⅱ区的级配范围,而且,即使天然砂2 与天然砂3 中2.36 筛的累计筛余相差达到30%,这两个天然砂的细度模数均为3.0,且均属于Ⅱ区、中砂的范畴。

作者认为,工程实际使用的细骨料应同时符合以下4 个基本条件:① 不应含有9.5 mm以上的颗粒;② 4.75 mm 以上颗粒含量不应超过1%;③ 各号标准筛均应占一定数量的颗粒;④ 颗粒组成应在选定级配区的范围内。

如以上述4 个基本条件作为细骨料颗粒级配合格与否的判定依据,表3.9 中的3 个天然砂,只有天然砂1 的颗粒级配符合配合比设计时使用的Ⅱ区天然砂级配要求。

8. 方孔筛与圆孔筛细骨料的颗粒级配

如果仔细比较已经废止的以及现行的各版本规范、规程、标准细骨料的颗粒级配,方孔筛与圆孔筛的颗粒级配完全一致。

现行圆孔筛与方孔筛细骨料颗粒级配的修订,应该是依据 JGJ 52—2006 第94 页第3.1.2 条的"条文说明:本次修订,筛分析试验与 ISO 6274《混凝土-骨料的筛分析》一致,将原2.50 mm 以上的圆孔筛改为方孔筛,原2.50 mm、5.00 mm、10.0 mm 孔径的圆孔筛,改为2.36 mm、4.75 mm、9.50 mm 孔径的方孔筛。经编制组试验证明:筛的孔径调整后,砂的颗粒级配区,用新旧两种不同的筛子无明显不同,砂的细度模数也无明显的差异"以及 SL/T 352—2020 第3.1 节"细骨料颗粒级配试验"第367 页的"条文说明:对比试验表明,两者的筛分结果差别不大,可以对应替换使用"。

根据 JTJ 058—2000 附录B 表2"圆孔筛与方孔筛的对应关系"及其中的"注:圆孔筛系列中小于1.25 mm 的本来就是方孔筛",已经废止的圆孔筛中小于1.25 mm 标准筛均为方孔筛,且与现行方孔筛的筛孔尺寸相差不大。经作者试验,现行 1.18 mm 及其以下系列方孔筛,与 1.25 mm 及其以下系列圆孔筛测定的细骨料颗粒级配和细度模数,确实无明显的差异。

但是,如果根据作者已出版的《土木工程试验检测技术研究》中的"方圆之差,天壤之别"等多篇论文的试验结果,2.36 mm、4.75 mm 方孔筛与 2.50 mm、5.00 mm 圆孔筛测定的细骨料颗粒级配存在较大的差异。

根据作者大量的试验数据以及严谨的数据换算,现行细骨料方孔筛各号筛的级配范围,见表 3.10。

表 3.10　方孔筛细集料各级配区各号筛的级配范围

筛孔尺寸/mm	级配区		
	Ⅰ区	Ⅱ区	Ⅲ区
	累计筛余/%		
9.5	0	0	0
4.75	9~0	9~0	9~0
2.36	31~4	23~0	14~0
1.18	65~35	50~10	25~0
0.60	85~71	70~41	40~16
0.30	95~80	92~70	85~55
0.15	100~90	100~90	100~90

9. 砌筑砂浆用细骨料最大粒径的规定

DL/T 5330—2015 第 8.1.2 条"砂浆所使用的原材料应与其接触的混凝土所使用的原材料相同",即 DL/T 5330—2015 砌筑砂浆用砂 4.75 mm 筛的累计筛余量≤10%。

JTS/T 236—2019 第 10.2.1-(2)条"拌制砂浆用的材料符合有关技术要求,试验原材料与现场材料一致,并仔细拌和均匀,细骨料通过 4.75 mm 筛"。

JTG/T 3650—2020 表 6.3.4-1"细集料的颗粒级配"中"注:2 对砂浆用砂,4.75 mm 筛孔的累计筛余量应为 0"。

Q/CR 9207—2017 第 10.3.3 条以及 TB 10424—2018 第 8.2.2 条"砂浆用砂技术要求应符合本标准第 6.2.3 条中 C30 以下混凝土用细骨料的规定",即铁路工程砌筑砂浆用砂 4.75 mm 筛的累计筛余量≤10%。

CJJ 2—2008 第 9.1.1 条"砌体所用水泥……砂的最大粒径,当用于砌筑片石时,不宜超过 5 mm;当用于砌筑块石、粗料石时,不宜超过 2.5 mm"。

JGJ/T 98—2010 第 3.0.3 条"砂宜选用中砂,并应符合现行行业标准《普通混凝土用砂、石质量及检验方法标准》JGJ 52 的规定,且应全部通过 4.75 mm 的筛孔"。

作者认为,砌筑砂浆用的细骨料,其技术要求除应符合混凝土用细骨料的有关规定外,对于细骨料最大粒径:砌石用细骨料,9.5 mm 筛的累计筛余量可以放宽至≤10%;砌砖用细骨料,4.75 mm 筛的累计筛余量应为 0;抹面、勾缝用细骨料,2.36 mm 筛的累计筛余量应为0。

3.6.2　含泥量、石粉含量和泥块含量

3.6.2.1　天然砂的含泥量和泥块含量应符合表3.11的规定。

表3.11　含泥量和泥块含量

类别	Ⅰ	Ⅱ	Ⅲ
含泥量(按质量计)/%	≤1.0	≤3.0	≤5.0
泥块含量(按质量计)/%	0	≤1.0	≤2.0

细骨料含泥量及泥块含量的规定

SL 677—2014以及SL 632—2012细骨料含泥量和泥块含量的规定，见表3.12。

表3.12　SL 677—2014及SL 632—2012细骨料的含泥量和泥块含量

项目		指标	
		天然砂	人工砂
含泥量/%	设计龄期强度等级≥30 MPa和有抗冻要求的混凝土	≤3	—
	设计龄期强度等级<30 MPa	≤5	
泥块含量/%		不允许	不允许

DL/T 5144—2015细骨料含泥量和泥块含量的规定，见表3.13。

表3.13　DL/T 5144—2015细骨料的含泥量和泥块含量

项目		指标	
		天然砂	人工砂
含泥量/%	设计龄期混凝土抗压强度标准值≥30 MPa和有抗冻要求的	≤3	—
	设计龄期混凝土抗压强度标准值<30 MPa	≤5	—
泥块含量/%		不允许	不允许

JTS 202—2011以及JTS 202-2—2011细骨料含泥量和泥块含量的规定，见表3.14。

表3.14　JTS 202—2011与JTS 202-2—2011细骨料的含泥量和泥块含量

项目	有抗冻性要求		无抗冻性要求		
	>C40	≤C40	≥C60	C55～C30	<C30
总含泥量/(按质量计,%)	≤2.0	≤3.0	≤2.0	≤3.0	≤5.0
其中泥块含量/(按质量计，%)	<0.5		≤0.5	≤1.0	<2.0

JTG/T 3650—2020 天然砂含泥量和泥块含量的规定，与 GB/T 14684—2011 完全相同。

《公路招标文件》细骨料含泥量和泥块含量的规定，见表 3.15。

表 3.15 《公路招标文件》细骨料的含泥量和泥块含量

混凝土级别	≥C30	<C30
含泥量/(按质量计,%)	≤3	≤5
其中泥块含量/(按质量计,%)	≤1.0	≤2.0

注：对有抗冻、抗渗或其他特殊要求的混凝土用砂，总含泥量应不大于 3%，其中泥块含量应不大于 1.0%。云母含量不应超过 1%。

Q/CR 9207—2017 细骨料含泥量和泥块含量的规定，见表 3.16。

表 3.16 Q/CR 9207—2017 细骨料的含泥量和泥块含量

混凝土强度等级	≥C50	C45 ~ C30	<C30
含泥量(天然砂)	≤2.0%	≤2.5%	≤3.0%
泥块含量(天然砂及机制砂)	≤0.5%		

注：处于冻融破坏环境下，细骨料中的含泥量不应大于 2.0%，吸水率不应大于 1%。

TB/T 3275—2018 以及 TB 10424—2018 细骨料含泥量和泥块含量的规定，见表 3.17。

表 3.17 TB/T 3275—2018 以及 TB 10424—2018 细骨料的含泥量和泥块含量

混凝土强度等级	≥C50	C45 ~ C30	<C30
含泥量	≤2.0%	≤2.5%	≤3.0%
泥块含量	≤0.5%		

注：冻融破坏环境下，细骨料的含泥量不应大于 2.0%，吸水率不应大于 1.0%。

JGJ 52—2006 细骨料含泥量和泥块含量的规定，见表 3.18。

表 3.18 JGJ 52—2006 细骨料的含泥量和泥块含量

混凝土强度等级	≥C60	C55 ~ C30	≤C25
天然砂含泥量(按质量计,%)	≤2.0	≤3.0	≤5.0
细骨料泥块含量(按质量计,%)	≤0.5	≤1.0	≤2.0

注：1. 对于有抗冻、抗渗或其他特殊要求的≤C25 混凝土用砂，其含泥量不应大于 3.0%。
2. 对于有抗冻、抗渗或其他特殊要求的≤C25 混凝土用砂，其泥块含量不应大于 1.0%。

JG/T 568—2019 细骨料含泥量和泥块含量的规定，见表 3.19。

表 3.19　JG/T 568—2019 细骨料的含泥量和泥块含量

项目	天然砂		人工砂	
	特级	Ⅰ级	特级	Ⅰ级
含泥量(按质量计,%)	≤1.0	≤2.0	—	—
泥块含量(按质量计,%)	0	≤0.5	0	≤0.5

作者认为,细骨料的含泥量及泥块含量应根据水泥混凝土的强度等级以及抗冻、抗渗或其他特殊要求,分别进行相应的规定。

3.6.2.2　机制砂 MB 值≤1.4 或快速法试验合格时,石粉含量和泥块含量应符合表 3.20 的规定;机制砂 MB 值>1.4 或快速法试验不合格时,石粉含量和泥块含量应符合表 3.21 的规定。

表 3.20　石粉含量和泥块含量(MB 值≤1.4 或快速法试验合格)

类别	Ⅰ	Ⅱ	Ⅲ
MB 值	≤0.5	≤1.0	≤1.4 或合格
石粉含量(按质量计)/%	≤10.0		
泥块含量(按质量计)/%	0	≤1.0	≤2.0
注:此指标根据使用地区和用途,经试验验证,可由供需双方协商确定。			

表 3.21　石粉含量和泥块含量(MB 值>1.4 或快速法试验不合格)

类别	Ⅰ	Ⅱ	Ⅲ
石粉含量(按质量计)/%	≤1.0	≤3.0	≤5.0
泥块含量(按质量计)/%	0	≤1.0	≤2.0

1. 机制砂石粉含量及泥块含量的规定

SL 677—2014 以及 SL 632—2012 机制砂石粉含量和泥块含量的规定,见表 3.22。

表 3.22　SL 677—2014 及 SL 632—2012 机制砂的石粉含量和泥块含量

项目	指标	
	天然砂	人工砂
石粉含量/%	—	6~18
泥块含量/%	不允许	

DL/T 5144—2015 机制砂石粉含量和泥块含量的规定,见表 3.23。

表 3.23　DL/T 5144—2015 机制砂的石粉含量

项目	指标		备注
	天然砂	人工砂	
0.16mm 及以下颗粒含量/%	—	6～18	最佳含量通过试验确定;经试验论证可适当放宽
泥块含量/%	—	不允许	

JTS 202—2011、JTS 202-2—2011、JGJ/T 241—2011 以及 GB 50164—2011 机制砂石粉含量和泥块含量的规定与 JGJ 52—2006 完全相同。

JTG/T 3650—2020 机制砂石粉含量及泥块含量的规定,除了没有 GB/T 14684—2011 表 4 中的"此指标根据使用地区和用途,经试验验证,可由供需双方协商确定",其余与 GB/T 14684—2011 相同。

JT/T 819—2011 机制砂石粉含量和泥块含量的规定,见表 3.24。

表 3.24　JT/T 819—2011 机制砂的石粉含量和泥块含量

指标		Ⅰ类	Ⅱ类	Ⅲ类
石粉含量/%	MB 值<1.40 或合格	<5.0	<7.0	<10.0
	MB 值≥1.40 或不合格	<1.0	<3.0	<5.0
泥块含量/%		0	<0.5	<1.0

T/CECS G:K50-30—2018 机制砂石粉含量和泥块含量的规定,见表 3.25。

表 3.25　T/CECS G:K50-30—2018 机制砂的石粉含量和泥块含量

项目		Ⅰ类	Ⅱ类	Ⅲ类
公路工程结构物/(路面除外,%)	MB 值<1.4 或合格	≤7	≤10	≤12
	MB 值≥1.4 或不合格	≤4	≤5	≤7
泥块含量/%		0	≤0.5	≤1.0

《公路招标文件》没有规定机制砂的石粉含量,细骨料泥块含量的规定,见表 3.15。

Q/CR 9207—2017 机制砂石粉含量和泥块含量的规定,见表 3.26。

表 3.26　Q/CR 9207—2017 机制砂的石粉含量和泥块含量

混凝土强度等级		≥C50	C45～C30	<C30
石粉含量(机制砂)	MB<1.40	≤5.0%	≤7.0%	≤10.0%
	MB≥1.40	≤2.0%	≤3.0%	≤5.0%
泥块含量/%		≤0.5%		

TB/T 3275—2018 以及 TB 10424—2018 机制砂石粉含量、泥块含量和含泥量的规定,见表 3.27。

表3.27　TB/T 3275—2018以及TB 10424—2018机制砂的石粉含量、泥块含量和含泥量

混凝土强度等级		≥C50	C45~C30	<C30
石粉含量（机制砂）	MB<0.5	≤15.0%		
	0.5≤MB<1.40	≤5.0%	≤7.0%	≤10.0%
	MB≥1.40	≤2.0%	≤3.0%	≤5.0%
泥块含量/%		≤0.5%		
含泥量/%		≤2.0%	≤2.5%	≤3.0%

JGJ 52—2006机制砂或混合砂石粉含量和泥块含量的规定，见表3.28。

表3.28　JGJ 52—2006机制砂或混合砂的石粉含量和泥块含量

混凝土强度等级		≥C60	C55~C30	<C25
石粉含量/%	MB<1.4(合格)	≤5.0	≤7.0	≤10.0
	MB≥1.4(不合格)	≤2.0	≤3.0	≤5.0
泥块含量/%		≤0.5	≤1.0	≤2.0

JG/T 568—2019机制砂泥块含量的规定，见表3.19；机制砂石粉含量的规定，见表3.29。

表3.29　JG/T 568—2019机制砂的石粉含量

$MB_F>6.0$	0.15 mm与筛底的分计筛余之和≤25%
	石粉含量≤3.0%
$MB_F>4.0$，且$F_F<100\%$	石粉含量≤5.0%
$MB_F>4.0$，且$F_F\geq100\%$	石粉含量≤7%
$MB_F\leq4.0$，且$F_F\geq100\%$	石粉含量≤10%
$MB_F\leq2.5$，或$F_F\geq110\%$	根据使用环境和用途，并经试验验证，供需双方协商可适当放宽石粉含量（按质量计），但不应超过15%
注：MB_F——石粉亚甲蓝值；F_F——石粉流动度比。	

2. 沥青路面细骨料亚甲蓝值的规定极值

细骨料的石粉含量，除了JG/T 568—2019采用亚甲蓝值以及石粉流动度比作为双控制外，其他规范、规程、标准细骨料均以亚甲蓝值作为控制，且以1.4 g/kg或1.40 g/kg作为亚甲蓝值的规定极值。

唯独JTG F40—2004表4.9.2“沥青混合料用细集料质要求”中的“亚甲蓝值”，以“25 g/kg”作为亚甲蓝值的规定极值，且采用的“试验方法”为“T 0349”，即JTG E42—2005/T 0349—2005“细集料亚甲蓝试验”。

作者已出版的《细集料含泥量与含粉量的试验研究》大量的试验结果表明，含泥量为6%的200 g各种岩质细骨料，辉绿岩细骨料吸附的亚甲蓝最多，测定的最大亚甲蓝值仅为4.7 g/kg。因此,如果以“25 g/kg”作为细骨料亚甲蓝值的规定极值,所有细骨料将可用于公路工程沥青混合料。

3. 细骨料石粉含量的有关研究

JTS 202-2—2011 第4.4.4条的“条文说明:研究证明,机制砂中石粉含量0～30%时,对普通混凝土性能影响很小”。

T/CECS G:K50-30—2018 第4.1.6条的“条文说明:石粉含量对混凝土的新拌和硬化性能影响显著,较高的泥块含量与外加剂不相适应,因此需对机制砂石粉含量和泥块含量指标进行严格控制。大量研究表明,在控制泥块含量的前提下,石粉在一定范围内对混凝土性能提升是有利的”。

Q/CR 9570—2020 第3.3.4条的“条文说明:机制砂石粉含量对机制砂混凝土的工作性能、力学性能和体积稳定性均影响显著。针对不同强度等级混凝土和不同岩性的石粉,石粉含量在配合比设计中需要通过试验确定”。

JGJ 52—2006 第3.1.5条的“条文说明:人工砂中的石粉绝大部分是母岩被破碎的细粒,与天然砂中的泥不同,它们在混凝土中的作用也有很大区别。……许多工业发达国家早在数十年前对人工砂进行研究并把人工砂列入国家标准,现将我国有关标准及国外标准对石粉含量的要求列入表2～表4(即表3.30、表3.31、表3.32)”。

表3.30　贵州省《山砂混凝土技术规定》

强度等级	>C30	C30～C20	<C20
石粉含量/%	<10	<15	<20

表3.31　国标《建筑用砂》

产品分类	Ⅰ类	Ⅱ类	Ⅲ类
石粉含量/%	<3.0	<5.0	<7.0

表3.32　国外石粉含量的限值

美国	英国	日本	德国(0.063 mm以下)
5%～7%	承重混凝土≤9% 一般混凝土≥16%	<7%	4%～22%

工程实际应用中的机制砂,根据某高速公路工程文件“关于石粉含量在10%～15%内机制砂应用于C30及以下混凝土配合比试配情况报告:根据前期试验,沿线料场所生产机制砂石粉含量大部分大于10%,小于15%,部分石场石粉含量大于15%”可略知一二,因此,现行规范、规程、标准细骨料的最大石粉含量与工程实际不相符,因而不能确保工程的质量以及充分利用全国各地丰富的机制砂资源。

3.6.3　有害物质

砂中如含有云母、轻物质、有机物、硫化物及硫酸盐、氯化物、贝壳,其限量应符合表

3.33 的规定。

表 3.33　有害物质限量

类别	Ⅰ	Ⅱ	Ⅲ
云母(按质量计)/%	≤1.0	≤2.0	
轻物质(按质量计)/%	≤1.0		
有机物	合格		
硫化物及硫酸盐(按 SO_3 质量计)/%	≤0.5		
氯化物(以氯离子质量计)/%	≤0.01	≤0.02	≤0.06
贝壳(按质量计)/% *	≤3.0	≤5.0	≤8.0

* 该指标仅适用于海砂,其他砂种不作要求。

1. 细骨料有害物质的规定

SL 677—2014 以及 SL 632—2012 细骨料有害物质的规定,见表 3.34。

表 3.34　SL 677—2014 及 SL 632—2012 细骨料的有害物质

项目	指标	
	天然砂	人工砂
有机质含量	浅于标准色	不允许
云母含量/%	≤2	
硫化物及硫酸盐含量/%	≤1	
轻物质含量/%	≤1	—

DL/T 5144—2015 细骨料有害物质的规定,见表 3.35。

表 3.35　DL/T 5144—2015 细骨料的有害物质

项目	指标		备注
	天然砂	人工砂	
有机质含量	浅于标准色	不允许	如深于标准色,应进行混凝土强度对比试验
云母含量/%	≤2	≤2	
硫化物及硫酸盐含量/%	≤1	≤1	折算成 SO_3 含量,按质量计
轻物质含量/%	≤1	—	

JTS 202—2011 细骨料有害物质的规定,见表 3.36。

表 3.36　JTS 202—2011 细骨料的有害物质

项目	有抗冻性要求		无抗冻性要求		
	>C40	≤C40	≥C60	C55 ~ C30	<C30
云母含量/(按质量计,%)	<1.0		≤2.0		
轻物质含量/(以质量计,%)	≤1.0		≤1.0		
硫化物及硫酸盐含量/(按 SO_3 质量计,%)	≤1.0		≤1.0		
有机物含量(比色法)	颜色不应深于标准色,当深于标准色时,应采用水泥胶砂法进行砂浆强度对比试验,相对抗压强度不应低于95%				

JTG/T 3650—2020 细骨料有害物质的规定,除了没有 GB/T 14684—2011 表 6(即本书表 3.33)中的“该指标仅适用于海砂,其他砂种不作要求”,其余与 GB/T 14684—2011 相同。

T/CECS G:K50-30—2018 机制砂有害物质的规定,见表 3.37。

表 3.37　T/CECS G:K50-30—2018 机制砂的有害物质

指标	Ⅰ类	Ⅱ类	Ⅲ类
云母含量/%	≤1.0	≤2.0	
轻物质含量/%	≤1.0		
硫化物及硫酸盐含量/(折算成 SO_3,%)	≤0.5		
有机质含量	合格		
氯离子含量/%	≤0.01	≤0.02	≤0.06

注:1. 表中含量均为质量百分比。

2. 有抗冻、抗渗、高强度要求的混凝土,机制砂中云母含量不应大于 1.0%。

3. 机制砂中如发现含有颗粒状的硫化物或硫酸盐杂质时,应进行专门检验,确认能满足混凝土耐久性要求时,方能使用。

JT/T 819—2011 机制砂有害物质的规定,见表 3.38。

表 3.38　JT/T 819—2011 机制砂的有害物质

指标	Ⅰ类	Ⅱ类	Ⅲ类
云母含量/(按质量计,%)	<1.0	<2.0	<2.0
轻物质含量/(按质量计,%)	<1.0	<1.0	<1.0
有机物含量	合格	合格	合格
硫化物及硫酸盐含量/(按 SO_3 质量计,%)	<0.5	<0.5	<0.5
氯离子含量/%	<0.01	<0.02	<0.06

《公路招标文件》细骨料有害物质的规定，见表 3.39。

表 3.39　《公路招标文件》细骨料的有害物质

混凝土级别		≥C30	<C30
有害物质含量	云母含量/%	<2	<2
	轻物质含量/%	<1	<1
	有机物含量(用比色法试验)	颜色不应深于标准色，如深于标准色，应以水泥砂浆进行抗压强度对比试验，加以复核	
	硫化物及硫酸盐折算为 SO_3/%	<1	<1

注：对有抗冻、抗渗或其他特殊要求的混凝土用砂，云母含量不应超过 1%。

TB/T 3275—2018、TB 10424—2018 以及 Q/CR 9207—2017 细骨料有害物质的规定，见表 3.40。

表 3.40　铁路工程细骨料的有害物质

项目	技术要求		
	≥C50	C45 ~ C30	<C30
云母含量	≤0.5%		
轻物质含量	≤0.5%		
有机物含量	浅于标准色		
硫化物及硫酸盐含量(以 SO_3 计)	≤0.5%		
氯化物含量(以 Cl^- 计)	<0.02%		

注：当细骨料中含有颗粒状的硫酸盐或硫化物杂质时，应进行专门检验，确认能满足混凝土耐久性要求时，方能采用。

JGJ 52—2006 细骨料有害物质的规定，见表 3.41。

表 3.41　JGJ 52—2006 细骨料的有害物质

项目	质量指标
云母含量/(按质量计，%)	≤2.0
轻物质含量/(按质量计，%)	≤1.0
硫化物及硫酸盐含量/(折算成 SO_3 按质量计，%)	≤1.0
有机物含量(用比色法试验)	颜色不应深于标准色。当颜色深于标准色时，应按水泥胶砂强度试验方法进行强度对比试验，抗压强度比不应低于 0.95

续表 3.41

项目	质量指标		
贝壳含量/(按质量计,%)	≥C40 混凝土	C35 ~ C30 混凝土	C25 ~ C15 混凝土
	≤3	≤5	≤8
氯离子含量/ (以干砂的质量百分率计,%)	钢筋混凝土		预应力混凝土
	≤0.06		≤0.02

注:1. 对于有抗冻、抗渗要求的混凝土用砂,其云母含量不应大于 1.0%。

2. 当砂中含有颗粒状的硫酸盐或硫化物杂质时,应进行专门检验,确认能满足混凝土耐久性要求后,方可采用。

3. 对于有抗冻、抗渗或其他特殊要求的小于或等于 C25 混凝土用砂,其贝壳含量不应大于 5%。

JG/T 568—2019 细骨料有害物质的规定,见表 3.42。

表 3.42 JG/T 568—2019 细骨料的有害物质

项目	天然砂		人工砂	
	特级	Ⅰ级	特级	Ⅰ级
云母含量(按质量计)/%	≤1.0	≤2.0	≤1.0	≤2.0
轻物质含量(按质量计)/%	≤1.0		≤1.0	
有机物含量	合格		合格	
硫化物及硫酸盐/ (折算成 SO_3,按质量计)/%	≤0.5		≤0.5	
氯化物(以氯离子质量计)/%	≤0.01	≤0.02	≤0.01	≤0.02
贝壳(按质量计)/%	≤3.0	≤5.0	≤3.0	≤5.0

注:1. 当细骨料中含有颗粒状的硫酸盐或硫化杂质时,应进行专门检验,确认能满足混凝土耐久性要求后,方能采用;当细骨料中含有黄铁矿时,硫化物及硫酸盐含量不得超过 0.25%。

2. 贝壳含量的指标仅适用于海砂,其他砂种不作要求。

JGJ/T 241—2011 第 4.1.1-7 条“人工砂的氯离子含量……有害物质含量应符合现行行业标准《普通混凝土用砂、石质量及检验方法标准》JGJ 52 的规定”。

2. 细骨料有机物含量的试验结果

现行规范、规程、标准细骨料有机物含量的试验结果,一般采用“浅于标准色”、“合格”或“颜色不应深于标准色”,但是,当颜色深于标准色时,却有不相同的规定。

DL/T 5144—2015 为“如深于标准色,应进行混凝土强度对比试验”;JTS 202—2011 为“当深于标准色时,应采用水泥胶砂法进行砂浆强度对比试验,相对抗压强度不应低于 95%”;《公路招标文件》水泥混凝土面板细骨料的有机物含量试验要求“合格”,而桥涵工程细骨料的有机物含量试验规定“颜色不应深于标准色,如深于标准色,应以水泥砂浆进行抗压强度对比试验，加以复核”；JGJ 52—2006 为“当颜色深于标准色时，应按水泥胶砂强度试验方法进行强度对比试验，抗压强度比不应低于0.95”。

3.6.4　坚固性

3.6.4.1　采用硫酸钠溶液法进行试验，砂的质量损失应符合表3.43的规定。

表3.43　坚固性指标

类别	Ⅰ	Ⅱ	Ⅲ
质量损失/%	≤8		≤10

细骨料坚固性的规定

SL 677—2014 细骨料坚固性的规定，见表3.44。

表3.44　SL 677—2014 细骨料的坚固性

项目	指标	
	天然砂	人工砂
有抗冻和抗侵蚀要求的混凝土/%	≤8	
无抗冻要求的混凝土/%	≤10	

SL 632—2012 细骨料坚固性的规定，见表3.45。

表3.45　SL 632—2012 细骨料的坚固性

项目	指标	
	天然砂	人工砂
有抗冻要求/%	≤8	
无抗冻要求/%	≤10	

DL/T 5144—2015 细骨料坚固性的规定，见表3.46。

表3.46　DL/T 5144—2015 细骨料的坚固性

项目	指标		备注
	天然砂	人工砂	
有抗冻要求的混凝土/%	≤8		经试验论证可适当调整
无抗冻要求的混凝土/%	≤10		

JTS 202—2011 表4.2.1 以及 JTS 202-2—2011 表4.4.1-1“细骨料杂质含量限值”中的“注：① 有抗冻要求和强度大于等于 C30 的混凝土，对砂的坚固性有怀疑时，应采用硫酸钠法进行检验，经浸烘5次循环的失重率不应大于8%”。

T/CECS G:K50-30—2018 机制砂坚固性的规定，见表3.47。

表 3.47 T/CECS G:K50-30—2018 机制砂的坚固性

指标	Ⅰ类	Ⅱ类	Ⅲ类
坚固性/%	≤6.0	≤8.0	≤10.0

JT/T 819—2011 机制砂坚固性的规定，见表 3.48。

表 3.48 JT/T 819—2011 机制砂的坚固性

指标	Ⅰ类	Ⅱ类	Ⅲ类
硫酸钠溶液循环浸泡五次后的质量损失率/%	<6.0	<8.0	<10.0

JTG/T 3650—2020 细骨料硫酸钠溶液法坚固性的规定与 GB/T 14684—2011 完全相同。

《公路招标文件》细骨料坚固性的规定，见表 3.49。

表 3.49 《公路招标文件》细骨料的坚固性

混凝土所处的环境条件	循环后的质量损失/%	混凝土所处的环境条件	循环后的质量损失/%
在寒冷地区室外使用，并经常处于潮湿或干燥交替状态下的混凝土	≤8	在其他条件下使用的混凝土	≤12
注：对于有抗疲劳、耐磨、抗冲击要求的混凝土用砂，或有腐蚀介质作用或经常处于水位变化区的地下结构混凝土用砂，其循环后的质量损失率应小于 8%。			

TB/T 3275—2018、TB 10424—2018、Q/CR 9207—2017 坚固性的规定，见表 3.50。

表 3.50 铁路混凝土工程细骨料的坚固性

项目	≥C50	C45 ~ C30	<C30
坚固性	≤8%		

JGJ 52—2006 细骨料坚固性的规定，见表 3.51。

表 3.51 JGJ 52—2006 细骨料的坚固性

混凝土所处的环境条件及其性能要求	5 次循环后的质量损失/%
在严寒及寒冷地区室外使用并经常处于潮湿或干湿交替状态下的混凝土； 对于有抗疲劳、耐磨、抗冲击要求的混凝土； 有腐蚀介质作用或经常处于水位变化区的地下结构混凝土	≤8
其他条件下使用的混凝土	≤10

JG/T 568—2019 细骨料坚固性的规定，见表 3.52。

表3.52　JG/T 568—2019 细骨料的坚固性

项目	天然砂		人工砂	
	特级	Ⅰ级	特级	Ⅰ级
坚固性(质量损失)/%	≤5	≤8	≤5	≤8

JGJ/T 241—2011 第4.1.1-7条“人工砂的……坚固性、泥块含量和有害物质含量应符合现行行业标准《普通混凝土用砂、石质量及检验方法标准》JGJ 52的规定”。

为保证工程的质量并充分利用机制砂资源，作者认为，应根据不同强度等级的水泥混凝土以及抗冻、抗渗或其他特殊要求，分别规定细骨料的坚固性。

3.6.4.2　机制砂除了要满足3.43中的规定外，压碎指标还应满足表3.53的规定。

表3.53　压碎指标

类别	Ⅰ	Ⅱ	Ⅲ
单级最大压碎指标/%	≤20	≤25	≤30

1.机制砂压碎指标的规定

SL 677—2014、SL 632—2012 以及 DL/T 5144—2015 均没有具体规定机制砂的压碎指标。

JTS 202—2011 以及 JTS 202-2—2011 均为“当采用特细砂、人工砂或混合砂时，应符合现行行业标准《普通混凝土用砂、石质量及检验方法标准》(JGJ 52)的有关规定”。

JT/T 819—2011 机制砂压碎指标的规定，见表3.54。

表3.54　JT/T 819—2011 机制砂的压碎指标

项目	技术要求		
	Ⅰ级	Ⅱ级	Ⅲ级
机制砂单粒级最大压碎指标/%	<20	<25	<30

JTG/T 3650—2020 以及 T/CECS G:K50-30—2018 机制砂压碎指标的规定与 GB/T 14684—2011 相同。

《公路招标文件》为“细集料应由颗粒坚硬、强度高、耐风化的天然砂构成，经监理人批准，也可用山砂或硬质岩石加工的机制砂”，但没有规定机制砂的压碎指标。

Q/CR 9207—2017、TB 10424—2018 以及 TB/T 3275—2018 机制砂压碎指标的规定，见表3.55。

表3.55　铁路工程机制砂的压碎指标

项目	≥C50	C45～C30	<C30
压碎指标	≤25%		

JG/T 568—2019 细骨料压碎指标的规定，见表3.56。

表 3.56 JG/T 568—2019 细骨料的压碎指标

项目	天然砂		人工砂	
	特级	Ⅰ级	特级	Ⅰ级
单级最大压碎指标/%	—	—	≤20	≤25

JGJ 52—2006 第 3.1.7 条以及 JGJ/T 241—2011 第 4.1.1-6 条“人工砂的总压碎值指标应小于 30%”。

为保证细骨料的质量并充分利用机制砂资源，作者认为，应根据不同类型的母岩以及不同强度等级的水泥混凝土，分别规定机制砂的压碎指标。

2. 机制砂母岩抗压强度的规定

JT/T 819—2011 第 5.1.1 条“机制砂宜采用开采的新鲜母岩制作，母岩岩石抗压强度宜满足：a）Ⅰ类不宜小于 80 MPa；b）Ⅱ类不宜小于 60 MPa；c）Ⅲ类不宜小于 30 MPa”。

T/CECS G：K50-30—2018 第 4.1.2 条“机制砂的母岩岩性应均一，碱活性应满足要求，抗压强度不宜低于 75 MPa”。

Q/CR 9570—2020 第 7.2.6 条“机制砂母岩抗压强度应符合设计要求。当设计无要求时，母岩的抗压强度与混凝土强度等级之比不应小于 1.5”。

JGJ/T 241—2011 表 4.1.1-3“人工砂母岩的强度”中的“母岩强度：火成岩≥100 MPa，变质岩≥80 MPa，沉积岩≥60 MPa”。

为保证细骨料的质量并充分利用机制砂资源，作者认为，应根据不同类型的母岩以及不同强度等级的水泥混凝土，分别规定机制砂母岩的抗压强度。

3.6.5 表观密度、松散堆积密度、空隙率

砂表观密度、松散堆积密度应符合如下规定：

——表观密度不小于 2 500 kg/m³；

——松散堆积密度不小于 1 400 kg/m³；

——空隙率不大于 44%。

细骨料表观密度、松散堆积密度以及空隙率的规定

SL 677—2014、SL 632—2012 以及 DL/T 5144—2015 没有规定细骨料松散堆积密度及空隙率，表观密度均规定≥2 500 kg/m³。

JTS 202—2011、《公路招标文件》、Q/CR 9207—2017、TB/T 3275—2018、TB 10424—2018 以及 JGJ 52—2006 均没有具体的规定。

JTG/T 3650—2020 细骨料表观密度、松散堆积密度以及空隙率的规定与 GB/T 14684—2011 完全相同。

T/CECS G：K50-30—2018 以及 JT/T 819—2011 机制砂的表观密度>2 500 kg/m³、松散堆积密度>1 400 kg/m³、空隙率<45%。

JT/T 819—2011 机制砂的表观密度应大于 2 500 kg/m³、松散堆积密度宜大于 1 400 kg/m³、空隙率宜小于 45%。

JG/T 568—2019 细骨料表观密度、松散堆积空隙率的规定,见表3.57。

表3.57　JG/T 568—2019 细骨料的表观密度、松散堆积空隙率

项目	天然砂		人工砂	
	特级	Ⅰ级	特级	Ⅰ级
表观密度/($kg \cdot m^{-3}$)	≥2 500	≥2 500	≥2 600	≥2 600
松散堆积空隙率/%	≤41.0	≤43.0	≤41.0	≤43.0

由于细骨料的表观密度、松散堆积密度以及空隙率决定着细骨料的成品质量,为保证细骨料的质量,作者认为,应根据不同类型的母岩以及不同强度等级的水泥混凝土,分别规定细骨料的最小表观密度、松散堆积密度以及最大空隙率。

3.6.6　碱集料反应

经碱集料反应试验后,试件应无裂缝、酥裂、胶体外溢等现象,在规定的试验龄期膨胀率应小于0.10%。

细骨料碱集料反应的规定

SL 677—2014、SL 632—2012、DL/T 5144—2015、《公路招标文件》以及 JG/T 568—2019 均没有具体的规定。

JTS 202—2011 第4.2.2条"海水环境工程中严禁采用碱活性细骨料。淡水环境工程中所用细骨料具有碱活性时,应采用碱含量小于0.6%的水泥并采取其他措施,经试验验证合格后方可使用"。

T/CECS G:K50-30—2018 第4.1.2条"机制砂的母岩岩性应均一,碱活性应满足要求"、第4.1.7条"Ⅰ类机制砂不应具有碱活性,Ⅱ类和Ⅲ类机制砂不应具有碱-碳酸盐反应活性"。

JTG/T 3650—2020 细骨料碱集料反应的规定与 GB/T 14684—2011 完全相同。

JT/T 819—2011 第5.1.2条"机制砂母岩的碱集料反应活性应满足:a) Ⅰ类机制砂母岩应不具有碱活性反应性;b) Ⅱ类、Ⅲ类机制砂的母岩若含有碱-硅酸反应活性矿物且具有碱活性反应性,应根据使用要求进行碱集料反应试验;c) 不宜使用具有碱-碳酸盐反应活性的岩石制作机制砂"。

TB/T 3275—2018 表6、Q/CR 9207—2017 第6.3.3-5条以及 TB 10424—2018 第6.2.3-2条,对细骨料碱集料反应的有关规定,各不相同,因篇幅原因,本书不再赘述。

Q/CR 9570—2020 第7.2.4条"机制砂母岩的碱-硅酸盐反应活性应满足相关要求,不应采用具有潜在碱-碳酸盐反应活性的母岩生产机制砂"。

CJJ 2—2008 第7.1.2条"混凝土宜使用非碱活性骨料,当使用碱活性骨料时,混凝土的总碱含量不宜大于3 kg/m^3;对大桥、特大桥梁总碱含量不宜大于1.8 kg/m^3;对处于环境类别属三类以上受严重侵蚀环境的桥梁,不得使用碱活性骨料"。

JGJ 52—2006 第3.1.9条"对于长期处于潮湿环境的重要混凝土结构用砂,应采用砂浆棒(快速法)或砂浆长度法进行骨料的碱活性检验。经上述检验判断为有潜在危害时,应控制混凝土中的碱含量不超过 3 kg/m³,或采用能抑制碱骨料反应的有效措施”。

JGJ/T 241—2011 第4.1.1-7条“人工砂的……碱活性、坚固性、泥块含量和有害物质含量应符合现行行业标准《普通混凝土用砂、石质量及检验方法标准》JGJ 52 的规定”。

GB 50164—2011 第2.3.3-9条“河砂和海砂应进行碱-硅酸反应活性检验;人工砂应进行碱-硅酸反应活性检验和碱-碳酸盐反应活性检验;对于有预防混凝土碱-骨料反应要求的工程,不宜采用有碱活性的砂”。

为保证水泥混凝土的长期性能以及耐久性能,作者认为,应根据水泥混凝土所处的环境条件,分别规定细骨料的碱集料反应。

3.6.7 含水率和饱和面干吸水率

当用户有要求时,应报告其实测值。

1. 细骨料含水率的规定

DL/T 5144—2015 第3.3.5-2条“细骨料的含水率应保持稳定,并控制在中值的±1%范围内”;JG/T 568—2019 表4“细骨料其他技术要求”中的“含水率:供需双方协商确定”;JTG/T 3650—2020 表6.3.1“细集料技术指标”中的“注:3. 当工程有要求时,含水率和饱和面干吸水率应采用实测值”。

工程实际应用中,一般是在工程需要时才检测细骨料的含水率或饱和面干吸水率,例如:混凝土拌合站搅拌混凝土前,需要先检测细骨料的含水率,然后按混凝土理论配合比以及各材料的实测含水率,计算混凝土的施工配合比;因为,如果细骨料的含水率变化太大,会使混凝土坍落度产生较大的波动,直接影响混凝土的工作性能及其强度,因而很有必要规定细骨料的含水率“控制在中值的±1%范围内”。

另外,供需双方的交货形式一般以吨为计量单位,细骨料含水率的大小对细骨料的数量有着一定的影响,因而由“供需双方协商确定”细骨料的含水率也是合情合理的。

2. 细骨料吸水率及饱和面干吸水率的规定

JT/T 819—2011 为“机制砂吸水率不应大于2.0%”;JGJ/T 241—2011 为“人工砂的吸水率不宜大于3%”;JG/T 568—2019 细骨料饱和面干吸水率的规定,见表3.58。

表 3.58 JG/T 568—2019 细骨料饱和面干吸水率的规定

项目	天然砂		人工砂	
	特级	Ⅰ级	特级	Ⅰ级
饱和面干吸水率/%	≤1.0	≤2.0	≤1.0	≤2.0

第4章　细骨料试验方法

各行业细骨料试验方法的规定

据了解,除市政工程以及铁路工程外,水利工程、电力工程、水运工程、公路工程以及建筑工程均颁布、实施各自行业细骨料各个技术指标的试验方法。

CJJ 2—2008 第7.13.8条"对细骨料,应抽样检验其颗粒级配、细度模数、含泥量及规定要求的检验项,并应符合《普通混凝土用砂、石质量及检验方法标准》JGJ 52 的规定"。

TB/T 3275—2018 第6节"试验方法"第6.6条"细骨料"、Q/CR 9207—2017 表6.3.3-2"细骨料的性能"以及TB 10424—2018 表6.2.3-2"细骨料的性能"中的"检验方法",均"按GB/T 14684 检验"。

4.1　细骨料试样

4.1.1　取样方法

4.1.1.1　在料堆上取样时,取样部位应均匀分布。取样前先将取样部位表层铲除,然后从不同部位随机抽取大致等量的砂8份,组成一组样品。

4.1.1.2　从皮带运输机上取样时,应用与皮带等宽的接料器在皮带运输机机头出料处,全断面定时随机抽取大致等量的砂4份,组成一组样品。

4.1.1.3　从火车、汽车、货船上取样时,从不同部位和深度随机抽取大致等量的砂8份,组成一组样品。

细骨料试样的取样方法

SL 352—2006、DL/T 5362—2018 以及 JTG E42—2005 均没有单独章节的细骨料试样取样方法。

JTS/T 236—2019 第6.1.1条"砂的取样方法应符合下列规定:(1)从料堆上取样时,取样部位均匀分布;取样前先将取样部位表层铲除,然后从不同部位随机抽取大致等量的砂共8份,组成一组样品;(2)从皮带运输机上取样时,在皮带运输机机尾的出料处用接料器定时抽取砂4份,组成一组样品;(3)从火车、汽车、货船上取样时,从不同部位和深度随机抽取大致相等的砂8份,组成一组样品;经观察,认为各节车皮间所载的砂、石质量相差甚为悬殊时,对质量有怀疑的每节列车分别取样和验收"。

JGJ 52—2006 第5.1.1条、JG/T 568—2019 第6.1条以及 GB/T 17431.2—2010 第4.1条细骨料试样的取样方法,详见本书第2章第2.1节第2.1.1条中的"粗骨料试样的取样方法"。

作者认为,细骨料试样的取样方法,应按照本书第2章第2.1节第2.1.1条中"粗骨料试样的取样方法"的 JTG E42—2005/T 0301—2005"粗集料取样法"所述方法,抽取具有代表性的试样。

4.1.2 试样数量

单项试验的最少取样数量应符合表4.1的规定。若进行几项试验时,如能保证试样经一项试验后不致影响另一项试验的结果,可用同一试样进行几项不同的试验。

表4.1　单项试验取样数量

<table>
<tr><th>序号</th><th colspan="2">试验项目</th><th>最少取样数量/kg</th></tr>
<tr><td>1</td><td colspan="2">颗粒级配</td><td>4.4</td></tr>
<tr><td>2</td><td colspan="2">含泥量</td><td>4.4</td></tr>
<tr><td>3</td><td colspan="2">泥块含量</td><td>20.0</td></tr>
<tr><td>4</td><td colspan="2">石粉含量</td><td>6.0</td></tr>
<tr><td>5</td><td colspan="2">云母含量</td><td>0.6</td></tr>
<tr><td>6</td><td colspan="2">轻物质含量</td><td>3.2</td></tr>
<tr><td>7</td><td colspan="2">有机物含量</td><td>2.0</td></tr>
<tr><td>8</td><td colspan="2">硫化物及硫酸盐含量</td><td>0.6</td></tr>
<tr><td>9</td><td colspan="2">氯化物含量</td><td>4.4</td></tr>
<tr><td>10</td><td colspan="2">贝壳含量</td><td>9.6</td></tr>
<tr><td rowspan="2">11</td><td rowspan="2">坚固性</td><td>天然砂</td><td>8.0</td></tr>
<tr><td>机制砂</td><td>20.0</td></tr>
<tr><td>12</td><td colspan="2">表观密度</td><td>2.6</td></tr>
<tr><td>13</td><td colspan="2">松散堆积密度与空隙率</td><td>5.0</td></tr>
<tr><td>14</td><td colspan="2">碱集料反应</td><td>20.0</td></tr>
<tr><td>15</td><td colspan="2">放射性</td><td>6.0</td></tr>
<tr><td>16</td><td colspan="2">饱和面干吸水率</td><td>4.4</td></tr>
</table>

1. 细骨料单项试验的取样数量

现行各版本规范、规程、标准规定的细骨料单项试验取样数量各不相同,因篇幅原因,本书不再赘述。

2. 细骨料全套试验的取样数量

现行各版本规范、规程、标准没有对细骨料全套试验取样的数量进行规定,作者认为,抽取30 kg左右具有代表性的试样,即可满足细骨料的全套试验。

4.1.3 试样处理

4.1.3.1　用分料器法:将样品在潮湿状态下拌和均匀,然后通过分料器,取接料斗中的其中一份再次通过分料器。重复上述过程,直至把样品缩分到试验所需量为止。

4.1.3.2　人工四分法:将所取样品置于平板上,在潮湿状态下拌和均匀,并堆成厚度约为 20 mm 的圆饼,然后沿互相垂直的两条直径把圆饼分成大致相等的四份,取其中对角线的两份重新拌匀,再堆成圆饼。重复上述过程,直至把样品缩分到试验所需量为止。

细骨料试样的缩分方法

SL 352—2006、DL/T 5362—2018 以及 JTG E42—2005,均没有单独章节的细骨料试样缩分方法,但是,几乎每个试验方法均有各自不同的试样制备方法,因篇幅原因,本书不再赘述。

JTS/T 236—2019 第 6.1.5-(2)条“将样品置于平板上,在潮湿状态下拌和均匀,并堆成厚度约为 20 mm 的圆饼状,然后沿互相垂直的两条直径把圆饼分成大致相等的四份,取其对角的两份重新拌匀,再堆成圆饼状;重复上述过程,直至样品缩分后的材料量略多于进行试验所需量为止”。

JGJ 52—2006 第 5.2.1 条“砂的样品缩分方法可选择下列两种方法之一:1 用分料器缩分:将样品在潮湿状态下拌和……;2 人工四分法缩分:将样品置于平板上,在潮湿状态下拌合均匀,并堆成厚度约为 20 mm 的‘圆饼’状,然后沿互相垂直的两条直径把‘圆饼’分成大致相等的四份,取其对角的两份重新拌匀,再堆成‘圆饼’状。重复上述过程,直至把样品缩分后的材料量略多于进行试验所需量为止”。

GB/T 17431.2—2010 第 4.4 条“抽取的试样拌合均匀后,按四分法缩减到试验所需的用料量”,但没有单独章节的细骨料试样缩分方法。

工程实际使用的细骨料,一般处于风干状态或潮湿状态,JTS/T 236—2019 以及 JGJ 52—2006 中的“自然潮湿状态”是一个笼统的概念,没有统一的标准;况且,如何“堆成厚度约为 20 mm 的圆饼状”以及究竟是一个象限样品还是对角两份样品“缩分后的材料量略多于进行试验所需量”,两者均没有具体的说明。

作者认为,细骨料试样的缩分应按照本书第 2 章第 2.1 节第 2.1.3.1-2 条“粗骨料试样的缩分”中 JTG E51—2009 所述四分法,缩分具有代表性的试样。

4.1.3.3　堆积密度、机制砂坚固性试验所用试样可不经缩分,在拌匀后直接进行试验。

试样不需缩分的细骨料技术指标

SL 352—2006、DL/T 5362—2006 以及 JTG E42—2005 均没有具体的说明;JTS/T 236—2019 第 6.1.6 条以及 JGJ 52—2006 第 5.2.3 条均为“砂、碎石或卵石的含水率、堆积密度、紧密密度检验所用的试样,可不经缩分,拌匀后直接进行试验”。

由于从采石场或拌和站抽取的细骨料,大小颗粒的分布并不均匀,如果试样不经缩分,所测定的试验结果会有很大的差异,作者认为,细骨料各项技术指标的试样均应采用四分法缩分至略大于单项试验所需的试样质量。

4.2　细骨料试验环境和试验用筛

4.2.1　试验环境

试验室的温度应保持在(20±5) ℃。

细骨料试验室环境要求的规定

与细骨料试验室环境要求有关的论述，详见本书第 2 章第 2.2 节第 2.2.1-1 条“粗骨料试验室环境要求的规定”。

由于试验室工作环境的温度及湿度对称量仪器的精度会有一定的影响，为保证试验结果的准确度，作者认为，细骨料试验室的温度应为(20±5) ℃，相对湿度应<80%。

4.2.2　试验用筛

应满足 GB/T 6003.1 和 GB/T 6003.2 中方孔试验筛的规定，筛孔大于 4.00 mm 的试验筛应采用穿孔板试验筛。

1. 细骨料试验所用的标准筛

现行各版本规范、规程、标准对细骨料试验所用标准筛的规定各不相同，因篇幅原因，本书不再赘述。

读者如有需要，可查阅 SL/T 352—2020 第 3.1.2-2 条、DL/T 5151—2014 第 3.1.2-2 条、DL/T 5362—2018 第 5.1.2-2 条、JTS/T 236—2019 第 6.2.1-(1)条、JGJ 52—2006 第 6.1.2-1 条、JTG E42—2005T0327—2005“细集料筛分试验”第 2-(1)条、GB/T 17431.2—2010 第 5.2-c)条、GB/T 6003.1—2012 表 1、GB/T 6003.2—2012 表 1、GB/T 6005—2008 第 5 节“网孔的基本尺寸”以及本书第 2.2.2-1 条“粗骨料试验所用的标准筛”。

作者认为，细骨料所用的试验筛应为 9.5 ~ 0.075 mm筛孔尺寸的标准筛；如与工程实际一致，应采用圆孔筛；如与国际标准一致，应采用方孔筛。

2. 细骨料标准筛筛孔尺寸的表示

现行规范、规程、标准细骨料试验所用的标准筛均为方孔筛。但是，细骨料标准筛的筛孔尺寸，有的采用方孔筛的筛孔尺寸表示(如：DL/T 5362—2006、JTG E42—2005、GB/T 17431.2—2010、GB/T 14684—2011 等为2.36 mm、4.75 mm)，有的采用圆孔筛的筛孔尺寸表示(如：SL 352—2006、JTS/T 236—2019、JGJ 52—2006 等为 2.5 mm、5.0 mm)。

作者认为，细骨料试验所用标准筛的筛孔尺寸，如采用圆孔筛，应以圆孔筛的筛孔尺寸表示；如采用方孔筛，应以方孔筛的筛孔尺寸表示。

3. 细骨料圆孔筛与方孔筛实际筛孔尺寸的差异

众所周知，我国最早的国家标准及各行业标准细骨料试验采用的标准筛均为圆孔筛，现行各版本规范、规程、标准细骨料采用的标准筛均为方孔筛。

现行规范、规程、标准采用的细骨料方孔筛，与 JGJ 52—2006 表 3.1.2-1(表 4.2)“砂的公称粒径、砂筛筛孔的公称直径和方孔筛筛孔边长尺寸”完全相同。

表 4.2　JGJ 52—2006 细骨料筛孔的公称直径与方孔筛筛孔边长的对应关系

砂的公称粒径/mm	砂筛筛孔的公称直径/mm	方孔筛筛孔边长/mm
5.00	5.00	4.75
2.50	2.50	2.36
1.25	1.25	1.18
0.63	0.63	0.60

续表 4.2

砂的公称粒径/mm	砂筛筛孔的公称直径/mm	方孔筛筛孔边长/mm
0.315	0.315	0.30
0.16	0.16	0.15
0.08	0.08	0.075

JTJ 058—2000 附录 B“公路工程圆孔筛集料标准筛”表 2“圆孔筛与方孔筛的对应关系”,除了0.075 mm圆孔筛不同外,其余与 JGJ 52—2006 相同。

但是,圆孔筛的筛孔为圆形,圆孔筛圆形筛孔的直径,即为细骨料通过圆孔筛圆形筛孔的上限粒径,而方孔筛的筛孔为正方形,正方形的对角线与正方形的边长存在$\sqrt{2}$倍的关系,因而细骨料可以通过方孔筛正方形筛孔的上限粒径,远远大于方孔筛正方形筛孔的边长。

表 4.3 是细骨料方孔筛正方形筛孔边长与方孔筛正方形筛孔对角线之间的关系(即正方形的对角线等于边长的$\sqrt{2}$倍)。

表 4.3　细骨料方孔筛正方形筛孔边长与对角线的关系

方孔筛筛孔边长尺寸/mm	2.36	4.75	9.5
方孔筛筛孔对角线尺寸/mm	3.34	6.72	13.4

表 4.4 是细骨料颗粒级配试验后,圆孔筛与方孔筛可能留在各号筛上细骨料的最小颗粒尺寸与最大颗粒尺寸的分布情况。

表 4.4　圆孔筛与方孔筛相应各号筛细骨料颗粒尺寸的分布情况

圆孔筛筛孔尺寸/mm	2.50	5.00	10.0
圆孔筛筛上骨料的颗粒尺寸/mm	2.50 ~ 5.00	5.00 ~ 10.0	10.0 ~ 16.0
方孔筛筛孔尺寸/mm	2.36	4.75	9.50
方孔筛筛上骨料的颗粒尺寸/mm	3.34 ~ 6.72	6.72 ~ 13.4	13.4 ~ 22.6

根据表 4.4 各标准筛筛上细骨料可能的分布情况可知,圆孔筛改为方孔筛后,细骨料筛子的尺寸从数字上是相应变小了,但是,方孔筛的细骨料筛分结果,可能与圆孔筛的细骨料颗粒级配范围完全不相符。

相关论述,详见本书第 3 章第 3.6 节第 3.6.1–8 条“方孔筛与圆孔筛细骨料的颗粒级配”以及作者已出版的《土木工程试验检测技术研究》中“方圆之差,天壤之别”等多篇论文。

4.3　细骨料颗粒级配试验

4.3.1　仪器设备

本试验用仪器设备如下：

a）鼓风干燥箱：能使温度控制在(105±5) ℃。

b）天平：称量1 000 g，感量1 g。

试验所用称量仪器的最小感量要求

SL/T 352—2020第3.1节“细骨料颗粒级配试验”为“分度值不大于0.1 g”；DL/T 5362—2018第5.1节“细骨料颗粒级配试验”以及JTG E42—2005/T 0327—2005“细集料筛分试验（以下简称‘T 0327试验’）”均为0.5 g；DL/T 5151—2014第3.1节“砂料颗粒级配试验”、JTS/T 236—2019第6.2节“砂的筛分析试验”、JGJ 52—2006第6.1节“砂的筛分析试验”以及GB/T 14684—2011均为1 g；GB/T 17431.2—2010第5节“颗粒级配（筛分析）”为5 g。

根据现有称量仪器的精度以及对试验结果的影响，作者认为，细骨料颗粒级配试验称量仪器的最小感量至少应为0.1 g。

c）方孔筛：规格为150 μm、300 μm、600 μm、1.18 mm、2.36 mm、4.75 mm及9.50 mm的筛各一只，并附有筛底和筛盖。

d）摇筛机。

e）搪瓷盘、毛刷等。

4.3.2　试验步骤

4.3.2.1　按第4.1节规定取样，筛除大于9.50 mm的颗粒（并算出其筛余百分率），并将试样缩分至约1 100 g，放在干燥箱中于(105±5) ℃下烘干至恒量，待冷却至室温后，分为大致相等的两份备用。

注：恒量系指试样在烘干3 h以上的情况下，其前后质量之差不大于该项试验所要求的称量精度（下同）。

1. 恒量（恒重）的定义

试样恒量（恒重）定义的有关论述，详见本书第2章第2.4节第2.4.2.1-2条“恒量（或恒重）的定义”。

2. 试验前试样的处理

SL/T 352—2020为“用于颗粒级配试验的细骨料，颗粒粒径不应大于10 mm；对试样的预处理，宜在结果报告中说明”；DL/T 5151—2014为“取样前，应先将砂料通过10 mm筛，并算出其筛余百分率”；DL/T 5362—2018为“取样前，先将细骨料通过4.75 mm筛，并算出其筛余百分率”；JTS/T 236—2019为“试验前应将样品通过公称直径10.0 mm的方孔筛，计算出筛余”；JTG E42—2005为“根据样品中最大粒径的大小，选用适宜的标准筛，通常为9.5 mm筛（水泥混凝土用天然砂）……筛除其中的超粒径材料”；JGJ 52—2006为

"试验前应先将来样通过公称直径 10.0 mm 的方孔筛，并计算筛余"；GB/T 17431.2—2010 为"取细集料 2 L，置于干燥箱中干燥至恒量"。

上述细骨料颗粒级配试验试样的处理方法，有以下几点疑问：一是试验采用4.75 mm以下试样？还是采用9.5 mm 以下试样？或是采用工程实际所用细骨料？二是筛除并计算超粒径颗粒筛余百分率的目的或意义？三是 JTG E42—2005 水泥混凝土用机制砂，是筛除4.75 mm以上颗粒？或筛除 9.5 mm 以上颗粒？四是 JTG E42—2005 是否需要计算超粒径颗粒的筛余百分率？

作者认为，细骨料颗粒级配试验前不应筛除其中的超粒径颗粒，理由：一是试验时可以人为筛除，但是，工程实际应用中不可能筛除，筛除超粒径颗粒后的细骨料颗粒级配与工作实际不符；二是人为筛除后的细骨料颗粒级配，可能符合规定的要求，但工程实际使用的细骨料颗粒级配，不一定符合规定的要求。

工程实际应用中，细骨料不可避免含有4.75 mm以上的超粒径颗粒，作者认为，可参照 JTG/T F20—2015《实施手册》第 50 页第 4.5.4 条的"条文说明：在实际工程中完全消除超粒径含量是有一定困难的，需要灵活掌握，在不影响混合料性能的前提下，允许有 2% ~3% 的超粒径含量"，否则，应视为不合格的粗骨料。

3. 试验所用的试样

作者认为，细骨料颗粒级配试验所用的试样，应按照本书第2.1.3.1-2条"粗骨料试样的缩分"中 JTG E51—2009 所述四分法，制备两份略大于 500 g 的试样。

4. 试样缩分时的含水状态

SL/T 352—2020 为"自然状态的细骨料"；DL/T 5151—2014、DL/T 5362—2018 以及 JTG E42—2005 均为"细骨料在潮湿状态"；JTS/T 236—2019 没有说明试样是否需要缩分；JGJ 52—2006 没有说明缩分时试样的含水状态；GB/T 17431.2—2010 为"置于干燥箱中干燥至恒量"。

由于现场抽取的细骨料，不可能完全处于潮湿状态，且细骨料的潮湿状态是一个笼统概念，无法执行统一的标准。为确保试验结果的准确性、有效性，作者认为，细骨料缩分时应采用烘干的试样。

4.3.2.2　称取试样 500 g，精确至 1 g。将试样倒入按孔径大小从上到下组合的套筛（附筛底）上，然后进行筛分。

1. 试样的总质量

SL/T 352—2020 为"每份不少于 550 g 的试样两份；细骨料如为特细砂时，每份试样量可取 250 g 烘干"；DL/T 5151—2014 为"用四分法缩分至每份 550 g ~ 600 g 的砂样两份；砂样如为特细砂时，每份砂样量可取 250 g"；DL/T 5362—2018 以及 GB/T 14684—2011 均为"称取烘干试样 500 g"；JTS/T 236—2019 以及 JGJ 52—2006 均为"称取烘干试样 500 g，特细砂称取 250 g"；JTG E42—2005 为"准确称取烘干试样约 500 g，试样如为特细砂时，试样质量可减少到 100 g"；GB/T 17431.2—2010 为"取细集料 2 L，置于干燥箱中干燥至恒量。然后，分成二等份，分别称取试样质量"。

为确保试验结果的准确性，作者认为，细骨料颗粒级配试验所需的试样质量至少应为 500 g。

2. 试样总质量的精度要求

SL/T 352—2020 为“精确到0.1 g”；DL/T 5362—2018 以及 JTG E42—2005 均为“准确至0.5 g”；GB/T 14684—2011 为“精确至 1 g”；DL/T 5151—2014、JTS/T 236—2019、JGJ 52—2006 以及 GB/T 17431.2—2010 均没有具体的规定。

根据现有称量仪器的精度以及对试验结果的影响，作者认为，细骨料颗粒级配试验试样的质量至少应精确至0.1 g。

4.3.2.3　将套筛置于摇筛机上，摇 10 min；取下套筛，按筛孔大小顺序再逐个用手筛，筛至每分钟通过量小于试样总量0.1%为止。通过的试样并入下一号筛中，并和下一号筛中的试样一起过筛，这样顺序进行，直至各号筛全部筛完为止。

1. 机筛与手筛的有关规定

SL/T 352—2020、DL/T 5151—2014、JTS/T 236—2019、JTG E42—2005 以及 JGJ 52—2006 均为“无摇筛机时，可直接用手筛”；DL/T 5362—2018 与 GB/T 14684—2011 均为“将套筛置于摇筛机上，摇 10 min；取下套筛，按筛孔大小顺序再逐个用手筛”；GB/T 17431.2—2010 为“细集料的筛分可先将套筛用振动摇筛机过筛 10 min 后，取下，再逐个用手筛，也可直接用手筛”。

由于各号筛最终的颗粒级配以手筛为准，作者认为，细骨料的颗粒级配试验可以使用摇筛机，也可以不使用摇筛机。

2. 手筛代替机筛的操作方法

工程试验检测机构或工程项目工地试验室一般强制性要求配备摇筛机，但是，熟练细骨料颗粒级配试验的人员，很少使用摇筛机。

为加快完成且确保试验结果的准确性，作者认为，可按 SL/T 352—2020 第3.1.3-6条以及 DL/T 5151—2014 第3.1.3-3 条“手筛时，将装有砂样的整套筛放在试验台上，右手按着顶盖，左手扶住侧面，将套筛一侧抬起（倾斜度约 30～35°），使筛底与台面成点接触，并按顺时针方向做滚动筛析 3 min，然后再逐个过筛直至达到要求为止”进行操作。

3. 手筛时每分钟的最少通过量

SL/T 352—2020、DL/T 5151—2014、JTS/T 236—2019、JGJ 52—2006、GB/T 17431.2—2010 以及 GB/T 14684—2011 均为“筛至每分钟通过量小于试样总量0.1%为止”；DL/T 5362—2018 为“筛至每分钟通过量不超过 0.5 g 时为止”；JTG E42—2005 为“直到每分钟的筛出量不超过筛上剩余量的 0.1% 时为止”。

由于“筛分时，对 1 min 内通过筛孔的质量小于筛上残余量的数值要求，国内外的试验方法并不统一，例如美国要求到 0.1% 为止，日本要求到 1% 为止，也有要求 0.5% 的（如我国台湾），实际上也不过是一种经验性的观察，不可能真正去称量，本次统一为 0.1%”（注：摘自 JTG E42—2005/T 0302—2005 试验第 17 页的“条文说明”）。

因此，作者认为，细骨料颗粒级配试验，手筛时每分钟的最少通过量，以“每分钟每一级筛的通过量不超过试样总质量的 0.1%”控制比较合理，理由：一是每次筛分的筛上残余量均为未知数，因而无法判断 0.1% 筛上残余量的相应质量；二是试样总质量为已知数，比较容易判断 0.1% 试样总质量的相应质量；三是如果每次筛分的通过量控制在 0.1% 以下，对整个筛分试验结果影响较小。

4.3.2.4　称出各号筛的筛余量，精确至1 g，试样在各号筛上的筛余量不得超过按式(4.1)计算出的量。

$$G=\frac{A\times d^{1/2}}{200} \tag{4.1}$$

式中：

G——在一个筛上的筛余量，克(g)；

A——筛面面积，平方毫米(mm^2)；

d——筛孔尺寸，毫米(mm)。

超过时应按下列方法之一处理：a) 将该粒级试样分成少于按式(4.1)计算出的量，分别筛分，并以筛余量之和作为该号筛的筛余量。b) 将该粒级及以下各粒级的筛余混合均匀，称出其质量，精确至1 g；再用四分法缩分为大致相等的两份，取其中一份，称出其质量，精确至1 g，继续筛分；计算该粒级及以下各粒级的分计筛余量时应根据缩分比例进行修正。

1. 各号筛上试样质量的精度要求

SL/T 352—2020 为"精确至0.1 g"；JTG E42—2005 为"精确至0.5 g"；JTS/T 236—2019、JGJ 52—2006 以及 GB/T 14684—2011 均为"精确至1 g"；DL/T 5151—2014、DL/T 5362—2018 以及 GB/T 17431.2—2010 均没有具体的规定。

根据现有称量仪器的精度以及对试验结果的影响，作者认为，细骨料颗粒级配试验各号筛上试样的质量至少应精确至0.1 g。

2. 分次筛分的有关规定

SL/T 352—2020、DL/T 5151—2014 以及 DL/T 5362—2018 均为"当砂样在各号筛上的筛余量超过200 g时，应将该筛余砂样分成两份，再进行筛分，并以两次筛余量之和作为该号筛的筛余量"。JTS/T 236—2019 以及 JGJ 52—2006 均为"试样在各只筛子上的筛余量均不得超过按式(6.1.4)计算得出的剩留量，否则应将该筛的筛余试样分成两份或数份，再次进行筛分，并以其筛余量之和作为该筛的筛余量。$m_r=A\times d^{1/2}/300$ …(6.1.4) 式中：m_r——某一筛上的剩留量(g)；d——筛孔边长(mm)；A——筛的面积(mm^2)"；JTG E42—2005 没有具体的规定。GB/T 17431.2—2010 为"试样在各号筛上的筛余量均不得超过0.4 L；否则，应将该筛余试样分成两份，再次进行筛分，并以其筛余量之和作为该号筛的筛余量"。

现行细骨料试验一般采用直径300 mm的标准筛，经量测，其筛面的有效直径约为280 mm，如分别以200及300作为分母计算各个筛上的剩留量，则见表4.5。

表 4.5 以 200 及 300 作为分母计算各个筛上允许的剩留量

分母	筛孔尺寸/mm						
	0.075	0.15	0.3	0.6	1.18	2.36	4.75
	筛上剩留量/g						
200	84	119	169	238	334	473	671
300	56	79	112	159	223	315	447

据表 4.5 可知,SL 352—2006、DL/T 5151—2014、DL/T 5362—2018 规定的 200 g 筛余量与 JTS/T 236—2019、JGJ 52—2006、GB/T 14684—2011 计算得到的筛余量,相差很大;而 GB/T 17431.2—2010 规定的筛余量,则难以判断。

为确保试验结果的准确性、有效性,作者认为,每次手筛时筛上试样的质量,1.18 mm 及以上各号筛不应超过 100 g、1.18 mm以下各号筛不应超过 50 g,否则应分次筛分。

4.3.3 结果计算与评定

4.3.3.1 计算分计筛余百分率:各号筛的筛余量与试样总量之比,计算精确至0.1%。

各号筛分计筛余百分率数位的修约

SL/T 352—2020 没有具体的规定;DL/T 5151—2014、DL/T 5362—2018、JTS/T 236—2019、JTG E42—2005、JGJ 52—2006、GB/T 17431.2—2010 以及 GB/T 14685—2011 均为"精确至 0.1%"。

为准确计算细骨料的细度模数,作者认为,细骨料各号筛分计筛余百分率数位的修约,应比累计筛余百分率多一位数位,即精确至 0.001%。

4.3.3.2 计算累计筛余百分率:该号筛的分计筛余百分率加上该号筛以上各分计筛余百分率之和,精确至0.1%。筛分后,如每号筛的筛余量与筛底的剩余量之和同原试样质量之差超过1%时,应重新试验。

各号筛累计筛余百分率单个测定值数位的修约

SL/T 352—2020、DL/T 5362—2018、JTS/T 236—2019、JTG E42—2005、JGJ 52—2006 以及 GB/T 14684—2011 均为"精确至 0.1%"; DL/T 5151—2014 没有具体的规定;GB/T 17431.2—2010 为"精确至 1%"。

为准确计算细骨料的细度模数,作者认为,细骨料各号筛累计筛余百分率单个测定值数位的修约,应比各号筛分计筛余百分率的数位少一位数位,即精确至 0.01%。

4.3.3.3 砂的细度模数按式(4.2)计算,精确至0.01。

$$Mx=\frac{A_2+A_3+A_4+A_5+A_6-5A_1}{100-A_1} \tag{4.2}$$

式中:

Mx——细度模数;

A_1、A_2、A_3、A_4、A_5、A_6——4.75 mm、2.36 mm、1.18 mm、600 μm、300 μm、150 μm 筛的累计筛余百分率。

1. 细骨料细度模数单个测定值数位的修约

SL/T 352—2020 没有具体的规定；DL/T 5362—2018 不需计算细骨料的细度模数，只规定通过百分率“精确至 0.1%”；DL/T 5151—2014、JTS/T 236—2019、JTG E42—2005、JGJ 52—2006 以及 GB/T 14684—2011 均为“精确至 0.01”；GB/T 17431.2—2010 为“精确至 0.1”。

为准确评价细骨料的粗细程度，作者认为，细骨料细度模数单个测定值数位的修约，应比算术平均值多一位数位，即精确至 0.001。

2. 细骨料细度模数计算公式的适用范围

SL/T 352—2020、DL/T 5151—2014、JTS/T 236—2019、JGJ 52—2006、GB/T 17431.2—2010 以及 GB/T 14684—2011 均没有说明适用于天然砂或机制砂；JTG E42—2005 为“天然砂的细度模数按式（T 0327-1）计算”。

由于细度模数是衡量细骨料粗细程度的指标，作者认为，现行细骨料细度模数的计算公式适用于天然砂以及机制砂。

3. 细骨料细度模数的计算

SL/T 352—2020 的计算公式，除分母为“$1-A_1$”，其余与 GB/T 14684—2011 完全相同；DL/T 5362—2018 不需计算细骨料的细度模数；DL/T 5151—2014、JTS/T 236—2019、JGJ 52—2006 以及 GB/T 17431.2—2010 的计算公式与 GB/T 14684—2011 相同。

现行细骨料细度模数的计算方法，需分别计算细骨料各号筛的分计筛余百分率以及累计筛余百分率，才能计算细骨料的细度模数。

作者已出版的《土木工程试验检测技术研究》中的“细集料细度模数的简捷计算方法”，可直接采用各号筛筛余质量计算细骨料的细度模数：$Mx=(5m_{2.36}+4m_{1.18}+3m_{0.6}+2m_{0.3}+1m_{0.15})/(500-m_{4.75})$，式中：$Mx$——细集料的细度模数；$m_{4.75}$ …… $m_{0.15}$——4.75 mm……0.15 mm筛上试样的筛余质量（g）。

4. 细骨料细度模数的其他计算方法

细度模数是衡量细骨料粗细程度的指标，但是，现行计算方法得到的细骨料细度模数不能真实反映细骨料的粗细程度，下面介绍另外两种细骨料细度模数的计算方法。

一是 JTJ 058—2000/T 0327—2005“细集料筛分试验”中的式（2），即 JTG E42—2005 第 85 页“条文说明”中的式（T 0327-2）：$Mx=(A_{0.15}+A_{0.3}+A_{0.6}+A_{1.18}+A_{2.36}+A_{4.75})/100$。此计算公式与现行计算公式“这两种方法，对砂中含有4.75 mm以上颗粒时，计算的结果会有明显不同”（注：摘自 JTG E42—2005/T 0327—2005“细集料筛分试验”第 85 页的“条文说明”），主要原因是“细集料本身含有的大于4.75 mm的颗粒作为粗集料，因小于4.75 mm筛孔有 5 级，A_5被累计了 5 次，所以式（T 0327-1）的分子上应减去$5A_5$”（注：摘自《公路工程试验检测人员业务考试全真模拟题》第二部分《材料》模拟试题（一）中的多项选择题第一题）。相对而言，作者认为，上述计算方法比现行计算方法得到的细骨料细度模数，更能真实反映细骨料的粗细程度。

二是作者创新的计算公式，根据计算细骨料细度模数时各号筛的重要程度，按筛孔尺寸由大到小的顺序，对4.75 mm、2.36 mm、1.18 mm、0.6mm、0.3mm、0.15 mm 筛的累计筛余百分率，分别赋予 6 ~ 1 的权值而得到细骨料细度模数加权平均法的计算公式：$Mx=$

$0.645+0.00312\times(1A_{0.15}+2A_{0.3}+3A_{0.6}+4A_{1.18}+5A_{2.36}+6A_{4.75})$。对比细骨料细度模数计算方法,加权平均法得到的细骨料细度模数更能真实、全面、准确反映水泥混凝土细集料的粗细程度。

相关论述,详见作者已出版的《土木工程试验检测技术研究》中的“细集料细度模数计算方法的探讨1”以及“细集料细度模数计算方法的探讨2”。

4.3.3.4　累计筛余百分率取两次试验结果的算术平均值,精确至1%。细度模数取两次试验结果的算术平均值,精确至0.1;如两次试验的细度模数之差超过0.20时,应重新试验。

1. 各号筛累计筛余百分率算术平均值数位的修约

SL/T 352—2020、DL/T 5151—2014、DL/T 5362—2018以及JTG E42—2005均没有具体的规定;JTS/T 236—2019、JGJ 52—2006、GB/T 17431.2—2010以及GB/T 14684—2011均为“精确至1%”。

由于现行规范、规程、标准细骨料各号筛累计筛余百分率的极限数值均为整数,为准确计算细骨料的细度模数,作者认为,细骨料各号筛累计筛余百分率算术平均值数位的修约,应比规定的极限数值多一位数位,即精确至0.1%。

2. 细骨料细度模数算术平均值数位的修约

SL/T 352—2020、JTS/T 236—2019、JGJ 52—2006以及GB/T 14684—2011均为“精确至0.1”;DL/T 5151—2014、JTG E42—2005以及GB/T 17431.2—2010均没有具体的规定。

由于现行规范、规程、标准细骨料细度模数的极限数值均为保留一位小数,为准确评价细骨料的粗细程度,作者认为,细骨料细度模数算术平均值数位的修约,应比规定的极限数值多一位数位,即精确至0.01。

3. 平行试验细度模数的允许误差

SL/T 352—2020、DL/T 5151—2014、JTS/T 236—2019、JTG E42—2005、JGJ 52—2006、GB/T 17431.2—2010以及GB/T 14684—2011均为“如两次试验的细度模数之差超过0.20时,应重新试验”。

由于细度模数是衡量细骨料粗细程度的指标,作者认为,细骨料两次平行试验细度模数的允许误差不应超过0.20,否则,应重新试验。

4. 重新试验的有关规定

SL/T 352—2020、DL/T 5151—2014、JTS/T 236—2019、JGJ 52—2006、GB/T 17431.2—2010以及GB/T 14684—2011均为“每号筛的筛余量与筛底的剩余量之和同原试样质量之差超过1%时”以及“如两次试验的细度模数之差超过0.20时”,应重新试验。

DL/T 5362—2018由于不需计算细骨料的细度模数,因此只规定“如各筛筛余量和底盘中试样质量的总和与原试样质量相差超过1%,应重新试验”。

JTG E42—2005干筛法为“所有各筛的分计筛余量和底盘中剩余量的总量与筛分前的试样总量,相差不得超过后者的1%”;水洗法为“所有各筛的分计筛余量和底盘中剩余量的总质量与筛分前后试样总量m_2的差值不得超过后者的1%”;干筛法与水洗法“如两次试验所得的细度模数之差大于0.2,应重新进行试验”。

作者认为，如“各筛筛余量与底盘中试样质量的总和与原试样质量相差超过 1%”或“两次试验的细度模数之差超过 0.20”，应重新进行试验。

5. 细砂或特细砂平均粒径的计算

SL/T 352—2020 以及 DL/T 5151—2014 细砂以及特细砂平均粒径的计算均为“$d_m = 0.5\times[G/(11a_6+1.3a_5+0.17a_4+0.02a_3+0.0024a_2)]^{1/3}$　$G=a_2+a_3+a_4+a_5+a_6$　式中：d_m——砂料颗粒的平均粒径，mm；a_2、a_3、a_4、a_5、a_6——2.5 mm、1.25 mm、0.63 mm、0.315 mm、0.16 mm各筛上的筛余量，g；G——各筛上的筛余量之和，g”。

4.3.3.5　根据各号筛的累计筛余百分率，采用修约值比较法评定试样的颗粒级配。

1. 细骨料颗粒级配试验结果的评定

SL/T 352—2020 为“如有需要，可以各号筛的筛孔尺寸为横坐标，对应的累计筛余百分率为纵坐标绘制筛分曲线”；DL/T 5151—2014 为“根据各号筛的累计筛余百分率测定值绘制筛分曲线”；DL/T 5362—2018 为“根据各级筛的通过百分率绘制颗粒级配筛分曲线”；JTS/T 236—2019 以及 JGJ 52—2006 均为“根据各筛两次试验累计筛余的平均值，评定该试样的颗粒级配分布情况”；JTG E42—2005 为“根据各筛的累计筛余百分率或通过百分率，绘制级配曲线”；GB/T 17431.2—2010 为“根据各筛的累计筛余百分率，按 GB/T 17431.1—2010 表 1 评定轻集料的颗粒级配”。

由于现行规范、规程、标准细骨料的颗粒级配均以各号筛的累计筛余进行规定，作者认为，应根据各号筛的累计筛余以及细骨料上限与下限的级配范围绘制筛分曲线；如各号筛的累计筛余不超出细骨料规定的级配范围，则评定合格；如细骨料任一号筛的累计筛余超出细骨料规定的级配范围，则评定不合格。

2. 含泥量超过 5% 的细骨料颗粒级配试验

JTS/T 236—2019 以及 JGJ 52—2006 均为“当试样含泥量超过 5% 时，应先将试样水洗，然后烘干至恒重，再进行筛分”；JTG E42—2005 为“如试样含泥量超过 5%，不宜采用干筛法”。

但是，JTS/T 236—2019 以及 JGJ 52—2006 均没有水洗法测定细骨料颗粒级配的试验步骤，而 JTG E42—2005 水洗法不能准确测定细骨料小于0.075 mm的颗粒含量。

作者认为，细骨料颗粒级配试验，如为天然河砂，可采用干筛法；如为机制砂、特细砂或含泥量超过 5% 的细骨料，应先采用水洗法，后采用干筛法。

3. 水洗法小于0.075 mm的筛底部分

JTG E42—2005/T 0327 试验水洗法第 4.2.7 条“m_1与 m_2之差即为通过0.075 mm筛部分”以及第 5.1 条“对沥青路面细集料而言，0.15 mm 筛下部分即为0.075 mm的分计筛余，由 4.2.7 测得的 m_1与 m_2之差即为小于0.075 mm的筛底部分”。

由于 JTG E42—2005 水洗法只“将容器中混有细粉的悬浮液徐徐倒出”，因此倒出悬浮液时，总有一部分小于0.075 mm的岩石细粉被细骨料压在容器的底部或下沉至细骨料的表面而不能随悬浮液倒出。

因此，作者认为，0.15 mm 筛下部分不能作为0.075 mm的分计筛余，水洗法前后试样质量之差不能作为小于0.075 mm的筛底部分。

4.4 细骨料含泥量试验

1. 细骨料含泥量的试验方法

"评价细集料中的细粉含量(包括含泥量和石粉),除了 T 0333 的方法外,国外通常采用砂当量试验及亚甲蓝试验"(注:摘自 JTG E42—2005/T 0349—2005"细集料亚甲蓝试验"第 122 页的"条文说明")。

据了解,现行规范、规程、标准细骨料含泥量的试验方法,除了与 GB/T 14684—2011 相同的筛洗法以及亚甲蓝法,尚有 JTS/T 236—2019、JGJ 52—2006 中的虹吸管法以及 DL/T 5362—2018、JTG E42—2005 中的砂当量法。

为方便论述,本节细骨料含泥量的试验方法,以下统称"筛洗法";亚甲蓝法的有关论述,详见第 4 章第 4.5 节"细骨料亚甲蓝试验";虹吸管法的有关论述,详见附录 B"细骨料含泥量试验(虹吸管法)";砂当量法的有关论述,详见附录 C"细骨料砂当量试验"。

由于现行规范、规程、标准筛洗法、虹吸管法、亚甲蓝法以及砂当量法均不能准确测定细骨料的含泥量,作者创新的试验方法——亚甲蓝滴定法,可以准确测定细骨料的含泥量;有关论述,详见本书附录 D"骨料含泥量试验(亚甲蓝滴定法)"。

2. 筛洗法的适用范围

如果根据 SL/T 352—2020 第 3.10 节"天然细骨料含泥量试验"第 3.10.1 条"本试验用于测定天然细骨料中含泥量",筛洗法只适用于天然砂。

如果根据 DL/T 5151—2014 第 3.12 节"砂料黏土、淤泥及细屑含量试验"第 3.12.1 条"目的及适用范围:测定砂料中……总含量,用以评定砂料质量",无法判断筛洗法适用于何种细骨料。

如果根据 DL/T 5362—2018 第 5.4 节"细骨料含泥量试验"第 5.4.1 条"目的及适用范围:适用于天然细骨料",筛洗法只适用于天然砂。

JTS/T 236—2019 第 6.7 节"砂的含泥量试验"没有说明筛洗法的适用范围,如果根据第 6.15 节"人工砂及混合砂中石粉含量试验"第 6.15.4 条"人工砂及混合砂中的含泥量或石粉含量试验步骤及计算应按第 6.7 节的规定进行",筛洗法只适用于人工砂及混合砂。

如果根据 JTG E42—2005/T 0333—2000"细集料含泥量试验(筛洗法)"第 1.1 条"本方法仅用于测定天然砂",筛洗法只适用于天然砂;如果根据 JTG E42—2005/T 0349—2005"细集料亚甲蓝试验"第 3.6 条"按 T 0333 的筛洗法测定细集料中含泥量或石粉含量",筛洗法适用于包含天然砂在内的所有细骨料。

如果根据 JGJ 52—2006 第 6.8 节"砂中含泥量试验(标准法)"第 6.8.1 条"本方法适用于测定粗砂、中砂和细砂的含泥量",无法判断筛洗法适用于何种细骨料;如果根据第 6.11 节"人工砂及混合砂中石粉含量试验(亚甲蓝法)"第 6.11.4-3 条"人工砂及混合砂中的含泥量或石粉含量试验步骤及计算按本标准 6.8 节的规定进行",筛洗法适用于包含天然砂在内的所有细骨料。

如果根据 GB/T 14684—2011 定义的"含泥量:天然砂中粒径小于 75 μm 的颗粒含

量”,筛洗法只适用于天然砂;如果根据其第 7.5 节“石粉含量与 MB 值”第 7.5.3.1 条“石粉含量的测定:按 7.4.2 进行”,筛洗法适用于包含天然砂在内的所有细骨料。

3. 筛洗法的测试目的

众所周知,每一项试验应有一个明确的测试目的,否则,实际测试的结果可能与需要检测的参数毫不相符。

如果根据 SL/T 352—2020 筛洗法的目的与适用范围,筛洗法测定的是河砂的含泥量;如果根据 SL/T 352—2020 的试验方法,筛洗法测定的是河砂中小于0.075 mm的部分颗粒含量;如果根据 SL/T 352—2020 第 2.0.9 条定义的含泥量,筛洗法测定的是细骨料中小于0.075 mm的黏土、淤泥及细屑的总含量。

如果根据 DL/T 5151—2014 筛洗法的目的与适用范围,筛洗法测定的是细骨料中小于0.075 mm的黏土、淤泥及细屑的总含量;如果根据 DL/T 5151—2014 的试验方法,筛洗法测定的是细骨料中小于0.075 mm的部分颗粒含量;如果根据 DL/T 5151—2014 第 2.0.8条定义的含泥量,筛洗法测定的是细骨料中小于0.075 mm的颗粒含量。

如果根据 DL/T 5362—2018 筛洗法的目的与适用范围,筛洗法测定的是河砂中小于0.075 mm的黏土、淤泥及细屑的总含量。如果根据 DL/T 5362—2018 的试验方法,筛洗法测定的是河砂中小于0.075 mm的部分颗粒含量。

如果根据 JTG E42—2005 筛洗法的目的与适用范围,筛洗法测定的是河砂中小于0.075 mm的黏土、淤泥及细屑的总含量;如果根据 JTG E42—2005 的试验方法,筛洗法测定的是河砂中小于0.075 mm的部分颗粒含量;如果根据 JTG F40—2004 第 4.9.2 条,筛洗法测定的是河砂中小于0.075 mm的颗粒含量。

如果根据 JGJ 52—2006 筛洗法的目的与适用范围,筛洗法测定的是细骨料的含泥量;如果根据 JGJ 52—2006 的试验方法,筛洗法测定的是细骨料中小于0.075 mm的部分颗粒含量;如果根据 JGJ 52—2006 第 2.1.6 条定义的含泥量,筛洗法测定的是细骨料中小于0.075 mm的颗粒含量。

JTS/T 236—2019 以及 GB/T 14685—2011 没有筛洗法的目的与适用范围,如果根据两者的试验方法,筛洗法测定的是细骨料中小于0.075 mm的部分颗粒含量;如果根据 GB/T 14685—2011 第 3.3 条定义的含泥量,筛洗法测定的是河砂中小于0.075 mm的颗粒含量。

由于筛洗法只“把浑水缓缓倒入1.18 mm及0.075 mm的套筛”,倒出悬浮液时,总有一部分小于0.075 mm的岩石细粉被细骨料压在容器的底部或下沉至细骨料的表面而不能随悬浮液倒出,因此筛洗法只能测定细骨料中小于0.075 mm的部分颗粒含量。

由于筛洗法“淘洗后,小于0.075 mm部分的细砂粒沉淀很慢,是很容易随土一起倾走”(注:摘自 JTG E42—2005 第 98 页的“条文说明”),因此筛洗法不能准确测定细骨料中小于0.075 mm的黏土、淤泥及细屑的总含量。

作者认为,细骨料含泥量试验应该是测定细骨料中小于0.075 mm且矿物组成和化学成分与母岩不同的黏土、淤泥及细屑的颗粒含量。

4.4.1 仪器设备

本试验用仪器设备如下：

a）鼓风干燥箱：能使温度控制在(105±5) ℃。

b）天平：称量1 000 g，感量0.1 g。

筛洗法所用称量仪器的最小感量要求

SL/T 352—2020 以及 GB/T 14684—2011 均为“0.1 g”；DL/T 5151—2014、DL/T 5362—2018、JTS/T 236—2019、JTG E42—2005 以及 JGJ 52—2006 均为“1 g”；GB/T 17431.2—2010 没有细骨料含泥量试验。

根据现有称量仪器的精度以及对试验结果的影响，作者认为，筛洗法称量仪器的最小感量至少应为0.1 g。

c）方孔筛：孔径为75 μm 及1.18 mm的筛各一只。

d）容器：要求淘洗试样时，保持试样不溅出(深度大于250 mm)。

e）搪瓷盘、毛刷等。

4.4.2 试验步骤

4.4.2.1 按第4.1节规定取样，并将试样缩分至约1 100 g，放在干燥箱中于(105±5) ℃下烘干至恒量，待冷却至室温后，分为大致相等的两份备用。

筛洗法所用的试样

细骨料含泥量试验所用的试样，现行各版本规范、规程、标准的规定各不相同，因篇幅原因，本书不再赘述。

为确保试验结果的准确性、有效性，作者认为，应按照本书第2章第2.1节第2.1.3.1-2条“粗骨料试样的缩分”中 JTG E51—2009 所述四分法，制备两份略大于1 000 g的试样。

4.4.2.2 称取试样500 g，精确至0.1 g。将试样倒入淘洗容器中，注入清水，使水面高于试样面约150 mm，充分搅拌均匀后，浸泡2 h，然后用手在水中淘洗试样，使尘屑、淤泥和黏土与砂粒分离，把浑水缓缓倒入1.18 mm及 75 μm 的套筛上(1.18 mm筛放在75 μm筛上面)，滤去小于75 μm 的颗粒。试验前筛子的两面应先用水润湿，在整个过程中应小心防止砂粒流失。

1. 筛洗法试样的总质量

SL/T 352—2020、DL/T 5151—2014、DL/T 5362—2018 以及 GB/T 14684—2011 均为“500 g”；JTS/T 236—2019、JTG E42—2005 以及 JGJ 52—2006 均为“400 g”。

为确保试验结果的准确性、有效性，作者认为，细骨料含泥量试验试样的总质量至少应为1 000 g。

2. 筛洗法试样总质量的精度要求

SL/T 352—2020 以及 GB/T 14684—2011 均为“精确至0.1 g”；DL/T 5151—2014、DL/T 5362—2018、JTS/T 236—2019、JTG E42—2005 以及 JGJ 52—2006 均没有具体的规定。

根据现有称量仪器的精度以及对试验结果的影响，作者认为，筛洗法试样的总质量至少应精确至 0.1 g。

3. 筛洗法水面与砂面之间的高度

SL/T 352—2020、DL/T 5151—2014 以及 DL/T 5362—2018 均没有具体的规定；JTS/T 236—2019、JGJ 52—2006 以及 GB/T 14684—2011 均为“使水面高出砂面约 150 mm”；JTG E42—2005 为“使水面高出砂面约 200 mm”。

由于细骨料浸泡时会吸收部分水分，为确保筛洗法的水面始终处于砂面之上，作者认为，筛洗法的水面与砂面之间的高度至少应为 100 mm。

4. 筛洗法试样的浸泡时间

SL/T 352—2020、DL/T 5151—2014、DL/T 5362—2018、JTS/T 236—2019、JGJ 52—2006 以及 GB/T 14684—2011 均为“2 h”；JTG E42—2005 为“24 h”。

由于细骨料的含泥量包含泥块含量，而有的泥块比较硬，如果浸泡时间不足，则无法使泥块溶化，作者认为，筛洗法的试样至少应浸泡 24 h。

5. 筛洗法试样的淘洗方法

SL/T 352—2020、DL/T 5151—2014、DL/T 5362—2018、JTS/T 236—2019、JTG E42—2005、JGJ 52—2006 以及 GB/T 14684—2011 均为“用手在水中淘洗试样”。

由于细骨料的含泥量包含泥块含量，有的泥块比较硬，如果只是用搅棒或用手在水中淘洗试样，无法淘洗干净泥块中的“泥”，作者认为，筛洗试样时，应先用手在水中捻碎泥块，然后用手在水中淘洗试样，使尘屑、淤泥和黏土与砂粒完全分离；倒出浑浊液时，动作应缓慢、轻柔，尽可能不扰动容器中的浑浊液，且只倒出容器中的三分之一浑浊液，整个过程不应晃动容器，更不能把已下沉的砂粒随浑浊液倒出。

6. 筛洗法倒出浑浊液的时间要求

SL/T 352—2020、JTS/T 236—2019、JTG E42—2005、JGJ 52—2006 以及 GB/T 14684—2011 均没有具体的规定；DL/T 5151—2014 以及 DL/T 5362—2018 均为“淘洗试样，约 1 min 后，把浑水慢慢倒入1.18 mm及0.075 mm的套筛上”。

但是，如何理解“淘洗试样，约 1 min 后”所要表达的真正意思？是“试样淘洗约 1 min 后”倒出浑浊液？还是“淘洗试样，静置约 1 min 后”倒出浑浊液？

作者认为，参照 JGJ 52—2006 虹吸管法第 6.9.4-2 条“用搅拌棒均匀搅拌 1 min，以适当宽度和高度的闸板闸水，使水停止旋转。经 20～25 s 后取出闸板”，筛洗试样时，应先用手捻碎泥块后，在水中淘洗试样，使尘屑、淤泥和黏土与砂粒完全分离后，静置、沉淀 20～25 s，把浑浊液缓缓倒入1.18 mm及0.075 mm的套筛上。

4.4.2.3　再向容器中注入清水，重复上述操作，直至容器内的水目测清澈为止。

4.4.2.4　用水淋洗剩余在筛上的细粒，并将 75 μm 筛放在水中（使水面略高出筛中砂粒的上表面）来回摇动，以充分洗掉小于 75 μm 的颗粒，然后将两只筛的筛余颗粒和清洗容器中已经洗净的试样一并倒入搪瓷盘，放在干燥箱中于（105±5）℃下烘干至恒量，待冷却至室温后，称出其质量，精确至 0.1 g。

1. 筛洗后烘干试样的质量

SL/T 352—2020、DL/T 5151—2014、DL/T 5362—2018、JTS/T 236—2019、JTG E42—

2005、JGJ 52—2006 以及 GB/T 14684—2011 均为“称出其质量”。

由于倒出悬浮液时，总有一部分小于0.075 mm的岩石细粉被细骨料压在容器的底部或下沉至细骨料的表面而不能随悬浮液倒出，作者认为，称取烘干试样质量前，应采用0.075 mm筛充分筛除小于0.075 mm的颗粒。

2. 筛洗后烘干试样质量的精度要求

SL/T 352—2020、DL/T 5151—2014、DL/T 5362—2018、JTS/T 236—2019、JTG E42—2005 以及 JGJ 52—2006 均没有具体的规定；GB/T 14684—2011 为“精确至0.1 g”。

根据现有称量仪器的精度以及对试验结果的影响，作者认为，筛洗后烘干试样的质量至少应精确至0.1 g。

3. 工程实际采用的筛洗法

即使 JTG E42—2005 筛洗法第 4.1 条中的“注”明确说明“不得直接将试样放在0.075 mm筛上用水冲洗，或者将试样放在0.075 mm筛上后在水中淘洗，以避免误将小于0.075 mm的砂颗粒当作泥冲走”，即使 JTG E42—2005 第 98 页的“条文说明”反复强调“有的实验室在试验时直接用0.075 mm筛在水中淘洗或者直接将砂放在0.075 mm筛上用水冲洗，将通过0.075 mm部分都当作“泥”看待，这种做法是不对的”，但是，据了解，至少有半数以上包括实验室主任在内试验人员筛洗法的试验操作是错误的，主要原因是被“将0.075 mm筛放在水中来回摇动，以充分洗掉小于0.075 mm的颗粒”误导。

作者认为，现行细骨料含泥量试验的主要操作步骤，可简述如下：试样浸泡 24 h；用手在水中捻碎泥块并淘洗试样；静置、沉淀 20 ~ 25 s；倒出浑浊液时，应缓慢倒入1.18 mm及0.075 mm的套筛；筛洗0.075 mm筛上残留试样时，应将0.075 mm筛放在水中，水平方向来回摇动0.075 mm筛。

4. 标准筛的作用

现行规范、规程、标准细骨料含泥量试验，一般要求配置1.18 mm及0.075 mm各一个标准筛，但没有说明1.18 mm筛与0.075 mm筛在细骨料含泥量试验的作用。

作者认为，倒出浑浊液时，增加1.18 mm筛的目的是防止0.075 mm筛受到损坏，起到阻隔粗颗粒、缓冲水流的作用；0.075 mm筛主要是防止倒出浑浊液时，大于0.075 mm的颗粒随浑浊液一起冲走。

4.4.3 结果计算与评定

4.4.3.1 含泥量按式(4.3)计算，精确至0.1%：

$$Q_a = \frac{G_0 - G_1}{G_0} \times 100 \tag{4.3}$$

式中：

Q_a——含泥量，%；

G_0——试验前烘干试样的质量，克(g)；

G_1——试验后烘干试样的质量，克(g)。

1. 细骨料含泥量计算公式中的“%”

SL/T 352—2020、DL/T 5151—2014、DL/T 5362—2018、JTS/T 236—2019 以及 JGJ

52—2006 的计算公式均后缀“%”;JTG E42—2005 以及 GB/T 14684—2011 的计算公式均没有后缀“%”。

众所周知,“100%”等于1,而任何数值乘以1,仍然等于原数值;但是,数值乘以100后,得到的结果表示百分数。因此,作者认为,没有后缀“%”的计算公式是正确的,后缀“%”的计算公式是错误的。

2. 细骨料含泥量单个测定值数位的修约

SL/T 352—2020 没有具体的规定;DL/T 5151—2014、DL/T 5362—2018、JTS/T 236—2019、JTG E42—2005、JGJ 52—2006 以及 GB/T 14685—2011 均为“精确至0.1%”。

作者认为,细骨料含泥量单个测定值数位的修约,应比细骨料含泥量的算术平均值多一位数位。

4.4.3.2　含泥量取两个试样的试验结果算术平均值作为测定值,采用修约值比较法进行评定。

1. 细骨料含泥量算术平均值数位的修约

SL/T 352—2020 为“修约间隔 0.1%”;DL/T 5151—2014、DL/T 5362—2018、JTS/T 236—2019、JTG E42—2005、JGJ 52—2006 以及 GB/T 14685—2011 均没有具体的规定。

作者认为,细骨料含泥量算术平均值数位的修约,应比现行规范、规程、标准规定的细骨料含泥量极限数值多一位数位。

2. 筛洗法平行试验的允许误差

SL/T 352—2020、DL/T 5151—2014、DL/T 5362—2018、JTS/T 236—2019、JTG E42—2005 以及 JGJ 52—2006 均为“当两次结果之差大于 0.5% 时,应重新取样进行试验”;GB/T 14685—2011没有具体的规定。

为确保试验结果的准确性、有效性,作者认为,细骨料含泥量两次平行试验测定值的允许误差不应超过 0.3%,否则,应重新试验。

3. 细骨料含泥量、石粉含量、颗粒级配试验

如果仔细比较现行细骨料含泥量试验(筛洗法)、SL/T 352—2020 第3.12 节“人工细骨料石粉含量试验(水洗法)”、DL/T 5151—2014 第3.10 节“人工砂石粉含量试验”以及 JTG E42—2005/T 0327—2005“细集料筛分试验”中的水洗法,三者的试验方法异曲同工,但测试目的截然不同。

现行细骨料含泥量试验筛洗法测定的是细骨料的含泥量,SL/T 352—2020 以及 DL/T 5151—2014人工砂石粉含量试验测定的是细骨料的石粉含量,JTG E42—2005 细骨料颗粒级配试验水洗法测定的是细骨料的颗粒级配,而细骨料的含泥量、石粉含量、颗粒级配是三个不同的技术指标,不同的技术指标应采用不同的试验方法进行测定。

其实,“不管天然砂、石屑、机制砂,各种细集料中小于0.075 mm的部分不一定是土,大部分可能是石粉或超细砂粒”(注:摘自 JTG E42—2005 筛洗法第 103 页的“条文说明”),而“我国通行水洗法测定小于0.075 mm含量,将其作为含泥量,即 T 0333 的方法。但是将小于0.075 mm含量都看成土是不正确的”(注:摘自 JTG E42—2005 筛洗法第 103 页的“条文说明”)。

4.5 细骨料亚甲蓝试验

1. 细骨料石粉含量与亚甲蓝 MB 值试验

SL/T 352—2020 不但有第 3.13 节“人工细骨料亚甲蓝值试验”，而且还有一个专门测定细骨料石粉含量的第 3.12 节“人工细骨料石粉含量试验（水洗法）”。

DL/T 5151—2014 不但有第 3.11 节“人工砂亚甲蓝 MB 值试验”，而且也有一个专门测定细骨料石粉含量的第 3.10 节“人工砂石粉含量试验”。

DL/T 5362—2018 第 5.10 节“细骨料亚甲蓝 MB 值试验”、JTS/T 236—2019 第 6.15 节“人工砂及混合砂中石粉含量试验”、JTG E42—2005/T 0349—2005“细集料亚甲蓝试验”、JGJ 52—2006 第 6.11 节“人工砂及混合砂中石粉含量试验（亚甲蓝法）”、JG/T 568—2019 附录 C“石粉亚甲蓝值试验”以及 GB/T 14684—2011 第 7.5 节“石粉含量与 MB 值”，实际上只有细骨料的亚甲蓝 MB 值试验。

为方便论述，现行规范、规程、标准细骨料亚甲蓝 MB 值的常规试验方法，以下简称“亚甲蓝法”；细骨料亚甲蓝 MB 值的快速试验方法，以下简称“亚甲蓝快速法”；细骨料亚甲蓝 MB 值的上述两种试验方法，以下统称“亚甲蓝法”。

2. 亚甲蓝法的适用范围

如果根据 SL/T 352—2020 第 3.11.1 条“本试验用于检测人工细骨料的亚甲蓝值或亚甲蓝快速试验是否合格”，亚甲蓝法仅适用于机制砂。

如果根据 DL/T 5151—2014 第 3.11.1 条“目的及适用范围：测定人工砂的亚甲蓝 MB 值或亚甲蓝试验是否合格”，亚甲蓝法仅适用于机制砂。

如果根据 DL/T 5362—2018 第 5.10.1 条“目的及适用范围：适用于人工细骨料”，亚甲蓝法仅适用于机制砂。

如果根据 JTG E42—2005 亚甲蓝法第 1.1 条“本方法适用于确定细集料中是否存在膨胀性黏土矿物”，亚甲蓝法适用于所有细骨料。

如果根据 JTG E42—2005 第 122 页“条文说明”以及 JGJ 52—2006 第 103 页“条文说明”亚甲蓝法的测试“原理是试样的水悬液中连续逐次加入亚甲蓝溶液，每次加亚甲蓝溶液后，通过滤纸蘸染试验检验游离染料的出现，以检查试样对染料溶液的吸附，当确认游离染料出现后，即可计算出亚甲蓝值”，亚甲蓝法适用于所有细骨料。

JTS/T 236—2019、JGJ 52—2006、JG/T 568—2019 以及 GB/T 14684—2011 均没有说明亚甲蓝法的目的及适用范围，而且无法判断亚甲蓝法适用于何种细骨料。

3. 亚甲蓝法的试验目的

众所周知，每一项试验应有一个明确的测试目的，否则，实际测试的结果可能与需要检测的参数毫不相符。

如果根据 SL/T 352—2020 第 3.11.1 条“本试验用于……判断人工细骨料的石粉中是否含有较多泥粉”，亚甲蓝法只对机制砂中的石粉和泥粉进行定性区分，而非定量评定。

如果根据 SL/T 352—2020 第 368 页“条文说明：本次修订新增内容，测定砂料中是否存在膨胀性黏土矿物并确定其含量的整体指标。……对于采用人工细骨料与天然细骨料按一定比例配制而成的混合骨料,可按本方法检测和控制骨料中的含泥量”,亚甲蓝法测定的是细骨料中膨胀性黏土矿物的含量,即细骨料的含泥量。

如果根据 DB 24/016—2010 第 28 页 2.1.5 条的“条文说明:亚甲蓝试验是确定山砂中是否存在膨胀性黏土矿物,以评定其洁净程度的试验方法……本规程引入亚甲蓝试验,主要目的是将山砂中的石粉和泥粉进行定性区分”,亚甲蓝法只对机制砂中的石粉和泥粉进行定性区分,而非定量评定。

如果根据 DL/T 5151—2014 第 3.11.1 条“目的及适用范围:测定人工砂的亚甲蓝 MB 值或亚甲蓝试验是否合格,判断人工砂中的石粉是否含有较多泥粉”,亚甲蓝法只对机制砂中的石粉和泥粉进行定性区分,而非定量评定。

如果根据 DL/T 5362—2018 第 5.10.1 条“目的及适用范围:测定细骨料亚甲蓝 MB 值。适用于人工细骨料”,亚甲蓝法只测定机制砂的亚甲蓝 MB 值,即机制砂的吸附性能。

如果根据 JTS/T 236—2019 第 6.15.5 条“亚甲蓝试验结果 MB 值小于 1.4 时,应判定为以石粉为主;MB 值不小于 1.4 时,应判定为以泥粉为主的石粉”,亚甲蓝法只对机制砂中的石粉和泥粉进行定性判定,而不是定量测定。

如果根据 JTG E42—2005 亚甲蓝法第 1.1 条“本方法适用于确定细集料中是否存在膨胀性黏土矿物,并测定其含量”及其第 122 页的“条文说明:亚甲蓝试验的目的是确定细集料、细粉、矿粉中是否存在膨胀性黏土矿物并确定其含量的整体指标”,亚甲蓝法测定的是细骨料中膨胀性黏土矿物的含量,即细骨料的含泥量。

如果根据 JGJ 52—2006 第 6.11.1 条“本方法适用于测定人工砂和混合砂中石粉含量”,亚甲蓝法测定的是机制砂中的石粉含量。

如果根据 JGJ 52—2006 第 6.11.4-1-5 条“当 MB 值<1.4 时,则判定是以石粉为主,当 MB 值≥1.4 时,则判定为以泥粉为主的石粉”及其第 103 页“条文说明:人工砂及混合砂中的石粉含量的测定,首先应进行亚甲蓝试验,通过亚甲蓝试验来评定,细粉是石粉还是泥粉。当亚甲蓝值 MB<1.4 时,则判定是石粉;若 MB 值≥1.4 时,则判定为泥粉”,亚甲蓝法只对机制砂中的石粉和泥粉进行定性判定,而不是定量测定。

如果根据 JG/T 568—2019 第 3.1.16 条“石粉亚甲蓝值(MB 值):用于判定石粉吸附性能的指标”,亚甲蓝法测定的是石粉的吸附性能。

如果根据 GB/T 14684—2011 第 3.10 条“亚甲蓝(MB)值:用于判定机制砂中粒径小于 75 μm 颗粒的吸附性能的指标”,亚甲蓝法测定的是机制砂中粒径小于 0.075 mm 颗粒的吸附性能。

4.5.1　试剂和材料

本试验用试剂和材料如下:

a) 亚甲蓝:($C_{16}H_{18}ClN_3S \cdot 3H_2O$)含量≥95%。

1. 亚甲蓝的定义

DB 24/016—2010 第 2.1.4 条“亚甲蓝:化学式 $C_{16}H_{18}ClN_3S \cdot 3H_2O$,在一定试验条件下用于确定山砂中是否存在膨胀性黏土矿物的指示剂”。$C_{16}H_{18}ClN_3S \cdot 3H_2O$ 的分子量

为 373.90,又称亚甲基蓝、次甲基蓝、次甲蓝等。

2. 亚甲蓝的纯度

SL/T 352—2020 为“含量不低于 98.5%”;DL/T 5151—2014、DL/T 5362—2018 以及 GB/T 14684—2011 均为“≥95%”;JTS/T 236—2019 以及 JGJ 52—2006 均没有具体的规定;JTG E42—2005 以及 JG/T 568—2019 均为“纯度不小于 98.5%”。

JTS/T 236—2019 第 9.1.1 条“所用化学试剂除特别注明外,均应为分析纯化学试剂”;GB/T 176—2017 第 4.8 条“试剂总则:除另有说明外,所用试剂应不低于分析纯,用于标定的试剂应为基准试剂”。

为确保试验结果的准确性、有效性,作者认为,亚甲蓝溶液所用溶质的亚甲蓝纯度(含量)至少应≥95%。

b)亚甲蓝溶液。

1)亚甲蓝粉末含水率测定:称量亚甲蓝粉末约 5 g,精确到 0.01 g,记为 M_h。将该粉末在(100±5)℃烘至恒量。置于干燥器中冷却。从干燥器中取出后立即称重,精确到 0.01 g,记为 M_g。按式(4.4)计算含水率,精确到小数点后一位,记为 W。每次染料溶液制备均应进行亚甲蓝含水率测定。

$$W=\frac{M_h-M_g}{M_g}\times 100 \tag{4.4}$$

式中:

W——含水率,%;

M_h——烘干前亚甲蓝粉末质量,克(g);

M_g——烘干后亚甲蓝粉末质量,克(g)。

亚甲蓝粉末的称取

SL/T 352—2020、DL/T 5151—2014、DL/T 5362—2018、JTS/T 236—2019 以及 JGJ 52—2006 均为“将亚甲蓝粉末在(105±5)℃下烘干至恒重”;JTG E42—2005 以及 JG/T 568—2019 亚甲蓝粉末的称取方法与 GB/T 14684—2011 相同。

工程实际应用中,亚甲蓝粉末的称取方法有以下两种:一是按 SL/T 352—2020、DL/T 5151—2014、DL/T 5362—2018、JTS/T 236—2019 以及 JGJ 52—2006 的方法,将亚甲蓝粉末置于(105±5)℃下烘干至恒重后,直接称取 10 g 干亚甲蓝粉末;二是按 JTG E42—2005、JG/T 568—2019 以及 GB/T 14684—2011 的方法,先测定亚甲蓝粉末的含水率,称量时考虑亚甲蓝粉末的含水率。

作者认为,上述两种亚甲蓝粉末的称取方法,存在以下 3 个问题:一是“若烘干温度超过 105 ℃,亚甲蓝粉末会变质”(注:摘自 JTG E42—2005 亚甲蓝法第 3.1.1 条以及 JG/T 568—2019 附录 C 第 C.2.1.1 条);二是每次配制亚甲蓝溶液前称取的约 5 g 亚甲蓝粉末,由于在(105±5)℃下烘干至恒重,这些亚甲蓝粉末可能已变质而不能使用,造成资源浪费;三是称取 5 g 左右的亚甲蓝粉末,由于样品数量少,可能不具代表性,测定的亚甲蓝粉末含水率可能不准确,从而导致称取的亚甲蓝粉末质量产生较大的偏差。

为充分利用亚甲蓝粉末、保证亚甲蓝粉末的质量精度以及亚甲蓝粉末不会因高温而变质,作者认为,可采用如下方法称取亚甲蓝粉末:将一瓶亚甲蓝粉末倒入铝盒,置于烘箱的最顶层,在(70±5) ℃烘干至恒重,冷却至室温后,称取试验所需的 10 g±0.01 g 亚甲蓝粉末,剩余亚甲蓝粉末倒入亚甲蓝瓶内密封保存。

2) 亚甲蓝溶液制备:称量亚甲蓝粉末[(100+W)/10]g±0.01 g(相当于干粉 10 g),精确至±0.01 g。倒入盛有约 600 mL 蒸馏水(水温加热至 35 ℃ ~40 ℃)的烧杯中,用玻璃棒持续搅拌 40 min,直至亚甲蓝粉末完全溶解,冷却至 20 ℃。将溶液倒入 1 L 容量瓶中,用蒸馏水淋洗烧杯等,使所有亚甲蓝溶液全部移入容量瓶,容量瓶和溶液的温度应保持在(20±1) ℃,加蒸馏水至容量瓶 1 L 刻度。振荡容量瓶以保证亚甲蓝粉末完全溶解。将容量瓶中溶液移入深色储藏瓶中,标明制备日期,失效日期(亚甲蓝溶液保质期应不超过 28 d),并置于阴暗处保存。

1. 配制亚甲蓝溶液所用的水

SL/T 352—2020、DL/T 5151—2014、DL/T 5362—2018、JTS/T 236—2019、JGJ 52—2006 以及 GB/T 14684—2011 均为"蒸馏水";JTG E42—2005 以及 JG/T 568—2019 均为"洁净水"。

GB/T 176—2017 第 4.8 条"试剂总则:所用水应不低于 GB/T 6682 中规定的三级水的要求";《分析实验室用水规格和试验方法》(GB/T 6682—2008)第 4 节"级别:分析实验室用水的原水应为饮用水或适当纯度的水;分析实验室用水共分三个级别……"。

由于工地试验室很少配置蒸馏器,而且很难购买蒸馏水。经作者大量的试验结果表明,采用蒸馏水、桶装饮用水、自来水、洁净水测定的亚甲蓝值并无差异,作者认为,可采用日常饮用的洁净水进行亚甲蓝试验。

2. 配制亚甲蓝溶液时水的温度

SL/T 352—2020 为"(20±1) ℃";DL/T 5151—2014、DL/T 5362—2018、JTS/T 236—2019、JGJ 52—2006 以及 GB/T 14684—2011 均为"35 ℃ ~40 ℃";JTG E42—2005 以及 JG/T 568—2019 均为"不超过 40 ℃"。

经作者大量的试验结果表明,配制亚甲蓝溶液时水的温度,对亚甲蓝法测定的亚甲蓝值并无影响,因而水温度可控制在 10 ℃ ~40 ℃。

3. 搅拌亚甲蓝溶液所用的工具

SL/T 352—2020、DL/T 5151—2014、DL/T 5362—2018、JTS/T 236—2019、JGJ 52—2006 以及 GB/T 14684—2011 均为"用玻璃棒进行搅拌";JTG E42—2005 以及 JG/T 568—2019 均没有具体的说明。

众所周知,如果采用玻璃棒进行搅拌,即使"持续搅动 45 min",即使用力"摇晃容量瓶"或"振荡容量瓶",不但费劲,而且不能保证亚甲蓝粉末完全溶解,为确保亚甲蓝粉末完全溶解,作者认为,可采用叶轮搅拌器持续搅拌 30 min 以上。

4. 连续搅拌亚甲蓝溶液的时间

SL/T 352—2020、DL/T 5151—2014、DL/T 5362—2018、JTS/T 236—2019、JGJ 52—2006 以及 GB/T 14684—2011 均为"40 min";JTG E42—2005 以及 JG/T 568—2019 均为"45 min"。

为确保亚甲蓝粉末完全溶解,作者认为,可采用叶轮搅拌器持续搅拌 30 min 以上,直至亚甲蓝粉末完全溶解。

5. 亚甲蓝溶液标准浓度的配制

据了解，溶液标准浓度的配制有多种方法，根据 JTG E42—2005 亚甲蓝法第 3.1 条“标准亚甲蓝溶液(10.0 g/L±0.1 g/L 标准浓度)”可知，现行亚甲蓝法亚甲蓝溶液的标准浓度采用“克/升的浓度计算方法(即 1 L 溶液所含溶质的质量)”。

作者认为，采用“质量比的浓度计算方法(即溶质的质量占全部溶液质量的百分比)”更加合理，理由：一是容量瓶的直径越大，所量取水的体积偏差越大；二是亚甲蓝溶液移入容量瓶后，液面会产生气泡，因而很难准确加水至容量瓶 1 L 的刻度；三是亚甲蓝溶液加入悬浮液时，很难准确量取 1～5 mL 的亚甲蓝溶液；四是移液管的计量单位为 mL，与亚甲蓝值的单位“克每千克(g/kg)”不一致；五是电子天平的计量单位为 g，可精确至 0.1 g 以上，且与亚甲蓝值的单位“克每千克(g/kg)”保持一致。

为保证试验结果的精度，作者认为，可采用如下方法配制标准浓度为 1% 的亚甲蓝溶液：将 10 g±0.01 g 干燥亚甲蓝粉末一次性加入盛有温度为 10～40 ℃、质量为 990 g±0.01 g洁净水的 1 L 烧杯中，开动搅拌器并保持 300 r/min±20 r/min 的速率连续搅拌 30 min以上，待亚甲蓝粉末完全溶解后，停止搅拌，立刻一次性将亚甲蓝标准溶液移入 1 L 棕色磨砂广口玻璃瓶，玻璃瓶外用标签标明制备日期、失效日期等信息后避光保存。

6. 贮存亚甲蓝溶液的容器

SL/T 352—2020、DL/T 5151—2014、DL/T 5362—2018、JTS/T 236—2019、JTG E42—2005、JGJ 52—2006、JG/T 568—2019 以及 GB/T 14684—2011 均为“深色储藏瓶”。

《化学试剂 标准滴定溶液的制备》(GB/T 601—2016，以下简称“GB/T 601—2016”)第 3.11 条“贮存标准滴定溶液的容器，其材料不应与溶液起理化作用，壁厚最薄处不小于 0.5 mm”。

作者认为，亚甲蓝法贮存亚甲蓝溶液的容器，其材料不应与亚甲蓝溶液起理化作用，可使用试验室常备的 1 L 及其以上棕色磨砂广口玻璃瓶。

7. 亚甲蓝溶液的保质期

SL/T 352—2020、DL/T 5151—2014、DL/T 5362—2018、JTS/T 236—2019、JTG E42—2005、JGJ 52—2006、JG/T 568—2019 以及 GB/T 14684—2011 均为“不超过 28 d”。

GB/T 601—2016 第 3.10 条“贮存：a) 除另有规定外，标准滴定溶液在 10 ℃～30 ℃下，密封保存时间一般不超过 6 个月……b) 标准滴定溶液在 10 ℃～30 ℃下，开封使用过的标准滴定溶液保存时间一般不超过 2 个月(倾出溶液后立即盖紧)……c) 当标准滴定溶液出现浑浊、沉淀、颜色变化等现象时，应重新制备”；GB/T 176—2017 第 4.8 条“试剂总则：除另有说明外，标准滴定溶液的有效期为 3 个月，如果超过 3 个月，重新进行标定”。

经作者大量的试验表明，如果亚甲蓝溶液放置时间太久，当用玻璃棒搅拌玻璃瓶底部时，玻璃棒可能会黏附条状的物质，此条状物质即为亚甲蓝粉末在亚甲蓝溶液的凝固物。因此，作者认为，亚甲蓝溶液的保质期不应超过 28 d。

8. 亚甲蓝溶质的保质期

现行各版本亚甲蓝法均没有规定亚甲蓝溶液溶质(亚甲蓝)的保质期。亚甲蓝的保质期，本书称为亚甲蓝的龄期，特指亚甲蓝的生产日期至亚甲蓝的使用日期。

众所周知,新购买的亚甲蓝绝大多数呈粉末状态,但是,如果亚甲蓝粉末的龄期太长或保存方法不当,亚甲蓝粉末受潮后会凝结成糨糊状或圆柱体,须用小刀划破塑料瓶才能取出亚甲蓝;即使是烘干后的亚甲蓝粉末,如果放置时间过长、保存方法不当,亚甲蓝粉受潮后也会凝结成糨糊状或圆柱体。

经作者大量的试验结果表明,即使亚甲蓝的龄期很长,只要密封不受潮,没有凝结成糨糊状或圆柱体的亚甲蓝,均可用于亚甲蓝法;如果亚甲蓝已受潮变质,即使亚甲蓝的龄期很短,也应该废弃。

c）定量滤纸(快速)。

亚甲蓝法所用的滤纸

SL/T 352—2020、DL/T 5151—2014、DL/T 5362—2018 以及 GB/T 14684—2011 均为"快速定量滤纸";JTS/T 236—2019 以及 JGJ 52—2006 均为"快速滤纸";JTG E42—2005 以及 JG/T 568—2019 均为"定量滤纸"。

滤纸是一种具有良好过滤性能的纸,纸质疏松,对液体有强烈的吸收性能,外形有圆形和方形两种。目前我国生产的滤纸主要有定量分析滤纸、定性分析滤纸和层析定性分析滤纸三类,每类滤纸根据过滤速度的不同,又分快速、中速、慢速三类,在滤纸盒上分别用白带(快速)、蓝带(中速)、红带(慢速)为标志分类。

定量分析滤纸在制造过程中,纸浆经过盐酸和氢氟酸处理,并经过蒸馏水洗涤,将纸纤维中大部分杂质除去,所以灼烧后残留灰分很少,对分析结果几乎不产生影响,适用于精密定量分析;定性分析滤纸一般残留灰分较多,仅供一般的定性分析和用于过滤沉淀或溶液中悬浮物用,不能用于质量分析。

作者大量的试验结果表明,无论是中速定性滤纸,还是中速定量滤纸,或是快速定量滤纸,对亚甲蓝法的试验结果几乎没有任何影响。但是,或由于滤纸放置时间太长,或由于滤纸本身固有的特性,不同的滤纸形成直径 8 ~ 12 mm 的环状沉淀物却有不同的差异。

有的中速定性滤纸很容易在滤纸上形成直径 8 ~ 12 mm 的环状沉淀物,有的中速定性滤纸即使很小心也很难在滤纸上形成直径 8 ~ 12 mm 的环状沉淀物(图 4.1)。

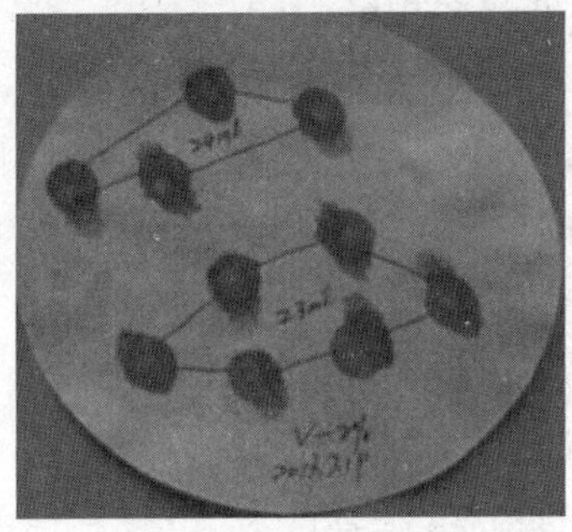

图 4.1　某中速定性滤纸形成的环状沉淀物

有的中速定量滤纸以及快速定量滤纸,由于出厂时整张滤纸成波浪状,即使经过压力试验机静压,也很难把滤纸压成同一水平面(图 4.2),需小心滴定才能在滤纸上形成直径 8 ~ 12 mm 的环状沉淀物。

(a) 静压前

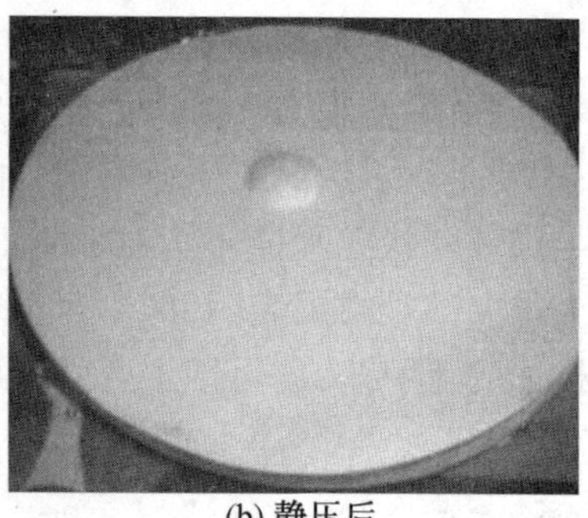
(b) 静压后

图 4.2　静压前与静压后的滤纸

4.5.2　仪器设备

本试验用仪器设备如下：

a）鼓风干燥箱：能使温度控制在(105±5) ℃。

b）天平：称量 1 000 g、感量 0.1 g 及称量 100 g、感量 0.01 g 各一台。

亚甲蓝法所用称量仪器的最小感量要求

SL/T 352—2020 为“分度值不大于 0.01 g”；DL/T 5151—2014、DL/T 5362—2018 以及 JTG E42—2005 称量仪器的最小感量要求与 GB/T 14684—2011 相同；JTS/T 236—2019、JGJ 52—2006 以及 JG/T 568—2019 均为“称量 1 000 g，感量 1 g；称量 100 g，感量0.01 g”。

根据现有称量仪器的精度以及对试验结果的影响，作者认为，亚甲蓝法的称量仪器：称取试样所用的电子天平最小感量，至少应为 0.1 g；称取亚甲蓝粉末所用的电子天平最小感量，至少应为 0.01 g。

c）方孔筛：孔径为 75 μm、1.18 mm和2.36 mm的筛各一只。

d）容器：要求淘洗试样时，保持试样不溅出(深度大于 250 mm)。

细骨料石粉含量试验淘洗试样所用的容器

SL/T 352—2020、DL/T 5362—2018 以及 JG/T 568—2019 不需进行细骨料石粉含量的测定，因而不需配置细骨料石粉含量试验淘洗试样所用的容器；DL/T 5151—2014、JTS/T 236—2019、JTG E42—2005 以及 JGJ 52—2006 细骨料石粉含量试验淘洗试样所用的容器与 GB/T 14684—2011 类同。

由于细骨料石粉含量试验时，0.075 mm方孔筛需要自由在容器内水平方向左右摇动，才能充分筛洗小于0.075 mm的颗粒，因此，细骨料石粉含量试验所用的容器，除了规定容器的深度，还应规定容器的宽度，作者认为，可以利用浸泡 CBR 试件的水池，或购买一个直径大于 600 mm、深度大于 150 mm 的圆形塑料盘。

e）移液管：5 mL、2 mL 移液管各一个。

亚甲蓝法配置移液管的目的

SL/T 352—2020、DL/T 5151—2014、DL/T 5362—2018、JTS/T 236—2019、JTG E42—2005、JGJ 52—2006 以及 JG/T 568—2019 配置的移液管与 GB/T 14684—2011 相同。

现行亚甲蓝法配置移液管的目的是量取亚甲蓝法所需的亚甲蓝溶液。作者认为,不应采用移液管量取亚甲蓝溶液,理由:一是亚甲蓝溶液表面容易产生气泡,如果采用移液管量取,很难准确量取亚甲蓝溶液;二是亚甲蓝溶液的单位,应与亚甲蓝值的单位"克每千克(g/kg)"保持一致。

作者认为,亚甲蓝法可按如下方法称取亚甲蓝溶液:采用一根长约 150 mm 的玻璃吸管吸取亚甲蓝溶液后,装入 10 mL 或 100 mL 量筒,根据亚甲蓝法每次滴定所需的亚甲蓝溶液量,采用电子天平称取加入的亚甲蓝溶液,以质量计,精确至 0.1 g。

f) 三片或四片式叶轮搅拌器:转速可调[最高达(600±60) r/min],直径(75±10)mm。

亚甲蓝法所用的搅拌器

SL/T 352—2020、DL/T 5151—2014、DL/T 5362—2018、JTS/T 236—2019、JTG E42—2005、JGJ 52—2006 以及 JG/T 568—2019 亚甲蓝法所用的搅拌器与 GB/T 14684—2011 基本相同。

据了解,不同厂家生产的亚甲蓝法搅拌器外形差别不大,直径约为 75 mm,叶轮均为四片,转速均可调,有的搅拌器最高转速可达 3 000 r/min。

但是,搅拌效果差别很大,主要原因在于搅拌器叶轮的形状。据了解,工程实际配置的搅拌器,叶轮的形状至少有以下两种:一是像风扇叶片的形状(图 4.3),这种叶轮搅拌器一般需要将转速调至 800 r/min 左右,才能使细骨料各规格颗粒以及泥土完全悬浮于液体。二是将 1 块铁片等分成 4 块小铁片后折成 90°角的形状(图 4.4),这种叶轮搅拌器只需 500 r/min 左右的转速,即可使细骨料各规格颗粒以及泥土完全悬浮于液体。

图 4.3　形状如扇形的搅拌叶轮

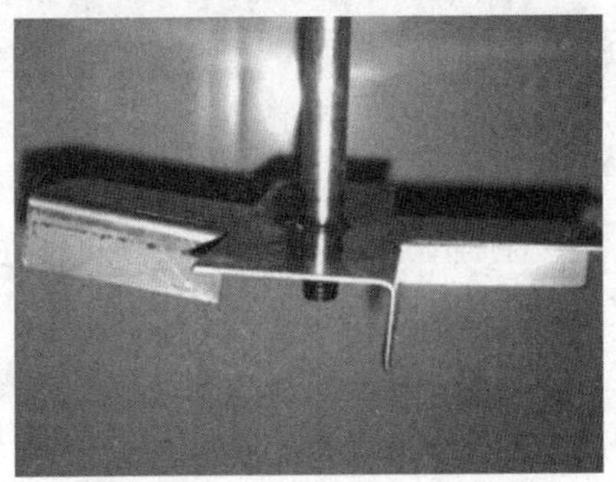

图 4.4　形状为 90°角的搅拌叶轮

g) 定时装置:精度 1 s。

h）玻璃容量瓶:1 L。

亚甲蓝法配备的玻璃容量瓶

SL/T 352—2020、DL/T 5151—2014、DL/T 5362—2018、JTS/T 236—2019、JTG E42—2005、JGJ 52—2006 以及 JG/T 568—2019 配备的玻璃容量瓶与 GB/T 14684—2011 完全相同,且均没有说明玻璃瓶的颜色。

亚甲蓝法配备的 1 L 玻璃容量瓶,应该是专用于储存亚甲蓝溶液。据了解,试验室一般都配备各种规格的棕色磨砂广口玻璃瓶,棕色磨砂广口玻璃瓶可以有效防止阳光的辐射。经作者试验,990 g 水+10 g 亚甲蓝粉末得到的亚甲蓝溶液,装入 1 L 棕色磨砂广口玻璃瓶后,尚有约 100 mL 的容积空间。

为防止阳光的辐射,作者认为,用于储存亚甲蓝溶液的玻璃容量瓶,可采用 1 L 及其以上的棕色磨砂广口玻璃瓶。

i）温度计:精度 1 ℃。

j）玻璃棒:2 支(直径 8 mm、长 300 mm)。

k）搪瓷盘、毛刷、1 000 mL 烧杯等。

4.5.3 试验步骤

4.5.3.1 石粉含量的测定

按第 4.4.2 条进行。

1. 现行细骨料石粉含量的测定方法

SL/T 352—2020 第 3.12 节“人工细骨料石粉含量试验（水洗法）”第 3.12.1 条“本试验用于测定人工细骨料中的石粉含量及微粒含量”,而综观该试验方法,除了多一个 0.16 mm的标准筛,其实是 SL/T 352—2020 第 3.10 节“天然细骨料含泥量试验”。

DL/T 5151—2014 第 3.10 节“人工砂石粉含量试验”第 3.10.1 条“目的及适用范围:测定人工砂中的石粉含量、小于 0.08 mm 方孔筛的微粒含量”,而综观该试验方法,除了多一个 0.16 mm 的标准筛,其实是 DL/T 5151—2014 第 3.12 节“砂料黏土、淤泥及细屑含量试验”;DL/T 5362—2018 不需测定细骨料的石粉含量。

JTS/T 236—2019 第 6.15.4 条“人工砂及混合砂中的含泥量或石粉含量试验步骤及计算应按第 6.7 节的规定进行”,即按 JTS/T 236—2019 第 6.7 节“砂的含泥量试验”。

JTG E42—2005 亚甲蓝法第 3.6 条“按 T 0333 的筛洗法测定细集料中含泥量或石粉含量”,即按 JTG E42—2005/T 0333—2000“细集料含泥量试验(筛洗法)”测定细骨料的石粉含量。

JGJ 52—2006 第 6.11.4-3 条“人工砂及混合砂中的含泥量或石粉含量试验步骤及计算按本标准 6.8 节的规定进行”,即按 JGJ 52—2006 第 6.8 节“砂中含泥量试验(标准法)”。

JG/T 568—2019 第 6.6 条“石粉含量:人工砂的石粉含量按 GB/T 14684 中的石粉含量试验方法进行”。

GB/T 14684—2011 第 7.5.3.1 条“石粉含量的测定:按 7.4.2 进行”,即按 GB/T 14684—2011 第 7.4 节“含泥量”第 7.4.2 条(本书第 4.4.2 条)的试验步骤测定细骨料的

石粉含量。

2. 细骨料石粉含量的试验目的

众所周知，每一项试验应有一个明确的测试目的，否则，实际测试的结果可能与需要检测的参数毫不相符。

如果根据 SL/T 352—2020 第 2.0.10 条“石粉含量：人工骨料中小于0.16 mm的颗粒含量”，细骨料石粉含量试验测定的是机制砂中小于 0.16 mm 的颗粒含量。

如果根据 DL/T 5144—2015 第 68 页第 3.3.5 条的“条文说明：本规范将小于0.16 mm的颗粒确定为石粉，……0.16 mm 及以下颗粒含量是指人工砂石粉含量”，细骨料石粉含量试验测定的是机制砂中小于 0.16 mm 的颗粒含量。

如果根据 DL/T 5151—2014 第 2.0.9 条“石粉含量：人工骨料中粒径小于 0.16 mm，且其矿物组成和化学组成与被加工母岩相同的颗粒含量”，细骨料石粉含量试验测定的是机制砂中小于 0.16mm 且其矿物组成和化学组成与被加工母岩相同的颗粒含量。

如果根据 DB 24/016—2010 第 2.1.3 条、JTS/T 236—2019 第 2.0.12 条、JGJ 52—2006 第 2.1.9 条以及 JGJ/T 241—2011 第 2.0.2 条“石粉含量：人工砂中公称粒径小于75 μm，且其矿物组成和化学成分与被加工母岩相同的颗粒含量”，细骨料石粉含量试验测定的是机制砂中小于 75 μm 且其矿物组成和化学成分与被加工母岩相同的颗粒含量。

如果根据 JTS 202—2011 第 2.0.3 条“石粉：骨料中公称粒径小于 80 μm，且其矿物组成和化学成分与骨料相同的颗粒”，细骨料石粉含量试验测定的是细骨料中小于 75 μm 且其矿物组成和化学成分与被加工母岩相同的颗粒含量。

如果根据 JTS 202-2—2011 第 56 页第 4.4.4 条的“条文说明：石粉指机制砂或混合砂中小于0.075 mm以下的颗粒”、JTG/T F50—2011 与 JTG/T 3650—2020 表 6.3.1 中的“注”以及 GB/T 14684—2011 第 3.4 条“石粉含量：机制砂中粒径小于 75 μm 的颗粒含量”，细骨料石粉含量试验测定的是机制砂中小于 75 μm 的颗粒含量。

正是由于现行各版本规范、规程、标准对细骨料含泥量以及石粉含量的定义混为一谈或混淆不清，且认为细骨料的含泥量与石粉含量是同一技术指标，因此统一采用细骨料含泥量的试验方法测定细骨料的石粉含量。

但是，细骨料的含泥量与石粉含量是两个截然不同的技术指标，综观现行各版本规范、规程、标准，一个技术指标可能有多个试验方法，而没有一个试验方法可以同时测定两个截然不同的技术指标。

3. 水电行业细骨料石粉含量的试验方法

如果仔细比较，SL/T 352—2020 以及 DL/T 5151—2014 的石粉含量试验，除了多一个 0.16 mm 的标准筛以及增加“砂料中微粒含量”与“石粉中微粒含量”的计算，其实是现行各版本细骨料含泥量的试验方法，因篇幅原因，本书不再赘述。

至于 SL/T 352—2020 第 368 页的“条文说明：细骨料石粉含量的水洗法试验结果准确，但相对麻烦，水洗法与干筛法有一定相关关系，相差不超过 2%（干法生产差异大点，湿法生产小点）。现场试验室如要快速反应细骨料石粉含量，可先通过试验确定两种方法的差异，对干筛法试验结果进行修正即可”，作者认为该方法可行，但前提是：试样应烘干；水洗法应采用本书附录 E“骨料含粉量试验（水洗法）”；同一料源的细骨料样品至少应进行 5 次水洗法与干筛法。

4. 细骨料含粉量的测定

为区别于现行各版本规范、规程、标准定义的机制砂石粉含量，本书特称“细骨料含粉量”，具体的定义为“细骨料含粉量：天然砂、机制砂、混合砂中粒径小于0.075 mm的颗粒总含量”。

作者认为，细骨料的含粉量可按本书附录 E“细骨料含粉量试验（水洗法）”所述方法进行测定。

4.5.3.2　亚甲蓝 MB 值的测定

4.5.3.2.1　按第 4.1 节规定取样，并将试样缩分至约 400 g，放在干燥箱中于(105±5) ℃下烘干至恒量，待冷却至室温后，筛除大于2.36 mm的颗粒备用。

亚甲蓝法试样的处理

SL/T 352—2020、DL/T 5151—2014、DL/T 5362—2018 以及 GB/T 14684—2011 均为“筛除大于2.36 mm的颗粒”；JTG E42—2005 为“筛除大于2.36 mm的颗粒”，或“小于0.15 mm部分或矿粉”；JTS/T 236—2019 以及 JGJ 52—2006 均为“筛除大于公称直径5.0 mm的颗粒”；JG/T 568—2019 为“取 75 μm 方孔筛以下筛底石粉试样”。

由于细骨料的粒径越小，测定的亚甲蓝 MB 值越大，如果工程实际含有而人为筛除细骨料大于2.36 mm(4.75 mm)的颗粒，亚甲蓝法所测定的亚甲蓝 MB 值，显然与工程实际不符。

为确保试验结果的准确性、有效性，作者认为，亚甲蓝法应采用工程实际使用的细骨料，并应按照本书第 2 章第 2.1 节第 2.1.3.1-2 条“粗骨料试样的缩分”中 JTG E51—2009 所述四分法，制备两份略大于 200 g 的试样。

4.5.3.2.2　称取试样 200 g，精确至 0.1 g。将试样倒入盛有(500±5)mL 蒸馏水的烧杯中，用叶轮搅拌机以(600±60)r/min 转速搅拌 5 min，形成悬浮液，然后持续以(400±40)r/min 转速搅拌，直至试验结束。

1. 亚甲蓝法试样的质量

SL/T 352—2020、DL/T 5151—2014、DL/T 5362—2018 以及 GB/T 14684—2011 均为 200 g 小于2.36 mm试样；JTG E42—2005 为 200 g 小于2.36 mm试样或 30 g 小于 0.15 mm 试样；JTS/T 236—2019 以及 JGJ 52—2006 均为 200 g 小于4.75 mm试样；JG/T 568—2019 为 50 g 小于0.075 mm试样。

为确保试验结果的统一性、准确性、有效性，作者认为，亚甲蓝法所用的试样应采用工程实际使用的细骨料；亚甲蓝法所需的试样质量至少应为 200 g。

2. 亚甲蓝法试样质量的精度要求

SL/T 352—2020、JTG E42—2005、JG/T 568—2019 以及 GB/T 14684—2011 均为“精确至 0.1 g”；DL/T 5151—2014、DL/T 5362—2018、JTS/T 236—2019 以及 JGJ 52—2006 均为“精确至 1 g”。

根据现有称量仪器的精度以及对试验结果的影响，作者认为，亚甲蓝法试样的质量至少应精确至 0.1 g。

3. 亚甲蓝法所用的水

SL/T 352—2020、DL/T 5151—2014、DL/T 5362—2018、JTS/T 236—2019、JGJ 52—2006、JG/T 568—2019 以及 GB/T 14684—2011 均为“蒸馏水”；JTG E42—2005 为“洁净水”。

JTS/T 236—2019 第 9.1.2 条“配制溶液用水应为蒸馏水或相当纯度的水”；GB/T 176—2017 第 4.8 条“试剂总则：所用水应不低于 GB/T 6682 中规定的三级水的要求”；GB/T 6682—2008 第 4 节“级别：分析实验室用水的原水应为饮用水或适当纯度的水；分析实验室用水共分三个级别……”。

根据作者大量的试验结果表明，无论是自来水，还是桶装水，或是蒸馏水，只要是洁净的水，对亚甲蓝法的试验结果无任何的影响，作者认为，日常人们饮用的水均可用于亚甲蓝法。

4. 亚甲蓝法所用水的量取

SL/T 352—2020、DL/T 5151—2014、DL/T 5362—2018、JTS/T 236—2019、JTG E42—2005、JGJ 52—2006、JG/T 568—2019 以及 GB/T 14684—2011 亚甲蓝法所需的水均为“盛有(500±5) mL 蒸馏水(洁净水)的烧杯”。

为与亚甲蓝值的单位“克每千克(g/kg)”保持一致，作者认为，应采用电子天平称取水的质量，并精确至 500 g±1 g。

5. 亚甲蓝法所用烧杯的容积

SL/T 352—2020、DL/T 5151—2014、DL/T 5362—2018、JTS/T 236—2019、JTG E42—2005、JGJ 52—2006、JG/T 568—2019 以及 GB/T 14684—2011 均没有说明采用多少毫升的烧杯。

烧杯的容积太大，不便于搅拌悬浮液；烧杯的容积太小，悬浮液容易溢出烧杯，为使细骨料颗粒完全悬浮于液体且不会溢出烧杯，作者认为，亚甲蓝法所用的烧杯可采用 1 000 mL的烧杯。

6. 搅拌机叶轮与烧杯底部的距离

SL/T 352—2020、DL/T 5151—2014、DL/T 5362—2018、JTS/T 236—2019、JGJ 52—2006 以及 GB/T 14684—2011 均没有具体的规定；JTG E42—2005 以及 JG/T 568—2019 均为“叶轮距离烧杯底部约 10 mm”。

为使细骨料颗粒完全悬浮于烧杯中的液体，搅拌机叶轮应尽可能靠近烧杯的底部，具体可按如下操作：试样倒入烧杯后，先将搅拌机叶轮用手轻轻放至烧杯底部试样的表面，然后固定搅拌机叶轮，慢速开动搅拌机，如搅拌机叶轮触撞烧杯底部，则往上抬 2 mm 左右，直至搅拌机叶轮不触撞烧杯底部。

4.5.3.2.3　悬浮液中加入 5 mL 亚甲蓝溶液，以(400±40) r/min 转速搅拌至少 1 min 后，用玻璃棒蘸取一滴悬浮液(所取悬浮液滴应使沉淀物直径在 8 mm ~ 12 mm 内)，滴于滤纸(置于空烧杯或其他合适的支撑物上，以使滤纸表面不与任何固体或液体接触)上。若沉淀物周围未出现色晕，再加入 5 mL 亚甲蓝溶液，继续搅拌 1 min，再用玻璃棒蘸取一滴悬浮液，滴于滤纸上，若沉淀物周围仍未出现色晕，重复上述步骤，直至沉淀物周围出现约 1 mm 的稳定浅蓝色色晕。此时，应继续搅拌，不加亚甲蓝溶液，每 1 min 进行一次沾染试验。若色晕在 4 min 内消失，再加入 5 mL 亚甲蓝溶液；若色晕在第 5 min 消失，再加入 2 mL 亚甲蓝溶液。两种情况下，均应继续进行搅拌和沾染试验，直至色晕可持续 5 min。

1. 亚甲蓝溶液的量取

SL/T 352—2020、DL/T 5151—2014、DL/T 5362—2018、JTS/T 236—2019、JGJ 52—2006 以及 GB/T 14684—2011 均为“加入 5 mL 亚甲蓝溶液”；JTG E42—2005 以及 JG/T 568—2019 均为“用移液管准确加入 5 mL 亚甲蓝溶液”。

由于亚甲蓝溶液的液面容易产生很多的气泡，因此，无论是采用移液管，还是采用量筒，均难以准确量取亚甲蓝溶液(图 4.5)。

图 4.5　亚甲蓝溶液的称量

为准确量取亚甲蓝溶液，作者认为，亚甲蓝法每次加入的亚甲蓝溶液应采用电子天平称取，并精确至±0.1 g。

2. 第一次加入亚甲蓝溶液的时间

SL/T 352—2020、DL/T 5151—2014、DL/T 5362—2018、JTS/T 236—2019、JTG E42—2005、JGJ 52—2006、JG/T 568—2019 以及 GB/T 14684—2011 均“将试样倒入盛有(500±5)mL 蒸馏水的烧杯中，用叶轮搅拌机以(600±60)r/min 转速搅拌 5 min”后，才向“悬浮液中加入 5 mL 亚甲蓝溶液”。

由于“集料(石粉)吸附亚甲蓝需要一定的时间才能完成”(注：摘自 JTG E42—2005 第 120 页第 3.3.2 条中的“注”以及 JG/T 568—2019 附录 C 第 C2.3.4 条中的“注”)，如果试样加入烧杯后马上加入亚甲蓝溶液，试样将有更多的时间吸附亚甲蓝。

为使细骨料有足够多的时间吸附亚甲蓝，作者认为，将试样倒入盛有 500 g±0.1 g 水的烧杯后，同时将第一次加入的亚甲蓝溶液倒入烧杯中，调整搅拌器叶轮与烧杯底部之间的距离，开动搅拌器至试验结束。

3. 第一次加入亚甲蓝溶液的数量

SL/T 352—2020、DL/T 5151—2014、DL/T 5362—2018、JTS/T 236—2019、JTG E42—2005、JGJ 52—2006、JG/T 568—2019 以及 GB/T 14684—2011 均为“5 mL”。

作者大量的试验结果表明，不同石质、不同土质以及不同的含泥量或含粉量，细骨料所吸附的亚甲蓝溶液会有很大的差异。作者认为，每个试样第一次加入的亚甲蓝溶液量应根据以往试验结果而定。如无经验数据，第一次加入的亚甲蓝溶液量应为 2 g，并精确至±0.1 g。

4. 形成悬浮液前后搅拌机的转速

SL/T 352—2020、DL/T 5151—2014、DL/T 5362—2018、JTS/T 236—2019、JTG E42—2005、JGJ 52—2006、JG/T 568—2019 以及 GB/T 14684—2011，形成悬浮液前后搅拌机的转速分别为(600±60)r/min 与(400±40)r/min。

为使细骨料颗粒完全悬浮于烧杯中的液体，作者认为，在整个试验过程中，搅拌机尽可能调整至较高的转速，以悬浮液不溢出烧杯为宜；当需要进行色晕检验时，搅拌机可调整至较低的转速，但不应停止搅拌。

5. 滤纸的放置

SL/T 352—2020、DL/T 5151—2014、DL/T 5362—2018、JTS/T 236—2019、JGJ 52—2006 以及 GB/T 14684—2011 均为“置于空烧杯或其他合适的支撑物”；JTG E42—2005 以及 JG/T 568—2019 均为“放置在敞口烧杯的顶部”。

众所周知，为方便倒出烧杯中的液体，烧杯的顶部特设一个三角形锥口，靠近锥形口的部分，要比其他部分略低一些，滤纸将处于非水平状态，滴于滤纸上的悬浊液容易从高往低的位置流动，很难形成直径 8～12 mm 的环状沉淀物。为使滤纸保持水平状态，作者认为，宜将滤纸置于直径约为 100 mm 的不锈钢碗或陶瓷碗顶面。

6. 悬浮液的蘸取

SL/T 352—2020、DL/T 5151—2014、DL/T 5362—2018、JTS/T 236—2019、JTG E42—2005、JGJ 52—2006、JG/T 568—2019 以及 GB/T 14684—2011 均没有具体的说明。

为便于蘸取悬浮液并确保悬浮液沉淀物在滤纸上形成 8～12 mm 的直径，作者认为，将搅拌机的转速调整至 200 r/min 左右的低速，用玻璃棒蘸取悬浮液时，宜把玻璃棒垂直插入悬浮液 30～50 mm，然后快速、平稳移至滤纸表面约 20 mm 的高度，此时的玻璃棒应接近垂直状态，且手不能抖动，自由下落于滤纸上的悬浮液沉淀物的直径一般可控制在8～12 mm。

7. 每次沾染试验的时间

SL/T 352—2020、DL/T 5151—2014、DL/T 5362—2018、JTS/T 236—2019、JTG E42—2005、JGJ 52—2006、JG/T 568—2019 以及 GB/T 14684—2011 均为“加入 5 mL 亚甲蓝溶液，继续搅拌 1 min，再用玻璃棒蘸取一滴悬浮液”。

由于“集料(石粉)吸附亚甲蓝需要一定的时间才能完成”，经作者大量的试验结果表明，有的细骨料很快就能吸附亚甲蓝，而绝大多数细骨料对亚甲蓝并不敏感，需要更多的时间才能完全吸附亚甲蓝，如果搅拌 1 min 后对亚甲蓝不敏感的细骨料进行色晕检验，试验结果可能会出现假象的色晕。

为使细骨料有足够多的时间吸附亚甲蓝，作者认为，每次加入亚甲蓝溶液后，至少应搅拌 5 min 才能进行沾染试验。

8. 悬浮液滴沉淀物周围出现的色晕

亚甲蓝法主要“通过色晕试验，确定添加亚甲蓝染料的终点，直到该集料停止表面吸附。当出现游离的亚甲蓝(以浅蓝色色晕宽度 1 mm 左右作为标准)时，计算亚甲蓝值”(注：摘自 JTG E42—2005 亚甲蓝法第 122 页的“条文说明”)。

因此，只有细骨料表面停止吸附亚甲蓝时，悬浮液才会出现游离的亚甲蓝，此时悬浮液沉淀物周围将出现宽度 1 mm 左右的浅蓝色色晕。通俗地说，当悬浮液出现游离的亚甲蓝时，悬浮液沉淀物周围将会出现细长的浅蓝色的“毛”，如图 4.6 所示。

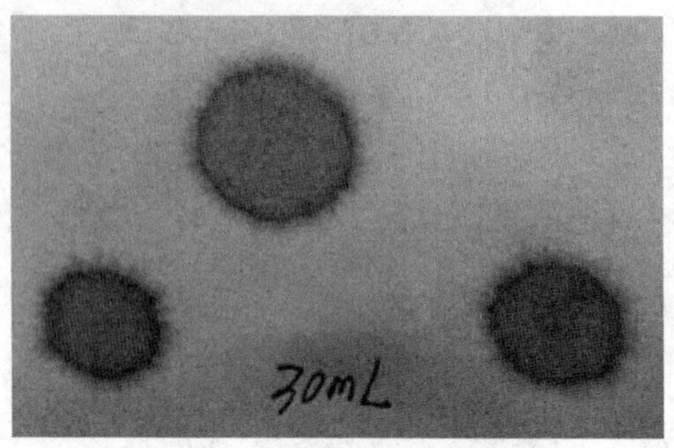

图 4.6　亚甲蓝法标准色晕图

9. 出现色晕后的沾染试验

SL/T 352—2020、DL/T 5151—2014、DL/T 5362—2018、JTS/T 236—2019、JTG E42—2005、JGJ 52—2006、JG/T 568—2019 以及 GB/T 14684—2011 均“应继续搅拌，不加亚甲蓝溶液，每 1 min 进行一次沾染试验……直至色晕可持续 5 min”。

为使细骨料有足够多的时间吸附亚甲蓝，作者认为，当悬浮液沉淀物周围开始出现浅蓝色的色晕时，应每 5 min 进行一次沾染试验，直至色晕可持续 10 min。

10. 亚甲蓝法试验过程中的注意事项

作者认为，亚甲蓝法试验过程中，应注意以下几点事项：

一是每次进行色晕试验前，需用力摇晃装有亚甲蓝溶液的容量瓶，以使容量瓶内亚甲蓝溶液的浓度更加均匀。

二是每次加入亚甲蓝溶液后，需用玻璃棒把烧杯内壁以及搅拌杆上的颗粒刮回悬浊液中，以便烧杯内壁及搅拌杆上的颗粒吸附更多的亚甲蓝。

三是蘸取悬浮液的过程中，手不能抖动，否则液滴容易中途掉落，或不能自由下落至滤纸上，从而无法形成直径 8 ~ 12 mm 的环状沉淀物。

四是玻璃棒蘸取的液滴数量要适中，液滴数量太多，液滴容易中途掉落，或不能自由下落至滤纸；液滴数量太少，很难滴出沉淀物，或形成直径小于 8 mm 的环状沉淀物。

五是玻璃棒与滤纸的距离，应保持在 10 ~ 20 mm，距离太大，环状沉淀物的直径可能大于 12 mm；距离太小，环状沉淀物的直径可能小于 8 mm。

六是每次沾染试验前后两个液滴之间应保持 20 ~ 30 mm 的距离，以防止后一个液滴形成的色晕受到影响；如滤纸上的空白位置不足，应更换新的滤纸。

七是试验结束后，可把搅拌器的叶轮上升至烧杯顶面，用少量洁净水冲洗叶轮，稍稍倾斜烧杯，即可取出烧杯，然后用洁净水清洗试验用的各种器具。

八是亚甲蓝法沾染试验应连续进行，如因停电等原因终止没有完成的亚甲蓝试验，本次试验结果视为无效，应重新取样试验。

4.5.3.2.4　记录色晕持续 5 min 时所加入的亚甲蓝溶液总体积，精确至 1 mL。

亚甲蓝法加入亚甲蓝溶液总量的精度要求

SL/T 352—2020、DL/T 5151—2014、DL/T 5362—2018、JTS/T 236—2019、JTG E42—

2005、JGJ 52—2006、JG/T 568—2019 以及 GB/T 14684—2011 均为“精确至 1 mL”。

作者认为，应采用电子天平称取亚甲蓝溶液，所加入的亚甲蓝溶液总质量应为每次沾染试验加入的亚甲蓝溶液质量之和，并精确至 0.1 g。

4.5.3.3　亚甲蓝的快速试验

4.5.3.3.1　按 4.5.3.2.1 制样。

4.5.3.3.2　按 4.5.3.2.2 搅拌。

4.5.3.3.3　一次性向烧杯中加入 30 mL 亚甲蓝溶液，在(400±40) r/min 转速持续搅拌 8 min，然后用玻璃棒蘸取一滴悬浮液，滴于滤纸上，观察沉淀物周围是否出现明显色晕。

亚甲蓝的快速试验

SL/T 352—2020、DL/T 5151—2014、JTS/T 236—2019、JTG E42—2005 以及 JGJ 52—2006 亚甲蓝的快速试验与 GB/T 14684—2011 完全相同；DL/T 5362—2018 以及 JG/T 568—2019 均没有亚甲蓝的快速试验。

由于“集料(石粉)吸附亚甲蓝需要一定的时间才能完成”，经作者大量的试验结果表明，如果一次性向烧杯中加入 30 mL 亚甲蓝溶液，至少需要搅拌 10 min 才能完全被细骨料吸附，否则，沉淀物周围可能会出现假象的色晕。

为使细骨料有足够多的时间吸附亚甲蓝，作者认为，一次性向烧杯中加入 30 g 亚甲蓝溶液后，应使搅拌机保持较高的转速(以悬浮液不溢出烧杯为宜)且持续搅拌 10 min 后，才能进行沾染试验。

4.5.4　结果计算与评定

4.5.4.1　石粉含量的计算

按 4.4.3.1 进行。

细骨料石粉含量的计算

作者认为，细骨料的石粉含量(即含粉量)，应按本书附录 E“细骨料含粉量试验(水洗法)”进行测定及计算。

4.5.4.2　亚甲蓝 MB 值的计算

按式(4.5)计算，精确至 0.1。

$$MB=\frac{V}{G}\times 10 \tag{4.5}$$

式中：

MB——亚甲蓝值，表示每千克 0～2.36 mm粒级试样所消耗的亚甲蓝质量，克每千克(g/kg)；

G——试样质量，克(g)；

V——所加入的亚甲蓝溶液的总量，毫升(mL)；

10——用于每千克试样消耗的亚甲蓝溶液体积换算成亚甲蓝质量。

1. 亚甲蓝 MB 值的计算公式

SL/T 352—2020 等现行亚甲蓝法细骨料亚甲蓝 MB 值的计算公式与 GB/T 14684—

2011 完全相同。

需要注意的是，SL/T 352—2020、DL/T 5151—2014、DL/T 5362—2018 以及 GB/T 14684—2011 均为 200 g 的小于2.36 mm试样；JTG E42—2005 为 200 g 的小于2.36 mm试样或 30 g 的小于 0.15 mm 试样；JTS/T 236—2019 以及 JGJ 52—2006 均为 200 g 的小于4.75 mm试样；JG/T 568—2019 为 50 g 的小于0.075 mm试样。

2. 亚甲蓝 MB 值单个测定值数位的修约

SL/T 352—2020 没有具体的规定；DL/T 5151—2014、DL/T 5362—2018、JTS/T 236—2019、JTG E42—2005、JG/T 568—2019 以及 GB/T 14684—2011 均为“精确至0.1 g/kg”；JGJ 52—2006 为“精确至 0.01 g/kg”。

作者认为，细骨料亚甲蓝 MB 值单个测定值数位的修约，应比细骨料亚甲蓝 MB 值的算术平均值多一位数位。

3. 亚甲蓝 MB 值算术平均值数位的修约

SL/T 352—2020 以及 JG/T 568—2019 均为“精确至 0.1”；DL/T 5151—2014、DL/T 5362—2018、JTS/T 236—2019、JTG E42—2005、JGJ 52—2006 以及 GB/T 14684—2011 均没有具体的规定。

作者认为，细骨料亚甲蓝 MB 值算术平均值数位的修约，应比现行规范、规程、标准规定的细骨料亚甲蓝 MB 值极限数值多一位数位。

4.5.4.3　亚甲蓝快速试验结果评定

若沉淀物周围出现明显色晕，则判定亚甲快速试验为合格，若沉淀物周围未出现明显色晕，则判定亚甲蓝快速试验为不合格。

1. 亚甲蓝快速试验的结果评定

SL/T 352—2020 以及 DL/T 5151—2014 均为“对亚甲蓝快速试验，若沉淀物周围出现明显色晕，则判定亚甲蓝快速试验为合格，砂样中的微粒含量以石粉为主；否则判定亚甲蓝快速试验不合格，砂样中的微粒含量以泥为主”。

JTS/T 236—2019、JTG E42—2005 以及 JGJ 52—2006 细骨料亚甲蓝快速试验的结果评定与 GB/T 14684—2011 完全相同。

经作者大量的试验结果表明，如果一次性向烧杯中加入 30 mL 亚甲蓝溶液，有的细骨料沉淀物周围出现明显的色晕，有的细骨料沉淀物周围出现不明显的色晕，有的细骨料沉淀物周围甚至没有色晕出现。但是，无论沉淀物周围是否出现色晕，无论色晕是否明显，亚甲蓝快速试验的结果评定与细骨料的石粉含量以及含泥量均没有任何关联。

2. 铁路工程的亚甲蓝快速试验

Q/CR 9207—2017、TB/T 3275—2018 以及 TB 10424—2018 细骨料的石粉含量均“按 GB/T 14684 检验”，而 GB/T 14684—2011 细骨料亚甲蓝试验包含亚甲蓝法以及亚甲蓝快速法。

但是，铁路工程机制砂石粉含量的技术指标，并没有亚甲快速试验结果评定为合格或不合格的相关规定。

4.5.4.4　采用修约值比较法进行评定

1. 亚甲蓝法试验结果的评定

SL/T 352—2020、DL/T 5151—2014、JTS/T 236—2019 以及 JGJ 52—2006 均为“当MB 值<1.4 时,则判定是以石粉为主;当 MB 值≥1.4 时,则判定为以泥粉为主的石粉”。

DL/T 5362—2018、JTG E42—2005、JG/T 568—2019 以及 GB/T 14684—2011 均没有亚甲蓝法试验结果的评定。

JTG/T F30—2014《实施手册》第 30 页认为“现行《建设用砂》(GB/T 14684)已经提出了用于区分石粉和土的亚甲蓝试验方法”,但是,经作者大量的试验结果表明,无论是亚甲蓝快速试验,还是亚甲蓝法,既不能区分细骨料中的石粉和土,也不能测定细骨料中膨胀性黏土的含量。

2. JG/T 568—2019 亚甲蓝法试验结果的评定

JG/T 568—2019 第 C.2.2.2 条“取 75 μm 方孔筛以下筛底石粉试样累计 100 g,分 2 份备用,精确至 0.1 g”、第 C.2.2.3 条“称取石粉试样 50 g,精确至 0.1 g”。

如以 GB/T 14684—2011 表 4 机制砂的最大石粉含量 10% 为例,JG/T 568—2019 亚甲蓝法所需 0.075 mm 以下试样质量为 50 g,相当于需要 500 g 细骨料才能筛取 50 g 小于 0.075 mm 的石粉,即 JG/T 568—2019 实际所用的细骨料,至少为现行亚甲蓝法所需200 g 试样质量的 2.5 倍。

理论上,试样的质量越多,试样的粒径越小,所测定的亚甲蓝 MB 值越大,因而对同一细骨料样品而言,JG/T 568—2019 亚甲蓝法 50 g 小于 0.075 mm 石粉所测定的亚甲蓝 MB 值,将比工程实际使用的 200 g 细骨料所测定的亚甲蓝 MB 值大 2.5 倍左右。

3. JTG E42—2005 小于 0.15 mm 部分或矿粉亚甲蓝法试验结果的评定

(1)矿粉的定义。

JTG E42—2005 第 2.1.9 条“填料:在沥青混合料中起填充作用的粒径小于0.075 mm 的矿物质粉末。通常是石灰岩等碱性石料加工磨细得到的矿粉,水泥、消石灰、粉煤灰等矿物质有时也可作为填料使用”、第 2.1.10 条“矿粉:由石灰岩等碱性石料经磨细加工得到的,在沥青混合料中起填料作用的以碳酸钙为主要成分的矿物质粉末”;JTG F40—2004 第 125 页第 4.10.1 条“条文说明:在沥青混合料中,矿质填料通常是指矿粉”。

据上可知,公路路面工程中的矿粉是指粒径小于0.075 mm的矿物质粉末;但是,如果根据 JTG F40—2004 表 4.10.1“沥青混合料用矿粉质量要求”中的“粒度范围”,矿粉是指粒径小于 0.6mm 的矿物质粉末。

(2)矿粉试验结果的评定。

JTG E42—2005 亚甲蓝法第 3.5 条“小于 0.15 mm 粒径部分的亚甲蓝值 MBV_F 的测定:按 3.1 ~3.3 的规定准备试样,进行亚甲蓝试验测试,但试样为 0 ~0.15 mm 部分,取 30 g±0.1 g”;如果根据 JTG E42—2005 亚甲蓝法第 3.3.3 条第一次加入的 5 mL 亚甲蓝溶液进行计算,小于 0.15 mm 矿粉的亚甲蓝值 $MBV_F = 5/30 \times 10 \approx 1.7$(g/kg)>1.4 g/kg。

如以 JTG F40—2004 表 4.9.4“沥青混合料用机制砂或石屑规格”中 S15 的最大石粉含量 10% 为例,JTG E42—2005 亚甲蓝法所需矿粉的质量为 30 g,相当于需要 300 g 细骨料,才能筛取 30 g 的矿粉。

理论上,试样的质量越多,试样的粒径越小,所测定的亚甲蓝 MB 值越大,因而 JTG

E42—2005 亚甲蓝法 30 g 小于 0.15 mm 矿粉的亚甲蓝值,将比 200 g 细骨料所测定的亚甲蓝 MB 值大 1.5 倍左右。

据了解,公路工程中的矿粉主要用于沥青混合料,但是,JTG F40—2004 表 4.10.1“沥青混合料用矿粉质量要求”没有亚甲蓝值的技术要求。如果根据 JTG F40—2004 表4.9.2“沥青混合料用细集料质量要求”中的“高速公路、一级公路亚甲蓝值:不大于 25 g/kg”,则所有矿粉亚甲蓝值均符合要求;如果根据现行规范、规程、标准细集料亚甲蓝 MB 值的有关规定,则矿粉的亚甲蓝值均大于 1.4 g/kg,均评定为不合格。

4. 亚甲蓝法的平行试验

SL/T 352—2020、DL/T 5151—2014、DL/T 5362—2018、JTG E42—2005、JG/T 568—2019 均说明亚甲蓝法需要进行两次平行试验;JTS/T 236—2019、JGJ 52—2006 以及 GB/T 14684—2011 均没有说明亚甲蓝法是否需要进行平行试验。

工程实际应用中,有的试验表格要求进行两次平行试验,而绝大多数工程项目的试验表格没有要求进行两次平行试验,直接取一次试验的亚甲蓝 MB 值作为测定值。

为保证试验结果的准确性、有效性,作者认为,无论是亚甲蓝法,还是亚甲蓝快速法,均应进行两次平行试验。

5. 不同水质对亚甲蓝法的影响

为比较不同水质对亚甲蓝法的影响,作者采用同一岩质、完全由大于 9.5 mm 以上经清洗的洁净碎石加工而成的4.75 mm以下的岩石颗粒以及同一土质、采用虹吸管法静置 1 min后容器上部的浑浊液经沉淀、烘干得到的小于0.075 mm的土粒组成的细骨料(除非另有说明,本节以下所述的细骨料,均采用此方法制备),分别对蒸馏水、桶装水、自来水进行亚甲蓝试验。

根据作者已出版的《细集料含泥量与含粉量的试验研究》大量的试验结果表明,无论是自来水,还是桶装水,或是蒸馏水,只要是洁净的水,对亚甲蓝法的试验结果几乎没有任何的影响。

6. 不同纸质对亚甲蓝法的影响

为比较不同纸质对亚甲蓝法的影响,作者采用上述方法制备的细骨料,分别对中速定性滤纸、中速定量滤纸、快速定量滤纸进行亚甲蓝试验。

根据作者已出版的《细集料含泥量与含粉量的试验研究》大量的试验结果表明,无论是中速定性滤纸,还是中速定量滤纸,或是快速定量滤纸,对亚甲蓝法的试验结果几乎没有任何影响。

7. 不同岩质吸附亚甲蓝的差异

为比较不同岩质吸附亚甲蓝溶液的差异,作者采用上述方法制备的细骨料,分别对同一土质、不同岩质的细骨料进行亚甲蓝试验。

根据作者已出版的《细集料含泥量与含粉量的试验研究》大量的试验结果表明,不同石质的细骨料所吸附的亚甲蓝溶液有着很大的差异,有的石质,即使细骨料的含泥量达到 6%,亚甲蓝法所测定的细骨料亚甲蓝 MB 值可能小于 1.4 g/kg;有的石质,即使细骨料的含泥量为零,亚甲蓝法所测定的细骨料亚甲蓝 MB 值可能大于 1.4 g/kg,甚至大于2.1 g/kg。

8. 不同土质吸附亚甲蓝的差异

Q/CR 9570—2020 第39页第2.0.4条的“条文说明：亚甲蓝值用于判定机制砂石粉中泥粉的吸附性能，机制砂中影响亚甲蓝值的泥粉颗粒粒径多在75 μm以下”。

为比较不同土质吸附亚甲蓝溶液的差异，作者采用上述方法制备的细骨料，分别对同一岩质、不同土质的细骨料进行亚甲蓝试验。

根据作者已出版的《细集料含泥量与含粉量的试验研究》大量的试验结果表明，由于土质所处的环境及其成因各不相同，不同的土质具有不同的特性，因此不同土质吸附的亚甲蓝溶液量大相径庭。

同一岩质1%含泥量的细骨料，有的土质所测定的亚甲蓝MB值只有0.2 g/kg；而有的土质所测定的亚甲蓝MB值可能大于1.4 g/kg，甚至大于1.9 g/kg。

同一岩质6%含泥量的细骨料，有的土质所测定的亚甲蓝MB值可能小于1.4 g/kg，且不同的土质所测定的亚甲蓝MB值相差甚远，MB值最大相差可达2.3 g/kg。

9. 不同石粉含量吸附亚甲蓝的差异

JGJ 52—2006 第96页第3.1.5条的“条文说明：亚甲蓝法对石粉的敏感性如何？经试验证明，此方法对于纯石粉其测值是变化不大的”。

为验证亚甲蓝法对石粉的敏感性，并比较同一岩质、不同石粉含量吸附亚甲蓝的差异，作者采用同一岩质、完全由大于9.5 mm以上经清洗的洁净碎石加工而成的4.75 mm以下岩石颗粒组成的细骨料，分别对不同岩质、不同石粉含量进行亚甲蓝法试验。

根据作者已出版的《细集料含泥量与含粉量的试验研究》大量的试验结果表明，有的细骨料几乎不吸附亚甲蓝溶液，而且不同含量的同一石粉所吸附的亚甲蓝溶液相差不大。例如：有的机制砂，试样的质量均为200 g，无论石粉含量为1%，还是8%，吸附的亚甲蓝溶液只有1～3 g，几乎可以忽略不计，正如JGJ 52—2006第104页第6.11节的“条文说明：从图中可以看出机制砂中掺入不同比例的石粉，亚甲蓝测定值变化不大，说明亚甲蓝对纯石粉不敏感”。

但是，有的细骨料吸附较多的亚甲蓝溶液，而且，不同含量的同一石粉所吸附的亚甲蓝溶液相差较大。例如：有的机制砂，当石粉含量为1%时，吸附10 g的亚甲蓝溶液；当石粉含量为8%时，吸附13 g的亚甲蓝溶液。

有的细骨料不但吸附相当多的亚甲蓝溶液，而且，不同含量的同一石粉所吸附的亚甲蓝溶液相差很大。例如：有的机制砂，当石粉含量为1%时，吸附32 g的亚甲蓝溶液；当石粉含量为8%时，吸附42 g的亚甲蓝溶液。

综上所述，不同石质以及不同石粉含量的细骨料所吸附的亚甲蓝溶液各不相同，而且，细骨料的石粉含量越大，吸附的亚甲蓝溶液就越多。

10. 不同粒级吸附亚甲蓝的差异

JTG E42—2005 亚甲蓝法第122页的“条文说明：亚甲蓝试验时，由于膨胀性黏土矿物具有极大的比表面，很容易吸附亚甲蓝染料，……细集料中的非黏土性矿物质颗粒的比表面相对要小得多，且并不吸收任何可见数量的染料”。

Q/CR 9570—2020 第39页第2.0.4条的“条文说明：值得注意的是，部分岩石如凝灰岩等大于75 μm的机制砂颗粒也会对亚甲蓝（MB）值大小产生影响”。

JTG E42—2005 与 Q/CR 9570—2020 上述的“条文说明”显然互相矛盾。为比较不同粒级吸附亚甲蓝溶液的差异，作者采用同一岩质、完全由大于 9.5 mm 以上经清洗的洁净碎石加工而成的4.75 mm以下的岩石颗粒，分别对不同石质以及不同粒级的细骨料进行亚甲蓝试验。

根据作者已出版的《细集料含泥量与含粉量的试验研究》大量的试验结果表明，细集料中的非黏土性矿物质岩石颗粒，不但吸附亚甲蓝染料，而且，不同粒级的细骨料所测定的亚甲蓝 MB 值有着较大的差异，细骨料的粒级越大，所测定的亚甲蓝 MB 值越小，反之亦然。

4.6　细骨料泥块含量试验

细骨料泥块含量试验的测试目的

众所周知，每一项试验应有一个明确的测试目的，否则，实际测试的结果可能与所检测的参数毫不相符。

如果根据 SL/T 352—2020 细骨料泥块含量试验的目的或适用范围，细骨料泥块含量试验测定的是河砂的泥块含量；如果根据 SL/T 352—2020 的试验方法，细骨料泥块含量试验测定的是河砂中粒径大于1.18 mm、用手捏碎后小于 0.60 mm 的颗粒含量。

如果根据 DL/T 5151—2014 细骨料泥块含量试验的目的或适用范围，细骨料泥块含量试验测定的是细骨料的泥块含量；如果根据 DL/T 5151—2014 的试验方法，细骨料泥块含量试验测定的是细骨料中粒径大于1.18 mm、用手捏碎后小于 0.60 mm 的颗粒含量；如果根据 DL/T 5151—2014 第 2.0.11 条定义的泥块含量，细骨料泥块含量试验测定的是细骨料中粒径大于1.18 mm，经水浸洗、手捏后小于 0.60 mm 的颗粒含量。

如果根据 JTG E42—2005 以及 JGJ 52—2006 细骨料泥块含量试验的目的或适用范围，细骨料泥块含量试验测定的是细骨料的泥块含量；如果根据两者的试验方法以及定义的泥块含量，细骨料泥块含量试验测定的是细骨料中粒径大于1.18 mm，经水浸洗、手捏后小于 0.60 mm 的颗粒含量。

JTS/T 236—2019 以及 GB/T 14684—2011 没有细骨料泥块含量试验的目的或适用范围，如果根据两者的试验方法以及定义的泥块含量，细骨料泥块含量试验测定的是细骨料中粒径大于1.18 mm，经水浸洗、手捏后小于 0.60 mm 的颗粒含量。

由于“泥块包括颗粒大于 5 mm 的纯泥组成的泥块，也包括含有砂、石屑的泥团以及不易筛除的包裹在碎石、卵石表面的泥”（注：DL/T 5144—2015 第 69 页第 3.3.6 条的“条文说明”），细骨料中粒径大于1.18 mm，可用手捏碎或经水浸洗、手捏后小于 0.60 mm 的颗粒，不但含有 0.075 mm ~ 0.60 mm 且矿物组成和化学成分与母岩相同的颗粒，而且，小于0.075 mm的颗粒，既包含小于0.075 mm的“泥粉”，也包含小于0.075 mm且矿物组成和化学成分与母岩相同的“石粉”。因此，不能把细骨料中粒径大于1.18 mm、可用手捏碎或经水浸洗、手捏后变成小于 0.60 mm 的颗粒含量均作为细骨料的泥块含量。

作者认为，细骨料泥块含量试验，应该测定的是细骨料粒径大于1.18 mm中的小于0.075 mm且矿物组成和化学成分与母岩不同的黏土、淤泥及细屑的颗粒含量。

4.6.1　仪器设备

本试验用仪器设备如下：

a）鼓风干燥箱：能使温度控制在(105±5) ℃。

b）天平：称量1 000 g，感量0.1 g。

试验所用称量仪器的最小感量要求

SL/T 352—2020第3.11节“天然细骨料泥块含量试验”、JTS/T 236—2019第6.8节“砂中泥块含量试验”以及GB/T 14684—2011均为“0.1 g”；DL/T 5151—2014第3.13节“砂料泥块含量试验”以及JGJ 52—2006第6.10节“砂中泥块含量试验”均为“1 g”；JTG E42—2005/T 0335-1994“细集料泥块含量试验（以下简称‘T 0335试验’）”为“2 g”；DL/T 5362—2006以及GB/T 17431.2—2010没有细骨料泥块含量试验。

根据现有称量仪器的精度以及对试验结果的影响，作者认为，细骨料泥块含量试验称量仪器的最小感量至少应为1 g。

c）方孔筛：孔径为600 μm及1.18 mm的筛各一只。

d）容器：要求淘洗试样时，保持试样不溅出（深度大于250 mm）。

e）搪瓷盘、毛刷等。

4.6.2　试验步骤

4.6.2.1　按第4.1节规定取样，并将试样缩分至约5 000 g，放在干燥箱中于(105±5) ℃下烘干至恒量，待冷却至室温后，筛除小于1.18 mm的颗粒，分为大致相等的两份备用。

试验所用的试样

为确保试验结果的准确性、有效性，作者认为，应按照本书第2章第2.1节第2.1.3.1-2条“粗骨料试样的缩分”中JTG E51—2009所述四分法，将试样缩分至略大于1 000 g，称取两份1 000 g±0.1 g试样质量m_1，然后筛除试样中小于1.18 mm的颗粒，且1.18 mm筛上的试样质量，至少应大于200 g，否则应增加缩分后的试样质量。试样缩分以及筛除小于1.18 mm颗粒时，应防止试样中的黏土泥块被压碎。

4.6.2.2　称取试样200 g，精确至0.1 g。将试样倒入淘洗容器中，注入清水，使水面高于试样面约150 mm，充分搅拌均匀后，浸泡24 h。然后用手在水中碾碎泥块，再把试样放在600 μm筛上，用水淘洗，直至容器内的水目测清澈为止。

1. 试验所需试样的质量

SL/T 352—2020以及DL/T 5151—2014均为“称取烘干的细骨料试样约500 g……称取1.25 mm以上的试样质量，不得少于100 g”；JTS/T 236—2019、JTG E42—2005、JGJ 52—2006以及GB/T 14684—2011试验所需试样的质量均为“200 g”。

为确保试验结果的准确性、有效性，作者认为，缩分并筛除小于1.18 mm后的细骨料泥块含量试验试样的质量至少应为200 g。

2. 试样质量的精度要求

SL/T 352—2020为“分度值不大于0.1 g”；DL/T 5151—2014、JTS/T 236—2019、JTG

E42—2005 以及 JGJ 52—2006 均没有具体的规定。

根据现有称量仪器的精度以及对试验结果的影响，作者认为，细骨料泥块含量试验试样的质量至少应精确至 0.1 g。

3. 水面与砂面之间的高度

SL/T 352—2020 以及 DL/T 5151—2014 细骨料泥块含量的试验方法均不需要浸泡试样，因而没有水面与砂面之间高度的规定；JTS/T 236—2019、JGJ 52—2006 以及 GB/T 14684—2011 均为“使水面高出砂面约 150 mm”；JTG E42—2005 为“使水面高出砂面约 200 mm”。

由于细骨料浸泡时会吸收部分水分，作者认为，为确保水面始终处于砂面之上，细骨料泥块含量试验的水面与砂面之间的高度至少应为 100 mm。

4. 试验的操作步骤

SL/T 352—2020 以及 DL/T 5151—2014 为“将 1.25 mm 以上的砂样在搪瓷盘中摊成薄层，用手捏碎所有泥块，然后用 0.63 mm 筛过筛，称出剩余砂样的质量（以下简称“干法”）”。

需要注意的是，SL/T 352—2020 以及 DL/T 5151—2014 细骨料泥块含量的试验方法均为干法，而两者粗骨料泥块含量的试验方法以及其他规范、规程、标准粗骨料与细骨料泥块含量的试验方法均为湿法。

JTS/T 236—2019、JTG E42—2005 以及 JGJ 52—2006 细骨料泥块含量的试验步骤与 GB/T 14684—2011 基本相同（以下统称“湿法”）。

由于有的泥块比较硬，直接用手根本无法捏碎，需长时间在水中浸泡才能用手捏碎，作者认为，试样应浸泡 24 h，筛洗试样时，应先用手在水中捻碎泥块，然后用手在水中淘洗试样，使尘屑、淤泥和黏土与砂粒完全分离；倒出浑水（浑浊液）时，动作应缓慢、轻柔，尽可能不扰动容器中的浑水（浑浊液），且只倒出容器中的三分之一浑水（浑浊液），整个过程不应晃动容器，更不能把已下沉的砂粒随浑水（浑浊液）倒出。

4.6.2.3 保留下来的试样小心地从筛中取出，装入浅盘后，放在干燥箱中于（105±5）℃下烘干至恒量，待冷却到室温后，称出其质量，精确至 0.1 g。

试验后烘干试样质量的精度要求

SL/T 352—2020、DL/T 5151—2014、JTS/T 236—2019、JTG E42—2005 以及 JGJ 52—2006 均没有具体的规定。

根据现有称量仪器的精度以及对试验结果的影响，作者认为，细骨料泥块含量试验后烘干试样的质量至少应精确至 0.1 g。

4.6.3 结果计算与评定

4.6.3.1 泥块含量按式(4.6)计算，精确至 0.1%：

$$Q_b = \frac{G_1 - G_2}{G_1} \times 100 \tag{4.6}$$

式中：

Q_b——泥块含量，%；

G_1——1.18 mm筛筛余试样的质量，克(g)；

G_2——试验后烘干试样的质量，克(g)。

1. 细骨料泥块含量计算公式中的“%”

SL/T 352—2020、DL/T 5151—2014、JTS/T 236—2019 以及 JGJ 52—2006 的计算公式均后缀“%”；JTG E42—2005 以及 GB/T 14684—2011 的计算公式均没有后缀“%”。

众所周知，“100%”等于 1，而任何数值乘以 1，仍然等于原数值；但是，数值乘以 100 后，得到的结果表示百分数。因此，作者认为，没有后缀“%”的计算公式是正确的，后缀“%”的计算公式是错误的。

2. 细骨料泥块含量单个测定值数位的修约

SL/T 352—2020 没有具体的规定；DL/T 5151—2014、JTS/T 236—2019、JTG E42—2005、JGJ 52—2006 以及 GB/T 14684—2011 均为“精确至 0.1%”。

作者认为，细骨料泥块含量单个测定值数位的修约，应比细骨料泥块含量的算术平均值多一位数位。

3. 细骨料泥块含量的计算

SL/T 352—2020 以及 DL/T 5151—2014 的计算公式均为“泥块含量=(1.25 mm 以上试样质量-筛除泥块后的试样质量)/试样质量×100%”；JTS/T 236—2019、JTG E42—2005 以及 JGJ 52—2006 的计算方法与 GB/T 14684—2011 完全相同。

根据 SL/T 352—2020 以及 DL/T 5151—2014 的试验方法可知，细骨料泥块含量试验试样的总质量均为 500 g，且包含1.18 mm以下的细骨料；根据 JTS/T 236—2019、JTG E42—2005、JGJ 52—2006 以及 GB/T 14684—2011 的试验方法可知，细骨料泥块含量试验试样的总质量均为 200 g，但不包含1.18 mm以下的细骨料。

例如：某天然砂1.18 mm筛的累计筛余为 40%，则 500 g 天然砂中大于1.18 mm试样的质量为 200 g，经干法(或湿法)试验后，假设大于 0.63mm 颗粒的质量为 197 g。如果按照 GB/T 14684—2011 的公式进行计算，则该天然砂的泥块含量=(200-197)/200×100=1.5%，该天然砂不符合 GB/T 14684—2011 Ⅱ类砂泥块含量≤1.0% 的规定；如果按照 SL/T 352—2020 以及 DL/T 5151—2014 的公式进行计算，则该天然砂的泥块含量=(200-197)/500×100=0.6%，该天然砂符合 GB/T 14684—2011 Ⅱ类砂泥块含量≤1.0% 的规定。

由于细骨料既包含大于1.18 mm的颗粒，也包含小于1.18 mm的颗粒，因此，作者认为，只把1.18 mm以上细骨料的试样作为细骨料泥块含量试验试样的总质量，显然不符合工程实际。

4.6.3.2　泥块含量取两次试验结果的算术平均值，精确至 0.1%。

1. 细骨料泥块含量算术平均值数位的修约

SL/T 352—2020 为“修约间隔 0.1%”；DL/T 5151—2014、JTS/T 236—2019、JTG E42—2005 以及 JGJ 52—2006 均没有具体的规定。

作者认为，细骨料泥块含量算术平均值数位的修约，应比现行规范、规程、标准规定的细骨料泥块含量极限数值多一位数位。

2. 平行试验的允许误差

SL/T 352—2020、DL/T 5151—2014、JTS/T 236—2019、JGJ 52—2006 以及 GB/T 14684—2011 均没有具体的规定；JTG E42—2005 为"取两次平行试验结果的算术平均值作为测定值，两次结果的差值如超过 0.4%，应重新取样进行试验"。

由于细骨料的泥块含量一般小于 1%，为确保试验结果的准确性、有效性，作者认为，细骨料泥块含量两次平行试验测定值的误差不应超过 0.2%，否则，应重新试验。

4.6.3.3　采用修约值比较法进行评定。

现行细骨料泥块含量的试验方法

SL/T 352—2020 以及 DL/T 5151—2014 细骨料泥块含量的试验方法均为干法；其他现行规范、规程、标准细骨料泥块含量的试验方法均为湿法。

干法的试验操作比较简单，但存在两个问题：一是有的泥块比较硬，直接用手无法捏碎，需长时间在水中浸泡才能用手捏碎；二是细骨料的含泥量包含细骨料的泥块含量，而用手捏碎的颗粒中，可能包含小于 0.60 mm 且大于 0.075 mm、矿物组成和化学成分与母岩相同的细砂粒，因此不能把"凡是可以用手捏碎的颗粒都算作泥块"。

湿法的试验操作比较复杂，且存在一个问题：湿法虽然试验前已筛除 1.18 mm 以下的颗粒，但是，1.18 mm 以上颗粒的表面（以及含有泥块的大于 1.18 mm 的细骨料），不可避免黏附或多或少小于 0.60 mm 且大于 0.075 mm、矿物组成和化学成分与母岩相同的细砂粒，而这些的细砂粒在水洗过程中，不可避免视作泥块随水一起被冲走，因此不能把小于 0.60 mm 的细砂粒全部作为泥块。

由于现行规范、规程、标准细骨料泥块含量的试验方法均不能准确测定细骨料的泥块含量，作者独创了可以准确测定细骨料泥块含量的"骨料泥块含量试验（干湿法）"，因作者另有所用，该新方法并没有录入本书。

4.7　细骨料压碎指标试验

4.7.1　仪器设备

本试验用仪器设备如下：

a）鼓风干燥箱：能使温度控制在（105±5）℃。

b）天平：称量 10 kg 或 1 000 g、感量为 1 g。

试验所用称量仪器的最小感量要求

SL 352—2020、DL/T 5151—2014 以及 GB/T 17431.2—2010 没有细骨料压碎指标试验；DB 24/016—2010 附录 A"山砂压碎指标试验方法"、DL/T 5362—2006 第 7.6 节"细骨料坚固性试验（压碎法）"、JTS/T 236—2019 第 6.16 节"人工砂压碎值指标试验"、JTG E42—2005/T 0350—2005"细集料压碎指标试验"、JGJ 52—2006 第 6.12 节"人工砂压碎值指标试验"以及 GB/T 14684—2011 均为"1 g"。

根据现有称量仪器的精度以及对试验结果的影响，作者认为，细骨料压碎指标试验称量仪器的最小感量至少应为 0.1 g。

c) 压力试验机:50 kN～1 000 kN。

试验所用压力试验机的量程以及精度要求

DB 24/016—2010 为“50 kN 或 100 kN 的万能试验机”;DL/T 5362—2006 以及 GB/T 14684—2011 均为“50 kN～1 000 kN”;JTS/T 236—2019 为“荷载 100 kN,测量精度为±1%”;JTG E42—2005 为“量程 50 kN～1 000 kN,示值相当误差 2%,应能保持 1 kN/s 的加荷速率”;JGJ 52—2006 为“荷载 300 kN”。

由于压力试验机的量程越大,精度越低,参照 DB 24/016—2010 附录 A“山砂压碎指标试验方法”A.2“仪器设备:根据《普通混凝土力学性能试验方法标准》GB/T 50081 中 4.3.1 的要求‘压力试验机其测量精度为±1%,试件破坏荷载应大于压力机全量程的 20% 且小于压力机全量程的 80%’。而本试验中所用荷载为 25 kN,因此,为保证测试结果的准确,压力机量程应大于 31.25 kN 或小于 125 kN。但通常压力机都在 500 kN 以上,不适合此范围,所以本次修订为使用 50 kN 或 100 kN 的万能试验机”,作者认为,细骨料压碎指标试验压力试验机的最大量程应小于 125 kN。

d) 受压钢模:由圆筒、底盘和加压压块组成,其尺寸如图 4.7 所示。

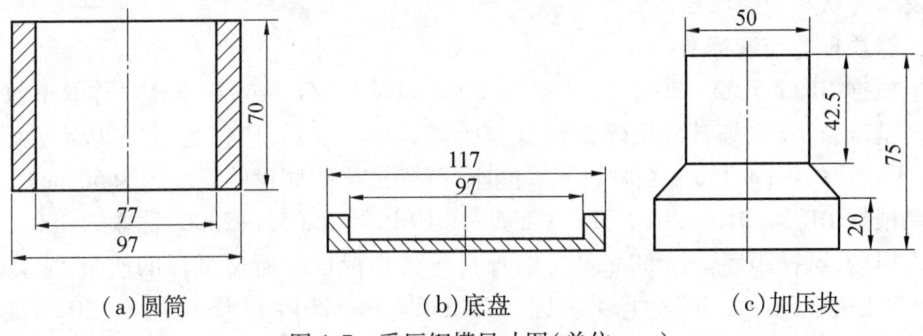

图 4.7　受压钢模尺寸图(单位:mm)

e) 方孔筛:孔径为 4.75 mm、2.36 mm、1.18 mm、600 μm 及 300 μm 的筛各一只。

f) 搪瓷盘、小勺、毛刷等。

4.7.2　试验步骤

4.7.2.1　按第 4.1 节规定取样,放在干燥箱中于(105±5) ℃下烘干至恒量,待冷却至室温后,筛除大于 4.75 mm 及小于 300 μm 的颗粒,然后按 7.3 条筛分成 300 μm～600 μm、600 μm～1.18 mm、1.18 mm～2.36 mm 及 2.36 mm～4.75 mm 四个粒级,每级 1 000 g 备用。

1. 试验所用的试样

为制备具有代表性的试样,作者认为,应按照本书第 2.1.3.1-2 条“粗骨料试样的缩分”中 JTG E51—2009 所述四分法,缩分数量足够的细骨料,然后采用 4.75 mm、2.36 mm、1.18 mm、0.60 mm 以及 0.30 mm 筛,筛分成 0.30～0.60 mm、0.60～1.18 mm、1.18～2.36 mm 以及 2.36～4.75 mm 四个粒级,每个粒级共三份试样,每份试样约 350 g。

2. 试验所用试样的粒级

DL/T 5362—2006 为“0.30 mm～0.60 mm、0.60 mm～1.18 mm 及 1.18 mm～

2.36 mm三个粒级”；DB 24/016—2010、JTS/T 236—2019、JTG E42—2005、JGJ 52—2006 以及 GB/T 14684—2011 均为“300 μm ~ 600 μm、600 μm ~ 1.18 mm、1.18 mm ~ 2.36 mm 及2.36 mm ~ 4.75 mm四个粒级”。

JGJ 52—2006 第 105 页的“条文说明：鉴于砂的定义，公称粒径 5.00 mm 以下的颗粒为砂，所以取公称粒径 5.00 mm 以下的颗粒分成公称粒级 5.00 ~ 2.50 mm、2.50 ~ 1.25 mm、1.25 mm ~ 630 μm、630 ~ 315 μm 四个粒级”。

但是，工程实际应用中，绝大部分细骨料含有大于4.75 mm的颗粒，且现行规范、规程、标准均允许含有 10% 以内大于4.75 mm的颗粒。因此，细骨料压碎指标试验应包含 4.75 ~ 9.5 mm 在内的五个粒级。

众所周知，即使是同一样品，不同的粒级所测定的细骨料压碎指标值会有很大的差异，而压碎指标值是评价细骨料坚固性技术指标之一，作者认为，细骨料的压碎指标应如粗骨料压碎指标采用统一粒级的试样进行试验及评价。

4.7.2.2　称取单粒级试样 330 g，精确至 1 g。将试样倒入已组装成的受压钢模内，使试样距底盘面的高度约为 50 mm。整平钢模内试样的表面，将加压块放入圆筒内，并转动一周使之与试样均匀接触。

1. 试样质量的控制标准

如果根据 DL/T 5362—2006、JTG E42—2005 以及 GB/T 14684—2011“称取单粒级试样 330 g，精确至 1 g”，细骨料压碎指标试验所需试样的质量，应该是以“330 g”为标准。但是，由于岩质的不同，330 g 细骨料不可能刚好“使试样距底盘的高度约为 50 mm”。

如果根据 DB 24/016—2010、JTS/T 236—2019 以及 JGJ 52—2006“称取约 300 g 单级砂样装入模内，试样距底盘约 50 mm”，细骨料压碎指标试验所需试样的质量，应该是以“试样表面距底盘约 50 mm”为标准。因为，JTS/T 236—2019 以及 JGJ 52—2006 试验前试样的质量为“约 300 g”，试验后需要“倒出压过的试样并称其质量（m_0）”，且计算细骨料压碎指标值时，试样的质量为 m_0，而非 300 g。

众所周知，同一岩质、不同质量或不同岩质、相同质量的试样在钢模的高度，有的可能只有 40 mm，有的可能达到 60 mm，而试样的高度越大，试样受到的压力越小，测定的细骨料压碎指标值越小，反之亦然；另外，“试样表面距盘底约 50 mm 的高度”是一个笼统的概念，40 mm 也是“约 50 mm”，70 mm 也是“约50 mm”，而钢模内 40 mm 与 70 mm 高度的细骨料所测定的压碎指标值显然有着很大的差异。

作者认为，细骨料压碎指标试验试样质量（数量）的控制标准，应以“试样表面距底盘 50 mm 的高度”为标准。

2. 钢模内 50 mm 高度试样的控制

细骨料压碎指标试验所用的受压钢模，除 DL/T 5362—2006 没有具体的规定，其余与 GB/T 14684—2011 内径 77mm、高 50 mm 圆柱形的金属筒相同。

为确保试样在受压钢模内的深度为 50 mm，作者认为，根据受压钢模的尺寸，定制一个内径 77 mm、高 50 mm 圆柱形的金属筒，每次细骨料压碎指标试验前，将已筛分的各单粒级试样，用料勺向金属筒中装入试样，料勺距金属筒筒口中心上方 50 mm，试样装满并超出金属筒筒口后，用直尺将多余的试样沿筒口中心线向两个相反方向刮平（整个操作过程中，不应晃动金属筒），称取金属筒内试样的质量，以相同质量的试样进行细骨料压碎指标值的平行试验。

3. 试验前试样质量的精度要求

DB 24/016—2010、JTS/T 236—2019 以及 JGJ 52—2006 均没有具体的规定；DL/T 5362—2006、JTG E42—2005 以及 GB/T 14684—2011 均为"精确至 1 g"。

根据现有称量仪器的精度以及对试验结果的影响，作者认为，细骨料压碎指标试验试样的质量至少应精确至 0.1 g。

4.7.2.3　将装好试样的受压钢模置于压力机的支承板上，对准压板中心后，开动机器，以每秒钟 500 N 的速度加荷。加荷至 25 kN 时稳荷 5 s 后，以同样速度卸荷。

试验的加荷方式

DB 24/016—2010、DL/T 5362—2006、JTS/T 236—2019、JTG E42—2005 以及 JGJ 52—2006 试验的加荷方式，与 GB/T 14684—2011 完全相同。

作者认为，细骨料压碎指标试验至规定荷载 25 kN 时，可参照粗骨料压碎指标试验"稳荷 5 s 后卸荷"。

4.7.2.4　取下受压模，移去加压块，倒出压过的试样，然后用该粒级的下限筛（如粒级为4.75 mm～2.36 mm时，则其下限筛指孔径为2.36 mm的筛）进行筛分，称出试样的筛余量和通过量，均精确至 1 g。

1. 筛分后试样质量的精度要求

DB 24/016—2010、JTS/T 236—2019 以及 JGJ 52—2006 均没有具体的规定；DL/T 5362—2006、JTG E42—2005 以及 GB/T 14684—2011 均为"精确至 1 g"。

根据现有称量仪器的精度以及对试验结果的影响，作者认为，细骨料压碎指标试验筛分后试样的质量至少应精确至 0.1 g。

2. 细骨料压碎指标试验前后的试样质量

DB 24/016—2010、DL/T 5362—2006、JTG E42—2005 以及 GB/T 14684—2011 试验前均"称取单粒级试样 330 g"，筛分后均要求"称出试样的筛余量和通过量"；JTS/T 236—2019 以及 JGJ 52—2006 试验前均"称取约 300 g 单级砂样"，加荷后均要求"倒出压过的试样并称其质量"。

由于试验前后试样的质量不会变化，作者认为，细骨料压碎指标试验，加荷后没有必要"倒出压过的试样并称其质量"，筛分后没有必要"称出试样的筛余量和通过量"，只需称取筛分后筛上试样的筛余量。

4.7.3　结果计算与评定：

4.7.3.1　第 i 单级砂样的压碎指标按式(4.7)计算，精确至1%：

$$Y_i = \frac{G_2}{G_1 + G_2} \times 100 \tag{4.7}$$

式中：

Y_i——第 i 单粒级压碎指标值，%；

G_1——试样的筛余量，克(g)；

G_2——通过量,克(g)。

1. 细骨料第 i 单粒级压碎指标计算公式中的“%”

DB 24/016—2010、DL/T 5362—2018、JTS/T 236—2019 以及 JGJ 52—2006 的计算公式均后缀“%”;JTG E42—2005 以及 GB/T 14685—2011 的计算公式均没有后缀“%”。

众所周知,“100%”等于1,而任何数值乘以1,仍然等于原数值;但是,数值乘以100后,得到的结果表示百分数。因此,作者认为,没有后缀“%”的计算公式是正确的,后缀“%”的计算公式是错误的。

2. 细骨料第 i 单粒级压碎指标的计算

DB 24/016—2010、DL/T 5362—2006、JTS/T 236—2019、JTG E42—2005 以及 JGJ 52—2006 的计算方法,与 GB/T 14684—2011 完全相同;JTG E42—2005 细骨料第 i 粒级压碎指标值“$Y_i = m_1/(m_1+m_2)\times 100$　式中:Y_i——第 i 粒级细集料的压碎指标值(%);m_1——试样的筛余量(g);m_2——试样的通过量(g)”。

根据 JTJ 002-87 第 11.0.95 条“压碎值:集料抵抗压碎的性能指标。按规定试验方法测得的被压碎碎屑的重量与试样重量之比,以百分率表示”以及现行其他粗骨料及细骨料压碎指标的计算方法,作者认为,JTG E42—2005 细骨料压碎指标的计算公式,要么是笔误,要么是错误。

3. 细骨料第 i 单粒级压碎指标单个测定值数位的修约

DL/T 5362—2006、JTG E42—2005 以及 GB/T 14684—2011 均为“精确至1%”;DB 24/016—2010、JTS/T 236—2019 以及 JGJ 52—2006 均为“精确至0.1%”。

作者认为,细骨料第 i 单粒级压碎指标单个测定值数位的修约,应比细骨料第 i 单粒级压碎指标的算术平均值多一位数位。

4.7.3.2　第 i 单粒级压碎指标值取三次试验结果的算术平均值,精确至1%。

细骨料第 i 单粒级压碎指标算术平均值数位的修约

DB 24/016—2010 为“精确至0.1%”;DL/T 5362—2006、JTG E42—2005 以及 GB/T 14684—2011 均为“精确至1%”;JTS/T 236—2019 以及 JGJ 52—2006 均没有具体的规定。

作者认为,细骨料第 i 单粒级压碎指标算术平均值数位的修约,应比现行规范、规程、标准规定的细骨料压碎指标极限数值多一位数位。

4.7.3.3　取最大单粒级压碎指标值作为其压碎指标值。

细骨料压碎指标的取值

DB 24/016—2010 为“$Y_t = \sum_{i=1}^{n} a_i \times Y_i$　式中:Y_t——山砂压碎指标(%);a_i——第 i 单级砂样的分计筛余量除以0.315 mm~5.00 mm 颗粒总量的百分率(%);Y_i——第 i 单级砂样压碎指标(%)”。

JTS/T 236—2019 以及 JGJ 52—2006 为“四级砂样总的压碎值指标应按下式计算,精确至0.1%;$\delta_{sa}=(a_1\delta_1+a_2\delta_2+a_3\delta_3+a_4\delta_4)/(a_1+a_2+a_3+a_4)\times 100\%$　式中:δ_{sa}——总的压碎值指标(%);a_1、a_2、a_3、a_4——公称直径分别为2.50 mm、1.25 mm、630 μm、315 μm 各方孔筛的分计筛余(%);δ_1、δ_2、δ_3、δ_4——公称粒级分别为5.00~2.50 mm、2.50~1.25 mm、

1.25 mm ~ 630 μm、630 ~ 315 μm 单粒级试样压碎值指标(%)"。

DL/T 5362—2006、JTG E42—2005 以及 GB/T 14684—2011 细骨料压碎指标的取值均为"取最大单粒级压碎指标值作为其压碎指标值"。

如果从字面上理解,DL/T 5362—2006 应取 1.18 ~ 2.36 mm、JTG E42—2005 与 GB/T 14684—2011 应取 2.36 ~ 4.75 mm最大单粒级的压碎指标值作为细骨料的压碎指标值。但是,工程实际应用中,均取各单粒级试样中测定的最大压碎指标值作为细骨料的压碎指标值。

压碎指标是评价骨料坚固性的技术指标之一,而粗骨料与细骨料压碎指标的试验方法以及计算公式基本一致,因此,作者认为,细骨料的压碎指标应如粗骨料采用统一粒级的试样进行试验及评价。

4.7.3.4　采用修约值比较法进行评定。

1. 细骨料粒级与压碎指标值的关系

JGJ 52—2006 第 104 页的"条文说明:方法规定采用四个粒级的筛分分别进行压碎,然后将四级砂样进行总的压碎值指标计算。试验证明 5 ~ 10 mm 颗粒级的压碎指标比其他粒级要明显大,总的趋势是粒径越大压碎指标越小"。

确实,细骨料的粒级与压碎指标值很有规律性,且根据作者已出版的《土木工程试验检测技术研究》大量的试验结果表明,细骨料的粒级与压碎指标值总的趋势与 JGJ 52—2006 正好相反:细骨料的粒级越大,压碎指标值越大,反之亦然;而且,无论是机制砂,还是天然河砂,最大压碎指标值的粒级均为 2.36 ~ 4.75 mm。因此,作者认为,细骨料的压碎指标可采用 2.36 ~ 4.75 mm粒级的试样进行试验及评价。

2. 同一样品不同质量试样测定的细骨料压碎指标值

众所周知,同一样品不同质量的试样在钢模内的高度并不一致,而钢模内试样的高度越大,试样受到的压力越小,测定的细骨料压碎指标值越小,反之亦然。

根据作者已出版的《土木工程试验检测技术研究》大量的试验结果表明,同一产地、同一批次的细骨料,300 g 试样测定的细骨料压碎指标值比 330 g 试样测定的细骨料压碎指标值大 1.5% 左右。

4.8　细骨料表观密度试验

1. 细骨料表观密度的试验方法

SL/T 352—2020 第 3.2 节"细骨料饱和面干表观密度及吸水率试验"与 JTG E42—2005 坍落筒法的试验方法基本一致,以下简称"坍落筒法";第 3.3 节"细骨料饱和面干表观密度试验(李氏瓶法)",以下简称"李氏瓶法"。

DL/T 5151—2014 第 3.2 节"砂料表观密度及吸水率试验"与 JTG E42—2005 坍落筒法的试验方法基本一致,以下简称"坍落筒法";第 3.5 节"砂料表观密度试验(李氏瓶法)",以下简称"李氏瓶法";第 3.6 节"砂料表观密度试验(容量瓶法)",以下简称"容量瓶法"。

DL/T 5362—2018 只有第 5.2 节"细骨料密度及吸水率试验",其实是现行规范、规程、标准中的“容量瓶法”,为方便论述,以下简称“容量瓶法”。

JTS/T 236—2019 第 6.3 节“砂的表观密度试验”包含标准法与简易法,而其中的标准法,以下简称“容量瓶法”;其中的简易法,以下简称“李氏瓶法”。

JTG E42—2005/T 0328—2005“细集料表观密度试验(容量瓶法)”,以下简称“容量瓶法”;T 0330—2005“细集料密度及吸水率试验”,以下简称“坍落筒法”。

JGJ 52—2006 第 6.2 节“砂的表观密度试验(标准法)”,以下简称“容量瓶法”;第6.3 节“砂的表观密度试验(简易法)”,以下简称“李氏瓶法”。

GB/T 14684—2011 只有第7.14 节“表观密度”,其实是现行规范、规程、标准中的“容量瓶法”,为方便论述,以下简称“容量瓶法”。

2. 李氏瓶法测定细骨料表观密度的有关说明

JTG E42—2005 容量瓶法第 88 页的“条文说明:原规程测定细集料密度的试验方法中,还有一个利用李氏比重瓶测定的方法(T 0329),它利用设置细集料前后的比重瓶刻度读数之差 V_2-V_1作为试样的绝对体积(不考虑吸水),并由此计算得到该温度时的细集料表观密度值,再通过温度换算计算细集料的相对密度。此方法与矿粉密度的方法(T 0352)相同,由此计算表观相对密度时应除以试验温度时水的密度。而本方法(T 0328)是通过称重计算的,不是由刻度线体积计算的,材料的体积是排开水的体积,计算得到的是该温度下细集料对水的相对密度,然后进行温度换算计算得到表观密度。所以测定途径是不一样的。实践表明,对细集料,采用李氏比重瓶测定时很难去除细集料附着的气泡,所以很难测定准确。而且采用李氏比重瓶法试验时,应在试验前对比重瓶的体积予以校正,这也容易造成误差。因此实践中一般都不采用此方法,而采用本方法利用容量瓶测定;为此本次修订将 T 0329 删除,只保留 T 0328 的容量瓶法”。

4.8.1 仪器设备

本试验用仪器设备如下:

a) 鼓风干燥箱:能使温度控制在(105±5) ℃。

b) 天平:称量 1 000 g,感量 0.1 g。

试验所用称量仪器的最小感量要求

SL/T 352—2020 坍落筒法以及李氏瓶法均为“分度值不大于 0.1 g”;DL/T 5151—2014 坍落筒法为“0.5 g”,李氏瓶法以及容量瓶法均为“0.1 g”;DL/T 5362—2018 容量瓶法为“0.5 g”;JTG E42—2005 容量瓶法为“1 g”,坍落筒法为“0.1 g”;JTS/T 236—2019 以及 JGJ 52—2006 容量瓶法与李氏瓶法均为“1 g”;GB/T 17431.2—2010 没有细骨料表观密度试验。

根据现有称量仪器的精度以及对试验结果的影响,作者认为,细骨料表观密度试验称量仪器的最小感量,至少应为 0.1 g。

c) 容量瓶:500 mL。

d) 干燥器、搪瓷盘、滴管、毛刷、温度计等。

4.8.2 试验步骤

4.8.2.1 按第 4.1 节规定取样,并将试样缩分至约 660 g,放在干燥箱中于(105±

5) ℃下烘干至恒量,待冷却至室温后,分为大致相等的两份备用。

1. 试验前试样的处理

SL/T 352—2020 为“取适量有代表性细骨料,过 5 mm 筛”;DL/T 5151—2014 坍落筒法为“将砂料通过 5 mm 方孔筛”;李氏瓶法与容量瓶法均没有具体的说明;DL/T 5362—2018 为“将细骨料通过2.36 mm筛”;JTS/T 236—2019、JGJ 52—2006 以及 GB/T 14684—2011 均没有具体的说明;JTG E42—2005 容量瓶法为“本方法适用于含有少量大于2.36 mm部分的细集料”,坍落筒法为“本方法适用于小于2.36 mm以下的细集料。当含有大于2.36 mm的成分时,如 0 ~4.75 mm石屑,宜采用2.36 mm的标准筛进行筛分,其中大于2.36 mm的部分采用 T 0308‘粗集料密度与吸水率测定方法’测定,小于2.36 mm的部分用本方法测定”。

工程实际应用中,绝大多数细骨料含有大于4.75 mm甚至大于 9.5 mm 的颗粒,如果人为筛除细骨料中大于2.36 mm(4.75 mm)的颗粒,细骨料表观密度试验的试样,显然与工程实际不符。

2. 试验所用的试样

作者认为,细骨料表观密度试验所用的试样应采用工程实际使用的细骨料,烘干至恒量并冷却至室温后,按照本书第 2 章第 2.1 节第 2.1.3.1-2 条“粗骨料试样的缩分”中 JTG E51—2009 所述四分法,制备两份足够数量的试样。

4.8.2.2　称取试样 300 g,精确至 0.1 g。将试样装入容量瓶,注入冷开水至接近 500 mL的刻度处,用手旋转摇动容量瓶,使砂样充分摇动,排除气泡,塞紧瓶盖,静置24 h。然后用滴管小心加水至容量瓶 500 mL 刻度处,塞紧瓶塞,擦干瓶外水分,称出其质量,精确至1 g。

1. 试验所需试样的质量

SL/T 352—2020 坍落筒法为“称取饱和面干试样约 500 g 两份”,李氏瓶法为“称取饱和面干试样约 50 g 两份”;DL/T 5151—2014 坍落筒法为“称取烘干(饱和面干)砂样 600 g 两份”,李氏瓶法为“称取 50 g 烘干(饱和面干)砂样”,容量瓶法为“称取烘干后的砂样 300 g”;DL/T 5362—2018 以及 GB/T 14684—2011 容量瓶法为“称取 300 g 细骨料试样”;JTS/T 236—2019 以及 JGJ 52—2006 容量瓶法为“称取烘干的试样 300 g”,李氏瓶法为“称取烘干试样 50 g”;JTG E42—2005 容量瓶法以及坍落筒法为“称取烘干(饱和面干)的试样约 300 g”。

为确保试验结果的准确性、有效性,作者认为,细骨料表观密度试验所需试样的质量至少应为 500 g。

2. 试验所需试样质量的精度要求

SL/T 352—2020、DL/T 5362—2018、JTS/T 236—2019、JTG E42—2005 以及 JGJ 52—2006 均没有具体的规定;DL/T 5151—2014 坍落筒法没有具体的规定,容量瓶法与李氏瓶法均为“0.1 g”。

根据现有称量仪器的精度以及对试验结果的影响,作者认为,细骨料表观密度试验试样的质量至少应精确至 0.1 g。

3. 试验所用的水

SL/T 352—2020 坍落筒法为“清水”,李氏瓶法没有说明采用什么水;DL/T 5362—2018 没有说明采用什么水;JTS/T 236—2019、JGJ 52—2006 以及 GB/T 14684—2011 均为“冷开水”;JTG E42—2005 为“洁净水”,且第 88 页的“条文说明:试验时要求使用的洁净水可以用蒸馏水,也可以用纯净水”。

作者认为,细骨料表观密度试验所用的水可以采用日常饮用的洁净水,没有必要采用蒸馏水、纯净水或冷开水。

4.8.2.3 倒出瓶内水和试样,洗净容量瓶,再向容量瓶内注水(应与 7.14.2.2 条水温相差不超过 2 ℃,并在 15 ℃ ~25 ℃范围内)至 500 mL 刻度处,塞紧瓶塞,擦干瓶外水分,称出其质量,精确至 1 g。

1. 试验时的温度要求

SL/T 352—2020 坍落筒法为“在操作过程中,前后两次注入容量瓶中的水温差不应超过 2 ℃”,李氏瓶法为“试验应在温度为(20±2)℃的环境中进行。……两次测试时瓶中水的温度相差不应超过 2 ℃”。

DL/T 5151—2014 坍落筒法为“试验室温度为 20 ℃±5 ℃。……测瓶内水温:本步骤和上一步加入容量瓶中的水,温差不得超过 2 ℃”,李氏瓶法为“试验室温度为 20 ℃±5 ℃。试验过程中加入李氏瓶的水,其温差不得超过 2 ℃”,容量瓶法为“试验室温度为 20 ℃±5 ℃。……测瓶内水温,水温与上一步水温相差不超过 2 ℃,并在 15 ℃ ~25 ℃范围内。……从试样加水静置的最后 2 h 起直至试验结束,其温度相差不应超过 2 ℃”。

DL/T 5362—2018 容量瓶法没有具体规定试验时的温度,但前后两次注入容量瓶中的水,需“量测瓶内水温”。

JTS/T 236—2019 容量瓶法为“试验过程中测量并控制水的温度,试验的各项称量在(15 ~25)℃的温度范围内进行;从试样加水静置的最后 2 h 起直至试验结束,其温度相差不超过 2 ℃”,李氏瓶法为“试验过程中测量并控制水的温度,体积的测定在(15 ~25)℃的温度范围内进行;从试样加水静置的最后 2 h 起,直至记录完瓶中水面高度时止,其温度相差不超过 2 ℃”。

JTG E42—2005 容量瓶法为“在已保温至 23 ℃±1.7 ℃的水中。……再向瓶内注入同样温度的洁净水(温差不超过 2 ℃)。……在砂的表观密度试验过程中应测量并控制水的温度,试验期间的温差不得超过 1 ℃”、坍落筒法为“每次需测量水温,宜为 23 ℃±1.7 ℃,两次水温相差不大于 2 ℃”。

JGJ 52—2006 容量瓶法为“在砂的表观密度试验过程中应测量并控制水的温度,试验的各项称量可在 15 ~25 ℃的温度范围内进行。从试样加水静置的最后 2 h 起直至试验结束,其温度相差不应超过 2 ℃”,李氏瓶法为“在砂的表观密度试验过程中应测量并控制水的温度,允许在 15 ~25 ℃的温度范围内进行体积测定,但两次体积测定(指 V_1 和 V_2)的温差不得大于 2 ℃。从试样加水静置的最后 2 h 起,直至记录完瓶中水面高度时止,其相差温度不应超过 2 ℃”。

作者认为,细骨料表观密度试验,试验室的温度应在(20±5) ℃、相对湿度应<80%;试验时水的温度应为(20±5) ℃,且从试样加水静置的最后 2 h 起直至试验结束,其温度

相差不应超过2 ℃。

2. JTG E42—2005 试验时水的温度要求

现行各版本规范、规程、标准骨料表观密度试验时的温度要求，唯有JTG E42—2005细骨料表观密度试验容量瓶法以及坍落筒法规定水的温度为“23 ℃±1.7 ℃”，而JTG E42—2005粗骨料表观密度试验没有此规定。

JTG E42—2005容量瓶法以及坍落筒法明确“测定细集料在23 ℃时对水的表观相对密度和表观密度”，如果根据JTG E42—2005“每次需测量水温，宜为23 ℃±1.7 ℃，两次水温相差不大于2 ℃”，意味着水的温度可以为21.3 ℃～24.7 ℃，但是，容量瓶法以及坍落筒法均没有换算为水温23 ℃时的表观相对密度和表观密度。

4.8.3　结果计算与评定

4.8.3.1　砂的表观密度按式(4.8)计算，精确至10 kg/m³：

$$\rho_0=\left(\frac{G_0}{G_0+G_2-G_1}-\alpha_t\right)\times\rho_{水} \tag{4.8}$$

式中：

ρ_0——表观密度，千克每立方米(kg/m³)；

$\rho_{水}$——1 000，千克每立方米(kg/m³)；

G_0——烘干试样的质量，克(g)；

G_1——试样、水及容量瓶的总质量，克(g)；

G_2——水及容量瓶的总质量，克(g)；

α_t——水温对表观密度影响的修正系数(表4.6)。

表4.6　不同水温对砂的表观密度影响的修正系数

水温/℃	15	16	17	18	19	20	21	22	23	24	25
α_t	0.002	0.003	0.003	0.004	0.004	0.005	0.005	0.006	0.006	0.007	0.008

1. 质量以及密度的单位

SL/T 352—2020、DL/T 5151—2014、JTS/T 236—2019、JGJ 52—2006以及GB/T 14685—2011容量瓶法，质量的单位均为“g”、密度的单位均为“kg/m³”；SL/T 352—2020、DL/T 5151—2014、JTS/T 236—2019以及JGJ 52—2006李氏瓶法，质量的单位均为“g”、体积的单位均为“mL”、密度的单位均为“kg/m³”；DL/T 5362—2018以及JTG E42—2005质量的单位均为“g”、密度的单位均为“g/cm³”。

如果根据JTG E20—2011第1.0.4条以及《中国法定计量单位》，作者认为，细骨料表观密度试验，质量的单位应为“kg”、体积的单位应为“m³”、密度的单位应为“kg/m³”；有关论述，详见本书第2章第2.9节第2.9.4.1-1条中的“质量、体积及密度的单位”。

2. 细骨料表观密度单个测定值数位的修约

SL/T 352—2020没有具体的规定；DL/T 5151—2014、JTS/T 236—2019、JGJ 52—2006以及GB/T 14685—2011均为“精确至10 kg/m³”；DL/T 5362—2006为“精确至

0.01 g/cm³";JTG E42—2005 为"准确至小数点后 3 位"。

作者认为,细骨料表观密度单个测定值数位的修约,应比细骨料表观密度的算术平均值多一位数位。

3. 容量瓶法、坍落筒法细骨料表观密度的计算

SL/T 352—2020 坍落筒法没有具体规定水的温度范围,但计算细骨料的表观密度时,考虑水密度对细骨料表观密度的影响;DL/T 5151—2014 坍落筒法没有具体规定水的温度范围,因而没有考虑水密度对细骨料表观密度的影响,容量瓶法根据 15 ℃ ~25 ℃水温及其试验时相应的水温修正系数计算细骨料的表观密度;DL/T 5362—2018 容量瓶法没有具体规定水的温度范围,计算细骨料表观密度时,却考虑水密度对细骨料表观密度的影响,但"水的密度,取 1 g/cm³";JTG E42—2005 容量瓶法与坍落筒法、JTS/T 236—2019 容量瓶法、JGJ 52—2006 容量瓶法以及 GB/T 14685—2011 容量瓶法,均根据 15 ℃ ~ 25 ℃水温及其试验时相应的水温修正系数计算细骨料的表观密度。

JTG E42—2005 容量瓶法第 88 页的"条文说明:本方法(T 0328)是通过称重计算的,不是由刻度线体积计算的,材料的体积是排开水的体积",而容量瓶法以及坍落筒法计算公式中分母计算后得到的质量,其实是与试样体积相当的水的质量,水的质量除以水的密度,才是水的体积,因此,作者认为,容量瓶法以及坍落筒法细骨料表观密度的计算应考虑试验时水密度对细骨料表观密度的影响。

4. 李氏瓶法细骨料表观密度的计算

SL/T 352—2020 以及 DL/T 5151—2014 李氏瓶法,只对试验环境的温度范围进行了具体的规定,因而没有考虑水密度对细骨料表观密度的影响;JTS/T 236—2019 以及 JGJ 52—2006 李氏瓶法均根据 15 ℃ ~25 ℃水温及其试验时相应的水温修正系数计算细骨料的表观密度。

JTG E42—2005 容量瓶法第 88 页的"条文说明:原规程测定细集料密度的试验方法中,还有一个利用李氏比重瓶测定的方法(T 0329),它利用设置细集料前后的比重瓶刻度读数之差 V_2-V_1 作为试样的绝对体积",因此,作者认为,李氏瓶法细骨料表观密度的计算,不应考虑试验时水密度对细骨料表观密度的影响。

4.8.3.2 表观密度取两次试验结果的算术平均值,精确至 10 kg/m³;如两次试验结果之差大于 20 kg/m³,须重新试验。

1. 细骨料表观密度算术平均值数位的修约

SL/T 352—2020 以及 GB/T 14685—2011 均为"精确至 10 kg/m³";DL/T 5151—2014、DL/T 5362—2018、JTS/T 236—2019、JTG E42—2005 以及 JGJ 52—2006 均没有具体的规定。

作者认为,细骨料表观密算术平均值数位的修约,应比现行规范、规程、标准规定的细骨料表观密极限数值多一位数位。

2. 细骨料表观密度平行试验的允许误差

SL/T 352—2020、DL/T 5151—2014、DL/T 5362—2018、JTS/T 236—2019、JGJ 52—2006 以及 GB/T 14684—2011 均为"20 kg/m³";JTG E42—2005 容量瓶法为"如两次结果之差值大于 0.01 g/cm³时,应重新取样进行试验",坍落筒法为"如两次结果与平均值之

差大于 0.01 g/cm³时,应重新取样进行试验”。

为确保试验结果的准确性、有效性,作者认为,细骨料表观密度两次平行试验测定值的允许误差不应超过 20 kg/m³,否则,应重新试验。

4.8.3.3　采用修约值比较法进行评定。

细骨料表观密度的试验步骤

现行各版本规范、规程、标准容量瓶法、李氏瓶法、坍落筒法,除了试样的含水状态、试样的质量、试验室的温度、试验水的温度等有所不同,细骨料表观密度的试验步骤均大同小异,因篇幅原因,本书不再赘述。

4.9　细骨料堆积密度和紧密密度试验

4.9.1　仪器设备

本试验用仪器设备如下:

a) 鼓风干燥箱:能使温度控制在(105±5) ℃。

b) 天平:称量 10 kg,感量 1 g。

1. 试验所用称量仪器的最小感量要求

SL/T 352—2020 第 3.8 节“细骨料堆积密度及空隙率试验”为“分度值不大于 0.1 g”、第 3.9 节“细骨料振实密度及空隙率试验”为“分度值不大于 0.01 g”;DL/T 5151—2014 第 3.9 节“砂料堆积密度及空隙率试验”以及 GB/T 14684—2011 均为“1 g”;DL/T 5362—2018 没有细骨料堆积密度以及紧密密度试验;JTS/T 236—2019 第 6.5 节“砂的堆积密度和紧密密度试验”、JTG E42—2005/T 0331—1994“细集料堆积密度及紧装密度试验”以及 JGJ 52—2006 第 6.5 节“砂的堆积密度和紧密密度试验”均为“5 g”;GB/T 17431.2—2010 第 6 节“堆积密度”为“1 g(2 g)”。

根据现有称量仪器的精度以及对试验结果的影响,作者认为,细骨料堆积密度以及紧密密度试验称量仪器的最小感量至少应为 1 g。

2. 细骨料密度的称谓

GB/T 14684—2011 中的“松散堆积密度”,在 SL/T 352—2020、DL/T 5151—2014、JTS/T 236—2019、JTG E42—2005、JGJ 52—2006 以及 GB/T 17431.2—2010 中相应称为“堆积密度”;为方便论述,细骨料的松散堆积密度或堆积密度,以下统称“堆积密度”。

SL/T 352—2020、DL/T 5151—2014 以及 GB/T 17431.2—2010 没有细骨料的紧密堆积密度试验,GB/T 14684—2011 中的“紧密堆积密度”,在 JTS/T 236—2019 以及 JGJ 52—2006 中相应称为“紧密密度”,在 JTG E42—2005 中相应称为“紧装密度”;为方便论述,细骨料的紧密堆积密度、紧密密度或紧装密度,以下统称“紧密密度”。

c) 容量筒:圆柱形金属筒,内径 108 mm、净高 109 mm、壁厚 2 mm、筒底厚约 5 mm、容积为 1 L。

d) 方孔筛:孔径为4.75 mm的筛一只。

e) 垫棒:直径 10 mm、长 500 mm 的圆钢。

f) 直尺、漏斗或料勺、搪瓷盘、毛刷等。

4.9.2　试验步骤

4.9.2.1　按第 4.1 节规定取样,用搪瓷盘装取试样约 3 L,放在干燥箱中于(105±5)℃下烘干至恒量,待冷却至室温后,筛除大于4.75 mm的颗粒,分为大致相等的两份备用。

试验前试样的处理

SL/T 352—2020、DL/T 5151—2014、JTG E42—2005 以及 GB/T 17431.2—2010 均没有说明是否需要"筛除大于4.75 mm的颗粒";JTS/T 236—2019、JGJ 52—2006 以及 GB/T 14684—2011 均为"筛除大于4.75 mm的颗粒"。

工程实际应用中,绝大多数细骨料含有大于4.75 mm甚至大于 9.5 mm 的颗粒,如果人为筛除细骨料中大于4.75 mm(或大于 9.5 mm)的颗粒,细骨料堆积密度以及紧密密度试验所用的试样,显然与工程实际不符。

另外,JTS/T 236—2019 第 6.1.6 条、JGJ 52—2006 第 5.2.3 条以及 GB/T 14684—2011 第 7.1.3.3 条等认为"堆积密度……试验所用试样可不经缩分,在拌匀后直接进行试验",但是,同一细骨料不同的颗粒大小比例所测定的堆积密度会有很大的差异。

因此,作者认为,细骨料堆积密度以及紧密密度试验所用的试样,应采用工程实际使用的细骨料,并应按照本书第 2 章第 2.1 节第 2.1.3.1-2 条"粗骨料试样的缩分"中 JTG E51—2009 所述四分法,制备两份足够数量的试样。

4.9.2.2　松散堆积密度:取试样一份,用漏斗或料勺将试样从容量筒中心上方 50 mm处徐徐倒入,让试样以自由落体落下,当容量筒上部试样呈锥体,且容量筒四周溢满时,即停止加料。然后用直尺沿筒口中心线向两边刮平(试验过程应防止触动容量筒),称出试样和容量筒总质量,精确至 1 g。

1. 细骨料堆积密度的测定

细骨料堆积密度的测定方法,主要区别在于漏斗出料口或料勺与容量筒筒口的距离:SL/T 352—2020 以及 DL/T 5151—2014 均为"高于容量筒顶面 5 cm";JTS/T 236—2019 以及 GB/T 14684—2011 均为"容量筒中心上方 50 mm";JTG E42—2005 为"距容量筒筒口均应为 50 mm 左右";JGJ 52—2006 为"距容量筒筒口不应超过 50 mm";GB/T 17431.2—2010为"离容器口上方 50 mm 处"。

作者认为,细骨料堆积密度试验时,漏斗出料口或料勺与容量筒筒口的距离应为"距容量筒筒口中心上方 50 mm 处",且整个测试过程中,不应晃动容量筒。

2. 细骨料堆积密度试验与质量有关的精度要求

SL/T 352—2020 以及 GB/T 14684—2011 均为"精确至 1 g";DL/T 5151—2014、JTS/T 236—2019、JTG E42—2005、JGJ 52—2006 以及 GB/T 17431.2—2010 均没有具体的规定。

根据现有称量仪器的精度以及对试验结果的影响,作者认为,细骨料堆积密度试验与质量有关的精度至少应精确至 0.1 g。

4.9.2.3　紧密堆积密度:取试样一份分二次装入容量筒。装完第一层后(约计稍高于1/2),在筒底垫放一根直径为10 mm的圆钢,将筒按住,左右交替击地面各25下。然后装入第二层,第二层装满后用同样方法颠实(但筒底所垫钢筋的方向与第一层时的方向垂直)后,再加试样直至超过筒口,然后用直尺沿筒口中心线向两边刮平,称出试样和容量筒总质量,精确至1 g。

1. 细骨料紧密密度的测定

细骨料紧密密度的测定方法,主要区别在于试样在容量筒内的高度:SL/T 352—2020、DL/T 5151—2014以及GB/T 17431.2—2010没有细骨料的紧密密度试验;JTS/T 236—2019、JTG E42—2005以及JGJ 52—2006为"分两层装入容量筒,装完一层后";GB/T 14684—2011为"分二次装入容量筒,装完第一层后(约计稍高于1/2)"。

为使容量筒内的试样更加紧密,作者认为,细骨料紧密密度试验试样的颠实,可采用如下方法:试样分两层装入容量筒,装完第一层试样后,试样在容量筒内的高度约为筒高的1/2,装完第二层试样后,试样应高出容量筒的筒口;每装完一层后,应分两次左右交替颠击地面各25次,第二次颠击时容量筒底垫棒的方向应与第一次放置方向垂直。

2. 细骨料紧密密度试验与质量有关的精度要求

JTS/T 236—2019、JTG E42—2005以及JGJ 52—2006均没有具体规定细骨料紧密密度试验与质量有关的精度要求。

根据现有称量仪器的精度以及对试验结果的影响,作者认为,细骨料紧密密度试验与质量有关的精度至少应精确至0.1 g。

3. SL/T 352—2020细骨料振实密度试验

SL/T 352—2020没有细骨料紧密密度试验,而特有一个采用维勃稠度仪进行测定的第3.9节"细骨料振实密度及空隙率试验",因篇幅原因,本书不再赘述。

4.9.3　结果计算与评定

4.9.3.1　松散或紧密堆积密度按式(4.9)计算,精确至10 kg/m³:

$$\rho_1 = \frac{G_1 - G_2}{V} \tag{4.9}$$

式中:

ρ_1——松散堆积密度或紧密堆积密度,千克每立方米(kg/m³);

G_1——容量筒和试样总质量,克(g);

G_2——容量筒质量,克(g);

V——容量筒的容积,升(L)。

1. 质量、体积以及密度的单位

SL/T 352—2020、DL/T 5151—2014、JTS/T 236—2019以及JGJ 52—2006质量的单位为"kg"、体积的单位为"L"、密度的单位为"kg/m³";JTG E42—2005质量的单位为"g"、体积的单位为"mL"、密度的单位为"g/cm³";GB/T 14685—2011质量的单位为"g"、体积的单位为"L"、密度的单位为"kg/m³"。

如果根据JTG E20—2011第1.0.4条以及《中国法定计量单位》,作者认为,细骨料堆积密度以及紧密(振实)密度试验,质量的单位应为"kg"、体积的单位应为"m³"、密度的单位应为"kg/m³"。

2. 细骨料堆积密度以及紧密(振实)密度单个测定值数位的修约

SL/T 352—2020 没有具体的规定;JTG E42—2005 为"计算至小数点后3位";DL/T 5151—2014、JTS/T 236—2019、JGJ 52—2006 以及 GB/T 14684—2011 均为"精确至 10 kg/m³";GB/T 17431.2—2010 没有细骨料的紧密密度,堆积密度为"精确至1 kg/m³"。

作者认为,细骨料堆积密度以及紧密(振实)密度单个测定值数位的修约,应比细骨料堆积密度以及紧密(振实)密度的算术平均值多一位数位。

4.9.3.2 空隙率按式(4.10)计算,精确至1%:

$$V_0=\left(1-\frac{\rho_1}{\rho_2}\right)\times 100 \tag{4.10}$$

式中:

V_0——空隙率,%;

ρ_1——试样的松散(或紧密)堆积密度,千克每立方米(kg/m³);

ρ_2——按式(15)计算的试样表观密度,千克每立方米(kg/m³)。

1. 细骨料空隙率的计算

JTG E42—2005 第2.1节"术语"第2.1.22条"集料空隙率(间隙率):集料的颗粒之间空隙体积占集料总体积的百分比"。

SL/T 352—2020、DL/T 5151—2014、JTS/T 236—2019、JTG E42—2005 以及 JGJ 52—2006 细骨料堆积密度以及紧密密度空隙率的计算方法与 GB/T 14684—2011 基本相同;GB/T 17431.2—2010 不需要计算细骨料的空隙率。

需要注意的是,公路桥涵工程水泥混凝土骨料的空隙率,JTG/T 3650—2020 表6.4.1(粗骨料)为"连续级配松散堆积空隙率"、表6.3.1(细骨料)为"空隙率",因此,现行公路桥涵工程水泥混凝土粗骨料的空隙率,只能采用堆积密度计算,而细骨料的空隙率,既可采用堆积密度计算,也可采用紧密密度计算。

2. 细骨料空隙率计算公式中的"%"

SL/T 352—2020、DL/T 5151—2014、DL/T 5362—2018、JTS/T 236—2019 以及 JGJ 52—2006 的计算公式均后缀"%";JTG E42—2005 以及 GB/T 14684—2011 的计算公式均没有后缀"%"。

众所周知,"100%"等于1,而任何数值乘以1,仍然等于原数值;但是,数值乘以100后,得到的结果表示百分数。因此,作者认为,没有后缀"%"的计算公式是正确的,后缀"%"的计算公式是错误的。

3. 细骨料空隙率单个测定值数位的修约

SL/T 352—2020 没有具体的规定;JTG E42—2005 为"精确至0.1%";DL/T 5151—2014、JTS/T 236—2019、JGJ 52—2006 以及 GB/T 14684—2011 均为"精确至1%"。

作者认为,细骨料空隙率单个测定值数位的修约,应比细骨料空隙率的算术平均值多一位数位。

4.9.3.3 堆积密度取两次试验结果的算术平均值,精确至10 kg/m³。空隙率取两次试验结果的算术平均值,精确至1%。

1. 细骨料堆积密度以及紧密(振实)密度算术平均值数位的修约

DL/T 5151—2014、JTG E42—2005、JGJ 52—2006 以及 GB/T 17431.2—2010 均没有具体的规定；SL/T 352—2020、JTS/T 236—2019 以及 GB/T 14684—2011 均为“精确至10 kg/m^3”。

作者认为，细骨料堆积密度以及紧密(振实)密度算术平均值数位的修约，应比现行规范、规程、标准规定的极限数值多一位数位。

2. 细骨料空隙率算术平均值数位的修约

SL/T 352—2020 以及 GB/T 14684—2011 均为“精确至 1%”；DL/T 5151—2014、JTS/T 236—2019、JTG E42—2005 以及 JGJ 52—2006 均没有具体的规定。

作者认为，细骨料空隙率算术平均值数位的修约，应比现行规范、规程、标准规定的极限数值多一位数位。

4.9.4　容量筒的校准方法

将温度为(20±2) ℃的饮用水装满容量筒，用一玻璃板沿筒口推移，使其紧贴水面。擦干筒外壁水分，然后称出其质量，精确至 1 g。容量筒容积按式(4.11)计算，精确至 1 mL：

$$V = G_1 - G_2 \tag{4.11}$$

式中：

V——容量筒容积，毫升(mL)；

G_1——容量筒、玻璃板和水的总质量，克(g)；

G_2——容量筒和玻璃板质量，克(g)。

1. 容量筒容积的校准

SL/T 352—2020 第 3.8.3-3 条“按照 SL 127 校准实际容积(V，精确到 1 mL)”；SL 127—2017 容量筒容积的校准方法详见本书第 2 章第 2.11 节第 2.11.4-1 条“容量筒容积的校准”。

DL/T 5151—2014 第 3.9.3-4 条“容量筒容积的校正方法：称取空容量筒和玻璃板的总质量(g_1)，将 20 ℃±2 ℃的自来水装满容量筒，用玻璃板沿筒口推移使其紧贴水面，盖住筒口(玻璃板和水面间不得带有气泡)，擦干筒外壁的水，然后称其质量(g_2)。容量筒的容积按公式 $V=g_2-g_1$ 计算，式中：V——容量筒的容积，L；g_1——容量筒及玻璃板总质量，kg；g_2——容量筒、玻璃板及水总质量，kg”。

JTS/T 236—2019 第 6.5.5 条“容量筒容积的校正应满足下列要求：(1) 用温度为(20±2) ℃的饮用水装满容量筒，用玻璃板沿筒口滑移，使玻璃板下没有气泡，擦干筒外壁水分，然后称其质量；(2) 按式(6.5.5)计算容量筒的容积：$V=(m_2'-m_1')/\rho_w$(6.5.5) 式中：V——容量筒容积(L)；m_2'——容量筒、玻璃板和水总质量(kg)；m_1'——容量筒和玻璃板质量(kg)；ρ_w——水的密度(kg/L)，取 1.00”。

JTG E42—2005/T 0331 试验第 3.2 条“容量筒容积的校正方法：以温度为 20 ℃±5 ℃的洁净水装满容量筒，用玻璃板沿筒口滑移，使其紧贴水面，玻璃板与水面之间不得有空隙。擦干筒外壁水分，然后称量，用式(T 0331-1)计算筒的容积 V：$V=m_2'-m_1'$(T 0331-1)

式中：V——容量筒的容积(mL)；m_1'——容量筒和玻璃板总质量(g)；m_2'——容量筒、玻璃板和水总质量(g)”。

JGJ 52—2006 第6.5.6条“容量筒容积的校正方法：以温度为(20±2) ℃的饮用水装满容量筒，用玻璃板沿筒口滑移，使其紧贴水面。擦干筒外壁水分，然后称其质量。用下式计算筒的容积：$V=m_2'-m_1'$(6.5.6)　式中：V——容量筒容积(L)；m_1'——容量筒和玻璃板质量(kg)；m_2'——容量筒、玻璃板和水总质量(kg)”。GB/T 17431.2—2010 没有容量筒容积的校准方法。

2. 容量筒校准时的用水要求

DL/T 5151—2014 为“自来水”；JTS/T 236—2019、JGJ 52—2006 以及 GB/T 14684—2011 均为“饮用水”；JTG E42—2005 为“洁净水”。

作者认为，细骨料堆积密度以及紧密(振实)密度试验容量筒的容积校准时用的水，可以采用日常的饮用水。

3. 容量筒校准时的水温要求

DL/T 5151—2014、JTS/T 236—2019、JGJ 52—2006 以及 GB/T 14684—2011 均为“20±2 ℃”；JTG E42—2005 为“20 ℃±5 ℃”。

作者认为，细骨料堆积密度以及紧密(振实)密度试验容量筒的容积校准时水的温度，可以在(20±5)℃范围内。

4. 容量筒校准时与质量有关的精度要求

DL/T 5151—2014、JTS/T 236—2019、JTG E42—2005 以及 JGJ 52—2006 均没有具体的规定；GB/T 14684—2011 为“精确至1 g”。

根据现有称量仪器的精度以及对试验结果的影响，作者认为，细骨料堆积密度以及紧密(振实)密度试验容量筒的容积校准时与质量有关的精度至少应精确至0.1 g。

5. 容量筒容积的计算

DL/T 5151—2014、JTG E42—2005 以及 JGJ 52—2006 细骨料容量筒容积的计算公式与 GB/T 14684—2011 相同，即计算容量筒的容积时，均没有考虑试验时水密度的影响；JTS/T 236—2019 虽然考虑试验时水密度的影响，但水的密度取1.00 kg/L。

由于体积等于质量除以密度，质量减去质量，得到的单位还是质量的单位 g(kg)，并非体积的单位 L(cm^3、m^3)，而且，水的体积随温度变化而变化，质量相同、温度不同的水，水的体积互不相同。

作者认为，细骨料堆积密度以及紧密(振实)密度试验容量筒的容积，应为容量筒内水的质量除以试验时水温度相对应的水密度。

6. 容量筒容积的计算精度

DL/T 5151—2014、JTS/T 236—2019、JTG E42—2005 以及 JGJ 52—2006 均没有具体的规定；GB/T 14684—2011 为“精确至1 mL”。

为确保试验结果的准确性，作者认为，细骨料堆积密度以及紧密(振实)密度试验容量筒容积的计算至少应精确至1 mL。

7. 粗骨料与细骨料容量筒容积的校准

粗骨料、细骨料堆积密度试验以及紧密(振实)密度试验所用的容量筒均由仪器供应商提供的1 L～50 L(或80 L)组成的一整套,只有直径与容积的大小之分,但是,无论是不同版本,还是同一版本规范、规程、标准,容量筒容积的校准方法均有许多不同之处。

作者认为,相对而言,2010版《公路试验仪器校准指南》中的JTJZ 02-08“容量筒校准方法”更加全面、规范。其他有关论述,详见本书第2章第2.11节第2.11.4-1条“容量筒容积的校准”。

8. 与骨料容量筒类似的容积校准方法

为方便读者了解更多的仪器容积校准方法,下面介绍一种与现行粗骨料、细骨料容量筒容积校准方法完全不同的方法。

JTG 3430—2020/T 0111—1993“灌砂法”第3.2.1条“用水确定标定罐的容积V。(1)将空罐放在台秤上,使罐的上口处于水平位置,读记罐质量m_7,准确至1 g;(2)向标定罐中灌水,注意不要将水弄到台秤上或罐的外壁;将一直尺放在罐顶,当罐中水面快要接近直尺时,用滴管往罐中加水,直到水面接触直尺;移去直尺,读记罐和水的总质量m_8;(3)重复测量时,仅需用吸管从罐中取出少量水,并用滴管重新将水加满到接触直尺;(4)标定罐的体积V按下式计算:$V=(m_8-m_7)/\rho_w$　(T 0111-1)式中:V——标定罐的容积,计算至0.01 cm^3;m_7——标定罐质量(g);m_8——标定罐和水的总质量(g);ρ_w——水的密度(g/cm^3)”。

现行骨料容量筒容积的校准方法,当玻璃板沿筒口滑移时,多余的水会沿容量筒壁流下,很难擦净筒壁与筒底的水,而且,玻璃板下的气泡很难排除,气泡的多少因人而异,没有统一的标准,因此,作者认为,JTG 3430—2020的校准方法比骨料容量筒容积的校准方法更加简捷、规范。

4.9.5　采用修约值比较法进行评定

细骨料堆积密度或紧密(振实)密度平行试验的允许误差

SL/T 352—2020为“当两次测值相差大于20 kg/m^3时,应重做试验”;DL/T 5151—2014、JTS/T 236—2019、JTG E42—2005、JGJ 52—2006、GB/T 17431.2—2010以及GB/T 14684—2011均没有具体的规定。

为确保试验结果的准确性、有效性,作者认为,细骨料堆积密度以及紧密(振实)密度两次平行试验测定值的允许误差不应超过20 kg/m^3,否则,应重新试验。

4.10　细骨料含水率试验

4.10.1　仪器设备

本试验用仪器设备如下:

a)鼓风干燥箱:能使温度控制在(105±5)℃。

b)天平:称量1 000 g,感量0.1 g。

1. 试验所用称量仪器的最小感量要求

SL/T 352—2020第2.6节“砂料含水率及表面含水率试验”、DL/T 5151—2014第3.7

节“砂料含水率及表面含水率试验”、DL/T 5362—2018 第 5.3 节“细骨料含水率试验”、JTS/T 236—2019 第 6.6 节“砂的含水率试验”以及 JGJ 52—2006 第 6.6 节“砂的含水率试验(标准法)”与第 6.7 节“砂的含水率试验(快速法)”均为“1 g”;JTG E42—2005/T 0332—2005“细集料含水率试验”为“2g”,T 0343—1994“细集料含水率快速试验(酒精燃烧法)”为“0.2 g”;GB/T 17431.2—2010 没有细骨料含水率试验。

根据现有称量仪器的精度以及对试验结果的影响,作者认为,细骨料含水率试验称量仪器的最小感量至少应为 0.1 g。

2. 细骨料含水率试验方法的划分

SL/T 352—2020、DL/T 5151—2014 以及 DL/T 5362—2018 均没有具体的划分;JTS/T 236—2019 第 6.6 节“砂的含水率试验”中的烘箱干燥法称为“标准法”,电炉或火炉干燥法称为“快速法”;JTG E42—2005/T 0332—2005“细集料含水率试验”,虽然也是烘箱干燥法,但并非称为“标准法”,T 0343—1994“细集料含水率快速试验(酒精燃烧法)”,虽称为快速试验,但并非在电炉上或红外线干燥器中炒干或烘干;JGJ 52—2006 第 6.6 节中的烘箱干燥法称为“标准法”,第 6.7 节中的电炉或火炉干燥法称为“快速法”;GB/T 14684—2011 细骨料含水率试验只有烘箱干燥法,但并非称为“标准法”。

现行规范、规程、标准没有对骨料含水率试验的标准法以及快速法进行确切的定义,类似的定义有《土工试验方法标准》(GB/T 50123—2019)第 5.1 节“一般规定”第 5.1.1 条的“条文说明:本标准将烘干法作为室内试验的标准方法。标准方法一般是要较长时间才能测定含水率,效率低。在填方和土坝等施工质量管理中,常常要求很快得出填土的含水率,此时,可采用酒精燃烧法快速测定含水率”。

作者认为,如果按照试验准确程度进行划分,采用烘箱的干燥法,可以称为“标准法”;如果按照试验快慢程度进行划分,采用酒精、红外线干燥器、电炉或火炉的干燥法,可以称为“快速法”。

3. 标准法与快速法的应用

细骨料的含水率,一般是在工程需要时才进行测定,如需要现场测定,可用快速法;如不需要现场测定,可在现场用铝盒称取细骨料,或把密封处理的细骨料取回试验室后,用标准法测定细骨料的含水率。

另外,“酒精法测定含水量的精度较差。禁止使用固体酒精。酒精法适用于施工现场即时测定混合料的含水量,为施工质量控制提供参考数据。由于现在工地都有试验室,因此应尽量采用烘干法。当酒精法与烘干法有严重数字不符时,应重做试验,查明原因;若仍不符合,则以烘干法试验数据为准”(注:摘自 JTG E51—2009 第 14 页的“条文说明”)。

c)吹风机(手提式)。

d)饱和面干试模及重约 340 g 的捣棒。

试验所用的吹风机、饱和面干试模及捣棒

由于细骨料含水率试验,并不需要采用吹风机、饱和面干试模及捣棒,作者认为,GB/T 14684—2011 第 7.18 节“含水率”中的“吹风机(手提式)、饱和面干试模及重约 340 g 的捣棒(见图 2)”,应该为笔误。

e）干燥器、吸管、搪瓷盘、小勺、毛刷等。

4.10.2　试验步骤

4.10.2.1　将自然潮湿状态下的试样用四分法缩分至约 1 100 g，拌匀后分为大致相等的两份备用。

试验所用的试样

SL/T 352—2020 为“称取砂样 500 g 两份”；DL/T 5151—2014 为“称取经缩分的砂样 500 g 两份”；DL/T 5362—2018 为“将细骨料通过2.36 mm筛，用四分法取 500 g 试样”；JTS/T 236—2019 以及 JGJ 52—2006 均为“由密封的样品中取各重 500 g 的试样两份”；JTG E42—2005 为“由来样中取各约 500 g 的代表性试样两份”。

由于工程实际使用的细骨料，一般处于风干状态或潮湿状态，如果人为将试样制备为自然潮湿状态，试样所测定的细骨料含水率，显然与工程实际不符；另外，如果人为筛除 2.36 mm以上的颗粒，试验所用的试样，显然与工程实际不符。

作者认为，细骨料含水率试验所用的试样应为工程实际使用的细骨料，并应按照本书第 2 章第 2.1 节第 2.1.3.1-2 条“粗骨料试样的缩分”中 JTG E51—2009 所述四分法，制备两份至少 500 g 的试样。

4.10.2.2　称取一份试样的质量，精确至 0.1 g，将试样倒入已知质量的烧杯中，放在干燥箱中于(105±5) ℃下烘干至恒量。待冷却至室温后，再称出其质量，精确至 0.1 g。

1. 试验前试样的质量及其精度要求

SL/T 352—2020、DL/T 5151—2014、DL/T 5362—2018、JTS/T 236—2019、JTG E42—2005 以及 JGJ 52—2006 均为“500 g”，但没有每份试样质量的精度要求。

为确保试验结果的准确性、有效性，作者认为，细骨料含水率试验前每份试样的质量，至少应为 500 g，且应精确至 0.1 g。

2. 烘干后试样质量的精度要求

SL/T 352—2020、DL/T 5151—2014、DL/T 5362—2018、JTS/T 236—2019、JTG E42—2005 以及 JGJ 52—2006 均没有具体的规定；GB/T 14684—2011 为“精确至 0.1 g”。

根据现有称量仪器的精度以及对试验结果的影响，作者认为，细骨料含水率试验烘干后的试样质量至少应精确至 0.1 g。

3. 快速法测定细骨料含水率的试验步骤

JTS/T 236—2019 以及 JGJ 52—2006 均为“由密封样品中取 500 g 试样放入干净的炒盘中，称取试样与炒盘的总质量；置炒盘于电炉或火炉上，用小铲不断地翻拌试样，到试样表面全部干燥后，切断电源或移出火外，再继续翻拌 1 min，冷却后，称干样与炒盘的总质量”。

JTG E42—2005 为“取干净容器，称取其质量；将约 100 g 试样置于容器中，称取试样和容器的总量；向容器中的试样加入约 20 mL 酒精，拌和均匀后点火燃烧并不断翻拌试样，待火焰熄灭后，过 1 min 再加入约 20 mL 酒精，仍按上述步骤进行；待第二次火焰熄灭后，称取干样与容器总质量。注：试样经两次燃烧后，表面应呈干燥颜色，否则须再加酒精燃烧一次”。

4. 酒精燃烧法的注意事项

由于酒精燃烧法测定细骨料含水率比较危险，且试验结果人为因素较大，因此，作者认为，酒精燃烧法应注意以下事项：

试样在容器内的高度不应大于30 mm，否则很难使试样完全干燥；加入的酒精量，以试样表面出现流动的酒精为宜，酒精太多，既浪费，燃烧时间也久，酒精太少，不足以把细骨料水分燃烧掉；试样至少应经两次燃烧，燃烧后试样的表面应呈烧焦状的黑色，否则应再次添加酒精燃烧；酒精燃烧过程中，可以用铁丝轻轻翻拌试样；试样在燃烧过程中，因受高温灼烧，可能会飞出容器外，因而应避免试样的丢失；再次向容器中的试样加入酒精时，要注意酒精是否已经燃尽（特别是在阳光下），判断酒精是否已经燃尽的有效方法：先把手掌置于容器顶面，如手掌没有火烫的感觉，再用勺盛少许酒精加入试样，如酒精没有燃烧，说明试样中的火焰已经熄灭，最后再用勺盛满酒精加入试样中，无论什么情况下，切忌采用盛装酒精的器皿直接向容器中的试样加入酒精。

4.10.3 结果计算与评定

4.10.3.1 含水率按式(4.12)计算，精确至0.1%：

$$Z=\frac{G_2-G_1}{G_1}\times 100 \tag{4.12}$$

式中：

Z——含水率，%；

G_2——烘干前的试样质量，克(g)；

G_1——烘干后的试样质量，克(g)。

1. 细骨料含水率计算公式中的“%”

SL/T 352—2020、JTG E42—2005 以及 GB/T 14684—2011 的计算公式均没有后缀“%”；DL/T 5151—2014、DL/T 5362—2018、JTS/T 236—2019 以及 JGJ 52—2006 的计算公式均后缀“%”。

众所周知，“100%”等于1，而任何数值乘以1，仍然等于原数值；但是，数值乘以100后，得到的结果表示百分数。因此，作者认为，没有后缀“%”的计算公式是正确的，后缀“%”的计算公式是错误的。

2. 细骨料含水率单个测定值数位的修约

SL/T 352—2020、DL/T 5151—2014、DL/T 5362—2018、JTG E42—2005、JGJ 52—2006 以及 GB/T 14684—2011 均“精确至0.1%”；JTS/T 236—2019 没有具体的规定。

作者认为，细骨料含水率单个测定值数位的修约，应比细骨料含水率的算术平均值多一位数位；如规范、规程、标准没有规定细骨料含水率的极限数值，细骨料含水率的单个测定值应精确至0.01%。

4.10.3.2 含水率取两次试验结果的算术平均值，精确至0.1%；两次试验结果之差大于0.2%时，应重新试验。

1. 细骨料含水率算术平均值数位的修约

SL/T 352—2020、DL/T 5151—2014、DL/T 5362—2018、JTG E42—2005 以及 JGJ 52—

2006 没有具体的规定；JTS/T 236—2019 以及 GB/T 14685—2011 均“精确至 0.1%”。

作者认为，细骨料含水率算术平均值数位的修约，应比现行规范、规程、标准规定的细骨料含水率极限数值多一位数位；如规范、规程、标准没有规定细骨料含水率的极限数值，细骨料含水率的算术平均值应精确至 0.1%。

2. 细骨料含水率平行试验的允许误差

SL/T 352—2020、DL/T 5151—2014 以及 DL/T 5362—2018 均为“如两次测值相差大于 0.5% 时，应重做试验”；JTS/T 236—2019、JTG E42—2005 以及 JGJ 52—2006 均没有具体的规定。

由于细骨料的含水率一般在 3% 左右，为确保试验结果的准确性、有效性，作者认为，细骨料含水率两次平行试验的允许误差不应超过 0.2%，否则，应重做试验。

4.11　细骨料试验组批规则

按同分类、规格、类别及日产量每 600 t 为一批，不足 600 t 亦为一批；日产量超过 2 000 t，按 1 000 t 为一批，不足 1 000 t 亦为一批。

1. 检验批的定义

与细骨料检验批以及组批规则有关的其他内容，详见本书第 2 章第 2.13 节“粗骨料组批规则”中的“检验批的定义”。

2. 细骨料的组批规则

SL 677—2014 第 11.2.4 条“骨料生产和验收检验，应符合下列规定：1 骨料生产的质量，每 8 h 应检测 1 次。检测项目：细骨料的细度模数和石粉含量（人工砂）、含泥量和泥块含量。2 成品骨料出厂品质检测：细骨料应按同料源每 600～1 200 t 为一批，检测细度模数、石粉含量（人工砂）、含泥量、泥块含量和表面含水率。3……。4 使用单位每月按表 5.3.5、表 5.3.6-1 和表 5.3.6-2 中的所列项目进行 1～2 次抽样检验。必要时应进行碱活性检验”、第 11.2.8 条“混凝土生产过程中的原材料检验应遵守下列规定：1 ……。2 砂、小石的表面含水率，应每 4 h 检测 1 次，雨雪天气等特殊情况应加密检测。3 砂的细度模数和人工砂的石粉含量，天然砂的含泥量应每天检测 1 次。4 ……。6 拌和楼砂石骨料……应每月进行 1 次检验”。

SL 632—2012 附录 C 表 C.1-1“砂料质量标准”中细骨料的组批规则，见表 4.7。

表 4.7　SL 632—2012 细骨料的组批规则

检验项目	含泥量	石粉含量	细度模数波动	泥块含量	有机质含量	云母含量	表观密度	坚固性	硫化物及硫酸盐含量	轻物质
检验数量	1 次/8 h		2 次/8 h	≥2 次/月						

DL/T 5144—2015 第 11.2.4 条“骨料生产和进场检验，应符合下列规定：1 应按表 11.2.4 进行骨料的生产检验，在筛分楼出料皮带或下料口取样；主控项目应每 8 h 检测 1 次，一般项目应每月检验不少于 2 次。2 ……。3 使用单位应进行骨料进场检验，细骨料

按同料源进行,骨料主控项目应每 8 h 检验 1 次。4 生产单位和使用单位应分别每月至少进行 1 次全面检验。必要时应定期进行碱活性检验”、第 11.2.6 条“混凝土生产过程中,应在拌和楼进行原材料检验,检验项目和检验频率应符合表 11.2.6(即表 4.8)的规定”。

表 4.8　DL/T 5144—2015 表 11.2.6 混凝土生产过程细骨料检验项目

骨料名称	检验项目	检验频率
细骨料	含水率	每 4 h 1 次,雨雪后等特殊情况应加密检测
	细度模数、石粉含量、含泥量	每天 1 次
	表 11.2.4 所列项目	每天 1 次

JTS 257—2008 附录 C 表 C.0.0.1“主要材料试验和现场检验抽样组批原则和试验内容”中砂的抽样组批原则“以同一产地、同一规格、每 400 m^3 或 600 t 为一批,不足 400 m^3 或 600 t 也按一批计;当质量比较稳定进料数量较大时,可定期检验”。

JT/T 819—2011 第 7.3.3 条“组批规则:检验批量宜根据厂家生产规模而定。日产量 1 000 t 以上的,应以同一品种、同一规格、同一类别的 1 000 t 为一批;日产量 1 000 t 以下的,应以 600 t 为一批。不足上述量者亦作为一批”。

JTG/T 3650—2020 第 6.3.2 条“细集料宜按同产地、同规格、连续进场数量不超过 400 m^3 或 600 t 为一验收批,小批量进场的宜以不超过 200 m^3 或 300 t 为一验收批进行检验;当质量稳定且进料量较大时,可以 1 000 t 为一验收批”。

《公路招标文件》第 410.19-2-(3)条“砂:对进场的同料源、同开采单位,每 200 m^3 为一批验收,每批至少取样一次,做筛分分析试验、视相对密度试验、重度试验、含泥量试验”。

《公路试验室标准化指南》附录 3“试验检测项目/参数检验频率一览表”中“工程类别:桥梁工程(二)”的“施工检验频率:细集料:1 次/批,不超过 400 m^3 或 600 t 为 1 批;小批量进场的宜以不超过 200 m^3 或 300 t 为 1 批”。

Q/CR 9207—2017 以及 TB/T 3275—2018 没有说明细骨料验收批的数量,TB 10424—2018 表 6.2.3-3“细骨料的检验要求”规定“连续进场的同料源、同品种、同规格的细骨料每 400 m^3(或 600 t)为一批,不足上述数量按一批计”。

Q/CR 9570—2020 第 7.4.1 条“机制砂成品检验应符合下列规定:1 ……。2 机制砂出场前应进行出场检验,每 400 m^3 或 600 t 机制砂为一检验批,不足上述数量时应按一批计”。

JGJ 52—2006 第 4.0.1 条“使用单位应按砂或石的同产地同规格分批验收。采用大型工具(如火车、货船或汽车)运输的,应以 400 m^3 或 600 t 为一验收批;采用小型工具(如拖拉机等)运输的,应以 200 m^3 或 300 t 为一验收批。不足上述量者,应按一验收批进行验收”、第 4.0.2 条“当砂或石的质量比较稳定、进料量又较大时,可以 1 000 t 为一验收批”。

JG/T 568—2019 第 7.2 条“组批规则:按同分类、类别及日产量,每 2 000 t 为 1 批,不足 2 000 t 亦为 1 批;当日产量超过 10 000 t,每 4 000 t 为 1 批,不足 4 000 t 亦为 1 批”。

JGJ/T 241—2011 第 8.1.4 条“原材料的检验规则应符合下列规定:1 人工砂应以 400 m^3或 600 t 为一个检验批;不足一个检验批时,应按一检验批计。……7 当原材料来源稳定且连续三次检验合格时,可将检验批量扩大一倍”。

GB/T 17431.2—2010 第 4.3 条“初次抽取试样应符合下列要求:a)……;b) 对均匀料堆进行取样时,以 400 m^3为一批,不足一批者亦以一批论”。

GB 50204—2015 第 7.2.6 条“混凝土原材料中的粗骨料、细骨料……检查数量:执行现行行业标准《普通混凝土用砂、石质量及检验方法标准》JGJ 52 的规定”。

GB 50164—2011 第 7.1.3 条“混凝土原材料的检验批量应符合下列规定:1 ……砂、石骨料应按每 400 m^3或 600 t 为一个检验批”。

3. 现行细骨料组批规则的商榷

作者认为,上述现行各版本规范、规程、标准细骨料的组批规则,有以下几个问题值得商榷:

一是“同产地”。“同产地”的说法太过广泛,可以为一个乡镇或一个村寨,也可以为一个地名或一个厂家,因而应采用“同料源”表示。

二是“同规格”。众所周知,即使是同一料源,不同的机械设备以及工艺流程均可生产同一规格的细集料,但是,不同的机械设备以及工艺流程生产的同一规格细骨料,各个技术指标会有很大的差异,因而应增加“同生产工艺”。

三是“连续进场数量”。现行规范、规程、标准对“连续进场数量”没有确切的定义,因而可以理解为一天 24 h 内连续进场的数量,也可以理解为一个时间段内进场的数量。由于受场地限制等,即使是大型的商业搅拌站,很少可以一次连续进场 400 m^3细骨料,更别说工程自建的搅拌站,为符合工程实际,因而应采用“进场数量”表示。

四是“主控项目应每 8 h 检测 1 次”。现在采石场一般要求采用大型的成套设备生产细骨料,质量比较稳定,显然没有必要采用如此大的频率进行检验。

五是细骨料进场数量的单位。现在搅拌站进场细骨料时,一般以吨为计量单位,因而应采用“t”表示。

为符合工程实际并确保细骨料质量,作者认为,生产单位生产细骨料时,每天至少应检验一次;使用单位进场细骨料时,应以同料源、同规格、同生产工艺每进场 600 t 为一验收批;如果根据 TB 10753—2018 第 4.1.2 条、GB 50164—2011 第 7.1.3 条以及 GB 50300—2013 第 3.0.4 条的规定,当连续进场的三批细骨料均合格,可扩大至 1 000 t 为一验收批。

4. 细骨料的检验项目

根据本书第 1.6-1 条“粗骨料技术要求的特性”,作者认为,对岩石强度、细骨料表观密度等天然特性的技术指标,如岩质无变化,可在第一次取样时进行一次检验;对细骨料颗粒级配、含泥量、泥块含量、石粉含量、压碎值等加工特性的技术指标,可按上述的检验批进行检验;对细骨料坚固性、有害物质含量、氯离子含量、碱活性及放射性等技术指标,可根据需要进行检验。

4.12　细骨料试验判定规则

4.12.1　试验结果均符合本标准的相应类别规定时,可判为该批产品合格。

4.12.2　技术要求 3.6.1 ~3.6.5 若有一项指标不符合标准规定,则应从同一批产品中加倍取样,对该项进行复验。复验后,若试验结果符合标准规定,可判为该批产品合格;若仍然不符合本标准要求时,否则判为不合格。若有两项及以上试验结果不符合标准规定时,则判该批产品不合格。

1.细骨料试验出现不合格项时的有关规定

DB 24/016—2010 第 5.1.4 条“检验(含复验)后,各项性能指标都符合本规程的规定时,应判定产品合格。除筛分外,当其余检验项目存在不合格项时,应加倍取样进行复验。当复验仍有一项不满足规定时,应判定产品不合格”。

SL 176—2007 第 4.1.12 条“工程中出现检验不合格的项目时,应按以下规定进行处理:1 原材料、中间产品一次抽样检验不合格时,应及时对同一取样批次另取两倍数量进行检验,如仍不合格,则该批次原材料或中间产品应定为不合格,不得使用”。

DL/T 5144—2015 第 67 页第 3.3.5 条的“条文说明:水工混凝土宜使用中砂,……中砂的颗粒级配应满足表 1 要求,当颗粒级配不符合表 1 要求时,应采取相应措施,经试验验证混凝土质量”。

JTS 202—2011 第 4.2.3.3 条“当砂颗粒级配不符合要求时,宜采取相应的技术措施,并经试验证明能确保工程质量后,方可使用”。

JTS 202-2—2011 第 4.4.2.3 条“当砂颗粒级配不符合要求时,宜采取相应的技术措施,并经试验证明能确保工程质量后,方允许使用”以及第 4.4.6 条“细骨料质量检验结果不符合本标准规定的指标时,应采取措施,并经试验证明能确保工程质量时,方可使用”。

JTS/T 236—2019 第 6.1.2 条“除筛分析外,当其余检验项目不合格时,应加倍取样进行复验。当复验仍有一项不满足标准要求时,应按不合格品处理”。

JT/T 819—2011 第 7.2.3 条“判定规则:型式检验按以下规则判定:a) 如有任一项指标不符合本标准要求,则需重新加倍抽样,对该项指标进行复检;若复检结果仍然不合格,则判该型式检验为不合格;b) 经检验(含复检)后,各项技术指标符合本标准要求时,则判型式检验合格”、第 7.3.4 条“判定规则:出厂检验按以下规则判定:a) 若有任一项技术指标不符合本标准要求时,则应从同一批产品中加倍取样,对该项指标进行复检;若复检样品仍有不合格,则该批产品判为不合格;b) 经检验(含复检)后,各项技术指标符合本标准的相应类别规定时,该批产品判为合格”。

Q/CR 9207—2017 第 6.1.4 条“当粗、细骨料的含泥量或泥块含量超标时应采用专用设备进行处理”。

JGJ 52—2006 第 5.1.2 条“除筛分析外,当其余检验项目存在不合格项时,应加倍取样进行复验。当复验仍有一项不满足标准要求时,应按不合格品处理”。

JG/T 568—2019 第 7.3.1 条“试验结果均符合本标准的相应类别和级别判定时,可判为该批产品合格”、第 7.3.2 条“若有一项检验指标不符合标准规定时,应从同一批产品中加倍取样,对该项进行复验。复验后,若试验结果符合标准规定,可判为该批产品合格;若仍然不符合标准规定,判为不合格。若有 2 项及以上试验结果不符合标准规定时,则判该批产品不合格”。

JGJ/T 241—2011 第 4.1.1-2 条“当人工砂的实际颗粒级配不符合表 4.1.1-1 的规定时,宜采取相应的技术措施,并应经试验证明能确保混凝土质量后再使用”。

作者认为,当细骨料检验项目出现一项或多项试验结果不符合规定的要求时,为准确判定细骨料的质量状况,应重新取样对不合格项进行复验;如重新取样、复验后的不合格项满足规定的要求,则该批细骨料合格,否则,按不合格品处理。

2. 细骨料碱集料反应

据了解,GB/T 14684-2011 等现行规范、规程、标准细骨料试验判定规则中的不符合标准规定的技术指标,并不包含如 GB/T 14684—2011 第 6.6 条“碱集料反应”。

为确保工程质量,作者认为,细骨料试验判定规则中的不符合标准规定的技术指标,应包含细骨料的碱集料反应。

附　　录

附录 A　与骨料及粒径有关的常见术语

现行规范、规程、标准经常出现骨料(集料)、粗骨料(粗集料)、细骨料(细集料)以及与骨料(集料)有关的粒径、公称粒径、公称最大粒径(最大公称粒径)、最大粒径、超逊径颗粒等术语,为方便读者更好地理解这些术语的具体含义,现摘录如下。

A.1　骨料(集料)

JTJ 002—87 第 11.0.2 条“集料(骨料):在混合料中起骨架或填充作用的粒料。包括碎石、砾石、石屑及砂等”。

JTG E42—2005 第 2.1 节“术语”第 2.1.1 条“集料(骨料):在混合料中起骨架和填充作用的粒料,包括碎石、砾石、机制砂、石屑、砂等”。

JG/T 568—2019 第 3.1.2 条“骨料:在混凝土中起骨架、填充和稳定体积作用的岩石颗粒等粒状松散材料”。

A.2　粗骨料(粗集料)

DL/T 5362—2018 第 2.0.14 条“粗骨料:粒径大于或等于2.36 mm的碎石、破碎砾石、筛选砾石和矿渣”。

JTS/T 236—2019 第 2.0.8 条“粗骨料:拌制混凝土用的质地坚硬的碎石、卵石或碎卵石”。

JTG E42—2005 第 2.1 节“术语”第 2.1.2 条“粗集料:在沥青混合料中,粗集料是指粒径大于2.36 mm的碎石、破碎砾石、筛选砾石和矿渣等;在水泥混凝土中,粗集料是指粒径大于4.75 mm的碎石、砾石和破碎砾石”。

JG/T 568—2019 第 3.1.3 条“粗骨料(石):粒径大于4.75 mm的岩石颗粒。注:包括卵石和碎石”。

A.3　细骨料(细集料)

DL/T 5362—2018 第 2.0.15 条“细骨料:粒径小于2.36 mm的天然砂、人工砂及石屑”。

JTS/T 236—2019 第 2.0.5 条“细骨料:拌制混凝土用的质地坚固、公称粒径小于5.00 mm的天然砂、人工砂或混合砂”。

JTG E42—2005 第 2.1 节“术语”第 2.1.3 条“细集料:在沥青混合料中,细集料是指粒径小于2.36 mm的天然砂、人工砂(包括机制砂)及石屑;在水泥混凝土中,细集料是指粒径小于4.75 mm的天然砂、人工砂”。

JG/T 568—2019 第 3.1.8 条“细骨料(砂):粒径小于4.75 mm的岩石颗粒,包括天然砂和人工砂”。

A.4　骨料的粒径

JTJ 002—87 第十一章“工程材料与试验”第 11.0.58 条“粒径:集料的颗粒尺寸。一般以筛分试验方法确定”。

根据上述定义可知,现行规范、规程、标准中的骨料粒径,应该是指筛分试验时骨料存留于该号筛的筛孔尺寸。

A.5　骨料的公称粒径

据了解,现行规范、规程、标准对骨料的公称粒径均没有确切的定义,只能从相关内容进行理解。

JGJ 52—2006 第 3.2.1 条“石筛应采用方孔筛。石的公称粒径、石筛筛孔的公称直径与方孔筛筛孔边长应符合表 3.2.1-1(见本书表 2.2)的规定”及其第 98 页的“条文说明:为满足用户的习惯要求,筛孔尺寸改变,公称粒径称呼不变”。

JGJ 52—2006 第 3.1.2 条“砂筛应采用方孔筛。砂的公称粒径、砂筛筛孔的公称直径和方孔筛筛孔边长应符合表 3.1.2-1(见本书表 4.2)的规定”及其第 94 页的“条文说明:为不改变习惯称呼,将原来砂的粒径和砂筛筛孔直径,称为砂的公称粒径和砂筛的公称直径,与方孔筛筛孔尺寸对应起来”。

根据本书表 2.2、表 4.2 可知,现行规范、规程、标准中的骨料公称粒径,只针对方孔筛而言,且与方孔筛筛孔尺寸最接近的圆孔筛筛孔直径,即为该方孔筛骨料的公称粒径。

A.6　骨料的公称最大粒径(最大公称粒径)

JTG E42—2005 第 2.1 节“术语”第 2.1.28 条“集料的公称最大粒径:指集料可能全部通过或允许有少量不通过(一般容许筛余不超过 10%)的最小标准筛筛孔尺寸”。

JTG E51—2009 第 2.1 节“术语”第 2.1.1 条“公称最大粒径:通过率为 90% ~100% 的最小标准筛筛孔尺寸”。

如果根据公路行业标准的定义,粗骨料的公称最大粒径,即为连续粒级粗骨料中通过率为 90% ~100%(或累计筛余百分率不超过 10%)的最小标准筛的筛孔尺寸。

“例如,某种集料,100% 通过 26.5 mm 筛,在 19 mm 筛上的筛余小于 10%,则此集料的最大粒径为 26.5 mm,而公称最大粒径为 19 mm”(注:摘自 JTG E42—2005 第 5 页第 2.1.27条的“条文说明”)。

A.7　骨料的最大粒径

JTS 202—2011 表 4.3.5“碎石或卵石的颗粒级配范围”以及 JTS 202-2—2011 表 4.5.4“碎石或卵石的颗粒级配范围”中的“注:公称粒级的上限为该粒径级的最大粒径”。

JTG E42—2005 第 2.1 节“术语”第 2.1.27 条“集料最大粒径:指集料的 100% 都要求

通过的最小的标准筛筛孔尺寸”。

如以5～20 mm连续粒级粗骨料为例，现行规范、规程、标准5～20 mm连续粒级粗骨料中26.5 mm筛规定的通过率为100%、19mm筛规定的通过率为90%～100%。

如果根据水运行业标准的定义，该连续粒级粗骨料的最大粒径为20 mm，即水运工程粗骨料的最大粒径，就是连续粒级粗骨料的上限公称粒级，与工程实际使用的粗骨料最大粒径没有任何关系。

如果根据公路行业标准的定义，该连续粒级粗骨料的最大粒径为26.5 mm，即公路工程粗骨料的最大粒径，比水运工程粗骨料的最大粒径大一个粒级。

“我国往往将公称最大粒径直接简称为最大粒径，没有严格的区分”（注：摘自JTG E42—2005第5页第2.1.27条的“条文说明”），但是，“通常公称最大粒径比集料最大粒径小一个粒级”（注：摘自JTG E42—2005第2.1节“术语”第2.1.28条），作者认为，水运行业标准以“公称粒级的上限为该粒径级的最大粒径”不符合工程实际，公路行业标准定义的粗骨料最大粒径比较确切，更加符合工程实际。

据了解，除公路行业标准以及“在国外的规范中，对集料最大粒径有两个定义：集料最大粒径是指100%通过的最小的标准筛筛孔尺寸；而集料的公称最大粒径是指保留在最大尺寸的标准筛上的颗粒含量不超过10%的标准筛尺寸”（注：摘自JTG E42—2005第5页第2.1.27条的“条文说明”），现行其他行业规范、规程、标准均没有对粗骨料公称最大粒径以及最大粒径进行确切的定义。

A.8 骨料的超逊径颗粒

《水工沥青混凝土施工规范》（SL 514—2013）表3.2.6“沥青混合料粗骨料质量技术要求”中“注2：超径率为相对于骨料最大粒径的超径率，逊径率为相对于2.36 mm粒径的逊径率。当进行粗骨料各粒径组的检验时，没有超径率要求”。

DL/T 5151—2014第2节“术语”第2.0.16条“超逊径颗粒：在某一粒径的粗骨料中，大于超逊径筛筛孔尺寸上限（相当于该粒径上限的1.15倍～1.18倍）的称为超径颗粒，小于超逊径筛筛孔尺寸下限（相当于该粒径下限的0.80倍～0.85倍）的称为逊径颗粒”。

附录 B　细骨料含泥量试验(虹吸管法)

JGJ 52—2006 第 6.9 节“砂中含泥量试验(虹吸管法)”

B.1　适用范围

本方法适用于测定砂中含泥量。

1. 虹吸管法测定细骨料含泥量

据了解,现行国家标准以及行业标准,唯有 JTS/T 236—2019 第 6.7 节“砂的含泥量试验”以及 JGJ 52—2006 第 6.9 节“砂中含泥量试验(虹吸管法)”采用虹吸管法测定细骨料的含泥量,为方便论述,以下简称“虹吸管法”。

2. 虹吸管法的适用范围以及测试目的

JTS/T 236—2019 没有说明虹吸管法的适用范围;JGJ 52—2006 虹吸管法第 6.9.1 条“本方法适用于测定砂中含泥量”及其第 103 页的“条文说明:本方法适用于砂中的含泥量,尤其适用于测定特细砂中的含泥量”。

作者认为,虹吸管法适用于所有粗骨料以及细骨料,而且,相对而言,虹吸管法比现行规范、规程、标准其他试验方法更能准确测定骨料的含泥量。

B.2　仪器设备

B.2.1　虹吸管——玻璃管的直径不大于 5 mm,后接胶皮弯管。

虹吸管法所用的虹吸管

JTS/T 236—2019 第 6.7.1-(4)条“玻璃管直径不大于 5 mm,后接胶皮弯管的虹吸管”。

如试验室没有配备专用的虹吸管,作者认为,可采用一根内径约 5 mm 的软胶管作为虹吸管,并用透明胶布把软胶管一端绑在一根直径 8 mm、长 500 mm 的玻璃棒上,玻璃棒露出软胶管吸水口约 50 mm(图 B.1),目的是确保虹吸管吸口的最低位置距离砂面不小于 30 mm。

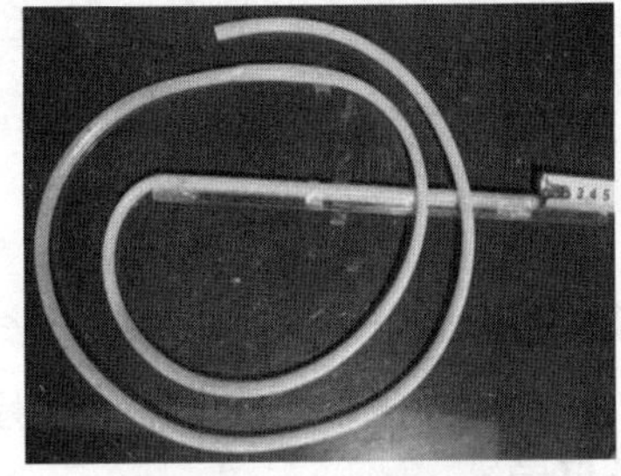

图 B.1　虹吸管

B.2.2　玻璃容器或其他容器——高度不小于 300 mm,直径不小于 200 mm。

虹吸管法所用的容器

JTS/T 236—2019 第 6.7.1-(5)条“高度不小于 300 mm、直径不小于 200 mm 的玻璃

容器”。

如试验室没有配备虹吸管法专用的容器，作者认为，可采用粗骨料表观密度试验用的溢流水槽或粗骨料堆积密度试验用的 10 L 容量筒，作为虹吸管法的专用容器。

B.2.3　其他设备应符合本标准第 6.8.2 条的要求。

虹吸管法所用的其他设备

JTS/T 236—2019 第 6.7.1 条“仪器设备应满足下列要求：(1)天平的最小分度值不大于 1 g；(2)烘箱的温度控制范围为(105±5) ℃；(3)筛孔公称直径为 80 μm 和 1.25 mm 的方孔试验筛各一个；……(6)洗砂用的容器和烘干用的浅盘等”。

JGJ 52—2006 第 6.8.2 条“含泥量试验应采用下列仪器设备：1 天平——称量 1 000 g，感量 0.1 g；2 烘箱——温度控制范围为(105±5) ℃；3 试验筛——筛孔公称直径为80 μm及 1.25 mm 的方孔筛各一个；4 洗砂用的容器及烘干用的浅盘等”。

由于虹吸管法需要使用搅拌棒进行搅拌、闸板进行闸水，而 JTS/T 236—2019 以及 JGJ 52—2006 均没有说明搅拌棒以及闸板的具体尺寸，且搅拌棒不足以使尘屑、淤泥和黏土完全悬浮于浑浊液。

因此，作者认为，虹吸管法所用的搅拌棒以及闸板，可采用比容器内径略小的铁板或塑料板；存放虹吸后干净试样的浅盘，可采用搪瓷盘。

B.3　试样制备

试样制备应按本标准第 6.8.3 条的规定进行。

虹吸管法试样的制备

JTS/T 236—2019 没有说明试样的制备方法；JGJ 52—2006 第 6.8.3 条“试样制备应符合下列规定：样品缩分至 1 100 g，置于温度为(105±5) ℃的烘箱中烘干至恒重，冷却至室温后，称取各为 400 g(m_0)的试样两份备用”。

作者认为，虹吸管法所用的试样，应按照本书第 2 章第 2.1 节第 2.1.3.1-2 条“粗骨料试样的缩分”中 JTG E51—2009 所述四分法，制备两份略大于 1 000 g 的试样。

B.4　试验步骤

B.4.1　称取烘干的试样 500 g(m_0)，置于容器中，并注入饮用水，使水面高出砂面约 150 mm，浸泡 2 h，浸泡过程中每隔一段时间搅拌一次，确保尘屑、淤泥和黏土与砂分离。

1. 虹吸管法试样的质量

JTS/T 236—2019 虹吸管法试验所用试样的质量为“约 500 g”。

为确保试验结果的准确性、有效性，作者认为，虹吸管法试验所用试样的总质量至少应为 1 000 g。

2. 虹吸管法试样质量的精度要求

JTS/T 236—2019 以及 JGJ 52—2006 虹吸管法均没有具体规定试样质量的精度要求。

根据现有称量仪器的精度以及对试验结果的影响，作者认为，虹吸管法试验所用试样的质量至少应精确至 0.1 g。

3. 虹吸管法试样的浸泡及搅拌

JTS/T 236—2019 以及 JGJ 52—2006 虹吸管法试样的浸泡时间均为“2 h”，且只需“搅拌”试样。

由于有的泥块比较硬，如果浸泡时间太短，无法使泥块溶化；另外，如果泥块只是搅棒，没有用手捻捏，无法确保尘屑、淤泥和黏土与砂粒完全分离。

因此，作者认为，虹吸管法试验前，试样至少应“浸泡 24 h”；如试样含有泥块，需用手在水中捻捏泥块，使泥块中的尘屑、淤泥和黏土与砂粒完全分离。

B.4.2　用搅拌棒均匀搅拌 1 min(单方向旋转)，以适当宽度和高度的闸板闸水，使水停止旋转。经 20～25 s 后取出闸板，然后，从上到下用虹吸管细心地将浑浊液吸出，虹吸管吸口的最低位置应距离砂面不小于 30 mm。

1. 虹吸管法浑浊液的搅拌

JTS/T 236—2019 以及 JGJ 52—2006 虹吸管法均“用搅拌棒均匀搅拌 1 min(单方向旋转)”。

为确保尘屑、淤泥和黏土与砂粒完全分离，作者认为，试样经 24 h 浸泡后，先用手在水中捻捏泥块、淘洗试样，再用闸板顺时针和逆时针方向反复搅拌浑浊液至少 1 min。

2. 虹吸管法浑浊液的吸出

JTS/T 236—2019 以及 JGJ 52—2006 虹吸管法均“以适当宽度和高度的闸板闸水，使水停止旋转。经 20～25 s 后取出闸板，然后，从上到下用虹吸管细心地将浑浊液吸出，虹吸管吸口的最低位置应距离砂面不小于 30 mm”。

为尽可能避免吸出浑浊液中小于 75 μm 的砂粒，作者认为，试样经过搅拌后，应把闸板垂直置于容器的中间，使水停止旋转，30 s 后取出闸板，把虹吸管的吸水口竖直插入浑浊液上部约 20 mm 的位置，从上往下移动虹吸管，慢慢地将浑浊液吸出。

B.4.3　再倒入清水，重复上述过程，直到吸出的水与清水的颜色基本一致为止。

虹吸管法的注意事项

虹吸管法试验过程中，应注意以下事项：不得晃动容器内的浑浊液；虹吸管插入过程中，应始终保持竖直，且虹吸管前端的玻璃棒不应插入试样内部；当虹吸管前端玻璃棒接触试样表面且虹吸管的出水口停止流水时，取出虹吸管；再次倒入洁净的水时，重复上述过程，直到吸出的水清澈为止。

B.4.4　最后将容器中的清水吸出，把洗净的试样倒入浅盘并在(105±5) ℃ 的烘箱中烘干至恒重，取出，冷却至室温后称砂质量(m_1)。

虹吸后试样的处理

作者认为，当吸出的水与洁净水的颜色基本一致时，应用少量洁净的水慢慢将容器中的试样倒入搪瓷盘，期间不允许试样颗粒的丢失；待搪瓷盘中的水至清澈后，稍稍抬起搪瓷盘的一端，以便搪瓷盘中的水集中至搪瓷盘的另一端，用洗耳球或玻璃吸管吸出搪瓷盘中的清水，最后把搪瓷盘和试样置于(105±5)℃的烘箱中烘干至恒重，取出并冷却至室温后，称取烘干试样质量，精确至 0.1 g。

B.5　含泥量按式(B.1)计算(精确至0.1%)

$$W_c=\frac{m_0-m_1}{m_0}\times 100\% \tag{B.1}$$

式中:

W_c——砂中含泥量,%;

m_0——试验前的烘干试样质量,g;

m_1——试验后的烘干试样质量,g。

以两个试样试验结果的算术平均值作为测定值。两次试验结果之差大于0.5%时,应重新取样进行试验。

1. 虹吸管法细骨料含泥量计算公式中的"%"

JTS/T 236—2019 以及 JGJ 52—2006 细骨料含泥量的计算公式均后缀"%",但是,"100%"等于1,任何数值乘以1,仍然等于原数值,而数值乘以100后,得到的结果表示百分数。

因此,作者认为,JTS/T 236—2019 以及 JGJ 52—2006 后缀"%"的计算公式是错误的。

2. 虹吸管法细骨料含泥量单个测定值数位的修约

JTS/T 236—2019 以及 JGJ 52—2006 细骨料含泥量单个测定值数位的修约均为"精确至0.1%"。

作者认为,细骨料含泥量单个测定值数位的修约,应比细骨料含泥量的算术平均值多一位数位。

3. 虹吸管法细骨料含泥量算术平均值数位的修约

JTS/T 236—2019 以及 JGJ 52—2006 没有具体的规定,均"以两个试样试验结果的算术平均值作为测定值"。

作者认为,细骨料含泥量算术平均值数位的修约,应比现行规范、规程、标准规定的细骨料含泥量极限数值多一位数位。

4. 筛洗法与虹吸管法试验方法的区别

仔细比较筛洗法与虹吸管法测定细骨料含泥量的不同之处,两者主要在于"动"与"静"的区别:一是筛洗法没有"使水停止旋转",直接"缓缓地将浑浊液倒入0.075 mm筛",而虹吸管法"使水停止旋转"并"经20~25 s后",才"从上到下用虹吸管细心地将浑浊液吸出";二是筛洗法在整个倾倒浑浊液的过程中,浑浊液始终处于"动"态,而虹吸管法在整个吸出浑浊液的过程中,浑浊液始终处于"静"态。

JGJ 52—2006 以筛洗法作为细骨料含泥量试验的标准法,但是,由于筛洗法与虹吸管法存在"动"与"静"的差异,因而虹吸管法"尤其适用于测定特细砂中的含泥量"(注:摘自 JGJ 52—2006 虹吸管法第6.9.1条的"条文说明"),且根据作者已出版的《细集料含泥量与含粉量的试验研究》大量的试验结果表明,虹吸管法比筛洗法更能准确测定细骨料的含泥量。

因此,作者认为,无论是粗骨料,还是细骨料,虹吸管法更有理由成为骨料含泥量试验的标准法。

5. 小于0.075 mm细砂粒与土的沉淀过程

JGJ 52—2006 第 103 页第 6.9 节的"条文说明:通过虹吸管法不会使细小的颗粒流出",至于虹吸管法会不会使细小的颗粒流出,可通过下面的试验验证。

为比较土粒与砂粒在水中的沉淀过程,作者采用完全由大于 9.5 mm 以上经水洗的洁净碎石加工而成的小于0.075 mm砂粒以及采用虹吸管法静置 1 min 后容器上部的浑浊液经沉淀、烘干、磨细得到的小于0.075 mm土粒,分别采用量筒同时进行沉淀试验(详见图 B.2 ~ B.7)。

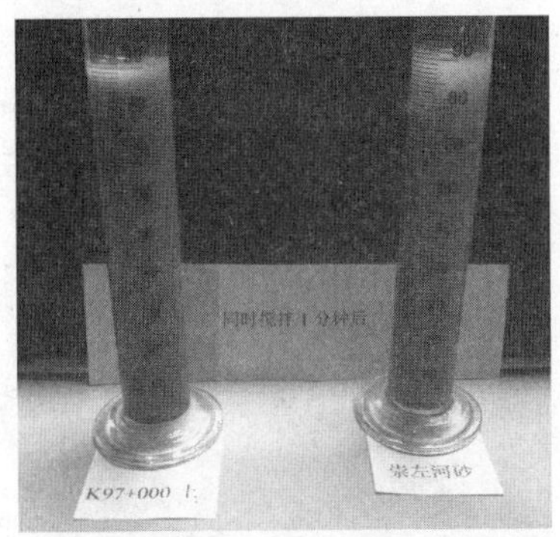

图 B.2　同时搅拌 1 min 后的浑浊液

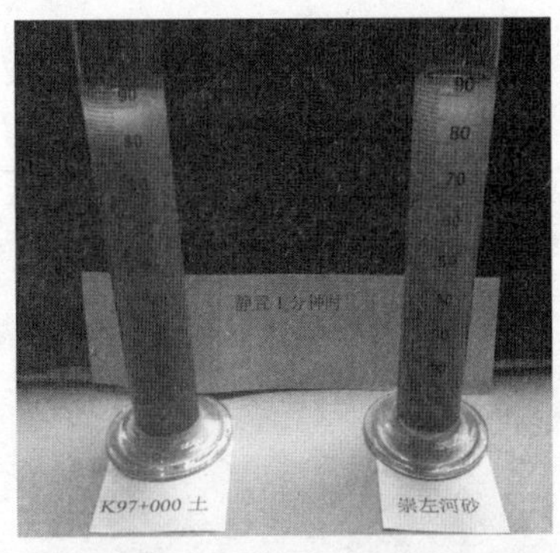

图 B.3　静置 1 min 后浑浊液的沉淀情况

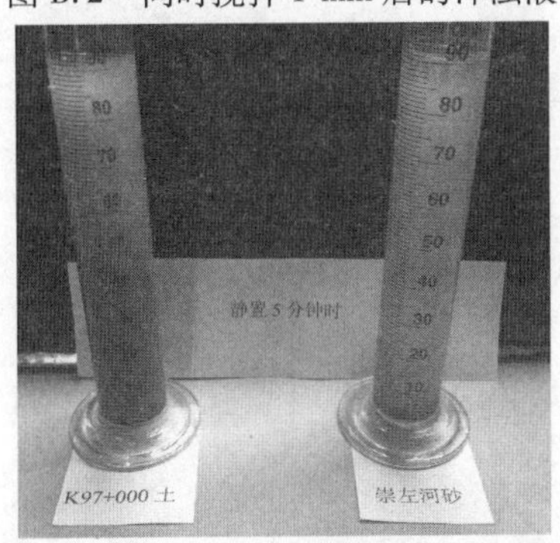

图 B.4　静置 5 min 后浑浊液的沉淀情况

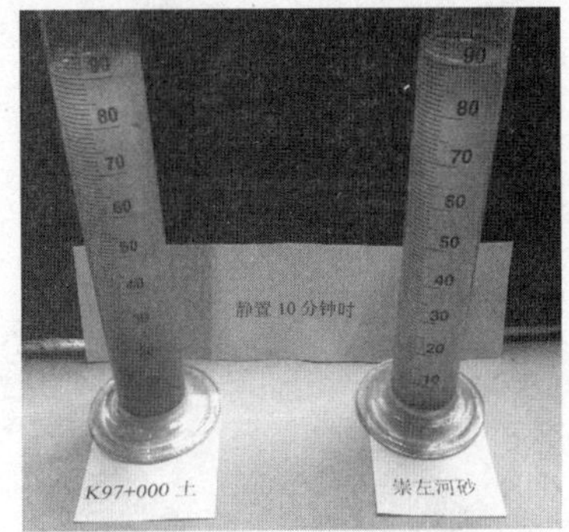

图 B.5　静置 10 min 后浑浊液的沉淀情况

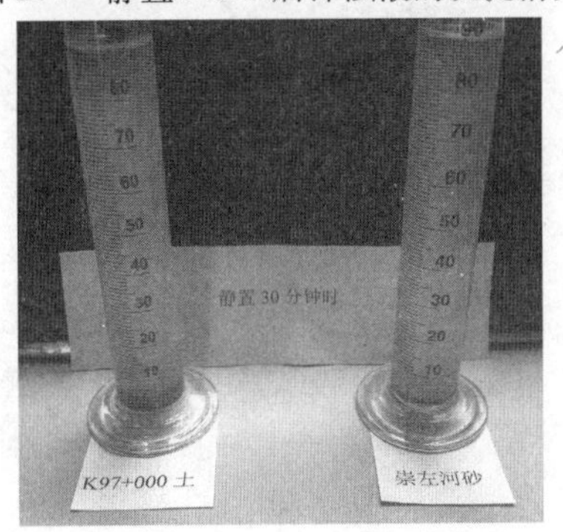

图 B.6　静置 30 min 后浑浊液的沉淀情况

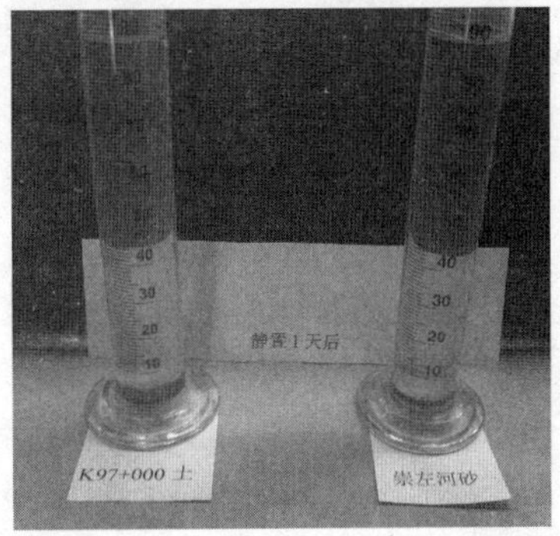

图 B.7　静置 24 h 后浑浊液的沉淀情况

从图 B.2 ~ B.7 可以看出,砂粒的沉淀速度确实比土粒快许多,但是,即使经过30 min的沉淀,始终有一部分小于0.075 mm的砂粒悬浮于量筒的上部,而虹吸管法只有 20 ~ 25 s的沉淀时间,不足以使小于0.075 mm的砂粒完全沉淀,大部分小于0.075 mm的砂粒仍然随水一起被吸走。

6. 骨料含泥量的测试原理

现行规范、规程、标准均没有说明筛洗法以及虹吸管法骨料含泥量的测试原理,作者认为,骨料含泥量的测试原理应该是"让砂沉淀,悬浮液倒走,并用0.075 mm过滤的方法区别砂与土"(注:摘自 JTG E42—2005 第 98 页的"条文说明"),即利用土粒比重小而容易悬浮在浑浊液上部、砂粒比重大而容易下沉至浑浊液底部的特性进行测定。

但是,无论是筛洗法,还是虹吸管法,"小于0.075 mm部分的细砂粒沉淀很慢,是很容易随土一起倾走的"(注:摘自 JTG E42—2005 第98 页的"条文说明"),这是现行规范、规程、标准筛洗法以及虹吸管法不能准确测定骨料含泥量的根本原因。

附录C　细骨料砂当量试验

JTG E42—2005/T 0334—2005 细集料砂当量试验

C.1　目的与适用范围

C.1.1　本方法适用于测定天然砂、人工砂、石屑等各种细集料中所含的黏性土或杂质的含量,以评定集料的洁净程度。砂当量用SE表示。

细骨料砂当量试验

据了解,现行国家标准以及行业标准,唯有DL/T 5362—2018第5.9节"细骨料砂当量试验"以及JTG E42—2005/T 0334—2005"细集料砂当量试验",为方便论述,以下简称"砂当量法"。

C.1.2　本方法适用于公称最大粒径不超过4.75 mm的集料。

1. 砂当量法的适用范围

DL/T 5362—2018砂当量法第5.9.1条"目的及适用范围:测定细骨料中所含的黏性土或杂质的含量。适用于天然细骨料"。

如果根据DL/T 5362—2018砂当量法的目的及适用范围,砂当量法仅适用于天然砂;如果根据JTG E42—2005砂当量法的目的与适用范围,砂当量法适用于包括天然砂以及机制砂在内的各种细骨料;如果根据JTG F40—2004第4.9.2条"细集料的洁净程度,天然砂以小于0.075 mm含量的百分数表示,石屑和机制砂以砂当量或亚甲蓝值表示",砂当量法仅适用于石屑或机制砂;如果根据SHC F40-01—2002第11页的"条文说明:为了鉴别细集料中小于0.075 mm部分究竟是泥土还是细砂粒或石粉,必须采用砂当量的试验方法",砂当量法适用于各种细骨料。

2. 砂当量法的试验目的

SHC F40-01—2002第11页的"条文说明:为了鉴别细集料中小于0.075 mm部分究竟是泥土还是细砂粒或石粉,必须采用砂当量的试验方法"。

如果根据DL/T 5362—2018、JTG E42—2005砂当量法上述的"目的与适用范围"以及SHC F40-01—2002第11页上述的"条文说明",砂当量法可以测定天然砂、人工砂、石屑等各种细骨料中所含的黏性土或杂质的含量,即细骨料的含泥量。

但是,JTG/T F50—2011以及JTG/T 3650—2020表6.3.1"细集料技术指标",并没有砂当量这一技术指标;而且,JTG F40—2004表4.9.2"沥青混合料用细集料质量要求"中"含泥量"的"试验方法"为"T 0333",并非"T 0334"。

作者认为,砂当量法不能测定天然砂、人工砂、石屑等各种细骨料中所含的黏性土或杂质的含量,因而不能评价细骨料的洁净程度。

C.2　仪具与材料

C.2.1　仪具

(1) 透明圆柱形试筒：如图 C.1 所示，透明塑料制，外径 40 mm±0.5 mm、内径 32 mm±0.25 mm、高度 420 mm±0.25 mm。在距试筒底部 100 mm、380 mm 处刻划刻度线，试筒口配有橡胶瓶口塞。

(2) 冲洗管：如图 C.2 所示，由一根弯曲的硬管组成，不锈钢或冷锻钢制，其外径为 6 mm±0.5 mm，内径为 4 mm±0.2 mm。管的上部有一个开关，下部有一个不锈钢两侧带孔尖头，孔径为 1 mm±0.1 mm。

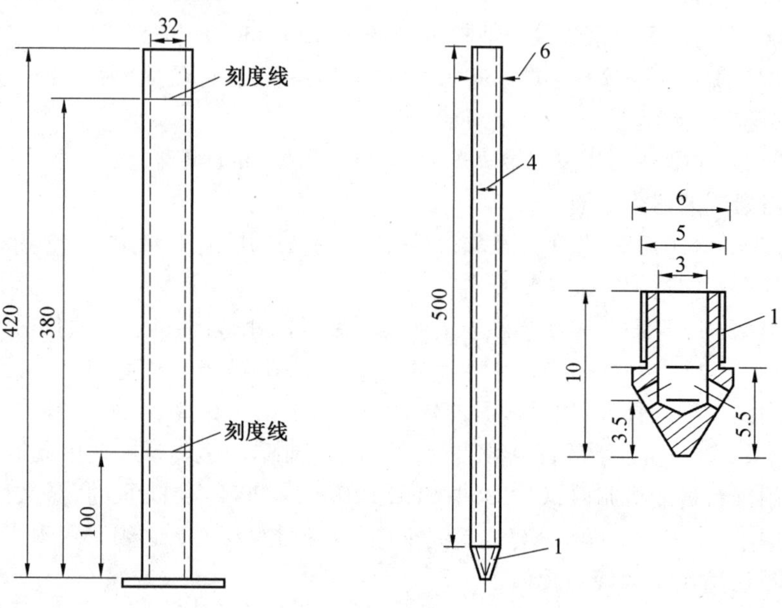

图 C.1　透明圆柱试筒(单位：mm)　　图 C.2　冲洗管(单位：mm)

(3) 透明玻璃或塑料桶：容积 5 L，有一根虹吸管放置桶中，桶底面高出工作台约 1 m。

塑料桶与工作台之间的高度

由于试验工作台的高度一般为 80～90 cm，如果塑料桶底面高出工作台 1 m，意味着塑料桶的底面与地面的距离将近 2 m，这个高度对大多数试验人员来说显然偏高，且不方便试验人员操作。

为方便试验人员操作并保证冲洗液流出时具有一定的压力，作者认为，砂当量法塑料桶底面与试筒顶面之间的距离保持在 1 m 左右即可。

(4) 橡胶管(或塑料管)：长约 1.5 m、内径约 5 mm，同冲洗管联在一起吸液用，配有金属夹，以控制冲洗液流量。

(5) 配重活塞：如图 C.3 所示，由长 440 mm±0.25 mm 的杆、直径 25 mm±0.1mm 的底座(下面平坦、光滑，垂直杆轴)、套筒和配重组成。且在活塞上有三个横向螺丝可保持活塞在试筒中间，并使活塞与试筒之间有一条小缝隙。套筒为黄铜或不锈钢制，厚

10 mm±0.1 mm,大小适合试筒并且引导活塞杆,能标记筒中活塞下沉的位置。套筒上有一个螺钉用以固定活塞杆。配重为 1 kg±5 g。

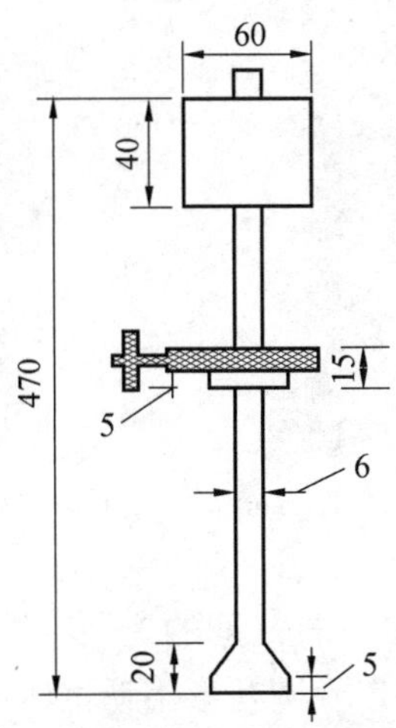

图 C.3　配重活塞(单位:mm)

1. 配重活塞的各组成部件

配重活塞的各组成部件及其质量,经称量,圆柱形不锈钢体的质量为 854.48 g,活塞杆与活塞杆底座的质量为 141.51 g,套筒的质量为 254.41 g,配重活塞的总质量为1 250.45 g。

由于套筒直接置于试筒顶面,不参与活塞的配重,因此,DL/T 5362—2018 以及 JTG E42—2005 中的“配重为 1 kg±5 g”,应该是指活塞杆(包含底座)以及圆柱形不锈钢体的质量之和(854.48 g+141.51 g=995.99 g)。

2. 配重活塞的圆柱形不锈钢体

如果根据 DL/T 5362—2018 图 5.9.2-3 以及 JTG E42—2005 图 T 0334-3 所示的“配重活塞”,活塞杆可以穿过圆柱形不锈钢体。

工程实际配置的配重活塞,圆柱形不锈钢体只有一端的中心位置设有与活塞杆匹配的孔洞,另一端一般为完整的光滑面,活塞杆不能穿过圆柱形不锈钢体。

3. 配重活塞的总长度

有的配重活塞,当活塞杆分别与活塞杆底座、圆柱形不锈钢体紧固后,配重活塞的总长度,可能大于 470 mm,此时如果将配重活塞置于试筒内,会明显发现圆柱形不锈钢的底部露出试筒的顶面(图 C.4)。

有的配重活塞,当活塞杆分别与活塞杆底座、圆柱形不锈钢体紧固后,配重活塞的总长度,可能小于 470 mm,此时如果将配重活塞置于试筒内,会明显发现活塞杆的底部不能接触试筒的底面(图 C.5)。

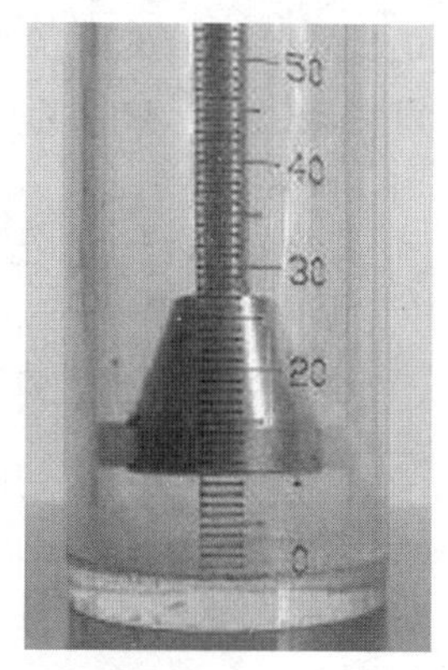

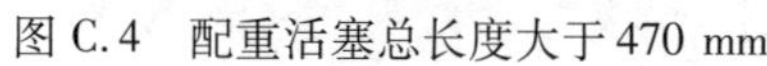

图 C.4　配重活塞总长度大于 470 mm　　图 C.5　配重活塞总长度小于 470 mm

4. 配重活塞长度的调整

由于砂当量法试验过程中，与活塞杆之间的连接容易松动，因此，试验前，应使活塞杆两端的螺纹紧紧固定于活塞杆底座以及圆柱形不锈钢体。当紧固活塞杆后的配重活塞长度等于 470 mm 时，将配重活塞置于试筒内，活塞杆底座的底部刚好接触试筒的底面。

如果紧固活塞杆后的配重活塞长度大于 470 mm，应将活塞杆的部分螺纹切除；如果紧固活塞杆后的配重活塞长度小于 470 mm，应调整活塞杆底座或圆柱形不锈钢体内的螺纹长度；活塞杆紧固后，试验过程中不应有任何的转动。

(6) 机械振荡器：可以使试筒产生横向的直线运动振荡，振幅 203 mm±1.0 mm，频率 180 次/min±2 次/min。

(7) 天平：称量 1 kg，感量不大于 0.1 g。

砂当量法所用天平的最小感量

DL/T 5362—2018 以及 JTG E42—2005 砂当量法所用电子天平的最小感量均为“不大于 0.1 g”。

根据现有称量仪器的精度以及对试验结果的影响，作者认为，砂当量法电子天平的最小感量至少应为 0.01 g。

(8) 烘箱：能使温度控制在 105 ℃±5 ℃。

(9) 秒表。

(10) 标准筛：筛孔为4.75 mm。

(11) 温度计。

(12) 广口漏斗：玻璃或塑料制，口的直径 100 mm 左右。

(13) 钢板尺：长 50 cm，刻度 1 mm。

(14) 其他：量筒（500 mL）、烧杯（1 L）、塑料桶（5 L）、烧杯、刷子、盘子、刮刀、勺子等。

C.2.2　试剂

(1) 无水氯化钙（$CaCl_2$）：分析纯，含量 96% 以上，分子量 110.99，纯品为无色立方结晶，在水中溶解度大，溶解时放出大量热，它的水溶液呈微酸性，具有一定的腐蚀性。

(2) 丙三醇（$C_3H_8O_3$）：又称甘油，分析纯，含量 98% 以上. 分子量 92.09。

(3) 甲醛(HCHO):分析纯,含量36%以上,分子量30.03。

(4) 洁净水或纯净水。

C.3　试验准备

C.3.1　试样制备

C.3.1.1　将样品通过孔径4.75 mm筛,去掉筛上的粗颗粒部分,试样数量不少于1 000 g。如样品过分干燥,可在筛分之前加少量水分润湿(含水率约为3%左右),用包橡胶的小锤打碎土块,然后再过筛,以防止将土块作为粗颗粒筛除。当粗颗粒部分被在筛分时不能分离的杂质裹覆时,应将筛上部分的粗集料进行清洗,并回收其中的细粒放入试样中。

注:在配制稀浆封层及微表处混合料时,4.75 mm部分经常是由两种以上的集料混合而成,如由3 mm ~5 mm 和3 mm 以下石屑混合,或由石屑与天然砂混合组成时,可分别对每种集料按本方法测定其砂当量,然后按组成比例计算合成的砂当量。为减少工作量,通常做法是将样品按配比混合组成后用4.75 mm过筛,测定集料混合料的砂当量,以鉴定材料是否合格。

1. 砂当量法所用的试样

DL/T 5362—2018 以及 JTG E42—2005 砂当量法,试验前均"将样品通过孔径4.75 mm筛,去掉筛上的粗颗粒部分"。

工程实际应用中,细骨料一般含有大于4.75 mm的颗粒,如果人为筛除,砂当量法所用的试样,显然与工程实际不相符。

作者认为,砂当量法所用的试样,应该与工程实际使用的细骨料一致,并应按照本书第2章第2.1节第2.1.3.1-2条"粗骨料试样的缩分"中 JTG E51—2009 所述四分法,制备两份略大于200 g的试样。

2. 砂当量法润湿试样的目的

DL/T 5362—2018 以及 JTG E42—2005 砂当量法,如样品过于干燥,筛分之前均需"加少量水分润湿(含水率约为3%左右)"。

现行砂当量法没有说明"加少量水分润湿(含水率约为3%左右)"的目的,作者猜测,应该是使细骨料在试验前处于饱水状态。但是,综观砂当量法的试验过程,细骨料加水后没有说明放置的时间,只要求将润湿的试样倒入试筒后"放置10 min",因而试样不可能处于饱水状态;而且,润湿后的土块不但不易打碎,而且很难过筛。

为保证土块被打碎且细骨料处于完全饱水状态,作者认为,可以先将试样烘干至恒重,用橡胶锤打碎土块,然后称取120 g具有代表性的两份干燥试样,加水至3%含水率并搅拌均匀后,密封一昼夜备用。

3. 两种以上骨料混合而成的细骨料

DL/T 5362—2018 砂当量法,并没有如 JTG E42—2005 砂当量法第3.1.1条(第C.3.1.1条)中"注"的内容。

作者认为,类似沥青路面稀浆封层等由两种以上的骨料混合而成的细骨料,应抽取工程实际配备的各粒级骨料后(不需过4.75 mm筛),按确定的比例掺配成工程实际使用的混合料,最后测定掺配后混合料的砂当量。

C.3.1.2　按 JTG E42—2005/T 0332 的方法测定试样的含水率。试验用的样品,在测定含水率和取样试验期间不要丢失水分。由于试样是加水湿润过的,对试样含水率应接现行含水率测定方法进行,含水率以两次测定的平均值计,准确至 0.1%。经过含水率测定的试样不得用于试验。

砂当量法试样的含水率

DL/T 5362—2018 以及 JTG E42—2005 砂当量法试验前,不但要求测定试样的含水率,而且要求"在测定含水率和取样试验期间不要丢失水分"。

由于细骨料砂当量的大小,与试样的含水率并没有任何关系,只与试样颗粒的大小以及试样的数量有关。因此,作者认为,为准确称取试样,应按本书第 C.3.1.1-2 条所述方法称取相当于 120 g 干燥试样的 3% 含水率湿试样。

C.3.1.3　称取试样的湿重

根据测定的含水率按式(C.1)计算相当于 120 g 干燥试样的样品湿重,准确至 0.1 g。

$$m_1 = 120 \times \frac{100+\omega}{100} \tag{C.1}$$

式中:

ω——集料试样的含水率,%;

m_1——相当于干燥试样 120 g 时的潮湿试样的质量,g。

砂当量法湿试样的计算

DL/T 5362—2018 砂当量法湿试样的计算公式与 JTG E42—2005 完全相同。

作者认为,如果试验前测定了试样的含水率,则按 DL/T 5362—2018 以及 JTG E42—2005 的计算公式称取湿试样,准确至 0.1 g。

C.3.2　配制冲洗液

C.3.2.1　根据需要确定冲洗液的数量,通常一次配制 5 L,约可进行 10 次试验。如试验次数较少,可以按比例减少,但不宜少于 2 L,以减小试验误差。冲洗液的浓度以每升冲洗液中的氯化钙、甘油、甲醛含量分别为 2.79 g、12.12 g、0.34 g 控制。称取配制 5 L 冲洗液的各种试剂的用量:氯化钙 14.0 g、甘油 60.6 g、甲醛 1.7 g。

1. 试剂质量的精度要求

DL/T 5362—2018 以及 JTG E42—2005 砂当量法均没有说明氯化钙、甘油、甲醛试剂质量的精度要求。

为确保试验结果的准确性、有效性,作者认为,根据现有称量仪器的精度以及对试验结果的影响,砂当量法氯化钙等试剂的质量至少应精确至 0.01 g。

2. 5 L 冲洗液可试验的次数

现行砂当量法均为"通常一次配制 5 L,约可进行 10 次试验",而 JTG E42—2005 砂当量法第 104 页的"条文说明:如按试验方法的量配制,约可供 100 多次试验使用"。

根据作者对人工砂(如本书表 C.1)以及河砂(如本书表 C.2)的试验结果,120 g 干燥试样在试筒的高度约为 80 mm;根据第 C.4.1 条"用冲洗管将冲洗液加入试筒,直到最下面的 100 mm 刻度处(约需 80 mL 试验用冲洗液)"可知,相当于试筒内 1 mm 的高度约需

80 mL/100 mm=0.8 mL/mm 冲洗液；根据第 C.4.7 条“保持液面位于 380 mm 刻度线”可知，实际加入冲洗液的高度约为 380 mm-80 mm=300 mm；则一个试样约需 300 mm×0.8 mL/mm=240 mL 的冲洗液。

由于砂当量法需要进行两次平行试验，则两个试样约需 240 mL×2=480 mL 的冲洗液，则 5 L 的冲洗液约可进行 5 000 mL÷480 mL=10.4≈10(次)砂当量试验。

C.3.2.2　称取无水氯化钙 14.0 g 放入烧杯中，加洁净水 30 mL，充分溶解，此时溶液温度会升高，待溶液冷却至室温，观察是否有不溶的杂质，若有杂质必须用滤纸将溶液过滤，以除去不溶的杂质。

无水氯化钙出现不溶的杂质

DL/T 5362—2018 以及 JTG E42—2005 砂当量法均“称取无水氯化钙……充分溶解……观察是否有不溶的杂质若有杂质必须用滤纸将溶液过滤，以除去不溶的杂质”。

作者认为，如果溶解后的无水氯化钙溶液出现不溶的杂质，应先称取滤纸的质量，再用滤纸将溶液过滤至另一烧杯，滤去不溶的杂质后，将滤纸及滤纸上的不溶杂质置于烘箱中烘干至恒重，称取烘干杂质的质量，然后称取与杂质等量的无水氯化钙，放入已过滤的无水氯化钙溶液烧杯中进行充分溶解。

C.3.2.3　然后倒入适量洁净水稀释，加入甘油 60.6 g，用玻璃棒搅拌均匀后再加入甲醛 1.7 g，用玻璃棒搅拌均匀后全部倒入 1 L 量筒中，并用少量洁净水分别对盛过 3 种试剂的器皿洗涤 3 次，每次洗涤的水均放入量筒中，最后加入洁净水至 1 L 刻度线。

溶解试剂所用的搅拌工具

为使试剂充分溶解，DL/T 5362—2018 以及 JTG E42—2005 砂当量法均采用玻璃棒搅拌，不但费力，而且不能保证试剂完全溶解。

为保证试剂充分溶解，作者认为，可采用亚甲蓝法的叶轮搅拌器并保持 300 r/min 左右的速率，连续搅拌 30 min。

C.3.2.4　将配制的 1 L 溶液倒入塑料桶或其他容器中，再加入 4 L 洁净水或纯净水稀释至 5 L±0.005 L。该冲洗液的使用期限不得超过 2 周，超过 2 周后必须废弃，其工作温度为 22 ℃±3 ℃。

注：有条件时，可向专门机构购买高浓度的冲洗液，按照要求稀释后使用。

1. 砂当量法所用的高浓度冲洗液

有的仪器生产厂家，直接提供配制好的高浓度冲洗液，如某生产厂家提供的“砂当量试验仪浓溶液(图C.6)”，塑料瓶外侧贴有“62.5 mL(加蒸馏水 2.5 L)”，说明生产厂家提供的 62.5 mL 高浓度冲洗液，加入 2.5 L 蒸馏水并搅拌均匀后，即可用于砂当量法试验。

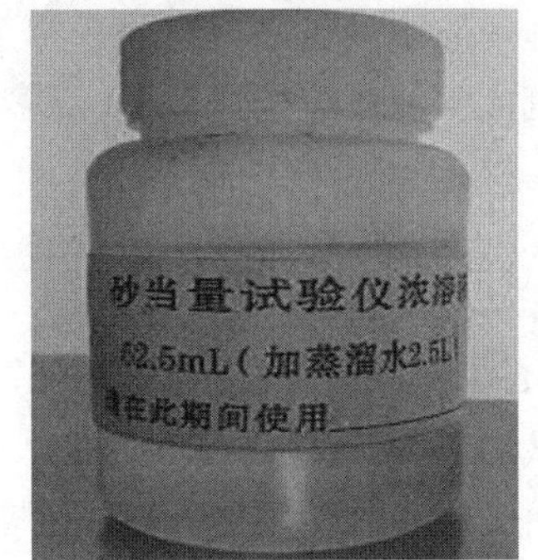

图 C.6　砂当量法浓溶液

2. 砂当量冲洗液的工作温度

DL/T 5362—2018 以及 JTG E42—2005 砂当量法均要求冲洗液的工作温度为(22±3)℃；如果根据第 C.4.9 条“同时记录试筒内的温度”，应为砂当量法试验时冲洗液的温度。

为保证称量仪器的精度，现行规范、规程、标准一般要求试验室的温度保持在(20±5) ℃范围；为保证试验结果的精度，凡是以水为介质的试验，一般规定试验时水温度的控制范围。

由于细骨料砂当量的大小，只与试样颗粒的大小以及试样的数量有关，与试验时冲洗液的温度并没有任何关系。因此，作者认为，“工作温度在 22 ℃±3 ℃”应是指试验时试验室的温度要求。

3.5 L 冲洗液的精度要求

DL/T 5362—2018 以及 JTG E42—2005 砂当量法均要求用“洁净水或纯净水稀释至5 L±0.005 L”。

但是，如果采用砂当量法配备的“量筒(500 mL)”或“1 L 量筒”制备 5 L 冲洗液，显然无法准确稀释至 5 L±0.005 L。

为保证冲洗液的精度要求，作者认为，可采用质量法配制 5 kg 冲洗液，则需称取各试剂以及水的质量分别为：氯化钙 14.0 g、甘油 60.6 g、甲醛 1.7 g、洁净水4 923.7 g。

C.4　试验步骤

C.4.1　用冲洗管将冲洗液加入试筒，直到最下面的 100 mm 刻度处(约需 80 mL 试验用冲洗液)。

冲洗液的加入

由于砂当量法既要求将冲洗液分别加入至试筒的 100 mm 以及 380 mm 刻度处，又要求“不断转动冲洗管”，一个试验人员显然很难独立完成砂当量试验。

因此，作者认为砂当量法应由两个试验人员共同完成，两人互相配合，一人负责冲洗管的转动以及冲洗液流量的控制；一人负责试筒的转动以及控制试筒 100 mm 及 380 mm 刻度线冲洗液的液面。

C.4.2　把相当于 120 g±1 g 干料重的湿样用漏斗仔细地倒入竖立的试筒中。

C.4.3　用手掌反复敲打试筒下部，以除去气泡，并使试样尽快润湿，然后放置 10 min。

1. 试样的润湿

即使砂当量法强调用漏斗将湿试样仔细地倒入竖立的试筒中，但并不能保证湿试样全部倒入至试筒中的冲洗液，或多或少的湿试样会黏附在试筒上部的内壁。

为保证全部试样尽快润湿，作者认为，湿试样倒入试筒后，应倾斜、转动试筒，使试筒内壁黏附的湿试样落入试筒内的冲洗液。

2. 气泡的排除

DL/T 5362—2018 以及 JTG E42—2005 砂当量法气泡的排除方法均为“用手掌反复敲打试筒下部”。

由于用手掌反复敲打试筒下部，并不能完全排除试样的气泡，作者认为，可参照本书第4.8.2.2条“用手旋转摇动容量瓶，使砂样充分摇动，排除气泡”。

C.4.4　在试样静止 10 min±1 min 后，在试筒上塞上橡胶塞堵住试筒，用手将试筒横向水平放置，或将试筒水平固定在振荡机上。

用手振荡时试筒的放置

DL/T 5362—2018 第 215 页第 5.9.3 条的“条文说明：本条参照《公路工程集料试验规程》JTG E42—2005 中的‘T 0334—2005 细集料砂当量试验’编写”，因此，DL/T 5362—2018 砂当量法试筒的放置与 JTG E42—2005 相同。

但是，DL/T 5362—2018 并没有第 C.4.5 条“用手振荡”试筒的操作步骤，因此，作者认为，DL/T 5362—2018 砂当量法不需“用手将试筒横向水平放置”。

C.4.5　开动机械振荡器，在 30 s±1 s 的时间内振荡 90 次。用手振荡时，仅需手腕振荡，不必晃动手臂，以维持振幅 230 mm±25 mm，振荡时间和次数与机械振荡器同。然后将试筒取下竖直放回试验台上，拧下橡胶塞。

冲洗液冲洗时试筒的放置

由于 DL/T 5362—2018 以及 JTG E42—2005 砂当量法塑料桶的放置均为“桶底面高出工作台约 1 m”，而试验人员在此高度很难进行砂当量法试验。

为便于试验人员操作，作者认为，可将装有冲洗液的塑料桶置于路面材料强度试验仪的反力框架上，振荡完毕后的试筒，则放置在路面材料强度试验仪的底座。

C.4.6　将冲洗管插入试筒中，用冲洗液冲洗附在试筒壁上的集料，然后迅速将冲洗管插到试筒底部，不断转动冲洗管，使附着在集料表面的土粒杂质浮游上来。

细骨料的冲洗

DL/T 5362—2018 以及 JTG E42—2005 砂当量法，在将冲洗管插至试筒底部前，只冲洗附在试筒壁上的细骨料，并没有冲洗附在橡胶塞上的细骨料。

由于砂当量法试验时，无论是采用机械振荡，还是采用用手振荡，橡胶塞不可避免黏附或多或少的细骨料颗粒。

为使细骨料颗粒全部冲入试筒中，作者认为，应先将拧下的橡胶塞置于试筒顶部上方中心的位置，稍稍打开冲洗液的开关，缓缓用少量冲洗液将黏附在橡胶塞上的细骨料冲洗至试筒中，然后将冲洗管移至试筒顶部，完全打开冲洗液的开关，用冲洗液尽快冲洗附在试筒内壁上的细骨料后，迅速将冲洗管插至试筒底部，一人不断转动冲洗管，一人不断转动试筒，使试筒底部以及附在细骨料表面的土粒杂质完全悬浮于上部的浑浊液。

C.4.7　缓慢匀速向上拔出冲洗管，当冲洗管抽出液面，且保持液面位于 380 mm 刻度线时，切断冲洗管的液流，使液面保持在 380 mm 刻度线处，然后开动秒表在没有扰动的情况下静置 20 min±15 s。

380 mm 刻度线液面的控制

由于冲洗管内冲洗液的流速相当快，如果不及时切断冲洗管的液流，液面很快上升并超过 380 mm 刻度线处。

为使液面保持在 380 mm 刻度线处，作者认为，待土粒杂质完全悬浮于上部的浑浊液后，将冲洗管置于试筒中间的位置，缓慢匀速从下往上拔出冲洗管，当液面达到 380 mm 刻度线时，迅速切断冲洗液，然后将试筒竖直轻轻移至试验工作台。

C.4.8　如图 C.7 所示，在静置 20 min 后，用尺量测从试筒底部到絮状凝结物上液面的高度（h_1）。

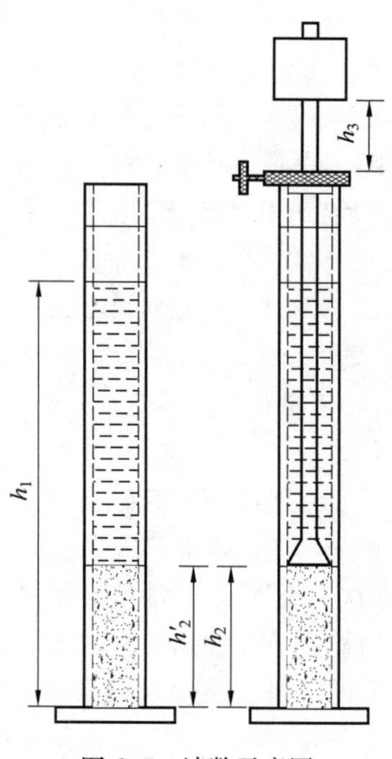

图 C.7　读数示意图

读数示意图中的 h_1、h'_2、h_2、h_3

DL/T 5362—2018 砂当量法图 5.9.3“读数示意图”,与 JTG E42—2005 砂当量法图 T 0334-4(图 C.7)“读数示意图”相同。

根据第 C.4.8 条可知, h_1为“静置 20 min 后,用尺量测从试筒底部到絮状凝结物上液面的高度 h_1”;根据第 C.4.9 条可知, h_2为“将活塞取出,用直尺插入套筒开口中,量取套筒顶面至活塞底面的高度 h_2”。

根据砂当量法读数示意图, h'_2应为试筒静置 20 min 后试筒底部至絮状凝结物底面(即沉淀物顶面)的高度; h_2应为配重活塞插入试筒后活塞杆底座至试筒底部的高度; h_3应为“将活塞取出,用直尺插入套筒开口中,量取套筒顶面至活塞(即圆柱形不锈钢体)底面的高度”。

如果根据砂当量法读数示意图, h'_2与 h_2的标线处于同一水平上, h'_2应等于 h_2,但是,实际上 h'_2、h_2、h_3存在以下关系:

由于配重活塞本身的自重,配重活塞插入静置 20 min 后的试筒时,沉淀物的顶面或多或少下降少许,即 $h'_2 > h_2$;而套筒在活塞杆下降的距离,就是砂当量法读数示意图中的 h_3,实际就是配重活塞插入试筒后活塞杆底座至试筒底部的高度(h_2),则 $h_2 = h_3$。

C.4.9　将配重活塞徐徐插入试筒里,直至碰到沉淀物时,立即拧紧套筒上的固定螺丝。将活塞取出,用直尺插入套筒开口中,量取套筒顶面至活塞底面的高度 h_2,准确至 1 mm,同时记录试筒内的温度,准确至 1 ℃。

1. 套筒顶面至活塞底面的高度

DL/T 5362—2018 以及 JTG E42—2005 套筒顶面至活塞底面的高度均“用直尺插入套筒开口中,量取套筒顶面至活塞底面的高度 h_2”。

根据砂当量法读数示意图可知，h_2并非直尺量取。因此，作者认为，“量取套筒顶面至活塞底面的高度 h_2”中的 h_2，应修改为“ h_3”。

2. 套筒顶面至活塞底面高度的量取

为准确量取套筒顶面至活塞底面（即圆柱形不锈钢体底面）的高度，作者认为，可按如下操作：为防止活塞杆插入试筒过程中晃动试筒内的沉淀物，试筒静置 20 min 后，一人手握试筒，另一人手握配重活塞，先把活塞杆置于试筒筒口，慢慢将活塞杆竖直插入试筒，当活塞杆底座碰到沉淀物时，应避免人为施加压力，松开握圆柱形不锈钢体的手，并使套筒下端置于试筒顶面，立即拧紧套筒上的固定螺丝，将配重活塞取出，平放在操作台上，用钢直尺插入套筒开口处，钢直尺的 0 端垂直于圆柱形不锈钢体的底面，量取套筒顶面至圆柱形不锈钢体底面之间的高度，准确至 1 mm；此高度即为砂当量法读数示意图中的 h_3。

3. 试筒内的絮状凝结物温度

DL/T 5362—2018 以及 JTG E42—2005 砂当量法量取套筒顶面至活塞底面的高度后，均需“记录试筒内的温度”。

根据砂当量法的计算公式可知，细骨料砂当量值的大小，与试筒内絮状凝结物的温度没有任何关系。因此，作者认为，砂当量法没有必要测量试筒内絮状凝结物的温度。

C.4.10　按上述步骤进行 2 个试样的平行试验。

注：① 为了不影响沉淀的过程，试验必须在无振动的水平台上进行。随时检查试验的冲洗管口，防止堵塞。

② 由于塑料在太阳光下容易变成不透明，应尽量避免将塑料试筒等直接暴露在太阳光下。盛试验溶液的塑料桶用毕要清洗干净。

C.5　计算

C.5.1　试样的砂当量值按式（C.2）计算。

$$SE=\frac{h_2}{h_1}\times 100 \tag{C.2}$$

式中：

SE——试样的砂当量，%；

h_2——试筒中用活塞测定的集料沉淀物的高度，mm；

h_1——试筒中絮凝物和沉淀物的总高度，mm。

1. 细骨料砂当量计算公式中的 h_2

DL/T 5362—2018 以及 JTG E42—2005 细骨料砂当量计算公式中的 h_2均为“试筒中用活塞测定的集料沉淀物的高度”。

据上可知，细骨料砂当量计算公式中的 h_2，应修改为“ h_3”，或修改为“ h_2——配重活塞插入试筒后细骨料沉淀物的高度（mm），$h_2 = h_3$”。

2. 细骨料砂当量计算公式中的“%”

DL/T 5362—2018 细骨料砂当量的计算公式后缀“%”；JTG E42—2005 细骨料砂当量的计算公式没有后缀“%”。

众所周知，“100%”等于 1，而任何数值乘以 1，仍然等于原数值；但是，数值乘以 100

后,得到的结果表示百分数。

因此,作者认为,DL/T 5362—2018 的计算公式是错误的,JTG E42—2005 的计算公式是正确的。

3. 细骨料砂当量单个测定值数位的修约

DL/T 5362—2018 为“精确至 1%”;JTG E42—2005 没有规定细骨料砂当量单个测定值数位的修约。

作者认为,细骨料砂当量单个测定值数位的修约,应比细骨料砂当量的算术平均值多一位数位。

C.5.2　一种集料应平行测定两次,取两个试样的平均值,并以活塞测得砂当量为准,并以整数表示。

1. 细骨料砂当量的标准值

JTG E42—2005 砂当量法强调“以活塞测得砂当量为准”,而 DL/T 5362—2018 砂当量法,并没有这一内容。

作者认为,JTG E42—2005 强调“以活塞测得砂当量为准”,应该是不允许用直尺在试筒外侧直接量取试筒底部至细骨料沉淀物顶面的高度 h_2',这个正是 h_2'与 h_2的区别所在。

2. 细骨料砂当量算术平均值数位的修约

DL/T 5362—2018 砂当量法没有规定细骨料砂当量算术平均值数位的修约;JTG E42—2005 砂当量法“以整数表示”。

作者认为,细骨料砂当量算术平均值数位的修约,应比现行规范、规程、标准规定的细骨料砂当量极限数值多一位数位。

3. 平行试验的允许误差

DL/T 5362—2018 砂当量法为“精密度要求:重复性试验的允许差为 2%”;JTG E42—2005 砂当量法没有具体的规定。

为确保试验结果的准确性、有效性,作者认为,细骨料砂当量两次平行试验测定值的允许误差不应超过 2%,否则,应重新试验。

4. 砂当量法的试验结果

为验证砂当量法是否可以准确测定天然砂、人工砂等各种细骨料中所含黏性土或杂质的含量,作者已出版的《细集料含泥量与含粉量的试验研究》第 6 章“砂当量法”,采用4.75 mm以下的天然河砂以及同一岩质且完全由大于 9.5 mm 以上经水洗的洁净碎石加工而成的4.75 mm以下的砂粒,分别与同一土质且采用虹吸管法静置 1 min 后容器上部的浑浊液经沉淀、烘干得到的小于0.075 mm的土粒,掺配成 0 ~ 6% 含泥量的细骨料进行砂当量试验,试验结果见表 C.1、表 C.2。

表 C.1　人工砂的试验结果

标准含泥量/%	0	1	2	3	4	5	6
高度 h_2/mm	83	82	82	81	80	80	79
高度 h_1/mm	103	106	133	178	202	232	258
砂当量/%	81	77	62	46	40	34	31

表 C.2　天然河砂的试验结果

标准含泥量/%	0	1	2	3	4	5	6
高度 h_2/mm	82	83	81	80	80	80	79
高度 h_1/mm	100	107	139	172	210	253	294
砂当量/%	82	78	58	47	38	32	27

根据表 C.1 及表 C.2 的试验结果可知，人工砂与天然河砂各个含泥量细骨料测定的沉淀物高度 h_2几乎一致，均在 80 mm 左右。但是，试筒中絮凝物和沉淀物的总高度 h_1相差很大，且无规律可循。

以表 C.1 人工砂为例，2% 含泥量的细骨料测定的砂当量值为 62%，3% 含泥量的细骨料测定的砂当量值为 46%，两者的砂当量值相差达 16%；而 5% 含泥量的细骨料测定的砂当量值为 34%，6% 含泥量的细骨料测定的砂当量值为 31%，两者的砂当量值仅相差 3%。

以表 C.2 天然河砂为例，1% 含泥量的细骨料测定的砂当量值为 78%，2% 含泥量的细骨料测定的砂当量值为 58%，两者的砂当量值相差达 20%；而 5% 含泥量的细骨料测定的砂当量值为 32%，6% 含泥量的细骨料测定的砂当量值为 27%，两者的砂当量值仅相差 5%。

根据表 C.1 及表 C.2 的试验结果，当人工砂的含泥量为 3% ~6% 及天然河砂的含泥量为 2% ~6% 时，其相应的砂当量值均小于 60%，因此，JTG E42—2005 砂当量法第 103 页"条文说明：如果控制砂当量不小于 60%，将能控制含土量不超过 6% 左右"的结论，显然大相径庭；JTG F40—2004《实施手册》第 4.9.1 条"如果砂当量小于 60%，说明石屑中含有较多的泥土成分，就不能使用"的规定，显然不符合工程实际。

作者认为，主要原因是"试验发现，土和细石粉都会影响砂当量"（注：摘自 JTG F40—2004 第 4.9.2 条的"条文说明"），且"砂当量测定值不仅仅取决于含土量，细集料中石粉也会影响砂当量的大小"（注：摘自 JTG E42—2005 第 103 页的"条文说明"），这是砂当量法不能准确测定细骨料含泥量、正确评定细骨料洁净程度的根本原因。

5. 细骨料砂当量的技术指标

如果根据 DL/T 5362—2018 砂当量法第 5.9.1 条"目的及适用范围：测定细骨料中所含的黏性土或杂质的含量"以及 JTG E42—2005 砂当量法第 1.1 条"本方法适用于测定天然砂、人工砂、石屑等各种细集料中所含的黏性土或杂质的含量，以评定集料的洁净程度"及其第 103 页的"条文说明：为了将小于0.075 mm的矿粉、细砂与含泥量加以区分，国外通常采用砂当量试验”,砂当量法可以准确测定各种细骨料的含泥量,并能正确评定细骨料的洁净程度。

但是,现行与水泥混凝土细骨料有关的各版本规范、规程、标准均没有砂当量这一技术指标,唯有与沥青混凝土细骨料有关的规范、规程、标准才有砂当量这一技术指标,如JTG F40—2004 表 4.9.2“沥青混合料用细集料质量要求”规定“砂当量:高速公路、一级公路不小于 60%、其他等级公路不小于 50%”。

附录D　骨料含泥量试验(亚甲蓝滴定法)

1. 亚甲蓝滴定法的测试原理

JGJ 52—2006 第 103 页第 6.11 条的"条文说明:方法的原理是试样的水悬液中连续逐次加入亚甲蓝溶液,每次加亚甲蓝溶液后,通过滤纸蘸染试验检验游离染料的出现,以检查试样对染料溶液的吸附,当确认游离染料出现后,即可计算出亚甲蓝值(MB)表示为每千克试样粒级吸附的染料克数"。

JTG E42—2005 第 122 页的"条文说明:亚甲蓝试验……的试验原理是向集料与水搅拌制成的悬浊液中不断加入亚甲蓝溶液,每加入一定量的亚甲蓝溶液后,亚甲蓝为细集料中的粉料所吸附,用玻璃棒蘸取少许悬浊液滴到滤纸上观察是否有游离的亚甲蓝放射出的浅蓝色色晕,判断集料对染料溶液的吸附情况。通过色晕试验,确定添加亚甲蓝染料的终点,直到该集料停止表面吸附。当出现游离的亚甲蓝(以浅蓝色色晕宽度 1 mm 左右作为标准)时,计算亚甲蓝值 MBV,计算结果表示为每 1 000 g 试样吸收的亚甲蓝的克数"。

2. 创新亚甲蓝滴定法的启示

JGJ 52—2006 第 104 页的"条文说明:当石粉中掺入黏土时,用亚甲蓝法测其 MB 值,发现其相关性很高,相关系数可达 0.995 9,这说明用亚甲蓝法检测石粉中的黏土含量精确度很高"。

比较现行亚甲蓝法与 JTG E51—2009/T 0809—2009"水泥或石灰稳定材料中水泥或石灰剂量测定方法(EDTA 滴定法,以下简称"EDTA 滴定法")",两者虽然有着本质的区别:亚甲蓝法中的亚甲蓝溶液与细骨料之间的反应属于物理反应,而 EDTA 滴定法中的 EDTA 二钠标准溶液与 Ca^{2+}之间的反应属于化学反应。

但是,亚甲蓝法与 EDTA 滴定法有着惊人的相似之处:亚甲蓝法亚甲蓝溶液的吸附量与相应的含泥量具有很高的线性关系,而 EDTA 滴定法"EDTA 二钠标准溶液的消耗量与相应的水泥剂量(水泥剂量的大小正比于 Ca^{2+}的数量)存在近似线性关系"(注:摘自 JTG E51—2009EDTA 滴定法第 19 页的"条文说明")。

EDTA 滴定法测定水泥或石灰混合料中水泥或石灰剂量的主要方法是:首先"以同一水泥或石灰剂量稳定材料 EDTA 二钠标准溶液消耗量(mL)的平均值为纵坐标,以水泥或石灰剂量(%)为横坐标制图"(注:摘自 JTG E51—2009EDTA 滴定法第 4.7 条),然后"利用所绘制的标准曲线,根据 EDTA 二钠标准溶液消耗量,确定混合料中的水泥或石灰剂量"(注:摘自 JTG E51—2009EDTA 滴定法第 5.3 条)。

因此,如果亚甲蓝法采用与 EDTA 滴定法类似的:以同一细骨料吸附的亚甲蓝溶液量为横坐标、以相应的含泥量为纵坐标绘制亚甲蓝法标准曲线,然后根据工程实际所用细骨料消耗的亚甲蓝溶液量,利用所绘制的亚甲蓝法标准曲线,即可测定细骨料的含泥量。

由于绘制亚甲蓝法标准曲线,不但耗时、繁杂,而且人为因素多、结果精度差,根据 JGJ 52—2006 第 104 页的"条文说明"以及作者已出版的《细集料含泥量与含粉量的试验研究》大量的试验结果表明,细骨料吸附的亚甲蓝溶液量与其相应的含泥量具有很高的线性关系,相关系数 r 均大于 0.95。

为区别于现行各版本规范、规程、标准粗骨料以及细骨料含泥量的试验方法，作者创新的试验方法，特称为“骨料含泥量试验(亚甲蓝滴定法)”。

D.1 试验目的与适用范围

本方法适用于测定碎石、卵石、天然砂、机制砂、混合砂、石屑等各种粗骨料以及细骨料中小于0.075 mm且矿物组成和化学成分与母岩不同的黏土、淤泥和尘屑的含量。

D.2 试剂、材料与仪器设备

(1) 亚甲蓝：分子式 $C_{16}H_{18}ClN_3S \cdot 3H_2O$，分子量 373.90，纯度≥95%；一瓶。
(2) 叶轮搅拌机：4 片叶轮，直径 75 mm±10 mm，转速可调；一台。
(3) 鼓风烘箱：能使温度控制在(105±5)℃；一台
(4) 电子天平：称量 2 000 g、感量 0.01 g；一台。
(5) 标准筛：筛孔尺寸0.075 mm～9.5 mm 的方孔筛及筛底、筛盖；各一个。
(6) 吸管：长约 150 mm 玻璃吸管；一根。
(7) 玻璃瓶：1 L 棕色磨砂广口玻璃瓶；一个。
(8) 定时装置：精度 1 s；一个。
(9) 温度计：棒式温度计，精度 1 ℃；一个。
(10) 烧杯：500 mL、1 000 mL 烧杯；各一个。
(11) 滤纸：定性滤纸或定量滤纸；一盒。
(12) 量筒：5 mL、20 mL、50 mL；各一个。
(13) 玻璃棒：直径 8 mm、长 300 mm；一根。
(14) 陶瓷碗：直径约 100 mm、敞口、水平的陶瓷碗或其他容器；一只。
(15) 容器：直径大于 600 mm、深度大于 150 mm 的圆形塑料盘或其他容器；一个。
(16) 容量筒：5 L、10 L；各一个。
(17) 其他：洁净水、研钵、搪瓷盘、铝盒等。

D.3 试验准备

D.3.1 亚甲蓝溶液的配制

(1) 将亚甲蓝粉末置于(80±5)℃鼓风烘箱顶层烘干至恒重，称取烘干亚甲蓝粉末 10 g，精确至 0.01 g。

(2) 将洁净水的温度调整至 35～40 ℃，称取洁净水 990 g，精确至 0.1 g。

(3) 将 10 g 亚甲蓝粉末倒入 990 g 洁净水中，开动叶轮搅拌机，持续搅动 30 min 以上，直至亚甲蓝粉末完全溶解为止。

(4) 待亚甲蓝粉末完全溶解后，立刻一次性将亚甲蓝溶液移入 1 L 棕色的磨砂广口玻璃瓶，冷却至 20 ℃。

(5) 亚甲蓝溶液的保质期不应超过 28 d，配制好的亚甲蓝溶液应标明制备日期、失效日期，并避光保存。

D.4　细骨料

D.4.1　细骨料的颗粒分析

(1) 取工程实际使用的具有代表性的细骨料，置于(105±5)℃的烘箱中烘干至恒重，冷却至室温后，采用四分法将试样缩分至略大于500 g，称取500 g±0.1 g试样两份。

(2) 取一份试样置于容量筒中，加入洁净的水，使水面高出细骨料表面约200 mm，充分拌和均匀，浸泡24 h。

(3) 如细骨料含有泥块，用手在水中拧捻细骨料中的泥块，使泥块中的泥与砂粒完全分离，将容量筒中的细骨料缓缓用洁净水冲洗至0.075 mm筛内。

(4) 将0.075 mm筛及其筛上试样置于一个盛有洁净水的容器中，来回水平摇动0.075 mm筛，以充分洗除试样中小于0.075 mm的颗粒。

(5) 筛洗时，水面应高出筛中砂粒的表面约20 mm，不允许用水直接冲洗试样，也不允许上下摇动0.075 mm筛，以防止大于0.075 mm的颗粒由于水的压力而被清洗掉。

(6) 更换容器中的水，重复上述过程，直至容器洗出的水清澈为止。

(7) 将0.075 mm筛上的颗粒全部移入搪瓷盘，置于(105±5)℃的烘箱中烘干至恒重，冷却至室温，将烘干的试样倒入0.075 mm筛及其以上套筛上。

(8) 将套筛及其筛上试样置于摇筛机，开动摇筛机，摇筛约5 min，取出套筛，再按筛孔大小顺序，从最大的筛号开始，在洁净的搪瓷盘上逐个进行手筛。

(9) 人工筛分时，应不断变换手握标准筛的位置，不但使骨料在筛面上同时有水平方向及上下方向的不停顿运动，而且不停用手轻拍筛壁，直至1 min内无明显的筛出物为止。

(10) 将筛出的颗粒并入下一号筛，与下一号筛中的试样一起筛分，重复上述过程，直至0.075 mm筛筛完为止。

(11) 在整个细骨料颗粒分析试验过程中，应注意避免大于0.075 mm的颗粒丢失。

(12) 称量各号筛筛上试样的质量，精确至0.1 g。

(13) 按上述方法对另一个试样进行颗粒分析试验。

(14) 计算两个试样4.75～0.075 mm各号筛以及小于0.075 mm颗粒的分计筛余百分率以及平均值；两个试样0.075 mm及其以上各号筛的分计筛余百分率之差应≤5%、小于0.075 mm颗粒的分计筛余百分率之差应≤2%，否则，应重新取样，按上述方法进行颗粒分析试验。

D.4.2　标准细骨料的制备

(1) 机制砂标准样品的制备。

① 如细骨料为机制砂，则采用工程实际使用的烘干或风干机制砂，用1.18 mm方孔筛过筛，取1.18 mm筛上约3 000 g试样两份。

② 取一份试样进行筛洗，将筛洗后的1.18 mm以上试样装入洁净的搪瓷盘，置于(105±5)℃的烘箱中烘干至恒重，冷却至室温。

③ 将烘干后的1.18 mm以上试样装入粗骨料压碎指标测定仪试模中，整平试样表面，把加压头放入试模，将试模置于压力机，开动压力机，均匀施加荷载约600 kN，稳定

1 min,卸荷,将试模从压力机取下,把压碎的试样装入洁净的搪瓷盘。

④ 采用4.75～0.075 mm方孔筛,分批次筛分被压碎的试样。

⑤ 将底盘小于0.075 mm的砂粒,装入洁净的铝盒。

⑥ 采用0.075 mm方孔筛,对已筛分的4.75～0.075 mm各号筛筛上的机制砂,分别进行水洗,充分洗除黏附在机制砂表面的小于0.075 mm细砂粒。

⑦ 将清洗干净后的4.75～0.075 mm各号筛筛上的机制砂,分别倒入洁净的铝盒,置于(105±5)℃的烘箱烘干至恒重,冷却至室温。

⑧ 取另一份试样,按上述所述方法进行筛洗、压碎、筛分、筛洗,即可得到矿物组成和化学成分与母岩相同的4.75～0.075 mm各号筛以及0.075 mm以下机制砂的标准样品。

(2) 天然砂标准样品的制备。

① 如细骨料为天然砂,则采用工程实际使用的烘干或风干天然砂,取大于3 000 g的两份天然砂备用。

② 取一份试样,采用0.075 mm筛对天然砂进行水洗,将水洗后的0.075 mm以上试样装入洁净的搪瓷盘,置于(105±5)℃的烘箱中烘干至恒重,冷却至室温。

③ 采用4.75～0.075 mm方孔筛,分批次筛分已烘干的0.075 mm及其以上天然砂。

④ 将4.75～0.075 mm各号筛筛上的试样,分别装入洁净的铝盒。

⑤ 另取3 000 g天然砂,筛洗、压碎后过0.075 mm筛,取约500 g筛下小于0.075 mm的试样。

⑥ 按上述方法对另一份试样进行水洗、筛分,即可得到矿物组成和化学成分与母岩相同的4.75～0.075 mm各号筛以及0.075 mm以下天然砂的标准样品。

D.4.3 标准土样的制备

(1) 根据骨料最有可能受到污染的土源,取1 000 g具有代表性的土样。

① 如果是采石场开采岩石生产的机制砂,最有可能受到污染的土源为采石场表面没有清除干净的土层。

② 如果是利用隧道施工产生的洞碴生产的机制砂,最有可能受到污染的土源为岩石夹层中的土层。

③ 如果是天然河砂,最有可能受到污染的土源为河床的淤泥或采砂场的场地。

④ 如果是天然山砂,最有可能受到污染的土源为山砂中的泥。

⑤ 如果采石场或采砂场配备专用的除土设备,应取输送带清除出来的泥土。

⑥ 如果骨料在运输或在拌合站内受到二次污染,可在拌合站料仓内取最下层的细粉。

(2) 将土样倒入10 L容量筒中,加洁净的水,水面距离容量筒顶面约200 mm,用手在水中淘洗土样,使小于0.075 mm的颗粒分离并悬浮水中,静置1 min,采用虹吸管法将容量筒上部约二分之一的浑浊液吸入5 L容器中。

(3) 重新注入洁净的水,搅拌容量筒中的土样,重复第D.4.3.2条的操作,直至得到数量足够多的浑浊液。

(4) 静置、滤去容器中大部分的清水,将容器中的浑浊液移至搪瓷盘后,置于(105±5)℃的烘箱烘干至恒重,冷却至室温。

(5) 将烘干、块状的泥分批次放入研钵内研磨,用0.075 mm方孔筛过筛,取0.075 mm筛下的泥粉约100 g,用塑料袋包装、密封。

D.4.4　标准样品的制备

(1) 采用已制备好的标准细骨料以及标准土样,制备7个含泥量分别为0%、1%、2%、3%、4%、5%、6%的标准样品,一个标准样品制备两个试样,一个试样的质量为200 g。

(2) 含泥量为零的标准样品,根据已确定的4.75~0.075 mm各号筛以及小于0.075 mm颗粒的平均分计筛余百分率,分别称取标准样品的质量。

(3) 含泥量为1%、2%、3%、4%、5%、6%的标准样品,2.36~0.075 mm各号筛以及小于0.075 mm颗粒试样的质量,与含泥量为零的标准样品完全相同;标准样品的含泥量每增加1%,其4.75 mm筛(如细骨料不含4.75 mm以上颗粒,则为2.36 mm筛)试样的质量,比含泥量为0%的标准样品减少2 g,小于0.075 mm颗粒试样的质量,则比含泥量为零的标准样品增加2 g的“泥粉”。

D.4.5　悬浊液的制备

(1) 称取第一次加入亚甲蓝溶液的质量,精确至0.1 g。每个试样第一次色晕检验加入的亚甲蓝溶液量,根据石质、土质的不同以及含泥量的大小而有所不同。如无经验数据,第一次色晕检验加入的亚甲蓝溶液量,应从2 g开始。

(2) 将制备好的标准样品以及称取好的亚甲蓝溶液,依次倒入盛有500 g±1 g洁净水的1 L烧杯中,调整叶轮搅拌器的叶轮与烧杯底部之间的距离(2~5 mm),开动叶轮搅拌机,将叶轮搅拌器的转速调整至标准样品的颗粒及泥土完全悬浮溶液中,持续搅拌10 min。形成悬浊液后至试验结束,不应关停叶轮搅拌器。

D.4.6　亚甲蓝溶液吸附量的测定

(1) 将滤纸放置在陶瓷碗或其他敞口、水平容器的顶部。

(2) 标准样品悬浊液在加入亚甲蓝溶液并经持续搅拌10 min起,用玻璃棒蘸取一滴悬浊液,滴于滤纸上,进行第一次色晕检验,液滴的数量应使沉淀物的直径保持在8~12 mm之间,液滴在滤纸上形成圆形状,中间是细骨料沉淀物,外围环绕一圈无色的水环,当在沉淀物边缘放射出一个宽度1 mm左右的浅蓝色色晕时,表明细骨料吸附的亚甲蓝已经饱和,从而出现游离的亚甲蓝,此时的试验结果称为阳性。

(3) 如果第一次加入的亚甲蓝溶液不能使沉淀物周围出现明显的色晕,再向悬浊液加入2 g亚甲蓝溶液,继续搅拌10 min,用玻璃棒蘸取一滴悬浊液,滴于滤纸上,进行第二次色晕试验,若沉淀物边缘仍未出现色晕,重复上述步骤。

(4) 当沉淀物边缘开始出现色晕时,改向悬浊液加入1 g亚甲蓝溶液,继续搅拌10 min后进行色晕检验,直到沉淀物边缘放射出约1 mm的浅蓝色色晕。

(5) 停止加入亚甲蓝溶液,继续搅拌悬浊液,10 min后再次进行色晕检验,若色晕消失,再加入1 g亚甲蓝溶液,直至浅蓝色的色晕可持续10 min为止。由于细骨料颗粒及泥粉吸附亚甲蓝需要一定的时间才能完成,在最终色晕试验时,需连续进行5次色晕检验并持续出现明显的浅蓝色色晕方为有效。

(6) 记录最终色晕检验所加入的亚甲蓝溶液总质量,精确至1 g。

(7) 按第 D.3.6.1 ~ D.3.6.2 条以及第 D.3.7.1 ~ D.3.7.6 条所述方法,对其余标准样品进行亚甲蓝滴定试验,记录最终色晕检验加入的亚甲蓝溶液总质量,精确至 1 g。

(8) 各个含泥量标准样品应按上述方法进行两次平行测定,同一含泥量标准样品两个试样所加入的亚甲蓝溶液总质量之差应≤2 g,否则,应重新取样试验。

(9) 每次色晕检验时,应注意以下事项:

① 每次进行色晕试验前,需用力摇晃装有亚甲蓝溶液的容量瓶,以使容量瓶内亚甲蓝溶液的浓度更加均匀。

② 每次加入亚甲蓝溶液后,需用玻璃棒把烧杯内壁以及搅拌杆上的颗粒刮回悬浊液中,以便烧杯内壁及搅拌杆上的颗粒吸附更多的亚甲蓝。

③ 蘸取悬浮液的过程中,手不能抖动,否则液滴容易中途掉落,或不能自由下落至滤纸上,从而无法形成直径 8 ~ 12 mm 的环状沉淀物。

④ 玻璃棒蘸取的液滴数量要适中,液滴数量太多,液滴容易中途掉落,或不能自由下落至滤纸;液滴数量太少,很难滴出沉淀物,或形成直径小于 8 mm 的环状沉淀物。

⑤ 玻璃棒与滤纸的距离,应保持在 10 ~ 20 mm,玻璃棒与滤纸的距离太大,环状沉淀物的直径可能大于12 mm,玻璃棒与滤纸的距离太小,环状沉淀物的直径可能小于 8 mm。

⑥ 试验结束后,应立即用洁净水清洗试验用容器,清洗后的容器不应含有清洁剂成分,并将这些容器作为亚甲蓝滴定法的专用容器。

⑦ 亚甲蓝法沾染试验应连续进行,如因停电等原因终止没有完成的亚甲蓝试验,本次试验结果视为无效,应重新取样试验。

D.4.7　一元线性回归方程式的建立

(1) 以各个含泥量标准样品两个试样最终色晕检验所加入的亚甲蓝溶液总质量的平均值设定为 x、相应的标准含泥量设定为 y,建立一元线性回归方程式 $y=bx+a$,其线性相关系数 r 应大于 0.95,否则,应重新取样试验。

(2) 如细骨料的料源、岩质或土的污染源发生变化,应重新取样试验,并建立新的一元线性回归方程式。

D.4.8　细骨料含泥量的测定

(1) 取具有代表性的工程实际所用细骨料,置于(105±5)℃的烘箱中烘干至恒重,冷却至室温后备用。

(2) 按四分法缩分细骨料至略大于 200 g,取对角的两份,称取 200 g 试样,精确至0.1 g。

(3) 称取第一次加入的亚甲蓝溶液量(可参考含泥量为零的标准样品所加入的亚甲蓝溶液总质量),精确至 0.1 g。

(4) 对两个试样进行亚甲蓝滴定试验。

(5) 分别记录两个试样最终色晕检验所加入的亚甲蓝溶液总质量 x_1 和 x_2,精确至0.1 g。

(6) 利用已建立的一元线性回归方程式 $y=bx+a$,把两个试样最终色晕检验所加入的亚甲蓝溶液总质量 x_1 和 x_2,分别代入方程式 $y=bx+a$,即可得到两个试样的含泥量 y_1 和 y_2,精确至 0.01%。

(7) 以两个试样含泥量 y_1、y_2 的算术平均值,作为细骨料含泥量的测定值,精确至0.1%。如 y_1 与 y_2 的差值超过0.3%,应重新取样试验。

D.5　粗骨料

D.5.1　确定粗骨料4.75 mm以下试样的质量百分率

(1) 取具有代表性的、烘干的、工程实际所用各单粒级粗骨料,按最佳掺配比例制备两份10 kg±10 g的粗骨料。

(2) 先采用4.75 mm筛筛洗4.75 mm以上试样,再用0.075 mm筛筛洗4.75 mm以下试样,将筛洗干净的4.75 mm以上试样以及4.75 mm以下试样,分别装入两个洁净的搪瓷盘,置于(105±5)℃的烘箱中烘干至恒重,冷却至室温。

(3) 称取筛洗、烘干后的4.75 mm以上试样质量,精确至0.1 g。

(4) 计算4.75 mm以下试样质量占粗骨料总质量的百分率,精确至0.1%。

(5) 取两次试验的质量百分率平均值作为试验结果,精确至1%。

D.5.2　确定4.75 mm以下试样的颗粒组成

(1) 采用2.36～0.075 mm各号方孔筛,分别对筛洗、烘干的4.75 mm以下试样进行筛分试验。

(2) 由于粗骨料4.75 mm以下的试样,绝大部分粒径在4.75～1.18 mm,为简化试验过程,可只计算2.36 mm筛、1.18 mm筛以及1.18 mm以下试样的颗粒组成比例,精确至0.1%。

(3) 取两次试验的颗粒组成比例平均值作为试验结果,精确至1%。

D.5.3　确定4.75 mm以下试样的一元线性回归方程式。

(1) 根据2.36 mm筛、1.18 mm筛以及1.18 mm以下的颗粒组成比例,按第D.4.2～D.4.6条的试验方法,测定含泥量分别为0%、1%、2%、3%、4%、5%、6%的标准样品所加入的亚甲蓝溶液总质量。

(2) 以各个含泥量标准样品两个试样最终色晕检验所加入的亚甲蓝溶液总质量的平均值设定为 x,相应的标准含泥量设定为 y,建立一元线性回归方程式 $y=bx+a$。

D.5.4　粗骨料含泥量的测定

(1) 取具有代表性的工程实际所用各单粒级粗骨料,置于(105±5)℃的烘箱中烘干至恒重,冷却至室温后备用。

(2) 按最佳掺配比例制备数量足够的粗骨料,取略大于1 000 g的4.75 mm以下试样。

(3) 按四分法缩分试样至略大于200 g,取对角的两份,称取200 g试样,精确至0.1 g。

(4) 对两个试样分别进行亚甲蓝滴定试验。

(5) 分别记录两个试样最终色晕检验所加入的亚甲蓝溶液总质量 x_1 和 x_2,精确至0.1 g。

(6) 利用已建立的粗骨料一元线性回归方程式 $y=bx+a$,把两个试样最终色晕检验所加入的亚甲蓝溶液总质量 x_1 和 x_2,分别代入方程式 $y=bx+a$,即可得到两个试样的含泥量

y_1和y_2,精确至0.01%。

(7) 以两个试样含泥量y_1、y_2的算术平均值,作为粗骨料4.75 mm以下颗粒含泥量的测定值,记为Y,精确至0.1%。如y_1与y_2的差值超过0.3%,应重新取样试验。

(8) 粗骨料的含泥量按式(D.1)计算,精确至0.1%。

$$Q_a = \psi \times Y \times 100 \tag{D.1}$$

式中:

Q_a——粗骨料的含泥量,%;

ψ—— 4.75 mm以下颗粒质量占粗骨料总质量的百分率,%;

Y—— 4.75 mm以下颗粒粗骨料的含泥量,%。

附录E 骨料含粉量试验(水洗法)

E.1 试验目的与适用范围

本方法适用于测定碎石、卵石、天然砂、机制砂、混合砂、石屑等各种粗骨料以及细骨料中粒径小于0.075 mm颗粒的总含量。

E.2 仪器设备

(1) 鼓风烘箱:能使温度控制在(105±5) ℃;一台。

(2) 电子天平:称量2 000 g、感量0.1 g;一台。

(3) 标准筛:筛孔尺寸2.36 mm、0.075 mm方孔筛;各一个。

(4) 容量筒:5 L、10 L;各一个。

(5) 容器:直径大于600 mm、深度大于150 mm的圆形塑料盘或其他容器;一个。

(6) 其他:搪瓷盘等。

E.3 试验步骤

(1) 取工程实际使用的具有代表性的粗骨料或细骨料,置于(105±5) ℃的烘箱中烘干至恒重,冷却至室温。

(2) 如为粗骨料,按照本书第2章第2.1节第2.1.3.1-3条"粗骨料单项试验试样的制备"所述方法,制备两份5 000 g的试样。

(3) 如为细骨料,按照本书第2章第2.1节第2.1.3.1-2条"粗骨料试样的缩分"中JTG E51—2009所述四分法,制备两份略大于1 000 g的试样。

(4) 称取两份试样的质量(m_1):粗骨料5 000 g±0.1 g;细骨料1 000 g±0.1 g。

(5) 取一份试样置于容量筒中,加入洁净的水,使水面高出骨料表面约100 mm,充分搅拌均匀,浸泡24 h。

(6) 用手拧捻浸泡后试样中的泥块颗粒,使泥块中的泥与砂粒完全分离。

(7) 将容量筒中的试样缓缓用洁净水冲洗至0.075 mm筛内,然后把0.075 mm筛及其筛上试样置于一个盛有洁净水的容器中,来回水平摇动0.075 mm筛,以充分洗除细骨料中小于0.075 mm的颗粒;水洗时,不允许上下摇动0.075 mm筛,不得用水直接冲洗筛上试样,以防止大于0.075 mm的颗粒由于水的压力而被清洗掉;为防止0.075 mm筛损坏,可先用2.36 mm筛,分批次清洗干净2.36 mm以上的颗粒;整个试验过程中,应避免大于0.075 mm的颗粒丢失。

(8) 再次加水于容器中,重复上述过程,直至容器洗出的水清澈为止。

(9) 将0.075 mm筛上的颗粒全部移入搪瓷盘,置于(105±5) ℃的烘箱中烘干至恒重,冷却至室温。

(10) 用0.075 mm筛筛除烘干试样中小于0.075 mm的颗粒,称取0.075 mm筛上试样的质量(m_2),精确至0.1 g。

(11) 按上述方法,测定另一个试样的含粉量。

E.4　计算

粗骨料与细骨料的含粉量按式(E.1)计算,精确至0.01%。

$$Q_n=\frac{m_1-m_2}{m_1}\times 100 \qquad (E.1)$$

式中:

Q_n——粗骨料或细骨料的含粉量,%;

m_1——试验前的烘干试样质量,g;

m_2——试验后的烘干试样质量,g。

以两个试样含粉量的算术平均值作为测定值,精确至0.1%;如粗骨料两次试验结果的差值超过0.2%、细骨料两次试验结果的差值超过0.5%,应重新取样试验。

参考文献

[1] 中华人民共和国国家质量监督检验检疫总局,中国国家标准化管理委员会. 建设用砂:GB/T 14684—2011[S]. 北京:中国标准出版社,2011:1-28.

[2] 中华人民共和国国家质量监督检验检疫总局,中国国家标准化管理委员会. 建设用卵石、碎石:GB/T 14685—2011[S]. 北京:中国标准出版社,2011:1-26.

[3] 中华人民共和国建设部. 普通混凝土用砂、石质量及检验方法标准:JGJ 52—2006[S]. 北京:中国建筑工业出版社,2007:1-108.

[4] 中华人民共和国交通运输部. 水运工程混凝土试验检测技术规范:JTS/T 236—2019[S]. 北京:人民交通出版社,2019:1-91.

[5] 中华人民共和国交通部. 公路工程集料试验规程:JTG E42—2005[S]. 北京:人民交通出版社,2005:1-137.

[6] 国家铁路局. 铁路混凝土:TB/T 3275—2018[S]. 北京:中国铁道出版社,2018:3-23.

[7] 环境保护部. 水质 化学需氧量的测定 重铬酸盐法:HJ 828—2017[S]. 北京:中国环境出版社,2017:1.

[8] 中华人民共和国国家质量监督检验检疫总局,中国国家标准化管理委员会. 通用硅酸盐水泥:GB 175—2007[S]. 北京:中国标准出版社,2007:1-4.

[9] 中华人民共和国国家质量监督检验检疫总局,中国国家标准化管理委员会. 水泥标准稠度用水量、凝结时间、安定性检验方法:GB/T 1346—2011[S]. 北京:中国标准出版社,2011:1.

[10] 中华人民共和国交通运输部. 公路工程标准施工招标文件 2018 年版 第七章 技术规范[S]. 北京:人民交通出版社,2018:100-3-400-67.

[11] 中华人民共和国交通运输部. 公路桥涵施工技术规范:JTG/T F50—2011[S]. 北京:人民交通出版社,2011:1-310.

[12] 中华人民共和国交通运输部. 公路桥涵施工技术规范:JTG/T 3650—2020[S]. 北京:人民交通出版社,2020:1-44.

[13] 中华人民共和国交通部. 公路水泥及水泥混凝土试验规程:JTG E30—2005[S]. 北京:人民交通出版社,2005:1.

[14] 中华人民共和国交通运输部. 公路工程水泥及水泥混凝土试验规程:JTG 3420—2020[S]. 北京:人民交通出版社,2021:121.

[15] 交通运输部工程质量监督局. 公路工程工地试验室标准化指南[S]. 北京:人民交通出版社,2013:15-71.

[16] 中华人民共和国交通部. 公路工程名词术语:JTJ 002—87[S]. 北京:人民交通出版社,1987:54-59.

[17] 中华人民共和国住房和城乡建设部. 高性能混凝土用骨料:JG/T 568—2019[S]. 北

京:中国标准出版社,2019:1-14.
[18] 中华人民共和国水利部. 水工混凝土试验规程:SL/T 352—2020[S]. 北京:中国水利水电出版社,2021:1-370.
[19] 国家能源局. 水工混凝土施工规范:DL/T 5144—2015[S]. 北京:中国电力出版社,2015:7-70.
[20] 国家能源局. 水工混凝土砂石骨料试验规程:DL/T 5151—2014[S]. 北京:中国电力出版社,2014:2-95.
[21] 中华人民共和国交通运输部. 水运工程混凝土施工规范:JTS 202—2011[S]. 北京:人民交通出版社,2011:2-10.
[22] 中华人民共和国住房和城乡建设部,中华人民共和国国家质量监督检验检疫总局. 预防混凝土碱骨料反应技术规范:GB/T 50733—2011[S]. 北京:中国建筑工业出版社,2011:2-7.
[23] 中华人民共和国国家质量监督检验检疫总局. 建筑用卵石、碎石:GB/T 14685—2001[S]. 北京:中国标准出版社,2001:2.
[24] 中华人民共和国交通部. 公路沥青路面施工技术规范:JTG F40—2004[S]. 北京:人民交通出版社,2004:17-123.
[25] 中国工程建设标准化协会公路工程委员会. 公路沥青玛蹄脂碎石路面技术指南:SHC F40-01—2002[S]. 北京:人民交通出版社,2002:10.
[26] 中华人民共和国住房和城乡建设部. 城市桥梁工程施工与质量验收规范:CJJ 2—2008[S]. 北京:中国建筑工业出版社,2009:36-37.
[27] 中华人民共和国住房和城乡建设部. 人工砂混凝土应用技术规程:JGJ/T 241—2011[S]. 北京:中国建筑工业出版社,2011:2-19.
[28] 中华人民共和国住房和城乡建设部,中华人民共和国国家质量监督检验检疫总局. 混凝土质量控制标准:GB 50164—2011[S]. 北京:中国建筑工业出版社,2011:2-22.
[29] 中华人民共和国水利部. 水利水电工程单元工程施工质量验收评定标准—混凝土工程 SL 632—2012[S]. 北京:中国水利水电出版社,2012:65-66.
[30] 中华人民共和国水利部. 水工混凝土施工规范:SL 677—2014[S]. 北京:中国水利水电出版社,2014:43-46.
[31] 中国工程建设标准化协会. 公路机制砂高性能混凝土技术规程:T/CECS G:K50-30—2018[S]. 北京:人民交通出版社,2019:2-11.
[32] 中国铁路总公司. 铁路混凝土工程施工技术规程:Q/CR 9207—2017[S]. 北京:中国铁道出版社,2017:35-184.
[33] 国家铁路局. 铁路混凝土工程施工质量验收标准:TB 10424—2018[S]. 北京:中国铁道出版社,2019:3-135.
[34] 中华人民共和国国家质量监督检验检疫总局,中国国家标准化管理委员会. 轻集料及其试验方法 第1部分 轻集料:GB/T 17431.1—2010[S]. 北京:中国标准出版社,2010:2-5.
[35] 王旭东,张蕾,曾峰,等. 公路路面基层施工技术细则 实施手册[M]. 北京:人民交通

出版社,2015.

[36] 中国民用航空局. 民用机场水泥混凝土道面设计规范:MH/T 5004—2010[S]. 北京:中国民航出版社,2010:45.

[37] 中国民用航空局. 民用机场水泥混凝土面层施工技术规范:MH 5006—2015[S]. 北京:中国民航出版社,2015:8-9.

[38] 中华人民共和国交通运输部. 公路水泥混凝土路面施工技术细则:JTG/T F30—2014[S]. 北京:人民交通出版社,2014:10.

[39] 国家能源局. 水工混凝土配合比设计规程:DL/T 5330—2015[S]. 北京:中国电力出版社,2015:4.

[40] 韦汉运. 土木工程试验检测技术研究[M]. 北京:地质出版社,2012.

[41] 中华人民共和国交通运输部. 公路工程物探规程:JTG/T 3222—2020[S]. 北京:人民交通出版社,2020:135-136.

[42] 国家铁路局. 铁路工程岩土分类标准:TB 10077—2019[S]. 北京:中国铁道出版社,2019:51-52.

[43] 中华人民共和国住房和城乡建设部,中华人民共和国国家质量监督检验检疫总局. 工程岩体分级标准:GB/T 50218—2014[S]. 北京:中国计划出版社,2015:4-15.

[44] 中华人民共和国交通运输部. 公路路面基层施工技术细则:JTG/T F20—2015[S]. 北京:人民交通出版社,2015:7.

[45] 中华人民共和国交通部. 公路桥涵施工技术规范:JTJ 041—2000[S]. 北京:人民交通出版社,2000:91.

[46] 国家能源局. 水工沥青混凝土试验规程:DL/T 5362—2018[S]. 北京:中国电力出版社,2018:3-218.

[47] 中华人民共和国国家质量监督检验检疫总局,中国国家标准化管理委员会. 轻集料及其试验方法 第 2 部分 轻集料试验方法:GB/T 17431. 2—2010[S]. 北京:中国标准出版社,2010:1-11.

[48] 中华人民共和国交通运输部. 公路工程无机结合料稳定材料试验规程:JTG E51—2009[S]. 北京:人民交通出版社,2009:67.

[49] 中华人民共和国交通运输部. 水运工程材料试验规程:JTS/T 232—2019[S]. 北京:人民交通出版社股份有限公司,2019:5-160.

[50] 国家认证认可监督管理委员会. 检验检测机构管理和技术能力评价 设施和环境通用要求:RB/T 047—2020[S]. 北京:中国标准出版社,2020:4.

[51] 中华人民共和国交通运输部. 水运工程试验检测仪器设备技术标准:JTS 238—2016[S]. 北京:人民交通出版社股份有限公司,2016:6.

[52] 中华人民共和国国家质量监督检验检疫总局,中国国家标准化管理委员会. 试验筛技术要求和检验 第 1 部分 金属丝编织网试验筛:GB/T 6003. 1—2012[S]. 北京:中国标准出版社,2012:2-4.

[53] 中华人民共和国国家质量监督检验检疫总局,中国国家标准化管理委员会. 试验筛技术要求和检验 第 2 部分 金属穿孔板试验筛:GB/T 6003. 2—2012[S]. 北京:中国

标准出版社,2013:2-3.

[54] 中华人民共和国国家质量监督检验检疫总局,中国国家标准化管理委员会. 试验筛 金属丝编织网、穿孔板和电成型薄板 筛孔的基本尺寸:GB/T 6005—2008[S]. 北京:中国标准出版社,2008:1-7.

[55] 中华人民共和国交通部. 公路工程集料试验规程:JTJ 058—2000[S]. 北京:人民交通出版社,2000:39-167.

[56] 中华人民共和国交通运输部. 公路工程沥青及沥青混合料试验规程:JTG E20—2011[S]. 北京:人民交通出版社,2011:310-313.

[57] 中华人民共和国工业和信息化部. 冶金技术标准的数值修约与检测数值的判定:YB/T 081—2013[S]. 北京:冶金工业出版社,2013:1-3.

[58] 中华人民共和国国家质量监督检验检疫总局,中国国家标准化管理委员会. 数值修约规则与极限数值的表示和判定:GB/T 8170—2008[S]. 北京:中国标准出版社,2008:1-5.

[59] 中华人民共和国国家质量监督检验检疫总局,中国国家标准化管理委员会. 钢筋混凝土用钢 第1部分 热轧光圆钢筋:GB/T 1499. 1—2017[S]. 北京:中国标准出版社,2017:5-6.

[60] 中华人民共和国国家质量监督检验检疫总局,中国国家标准化管理委员会. 钢筋混凝土用钢 第2部分 热轧带肋钢筋:GB/T 1499. 2—2018[S]. 北京:中国标准出版社,2018:8-12.

[61] 中华人民共和国国家质量监督检验检疫总局,中国国家标准化管理委员会. 金属材料 拉伸试验 第1部分 室温试验方法:GB/T 228. 1—2010[S]. 北京:中国标准出版社,2011:19.

[62] 中华人民共和国国家质量监督检验检疫总局,中国国家标准化管理委员会. 钢筋混凝土用钢材试验方法:GB/T 28900—2012[S]. 北京:中国标准出版社,2013:3.

[63] 国家能源局. 水工混凝土水质分析试验规程:DL/T 5152—2017[S]. 北京:中国电力出版社,2018:2.

[64] 中华人民共和国铁道部. 铁路工程岩土化学分析规程:TB 10103—2008[S]. 北京:中国铁道出版社,2009:3.

[65] 国家质量监督检验检疫总局. 通用计量术语及定义:JJF 1001—2011[S]. 北京:中国质检出版社,2012:26.

[66] 中华人民共和国水利部. 水工混凝土试验规程:SL 352—2006[S]. 北京:中国水利水电出版社,2006:36-40.

[67] 韦汉运. 细集料含泥量与含粉量的试验研究[M]. 上海:同济大学出版社,2014.

[68] 中华人民共和国水利部. 水利水电工程岩石试验规程:SL/T 264—2020[S]. 北京:中国水利水电出版社,2020:37-38.

[69] 中华人民共和国国家发展和改革委员会. 水电水利工程岩石试验规程:DL/T 5368—2007[S]. 北京:中国电力出版社,2007:19-21.

[70] 中华人民共和国交通运输部. 水运工程地基基础试验检测技术规程:JTS 237—2017

[S]. 北京:人民交通出版社股份有限公司,2018:120-121.
[71] 中华人民共和国交通部. 公路工程岩石试验规程:JTG E41—2005[S]. 北京:人民交通出版社,2005:27-30.
[72] 国家铁路局. 铁路工程岩石试验规程:TB 10115—2014[S]. 北京:中国铁道出版社,2015:46-48.
[73] 中华人民共和国住房和城乡建设部,中华人民共和国国家质量监督检验检疫总局. 建筑地基基础设计规范:GB 50007—2011[S]. 北京:中国建筑工业出版社,2011:134.
[74] 中华人民共和国住房和城乡建设部,中华人民共和国国家质量监督检验检疫总局. 工程岩体试验方法标准:GB/T 50266—2013[S]. 北京:中国计划出版社,2013:15-17.
[75] 广东省住房和城乡建设厅. 建筑地基基础检测规范:DBJ/T 15-60—2019[S]. 北京:中国建筑工业出版社,2019:87-92.
[76] 中华人民共和国住房和城乡建设部,国家市场监督管理总局. 混凝土物理力学性能试验方法标准:GB/T 50081—2019[S]. 北京:中国建筑工业出版社,2019:12.
[77] 四川省住房和城乡建设厅. 四川省建筑地基基础检测技术规程:DBJ51/T 014—2013[S]. 四川:西南交通大学出版社,2013:13.
[78] 中华人民共和国住房和城乡建设部. 建筑基桩检测技术规范:JGJ 106—2014[S]. 北京:中国建筑工业出版社,2014:29-68.
[79] 中华人民共和国交通运输部. 水运工程岩土勘察规范:JTS 133—2013[S]. 北京:人民交通出版社,2013:87.
[80] 中华人民共和国交通部. 公路圬工桥涵设计规范:JTG D61—2005[S]. 北京:人民交通出版社,2005:5-31.
[81] 国家铁路局. 铁路路基设计规范:TB 10001—2016[S]. 北京:中国铁道出版社,2017:165.
[82] 中华人民共和国住房和城乡建设部. 砌体结构设计规范:GB 50003—2011[S]. 北京:中国建筑工业出版社,2012:111.
[83] 中华人民共和国住房和城乡建设部,国家市场监督管理总局. 建筑结构检测技术标准:GB/T 50344—2019[S]. 北京:中国建筑工业出版社,2020:53.
[84] 中华人民共和国建设部,中华人民共和国国家质量监督检验检疫总局. 岩土工程勘察规范:GB 50021—2001(2009 年版)[S]. 北京:中国建筑工业出版社,2009:120.
[85] 中华人民共和国水利部. 容量筒校验方法:SL 127—2017[S]. 北京:中国水利水电出版社,2017:4.
[86] 国家能源局. 水工混凝土试验规程:DL/T 5150—2017[S]. 北京:中国电力出版社,2018:14.
[87] 山西省交通基本建设工程质量监督站,山西省交通规划勘察设计院. 公路工程试验检测仪器设备校准指南[S]. 北京:人民交通出版社,2011:80.
[88] 中华人民共和国住房和城乡建设部,中华人民共和国国家质量监督检验检疫总局.

普通混凝土拌合物性能试验方法标准:GB/T 50080—2016[S]. 北京:中国建筑工业出版社,2017:29.

[89] 中华人民共和国住房和城乡建设部,中华人民共和国国家质量监督检验检疫总局. 建筑工程施工质量验收统一标准:GB 50300—2013[S]. 北京:中国建筑工业出版社,2013:2-4

[90] 中华人民共和国交通运输部. 水运工程混凝土结构实体检测技术规程:JTS 239—2015[S]. 北京:人民交通出版社,2015:2.

[91] 中华人民共和国水利部. 水利水电工程施工质量检验与评定规程:SL 176—2007[S]. 北京:中国水利水电出版社,2007:4-8.

[92] 中华人民共和国交通运输部. 水运工程混凝土质量控制标准:JTS 202-2—2011[S]. 北京:人民交通出版社,2011:2-56.

[93] 中华人民共和国交通运输部. 公路工程水泥混凝土用机制砂:JT/T 819—2011[S]. 北京:人民交通出版社,2012:1-6.

[94] 中国国家铁路集团有限公司. 铁路机制砂场建设技术规程:Q/CR 9570—2020[S]. 北京:中国铁道出版社有限公司,2020:2-56.

[95] 中华人民共和国住房和城乡建设部. 砌筑砂浆配合比设计规程:JGJ/T 98—2010[S]. 北京:中国建筑工业出版社,2011:3.

[96] 李福普,沈金安. 公路沥青路面施工技术规范 实施手册:JTG F40—2004[M]. 北京:人民交通出版社,2005.

[97] 王志. 公路工程试验检测人员业务考试全真模拟题[M]. 北京:人民交通出版社,2003.

[98] 中华人民共和国国家质量监督检验检疫总局,中国国家标准化管理委员会. 分析实验室用水规格和试验方法:GB/T 6682—2008[S]. 北京:中国标准出版社,2008:1.

[99] 中华人民共和国国家质量监督检验检疫总局,中国国家标准化管理委员会. 化学试剂 标准滴定溶液的制备:GB/T 601—2016[S]. 北京:中国标准出版社,2016:2.

[100] 中华人民共和国交通部. 公路土工试验规程:JTG 3430—2020[S]. 北京:人民交通出版社股份有限公司,2019:42.

[101] 中华人民共和国住房和城乡建设部,国家市场监督管理总局. 土工试验方法标准:GB/T 50123—2019[S]. 北京:中国计划出版社,2019:16.